ハヤカワ文庫 NF
〈NF469〉

スポーツ遺伝子は勝者を決めるか？

アスリートの科学

デイヴィッド・エプスタイン
福 典之監修／川又政治訳

早川書房

7817

THE SPORTS GENE
Inside the Science of
Extraordinary Athletic Performance
by
David Epstein

Japanese edition supervised by
Noriyuki Fuku
Translated by
Masaharu Kawamata
Published 2016 in Japan by
HAYAKAWA PUBLISHING, INC.
This book is published in Japan by
arrangement with
WAXMAN LITERARY AGENCY
through THE ENGLISH AGENCY (JAPAN) LTD.

まさに私のＭＣ１Ｒ遺伝子の変異体であるエリザベスに

目次

日本の読者へ　9
序章　スポーツ遺伝子を探して　16
第1章　メジャーリーグ選手が女子ソフトボール選手に完敗
――遺伝子によらない専門技能獲得モデル　22
第2章　二人の走り高跳び選手
――（一万時間プラスマイナス一万時間）　47
第3章　メジャーリーグ選手の視力と天才少年・少女アスリート
――ハードウェアとソフトウェアのパラダイム　76
第4章　男にも乳首があるのはなぜ？　102

第5章 トレーニングで伸びる選手の資質 130
第6章 スーパーベビー、ブリーウィペット、筋肉のトレーニング効果 167
第7章 体型のビッグバン 187
第8章 ウィトルウィウス的NBA選手 207
第9章 人間はみな黒人（とも言える）——人類の遺伝的多様性 228
第10章 ジャマイカ・スプリンターの「戦士・奴隷説」 252
第11章 マラリアと筋線維 279
第12章 ケニアのカレンジン族は誰でも速く走るのか？ 295
第13章 世界で最も思いがけない（高地にある）才能のふるい 321

第14章　そり犬、ウルトラランナー、怠け者の遺伝子　351
第15章　不運な遺伝子――死、けが、痛み　379
第16章　金メダルへの遺伝子変異　416
終　章　完璧なるアスリート　440
あとがき――エリートアスリートは何歳から始めているか？　453
謝　辞　474
訳者あとがき　480
解　説　エリートアスリートを生むのは「氏《うじ》か育ちか」　485
原　注　536

スポーツ遺伝子は勝者を決めるか？

アスリートの科学

日本の読者へ

　私が地下鉄の駅に向かう途中に、毎日、決まって目に入る光景がある。それは、大手デパートの角のショーウィンドウに飾ってあるピンストライプのユニフォームだ。背番号は一九と三一。ヤンキースの期待の星である田中将大《たなかまさひろ》投手と、いま最も感動をもたらしてくれる外野手イチローのレプリカユニフォームだ。その横に、さらに二着ある。背番号二と一八だ。こちらは、ショートのデレク・ジーターと黒田博樹《くろだひろき》投手だ。毎日、これらのユニフォームを見るたびに、アメリカを代表するスポーツの世界で、日本人プレーヤーがいかに欠かせない存在になっているかを実感する。私を含め、アメリカの多くの野球ファンが、日本人アスリートの活躍は今や当然のこととして受け止めているが、ひと昔前はそうではなかった。

　私が一五歳になるまで、メジャーリーグで活躍している日本人プレーヤーはいなかった。そこに突然、何とも魅力的なピッチャーがロサンゼルス・ドジャースに入団したのだ。それは、野茂英雄《のもひでお》投手だった。野茂の投球フォームは、アメリカのファンがそれまで目にしたことがないものだった。彼は、投球モーションに入ると、まず背中を反らすように大きく伸ばし、両腕を天高くまっすぐに突き上げる。まるで、朝、目が覚めたときに、両腕を高く上げて伸びをするような動きだ。そして、両手が頂点に達し、そこで一瞬静止したかと思うと、背中がバッターに向くほどに時計回りに身体をくるりとひねり、このひねりの反動を利用して、ホームプレートに向けて剛速球を投げた。私も、私の友人も、野茂の投球フォームに目がくぎ付けとなり、毎回、次の登板が楽しみだった。驚いたのはファンだけではない。メジャーリーグの打者も、バレエを踊るような彼の投法に翻弄されたのだ。

野茂は三振奪取マシンだった。一九九五年にナショナルリーグのどのピッチャーよりも多くの三振を奪い取り、この年の新人王を獲得した。野茂がドジャースの一員としてデビューして以来今日まで、日本人がメジャーリーグでプレーしなかった年はない。現在、メジャーリーグでプレーしている日本人選手は全部で一二人いる。なかでも、ヤンキースのイチローと田中、レンジャーズのダルビッシュ有《ゆう》、メッツの松坂大輔《まつざかだいすけ》、レッドソックスの上原浩治《うえはらこうじ》などは、アメリカのファンの会話に普通に出てくる名前だ。

本書の取材のために日本を訪れたとき、私は東京ドームのレフト側外野席で巨人阪神戦を観戦する機会に恵まれた。観客の興奮のなかに身を浸しながら、日本人プレーヤーがアメリカで存在感を増し続けている理由を垣間見たような気がした。だが、日本人アスリートが国際的に活躍している例はメジャーリーグにとどまらない。今年の前半、テニス選手の錦織圭《にしこりけい》が、抜群の俊足を生かして、日本人男子選手として初めて世界ランキングのトップテン入りを果たした。女子スキージャンプでは、一〇代の高梨沙羅《たかなしさら》がソチでオリンピック・デビューを果たし、早くもこの種目で最初の真のスター選手となった。「きちんとリベンジしたいです」。ソチで惜しくも四位に終わった高梨はそう誓い、ソチオリンピック以降の大会では連勝している。

昨年、マンチェスター・ユナイテッドに所属するMF香川真司《かがわしんじ》が、プレミアリーグでハットトリックを達成した初のアジア人プレーヤーとなった。香川の三点目がゴールネットを突き刺し、チームは対戦相手のノリッジ・シティに勝利した。香川は、ACミランのMF本田《ほんだ》圭佑《けいすけ》などとともに、「サムライブルー」の一員として二〇一四年ワールドカップの地区予選を勝ち抜く原動力となった。しかし、ブラジルの地では強敵の多いグループで善戦したものの、残念ながら一次リーグを突破することはできなかった。印象的なチャンスをつくり出しても、それを生かすことができなかったのだ。世界のトップレベルのチームは、次元の違いを見せつけた。人間が行なう最も競争が激しいスポーツにおいて、勝利の伝統は一朝一夕では築けないことを思い知らされる。だが、サムライブルーは、サッカー日本女子代表チームが示した可能性に目を向けさえすればいい。女子代表は、二〇一一年にアメリカを破ってワールドカップの覇者となり、二〇一二年のオリンピックでは、アメリカに惜敗したが銀メダルを獲得した。日本のサッカー女子代表チームは、今や真のスーパーパワーなのだ。

このようなすばらしい結果は、個々のアスリートの努力の賜物であることは言うまでもないが、才能を発掘し、育成してきた方法論の進歩の証しでもある。それが、本書における旅ともなるのである。この本の中には、一見、天性のスキルと思われることが実は後天的に学習されたものであったり、逆に、本人の意志と思われることが実は遺伝子の影響を受けていたりする例が登場する。これは、アスリートのみならず、人間の最高のパフォーマンスを理解したいと思っている人にとっては重要な事実だ。

この旅にとってかけがえのないいくつかの研究が、日本人科学者の手で行なわれた。本書においても、日本を舞台とした記述を各所に見ることができる。私が今まで目にしたなかでも、最も驚くべきスポーツの偉業は、大阪で成し遂げられた。この物語については第2章をご覧いただきたい。第8章では、高度経済成長期に日本人の体格が向上し、運動能力にも大きな影響が現れた点について述べた。第9章では、一〇〇mを一〇・四秒以下で走ったことのある日本人スプリンターの全員が、ある種の遺伝子を持っていないことを記した。第12章と第13章では、世界最高の長距離ランナーの多くを輩出しているケニアの少数民族で、「ランニング族」でもある、カレンジン族について記載した。そのなかでも期待の若者が、日本の高校に入学して駅伝の選手になっている例もある。

日本のアスリートが国際舞台で活躍する道を切り開きはじめた昨今だが、逆に、日本最古のスポーツである大相撲では、日本人はもはや角界に君臨してはいない。一七世紀から一九九三年にいたるまで、日本生まれの力士のみが横綱の地位に昇ってきた。ところが、現時点では、過去八代の横綱のうち六人が外国出身だ。これは言ってみれば、大相撲が世界に向けて開かれたことを意味している。大相撲を構築する遺伝子プールが一気に世界に拡大したのである。ただ、私は日本滞在中に、相撲のトレーニングの様子を両国で見学する機会を得たが、どの相撲部屋のトレーニングも、その方法がこれまでの伝統にとらわれすぎているような印象を拭えなかった。相撲の力士には爆発力が強く要求されるが、私が見たかぎりでは、持久力に重きを置いたトレーニングが行なわれているようだった。これはちょうどウサイン・ボルトに、私が選手時代にやっていたような八〇〇m走の練習を課すようなものであり、筋肉の研究を専門とする生理学者イェスパー・アンデルセン（本書の第6章を参照）を失望させるものだろう（トレーニングは個々人の特性に合わせたものでなければならないというアンデルセンの原則は、プロ、アマチュアを問わず、すべてのアスリートに適用されるべきだ）。

　大相撲の日本人力士と同様に、野茂英雄が君臨した日々も長くは続かなかった。当初はメジャーリーグのバッターをうろたえさせた投球モーションに何が決《ワインドアップ》着をつけたのだろうか？　第1章の探求から、その原因が明らかになるだろう。

　いずれにせよ、日本のスポーツ史における最も偉大な章が始まるのはこれからだ。私は、これまで日本を二度訪れ、この国に心惹かれた。だから、六年後の東京オリンピックが待ち遠しくてしかたがない。日本がこれからの長い道のりでなすべきことは、それぞれのアスリートの身体能力向上は言うに及ばず、スポーツにおける「才能《タレント》発掘・育成」システムを確立することだろう。オーストラリアは二〇〇〇年のシドニーオリンピック開催地として選ばれてからは、スポーツ科学の分野に多額の資金を投入した。その結果、シドニーオリンピックにおいて、人口一人あたりアメリカの一〇倍の数のメダル獲得に成功した。中国と英国も同様の試みを行ない、二〇〇八年と二〇一二年に、それぞれメダル獲得数において結果を出した。次は日本の番だ。二〇二〇年に向けてスーパースターの発掘が行なわれ、彼らが日本のスポーツ界の新たな伝統をつくっていくことだろう。

ここにいたって、私は俳聖《はいせい》・松尾芭蕉《まつおばしょう》の句を思い出す。それは、名作『奥の細道』の冒頭に掲げられた次の一句だ。

草の戸も 住み替はる代《よ》ぞ 雛《ひな》の家

この句の意味は複雑だが（「雛」は、新しい住人が娘と一緒に移り住むことを意味している）、本質は簡潔であり、住み慣れた家への芭蕉の惜別の情が詠まれている。住み慣れたこの家も、新しい住人を迎え、これまでとは違った、より美しく、より有意義な住まいとなるだろう。芭蕉はそう言っている。日本でも同じことが起きるはずだ。世界の各地からやって来る偉大なアスリートたちが、彼らの夢とスキルで東京を飾ってくれるだろう。そして、それを機会に、日本が、そして日本を見る世界の目が、永遠に新しいものとなるだろう。

この先、六年も待たなければならないなんて信じられない！　せめてそれまでに、本書が探求した世界を日本の読者の方々にも知っていただければと思う。そのために、翻訳の労をとり、本書を日本の読者に引き合わせていただいた川又政治《かわまたまさはる》氏にお礼を申し上げたい。私がそうであったように、スポーツの偉業に対する読者の考え方が、本書によって一新されることを願ってやまない。

二〇一四年六月

デイヴィッド・エプスタイン

序章　スポーツ遺伝子を探して

ミケノ・ローレンスは、私が高校生のときに属していた陸上部の短距離ランナーだ。ジャマイカ人の両親の息子で、背が低く、特に締まった身体ではなかった。ジャマイカ出身のチームメイトが練習中によく着ていたメッシュのタンクトップを身につけ、そこに空いた穴からは、出っ張ったお腹が突き出ていた。ミケノは放課後にマクドナルドでアルバイトをしていたために、おまえは店のものを食べすぎだよと、チームメイトによくからかわれていたものだ。だが、走らせると圧倒的に速かった。

一九七〇年代から八〇年代にかけて、イリノイ州のエヴァンストンにジャマイカから多くの人が移住してきた。そのせいもあって、私の母校のエヴァンストン高校では陸上競技が人気の高いスポーツとなり、陸上部は一九七六年から一九九九年まで二四年間連続して競技連盟のタイトルを獲得するほどになった。傑出したアスリートがよくするように、ミケノは自分のことを三人称で呼んでいた。「ミケノにハートはないよ」。それが、大きな大会の前の口癖だった。競争相手に勝つためには、同情などしないと言いたかったのだ。一九九八年、私が高校の最上級生のときだった。四×四〇〇mリレーでアンカーだったミケノは、四位でバトンを受けたにもかかわらず最終的にはトップに立ち、私たちの陸上部はイリノイ州選手権で優勝を果たした。

この種の高校生アスリートは珍しくない。彼らはいとも簡単そうに結果を出してみせる。たとえばアメリカンフットボールのクォーターバックや野球の遊撃手。女子バスケットボールの州一番のポイントガードや走り高跳びの女子選手。彼ら彼女らはみな、天賦の才に恵まれた者たちだ。

しかし、本当に天賦の才なのだろうか？ イーライ・マニングとペイトン・マニングは、父アーチー・マニングからクォーターバックの遺伝子を受け継いだのだろうか？ それとも、幼いころからフットボールを手にして育ったことで、スーパーボウルのMVPを獲得できたのだろうか？ バスケットボールのジョー・〝ジェリービーン〟・ブライアントは、明らかに息子のコービー・ブライアントに才能を分け与えた。しかし、そもそもその才能はいったいどこから来たのだろう？ サッカーのパオロ・マルディーニは、キャプテンとしてACミランを欧州チャンピオンズリーグ優勝に導いた。四〇年前に、父親のチェーザレ・マルディーニが同じ偉業を達成したように。これは偶然だろうか？ ケン・グリフィー・シニアは、息子のケン・グリフィー・ジュニアにバッターのDNAを与えたのだろうか？ それとも、球場の選手控室に息子をよく連れていったのがよかったのだろうか？ ひょっとすると、その両方だろうか？　二〇一〇年には、イリナ・レンスキーとオルガ・レンスキーの母娘ペアが、イスラエル代表として四×一〇〇mリレーにそろって出場した。これは、代表チームの半数を親子が占めたということだ。レンスキー母娘の系譜にはスピード遺伝子が継承されているに違いない。だが、このようなことが本当にありえるのだろうか？　そもそも、「スポーツ遺伝子」なるものが存在するのだろうか？

二〇〇三年四月、研究者で構成された国際組織が「ヒトゲノム計画」の終了を発表した。一三年に及ぶ研究（と、解剖学的に見れば二〇万年に及ぶ現生人類の歴史）の結果、ヒトゲノムの遺伝子地図が作成され、ＤＮＡの中の二万三〇〇〇に及ぶ遺伝子を含む領域が解明されたのだ。こうして科学者たちは、髪の毛の色に始まり、遺伝性の病気、目と手の反射的な協調関係にいたるまで、人類の深遠なる起源を探求する糸口を得た。しかし、遺伝子情報の解読がどれほど困難であるかについて、当時、科学者たちは過小評価していた。

たとえば、人間の各細胞の中心に二万三〇〇〇ページからなるレシピブックがあり、それをもとにして生体が形づくられると考えてみるといい。もしこの二万三〇〇〇ページの内容を全部読み解くことができたならば、人間の身体がどのようにつくられているかについて理解できるだろうと科学者たちは考えていた。しかし、それは希望的観測でしかなかった。この二万三〇〇〇ページの内容が生体のあらゆる機能を司っていることに加え、もしそのうちの一ページでも場所が移動したり、書き換えられたり、破り取られたりすると、残りの二万二九九九ページのうちの数ページが突然、新たな命令を出すようになるかもしれないのだ。

ヒトゲノムの塩基配列《シークエンス》が解読された数年後に、運動能力に影響を与えると考えられる一つの遺伝子を、スポーツ科学者たちが発見した。そして、少数のアスリートと非アスリートについて、その遺伝子の異なるタイプが比較されたが、一つ一つの遺伝子は人体にほんの些細な影響しか与えないため、小規模な実験で検出できるほどの差は発見されなかった。たとえば身長などの、容易に測定できる身体的特徴に影響を与える遺伝子すら解明できなかった。このような遺伝子が存在しないわけではない。ただ、その複雑さゆえに特定できないだけなのだ。

そのため科学者たちは、ゆっくりと、だが着実に研究の方向を転換しはじめた。一つ一つの遺伝子を研究するのではなく、遺伝子の命令がどのように働いているのか、という点に新たに着目したのだ。生物的資質とハードトレーニングが、相互にどのようにして運動能力に影響を与えるかというテーマが、生物学者、生理学者、スポーツ科学者の協力をもとに研究されることとなった。そして、ようやく私たちは、スポーツ界における大きな争点である、「遺伝か環境か」（nature-versus-nurture）という議論の入口にたどり着いた。この議論をさらに推し進めると、性別、人種というようなデリケートな領域に踏み込むことになるが、科学と同様、本書においてもその点を避けては通れない。

運動能力は、「遺伝」と「環境」が相互に影響し合った結果として得られるものだと広く信じられており、もしそうならば、先ほどの議論の答えは「両方」となる。しかし、科学的見地からすれば、それは満足できる答えではない。科学者ならばこう尋ねるだろう。「ならば、遺伝と環境は、具体的にどのように相互作用しているのか？　成績に対するそれぞれの貢献度合いはどれほどか？」と。これらの質問に答えるために、スポーツ科学者たちは、最先端の遺伝子研究の時代へと突入している。本書は、現在、科学者たちがどこまで進んでいるかをたどり、また、エリートアスリートが継承している遺伝子について何が解明されており、あるいは議論されているのかを検証する試みである。

高校時代、友人のミケノをはじめとして、両親がジャマイカ人の子供たちはひときわ優秀な選手だったので、彼らは小さな島国からスピード遺伝子を携えて来たのではないかと疑っていた。大学時代にはケニアから来た選手と競う機会があったが、彼らは東アフリカから持久力遺伝子なるものを持って来たのではないかと不思議に思ったものだ。同じころ、チーム内の五人の選手が、来る日も来る日も同じメニューでランニングの練習をしていたにもかかわらず、まったく異なるランナーに成長していることに気づきはじめた。これはいったいどういうことだろう？

大学での競技生活を終えた後、私はサイエンス分野の大学院生になり、その後、『スポーツ・イラストレイテッド』誌のライターになった。本書のために調査と執筆を進めるなかで、エリートスポーツというペトリ皿の上で、私にとって当初はまったく異なる調査対象だと思っていたスポーツへの情熱と科学という二つのテーマを一体化させる機会を得た。

本書を執筆するにあたり、私は赤道直下から北極圏まで足を運び、オリンピックの金メダリストをはじめとして、運動能力に大きな影響を与える身体的特徴や珍しい遺伝子変異を持っている人と動物を調査した。その過程では新たな発見があった。たとえば、トレーニングをしたいというアスリートの気持ちは、完全に本人の自由意志によるものと考えていたが、実は遺伝子による影響を受けているようだということ。あるいは、飛んでくるボールに弾丸のような速さで反応する野球のバッターやクリケットのバッツマン（訳注　打者）の能力は天性のものと考えていたが、実はそうでもなさそうだということ。

まずはこのテーマから、探求の旅を始めよう。

第1章　メジャーリーグ選手が女子ソフトボール選手に完敗
――遺伝子によらない専門技能獲得モデル

アメリカンリーグのチームは窮地に追い込まれていた。ナショナルリーグの強打者マイク・ピアッツァが打席に向かう。アメリカンリーグはここで代わりのピッチャーを投入した。ジェニー・フィンチは、世界最強のバッターたちの前をゆっくりと通り過ぎ、日差しが照りつける内野に向かって歩いていく。亜麻色の髪が、さんさんと照りつける砂漠の太陽の下で燃えるように輝く。ペプシ・オールスター・ソフトボールゲームは、メジャーリーグ選手だけで争われるイベントとして、それまで二四年間にわたって開催されてきた。身長一m八五の全米ソフトボール界のエースがピッチャーズマウンドに立ち、ボールに指をかけると、観客席から興奮のどよめきが起こった。

カリフォルニア州カシードラルシティの穏やかなある日のこと。ここの大聖堂《カシードラル》は、アメリカにある「スポーツ大聖堂」の一つを模してつくられたもので、内部は摂氏二一度ある。この球場は、シカゴ・カブスの本拠地リグレーフィールドの四分の三の大きさで、外野フェンスにツタが生い茂っているところまで忠実に再現されている。サンタローザ山脈のふもとに広がる砂漠には、リグレーフィールドの周辺に並び立つれんがづくりのアパートまである。シカゴ市街の写真をもとに、ビニール樹脂でほぼ実物大に再現されたものだった。

フィンチは、その数カ月後のアテネオリンピックで金メダルを獲得することになるのだが、当初はアメリカンリーグのコーチ陣の一人として招かれていたにすぎなかった。だがそれも、アメリカンリーグのスター選手たちが、五回に九対一で敗退するまでのことだった。

フィンチがピッチャーズマウンドに着くと、後方の守備陣が一斉に座り込んだ。ヤンキースの内野手アーロン・ブーンにいたっては、グラブを外し、二塁ベースを枕にしてグラウンドに寝ころんでしまうし、テキサス・レンジャーズのオールスター選手ハンク・ブレイロックは、その間を利用して飲み水を取りにいく始末だった。みな打撃練習のときにすでにフィンチの投球を目にしていたからである。

試合前の景気づけに、選手の多くがフィンチの下手投げで飛んでくるロケットのようなボールを試し打ちしていた。約一三m先から時速一〇〇km以上で投げられるボールがホームベースに達するまでの時間は、約一八m離れた通常の野球のマウンドから時速一五二kmで投げられる速球が達する時間に匹敵する。しかし、一五二kmといえばたしかに速いが、プロ野球選手にとっては珍しくも何ともない。おまけに、ソフトボールは野球のボールより大きいので、当てるのは簡単なはずだ。

にもかかわらず、フィンチの右腕が風車のように大きく回転するたびに、バッターは当惑するばかり。試合前の練習時に、当時の強打者の一人だったアルバート・プホルスがバッターズボックスに入ってフィンチと相対すると、ほかの選手たちが成り行き見たさに集まってきた。フィンチは、緊張した様子でポニーテールを直し、すぐに満面の笑みを浮かべた。投球を楽しんではいたが、プホルスの打球がピッチャー返しとなって自分に当たるのではないかと心配してもいた。プホルスは、厚い胸板に銀のくさりをぶら下げ、前腕はバットのように太かった。「さあ来い」。プホルスが静かに言った。フィンチはモーションをとり、右腕で大きく弧を描いてボールを投げた。一球目は高めだった。プホルスは後方にのけぞり、その速さに驚いた。フィンチがくすっと笑った。

二球目も速球だった。今度はインコース高め。プホルスは体をひねり、頭をそらした。後方では、仲間たちが大笑いしていた。プホルスは、いったんバッターズボックスを外れ、気持ちを落ち着かせたのちにまた元の位置に戻った。足の位置を決めなおした後、フィンチをにらみつけた。三球目はど真ん中だった。猛烈な勢いでバットを振った。しかし、バットはボールにかすりもせず、仲間からはやし立てられた。次の球はアウトコースを外れたため、見送った。その次の球はストライクだったが、またもや空振り。ストライクを二球取られたプホルスはバッターズボックスの後方ぎりぎりに立ち、いつもの膝を曲げたスタイルで構えた。

フィンチはすさまじい速球を投げた。プホルスは大きく空振りした。背を向けて、くすくす笑っているチームメイトのほうに戻ろうとしたが、途中、戸惑った表情で足を止めた。それからフィンチのほうを振り返って軽く帽子を持ち上げて会釈し、再び歩きはじめた。「あんな経験は二度としたくない」とプホルスは心に決めた。[1]

　というわけで、座り込んだ守備陣は、試合でもヒットはありえないとわかっていたのだ。フィンチは、ちょうど試合前の練習のときと同じように、対決した二人の打者をどちらも三振に打ち取った。ピアッツァは三球三振だった。サンディエゴ・パドレスの外野手ブライアン・ジャイルズは、三球目のストライクボールを大きく空振りし、その勢いで一回転してしまったほどだ。この試合の後、フィンチはコーチの任務に戻ったが、メジャーリーガーを翻弄してみせたのはこのときだけではなかった。

　二〇〇四年と二〇〇五年に、フィンチは、ＦＯＸテレビの番組「今週の野球」の取材チームに同行し、メジャーリーグのトレーニングキャンプを訪れ、世界最強のバッターたちを見事に打ち取ったのである。

「女にこの球が打てるっていうのか？」ボールから一五cmも外して空振りしたあとで、シアトル・マリナーズの外野手マイク・キャメロンは、信じられないという顔をしてつっかかるように言った。

　ＭＶＰを七度受賞したバリー・ボンズは、メジャーリーグのオールスター戦でフィンチを見かけたとき、並みいる取材陣をかいくぐって進み、冷やかしの言葉をかけた。

「だったらバリー、私が最強選手と対決できるのはいつかしら？」

「いつでもいいさ」。ボンズが自信満々に答える。「君が相手をしたのは間抜けな連中ばかりだ。本物にはまだ出会ってないのさ。ぼくのようにハンサムで有能な男と対決しないうちは、君がチャーミングで優秀とは言えないな」。ボンズは、雄のクジャクが羽を広げるように腕を大きく広げてフィンチにモーションをかけた。「ぼくと対決するときは防御ネットを用意したほうがいいな。ネットがないと君にけがをさせてしまうからね」

「これまで私のボールに触れることができた男の人は一人だけよ」。フィンチは答える。「触れる？」。そう言ってボンズは笑った。「君のボールがホームプレートを越えてくるなら、触れてみせるよ。それも思いっきりね」

「スタッフに電話させるわ。そこで決めましょう」とフィンチ。

「もう決まったよ。君が直接ぼくに電話してくれ。挑戦を受けて立とうじゃないか。テレビで全国放送するのもいいな。世界中に見てもらいたいからね」

こうしてフィンチはボンズと対戦するため、トレーニングキャンプに向かうこととなった。このときは観客も他の取材陣もいなかったが、ボンズのからかい口調が一変するのに長い時間はかからなかった。フィンチの投球を数回見たボンズは、撮影を禁止すると言い出したのだ。そしてフィンチが次から次へと投げるボールをすべて見送ったが、審判役を務めていたチームメイトは「ストライク」を連発した。「今のはボールだろ！」。ボンズがそう詰め寄ると、チームメイトの一人がこう言った。「バリー、こっちには一二人の審判がいるんだぜ」。ボンズはまともにスイングすることなく、数十球ものストライクを見送った。フィンチがこれから投げる球種をボンズに教えるようにした後は、ようやく一、二メートル転がって止まってしまうボテボテのファウルボールを打てるようになった。「来いよ。速球を投げてみろ！」とボンズが訴える。フィンチはそれに応え、ボールはボンズの目の前を猛スピードで通り過ぎた。

　次にフィンチはMVP選手であるアレックス・ロドリゲスを訪ねた。ロドリゲスのチームのキャッチャーを相手にウォーミングアップをしているとき、ロドリゲスはそのピッチングを見守っていた。フィンチが投げた最初の五球のうち三球をキャッチャーが取り損ねたため、それを見たロドリゲスはバッターズボックスに立つことを拒否した。フィンチにとって残念なことである。ロドリゲスはフィンチにこっそりこう告げた。「これで誰からも馬鹿にされることはなくなった」

　高速で動く物体を一流のアスリートたちがどのように認識するかについての研究は、これまで四〇年間にわたって続けられてきた。[2]

アルバート・プホルスやテニスのロジャー・フェデラーのような選手は、生まれつき優れた反射神経を持っているので、ボールへの反応時間に余裕があると直観では思える。しかし、実はそうではない。

「単純反応時間」を測定するために、電球がついたらすばやくボタンを押すテストをすると、教師、弁護士、プロの運動選手のいずれにかかわらず、ほとんどの人が二〇〇ミリ秒、つまり五分の一秒かかることがわかっている。五分の一秒というのは、眼球の後部にある網膜で情報を受け取り、その情報がニューロン（神経細胞）をつなぐシナプスを通って――それぞれのシナプスを通るのに数ミリ秒かかる――脳の後部にある一次視覚皮質に到達し、脳が信号を脊髄《せきずい》に送って筋肉を動かすのにかかる、ほぼ最低時間である。この一連の動作が、まさにまばたきする間に行なわれるのだ（顔に光が当たるときに、まばたきに要する時間は一五〇ミリ秒だ）。しかし、二〇〇ミリ秒というのは、時速一六〇kmの野球のボールや、サーブ時に時速二一〇kmで飛んでくるテニスボールなどに対してはあまりにも遅すぎるのである。[3]

メジャーリーグでの標準的な速球は、三mの距離を七五ミリ秒かけて通過する。網膜内の感覚細胞はその時間内にボールを視覚的に捉え、飛んでくる方向と速さを脳に伝える。ピッチャーが投げたボールがホームベースに到達するまでの時間は、およそ四〇〇ミリ秒だ。筋肉を動かしはじめるまでに要する時間はこの半分の二〇〇ミリ秒なので、バッターはボールがピッチャーの手を離れた直後にどこをめがけて振ればよいかを判断しなければならない。ボールがホームベースに達するまでの半分よりずっと前ということになる。しかも、ボールがバットの届く範囲内に存在している時間は、わずか五ミリ秒だ。人の目がボールを見るときの角度は、ボールがホームベースに近づくにつれ急激に変化する。[4] そのため、「ボールから目を離すな」という教えを実践するのは、事実上不可能なのである。野球のボールがキャッチャーミットに収まるまで、ずっと見つめていられるような高度の視覚系は人にはない。ボールがホームベースまでの半分の距離を通過した後は、目を閉じていても同じともいえる。

このように、ピッチャーが投げるボールの速さと人間の生物学的限界を考えあわせてみると、そもそもボールを打てるということ自体が奇跡にさえ思われる。

それなのに、アルバート・プホルスらオールスター選手たちは、時速一五二kmの速球を打つことを生業《なりわい》としている。では、なぜ時速一一〇kmのソフトボールに相対すると、まるでリトルリーグの選手に一変してしまうのか？　それは、高速で飛んでくるボールを打てるかどうかが、ひとえに将来予測能力にかかっているためだ。野球選手がソフトボールのピッチャーと対峙するときには、この予測能力が奪われてしまうのだ。


四〇年ほど前、ジャネット・スタークスは、カナダのナショナルチームで、身長一五七cmのポイントガードとしてひと夏を過ごしていた。後に世界有数の運動能力研究者になる前のことである。スタークスがスポーツの世界で長く信望を得ることになるのは、実はバスケットボール選手としてではなく、ウォータールー大学の大学院生として始めた研究によってだった。研究テーマは、優秀なアスリートがなぜ優秀なのかを解明することだった。

生まれ持った身体という「ハードウェア」――単純反応時間のように、生まれたときから備わっていると思われる資質――についてテストを行なった結果、スポーツ選手の優れた成績を説明するにはハードウェアはほとんど役に立たないことがわかった。エリートアスリートの反応時間はつねに五分の一秒前後だが、無作為に人を選んでテストしても反応時間は同じだった。

そこで、要因をほかに求めることにした。スタークスは以前、「信号検出テスト」を利用した航空管制官についての研究を耳にしたことがあった。ベテランの管制官が、視覚情報からいかにすばやく重要な信号を見つけ出せるかを測定するものだ。この、訓練により学習できる知覚認知能力のような研究から、大きな成果を得られるかもしれないと考えた。そして、一九七五年にウォータールーで大学院の研究の一環として、現代スポーツの「遮蔽試験《オクルージョンテスト》」を考案したのである。[5]

　スタークスは、女子バレーボールの試合の写真を何千枚も集め、そのスライドをつくった。そこでは、ボールがフレーム内に収まっている写真と、ボールがフレームから外れたあとの写真の両方が用意された。ボールがフレーム内に収まっているかいないかにかかわらず、ボールがフレーム外に飛びだすまでの時間はほんのわずかなので、選手の位置と動きにほとんど差はなかった。

　次に、スライドプロジェクターを用意し、優秀なバレーボール選手たちにスライドを一瞬見せたのちに、ボールが写っていたかどうかを答えさせた。スライドを見る時間はほんの一瞬であったため、実際にボールを目で捉えるのは困難だった。つまりアイデアとしては、選手たちはコート全体を見ているのかどうか、一般人とはさまざまな点で異なる彼らのボディランゲージが、ボールの有無を判断することを可能にしているのかどうかを突き止めることだった。

　この最初の「遮蔽試験」の結果は、スタークスにとって驚くべきものだった。反応時間テストと異なり、トップレベルの選手と一定のランクに達していない選手とではあまりにも差が大きかったからだ。トップレベルの選手にとっては、ボールの有無を判断するにはほんの一瞬の時間で十分だった。さらに、優秀なプレーヤーほど、多くの関連情報をスライドから得ていることがわかった。

カナダのバレーボール代表選手にもこのテストが行なわれている。そのときに参加していた世界的な女性セッターの一人は、ボールの有無を一六ミリ秒で判別した。「とてもむずかしいですよ。バレーボールを知らない人にとっては、一六ミリ秒は一瞬の閃光でしかありませんから」とスタークスは言う。

驚くことに、この世界レベルのセッターは、一六ミリ秒の間にボールの有無のみならず、映像からの情報を寄せ集めて、いつ、どこで撮られた写真かということまで判別したのである。スライドを見た後、ボールの有無について「イエス」「ノー」を答えたばかりでなく、ときには、「これはシャーブルック大学のチームね。新調されたユニフォームを着てるわ。撮影されたのはこれこれしかじかの時間」などと述べた。ある女性には一瞬の閃光でしかないものが、別の女性には完全に体系づけられた物語になっていた。プロとアマチュアとの決定的な違いの一つは、すばやく動けるという持って生まれた才能ではなく、学んでゲームを理解することにある。これは大きなポイントだった。

博士号を取得してまもなく、スタークスはマクマスター大学の教員となり、フィールドホッケーのカナダ代表選手を対象に「遮蔽試験」を続けた。しかし、当時のフィールドホッケーでは、天性の反射神経が何よりも重要という伝統的な考え方が支持されていた。後天的に得られる知覚能力こそが優れた成績を生むという考え方はむしろ「異端」と見なされていた、とスタークスは語っている。

一九七九年、カナダのフィールドホッケー競技団体が、モスクワオリンピックに向けて進めていた準備を手伝っていたとき、コーチ陣が旧来の考え方で選手を選抜しようとしていることを知ってスタークスは失望した。「選手はみな同じようにフィールドを見ていると、コーチたちは考えていました。単純な反応時間テストを使って選抜し、それでゴールキーパーでもストライカーでも立派に決められると思っていたのです。反応時間では何も予測できないということをコーチ陣がまったくわかっていないのには愕然としました」

当然のことながら、スタークスのほうがより深い知識を持ちあわせていた。フィールドホッケー選手に対して行なった遮蔽試験では、バレーボール選手と同様、いや、それ以上の結果が得られた。トップレベルのフィールドホッケー選手は、まばたきするより早くボールの有無を判別できたばかりか、一瞬見ただけで、フィールド上のゲーム展開を再構築することができた。バスケットボールやサッカーの選手についても、同様の結果を得ることができた。エリートアスリートは誰もが、自分が専門とするスポーツについては、まるで写真のように正確な記憶力を持っているようだった。ここで問題となるのは、トップアスリートにとってこのような知覚能力はどれほど大切なものか、そしてその能力は遺伝によって受け継がれたものなのかどうか、という点である。

この問いに答えるには、動きが比較的ゆっくりとしており、ゲーム中に考える時間が比較的長く、そして筋肉と腱の動きが少ない競技について調べるのが最適である。

一九四〇年代初頭、チェスの名人であったオランダの心理学者アドリアン・デ・グルートは、チェスの才能について研究しはじめた。[6]被験者は、さまざまな技能レベルのチェスプレーヤーだった。グランドマスターが並みのプロ競技者に勝る点は何か、さらにプロ競技者が一般のプレーヤーよりはるかに勝る要因は何かについて調べたのだ。

非常に腕のいいチェスプレーヤーは、一般のプレーヤーよりも先を読む力に優れている、というのが当時の常識だった。腕のいいプレーヤーと初心者を比較するならば、それは間違いではない。しかし、グランドマスターと単に強いだけのプレーヤーの二人に、通常ではあまりなじみのないゲーム状況を見せ、次の一手を決定した理由について説明を求めたところ、この二人は、ほぼ同じ駒を使った同じゲーム展開を考えていたことがわかった。そこでデ・グルートは考えた。では、最終的にグランドマスターが優れた手を指せるのはなぜか？

次に、技能レベルが異なる四人のチェスプレーヤーを呼び集めた。その四人とは、世界チャンピオンでもあるグランドマスター、マスター、町のチャンピオン、そして一般レベルのプレーヤーだった。

デ・グルートは、マスターをもう一人呼び、むずかしいゲーム状況をいろいろつくり出した。そして、三〇年後にスタークスがスポーツ選手に対して行なうことになるテストにきわめてよく似た実験を行なった。つまり、駒が置かれたいくつかのチェス盤を四人のプレーヤーに数秒間見せ、その後、駒の配置を別のチェス盤上に再現できるかをテストしたのだ。ここで、技能レベルが異なるチェスプレーヤーの差がはっきりと現れた。特に、二人のマスターレベルと二人のそれ以下のプレーヤーの比較結果は「あまりに大きく歴然としていたため、説明の必要がないほどだった」とデ・グルートは記している。

四回の実験で、グランドマスターは盤を三秒見つめただけで駒の配置を完全に再現できた。マスターは同じ駒の配置を四回中二回再現することができた。下位レベルの二人は一度も正確に再現できなかった。全テストを通じて、グランドマスターとマスターは、九〇％以上の正確さで盤を再現した。一方、町のチャンピオンは七〇％、一般レベルのプレーヤーは五〇％程度の正確さだった。グランドマスターは盤を五秒見るだけで、一五分間見つめ続けた一般レベルのプレーヤーより正確にゲーム状況を把握した。このテストの結果、「マスターレベルの成果を得るためには経験が必要不可欠であることは明らか」と、デ・グルートは記している。しかし、デ・グルートがそのとき見たものは後天的に獲得された能力であり、決して生まれ持った奇跡的な記憶力ではないということが立証されるのは、三〇年後のことである。

一九七三年に発表した画期的な論文で、カーネギーメロン大学の心理学者ウィリアム・G・チェイスとハーバート・A・サイモン（のちのノーベル経済学賞受賞者）は、デ・グルートと同様のテストを行ない、こんな工夫をつけ加えている。すなわち、チェス盤上に無作為に置かれた駒、つまり、実際のゲームでは起こりえない配置の駒に対する記憶力をテストしたのだ。無作為に置かれた駒を五秒間眺めたのちにそれを再現するテストを複数のプレーヤーが行なった結果、マスターに優位性がないことがわかった。あっけないことに、マスターの記憶力は一般プレーヤーと大差なかったのだ。

　チェイスとサイモンは、自分たちの実験結果を説明するために、「チャンキング理論」と呼ばれる記憶法に関する理論を提唱した。[7] これは、チェスのようなゲームを研究する際に一つの軸となる考え方であるが、スポーツにおいても、ジャネット・スタークスがフィールドホッケーとバレーボールの選手について発見したような事実を説明する理論になっている。

　チェスのマスターが、チェス盤上のチャンク（ひと塊）情報を記憶する達人であるのと同様に、エリートアスリートはフィールド上のチャンク情報を記憶する達人なのである。換言すれば、達人は多数の情報を個々に記憶するのではなく、過去に見てきたパターンを参考にして、多くの情報を無意識のうちに少数の有意チャンク情報に分類しているのだ。デ・グルートの実験で、一般レベルのプレーヤーは置かれた二〇個の駒を眺めた後、全部の駒を個々に記憶しようとしていた。それに対して、グランドマスターは、数個の駒で構成される少数のチャンクを記憶するだけでよかった。グランドマスターにとっては、駒と駒の関連性こそが重要だったのだ。*

　グランドマスターは、チェスの「言語」の達人だ。駒の何百万もの配置についての記憶データベースを持っており、そのデータベースは、少なく見積もっても三〇万個ほどの意味のあるチャンクに分類されている。さらにそのチャンクは、駒（スポーツの場合は選手）の配置に関してもっと大きな塊となっている「パターン」にグループ化されている。そして、このパターンの中で仮にいくつかの駒が動かされたとしても、全体像が見失われることはない。初心者なら新たな情報や無作為に配置された駒を見るとお手上げになるが、マスターは見覚えのある駒の配置や構成をそこに見出そうとする。次の一手を決めるにあたって欠かせない情報を、そこから探り出すのだ。「最初はゆっくりと意識を働かせ、演繹的にしかできなかったことが、今では、すばやく無意識の知覚プロセスによって達成されるようになった」と、チェイスとサイモンは記している。「チェスのマスターが正しい一手を『見る』という表現は、あながち間違いではない」

チェス、ピアノ、外科手術、スポーツなどの分野の達人の眼球の動きを研究した結果、経験を重ねるにつれ、視覚情報を有用なものとそうでないものに、よりすばやく分別できるようになっていることがわかった。達人は、無用の情報には目もくれず、次の一手を決定するための最重要データをすばやく取り込もうとする。初心者が、個々の駒、あるいはプレーヤーについていつまでも考え込むのに対し、達人は、全体の中の、複数の駒あるいはプレーヤーが形づくる「空間」に神経を注ぐ。

全体像を把握して初めて、プレーヤーの配置状況や相手のかすかな体の動きから重要情報を入手し、次に起こることの予測が可能となる。これがスポーツにおける最重要事項だ。

一九七〇年代後半、クイーンズランド大学の学部生であり、熱心なクリケット選手でもあったブルース・アバネシーは、ジャネット・スタークスの遮蔽試験をさらに多くの事例に適用してみようと思い、スーパー8ミリフィルムでクリケットのボウラー（訳注　投手）を撮影した。[8] 撮影が終わってからボウラーに映像を見せ、ボールが投げられる直前で止め、飛んでくるコースを予測させた。当然のごとく、初心者に比べて優秀な選手ほどコースを正しく予測できた。

それから数十年たち、クイーンズランド大学で副学部長となったアバネシーは、遮蔽試験の第一人者となり、この手法によってスポーツにおける知覚能力を解明しようとしている。アバネシーの主たる研究場所は、映像の画面からコートやフィールドに移った。ガラスを曇らせたゴーグルをテニス選手にかけさせ、相手がボールを打つ姿を見えにくくしてプレーしてもらった。クリケットのバッツマンには、対象がぼやけて見えるコンタクトレンズを数種類用意し、それを装着してプレーしてもらった。

アバネシーの研究成果の論旨はこうだ。エリートアスリートは、次の展開を予測するのに時間も視覚情報もそれほど必要としないし、チェスの達人のように、無意識のうちに重要な視覚情報に目を向けているというのである。つまり、エリートアスリートは、チェスのグラ

＊　私たちは誰でも日常生活でチャンキングを行なっている。たとえば、私があなたに二〇の単語から成る一つの文を伝え、それを記憶してもらうとしよう。一方、無作為に選んだ相互関係がない二〇の単語を記憶する場合はどうだろう。前者は後者よりはるかに記憶しやすいはずだ。

ンドマスターがルークやビショップについてするように、選手の身体の動きや配置状況をチャンク情報として認識する。「クリケットの打者に、ボール、投手の手、手首、肘だけが見えるようにして打ってもらったところ、普通に打つときよりも良い結果が出ました。信じられないことですが、トッププレーヤーは、相手の手と腕の動きを手がかりにして判断しているのです」と、アバネシーは述べている。

テニスのトッププレーヤーは、対戦相手がサーブする直前のわずかな上半身の動きから、ボールが自分のフォアハンド側に飛んでくるか、あるいはバックハンド側に飛んでくるかを見抜くことができるが、一般のプレーヤーは、相手のラケットが動きはじめるまでボールの方向を予測することができず、その分、貴重な反応時間を無駄にしている（バドミントンでも、アバネシーが相手のラケットと前腕をすっぽり隠すと、トッププレーヤーが初心者同様になってしまった。バドミントンでは前腕の動きから得られる情報がいかに大切かということがわかる）。

プロボクサーも同じ技術を身につけている。モハメド・アリのジャブが四五cm先に立っている相手の顔に当たるまでの時間は、わずか四〇ミリ秒だった。対戦相手は身がまえるまもなく、矢継ぎ早のパンチで顔を赤く腫れあがらせ、一ラウンドでリングに沈んだ（アリにはパンチの方向を見誤らせる技術があったので、相手は予測を裏切られ、数ラウンドでノックアウトされることも少なくなかった[9]）。

バスケットボールで、シュートミスによるリバウンドボールを取るような、一見まったく本能的に見える技術でさえ、習得した知覚能力と、シューターのわずかな身体の動きでボールの軌道が変わるという知識のデータベースに基づいて対処しているのだ。[10] 厳しい練習によって構築されるのは、このデータベースなのである。*

　このデータベースがなければ、いかなるアスリートも、無作為に駒が置かれたチェス盤に向き合っているマスターか、先を予測する情報を奪われてジェニー・フィンチに向き合ったアルバート・プホルスと同じ状況に陥ってしまう。† プホルスは、フィンチの身体の動き、投球の癖、ソフトボールの回転などについてのデータベースを持っていなかったため、飛んでくるボールを予測できず、最後の瞬間になるまで反応できなかったのだ。加えて、プホルスの反応速度はきわめて平凡なものだった。

　ミズーリ州セントルイスにあるワシントン大学の科学者たちが、強打者プホルスの反応時間をテストしたことがある。このとき、無作為に選ばれた同大学の学生も一緒にテストを受

＊　近年、プロのクリケットチームは、ボウリングマシン（訳注　野球でいうピッチングマシン）の使用を控えている。機械を使うと、飛んでくるボールを投手の身体の動きから予測する能力が養われないからだ。

†　打撃コーチのペリー・ハズバンドがＭＬＢの一シーズンのうちの五〇万投球について分析したことがある。カウントが二ボールノーストライクのときの平均打率は四割六分二厘。一方、カウントがノーボール二ストライクのときは三割六分二厘だった。両者には一割の差が認められる。前者の場合は後者よりも、打者がカウント情報から次の投球を予測しやすいからだ。

けたが、上位三四％の学生が、プォルスより優れた反応を示した。[11]

エリートアスリートに必要な予測能力を、生まれながらに備えている人間はいない。アバネシーが、バドミントンのエリートアスリートと初心者を対象として眼球運動のパターンを調べたとき、初心者であっても、すでに対戦相手の身体の見るべき部分を正しく見ていることがわかった。情報を得るための認識データベースを持っていなかっただけなのだ。「持っていたら、指導して優秀な選手に育ててあげるのはとても簡単なことでしょう」とアバネシーは語る。『相手の腕を見ろ』と言うだけでいいのですから。野球のバッターにまともなアドバイスをするとすれば、『ボールから目を離すな』ではなく、『相手の肩を見ろ』となるでしょうね。『ボールから目を離すな』などと実際に言ったりすれば、優秀な選手がアマチュアレベルに戻ってしまう」

打撃にせよ、投球にせよ、車の運転にせよ、習得技術を行動に移すときの脳の活動領域は、練習を重ねるにつれて、前頭葉にある意識の領域から、自動的な処理を司る原始的な領域、つまり「考えることなく」身体を動かす技能の領域へと徐々にシフトしていく。[12]

スポーツでは、練習を重ねて得た技術に対して脳の自動化は超特異的で、ある特定の動作に対してトレーニングを積んだアスリートの脳画像を見ると、まさにその動作をするときにかぎって前頭葉の活動が非活性化されることがわかる。ランナーが自転車やアームバイク（腕でペダルをこぐ自転車）に乗っているときには、ランニングをしているときよりも前頭葉の活動が活発になる。自転車やアームバイクに乗るのに、それほど意識して考える必要はないように思えるのだが、そうではない。トレーニングによる身体の動きは、脳内で非常に特異な自動化がなされるのだ。[13,14] アバネシーの言及に戻れば、スポーツをしているときに身体の動きについて「考える」のは、初心者の印であり、そのようなことをすれば、優秀なアスリートがアマチュアレベルに戻る一因となる（シカゴ大学の心理学者シアン・ベイロックは、ゴルファーがパッティングをするときに、プレッシャーで身体が固まりそうになる——ベイロックはこれを「分析《アナリシス》による麻痺《パラリシス》」と呼んでいる——のを防ぐことができると言う。その方法は、頭の中で歌を歌うことで、そうすれば脳の意識領域が占領されるからだ）。

チャンキングと脳内処理自動化の両方がそろうと、達人への道が開かれる。相手選手の身体の動きが発する手がかりと、蓄えてきたパターンを把握し、それらを無意識に処理する脳処理速度が加わる。そのとき初めて、アルバート・プホルスは、ボールが投手の手を離れようとする瞬間にバットを振るかどうかを判断できるのだ。クォーターバックのペイトン・マニングも同様。猛烈な勢いで突進してくるラインバッカーの前で、立ち止まって、それまで何年もかけて練習してきたことや、試合ビデオを分析して、守備配置やパターンを整理している余裕はない。数秒でフィールドを見渡してボールを投げる。このような場面は、早指しチェスと同じである。ナイトとポーンの代わりに、ラインバッカーとセイフティーが配置されていると思えばよい（さらに、NFLでは、ディフェンシブコーディネーターと呼ばれるコーチが、適宜プレーヤーの配置を換えることにより、無作為に駒を並べた「チェス盤」をマニングに見せて錯覚させようとすることがある）。
デ・グルートからアバネシーまでの専門家の研究結果は、専門技術を研究している心理学者たちに私がインタビューしたときに、壊れたレコードのように何度も聞かされたものだ。それは次の一言に要約できる。「大切なのはハードウェアでなくソフトウェアだ」[15]。すなわち、スポーツの達人と初心者との違いである知覚能力というのは、練習を通して学んで得た、つまり（ソフトウェアのように）ダウンロードして手に入れたものなのである。このような能力は、人間というハードウェアに最初から標準装備されているものではない。この事実に促されて、現代スポーツ専門技術分野について、あるよく知られた理論――そこには遺伝子を受け入れる余地はない――が生まれたのである。

それは音楽家から始まった。

一九九三年に、三人の心理学者がベルリン西部の音楽学院を訪れた。そこは、世界的なバイオリニストを輩出している著名な音楽学院だった。

音楽学院の教授陣の協力を得て、心理学者たちは生徒を三段階の技能レベルに分けた。最初の一〇人は「最優秀」生徒で、世界的なソリストになる素質を持っている。次の一〇人は「優秀な」生徒で、交響楽団の一員としてやっていける。最後の一〇人は「優秀でない」生徒で、将来考えられる職業は音楽の先生である。

三人の心理学者が三〇人の生徒全員に綿密な聞き取り調査をした結果、類似点がいくつか明らかになった。三つのグループの生徒はみな、八歳前後に体系的なレッスンを受けはじめ、一五歳前後に音楽家になることを志した。そして、技術レベルに差があるものの、三つのグループの全員が、能力向上のために週五〇・六時間というとんでもない時間をバイオリンの練習に費やしていた。その内容は、音楽理論講義への出席、音楽鑑賞、練習、演奏などであった。

際立った違いが現れるのはそれからだ。上位二グループは、自分一人での練習に週二四・三時間を費やしていたが、最後のグループは週九・三時間だった。ただし、もっともなことだが、音楽家は練習の中でも単独練習に重きを置く。これはグループ練習や遊びで弾くときに比べれば、忍耐を要する練習だ。上位二グループは、バイオリンの練習と疲労回復を中心に生活が成り立っていた。平均睡眠時間は週六〇時間であったが、これに対し、最後のグループは五四・六時間だった。しかし、単独練習時間の長さだけが上位二グループを際立たせているわけではない。

次に、生徒がバイオリンを始めてからこれまで合計で何時間練習したかを、記憶をもとに計算してもらった。第一グループは、最初にバイオリンを手にしてから、他のグループよりも早く練習時間を増やしはじめていた。一二歳ですでに、総練習時間で最下位グループを約一〇〇〇時間上回っていた。さらに、上位二グループは、音楽学院で技術習得のために費やした時間が同じだったとはいえ、世界的なソリストになるグループは、一八歳までに平均七四一〇時間を単独練習に費やしていた。これに対して、「優秀な」グループは五三〇一時間、音楽の先生になるグループは三四二〇時間だった。「それゆえに、各グループの技術レベルと、バイオリンの練習時間の累計値は完全に相呼応する」と、心理学者たちは記している。要するに、天性の音楽的才能と思われていたものが、実は何年にもわたって積み重ねた練習の結果であったと結論づけたのだ。

注目すべきことに、トップレベルのピアニストは、トップレベルのバイオリニストと同じくらい練習に時間を費やしていることがわかったのだ。まるで、プロフェッショナルになるための共通したルールがあるかのようである。研究者たちは毎週の推定練習時間から次のように考えた。すなわち、いかなる楽器であろうとトップレベルの演奏家たちは二〇歳までに一万時間の練習を積み重ねていること、熟練した演奏者たちは「意図を持った練習」、つまり、ぎりぎりの負担を強いられるきつい練習を、長時間行なっているのではないかということだ。このような練習は一人で行なうことが多い。

今では有名になった論文「エキスパートになるために必要な意図を持った練習の役割」で、執筆者は結論をスポーツの世界に適用した。そこでは、「習い覚えた知覚能力のほうが、持って生まれた反射能力よりも重要である」という、ジャネット・スタークスによる遮蔽試験の結果が引用されている。音楽でもスポーツでも、積み重ねた練習の成果があたかも天賦の才であるかのように見せかけられている、と執筆者は述べている。

この論文の筆頭執筆者で、フロリダ州立大学の心理学者であるK・アンダース・エリクソンは、熟達するための「一万時間の法則」の父——自分自身は「法則」と呼んだことは一度もないが――と考えられている。この「一万時間」は、技術習得に関する研究者たちの間で、「意図を持った練習の枠組み」としてよく知られている。

エリクソンは、エキスパートについてのエキスパートと見なされている。エリクソンをはじめとするこの枠組みの提唱者たちは、短距離離走といい外科手術といい、あらゆる分野で、積み重ねた訓練は、天性の資質の裏に隠れたすばらしい魔法であるとまで言い出している。

遺伝子科学が広く認識されるようになったため、エリクソンは遺伝子をみずからの著作の中に取り込んだ。二〇〇九年の論文「偉大な成績の科学的分析に向けて」で、エリクソンと共同執筆者は、プロスポーツ選手（あるいは、プロであればどんな分野の人でも）に必要な遺伝子は、「健康な人なら誰でもDNAの中に持っている」と記している。そう考えれば、エキスパートになるために必要なのは、遺伝子ではなく練習の積み重ねということになる。メディアの解釈ではしばしば、エリクソンの研究における一万時間というのは、誰がどんな分野のエキスパートになるのにも、必要かつ十分な時間であるとされてきた。つまり、一万時間に足りなければ誰もエキスパートになれないが、一万時間に達すれば誰もがエキスパートになれるというのである。

何冊かのベストセラーの背表紙や研究論文などで、「一万時間の法則」（あるいは一〇年の法則）という言葉が、アスリートの育成や、子供に早いうちに厳しい練習を始めさせる推進力として浸透してきた。

その中には、エリクソンの研究はトレーニングによる差異だけでなく、個人の遺伝的相違を考慮に入れているという有名な著述家もいれば、一万時間の法則は絶対だとかたくなに考え、遺伝子が入り込む余地などまったくないとする人もいる。私は本書を執筆中にも、米国オリンピック委員会の科学者によるインタビューに始まり、ヘッジファンドが投資家に送った年次報告書にいたるまで、実に多彩な分野で「一万時間」を成功の秘訣として言及している事例を目にしてきた。

さらになんと、自分自身を実験台にして「一万時間の法則」をテストしているゴルファーとも知り合うことになったのである。

第2章　二人の走り高跳び選手
——（一万時間プラスマイナス一万時間）

二〇〇九年六月二七日、三〇回目の誕生日にダン・マクラフリンはある決意をした。オレゴン州ポートランドでやっていた商業写真家をやめて、プロゴルファーになるというのだ。[1]過去三〇年間のゴルフ経験といえば、幼いときに兄に連れられて練習場に二回出かけただけ。子供のときにテニスを少ししたことと、高校生のときに一年間だけクロスカントリーで走ったことを除けば、競技の世界に身を置いたことはなかった。でも何かを変えなくては。

マクラフリンは、二〇〇三年にジョージア大学でジャーナリズム学士号を取得、新聞社でカメラマンを二年務め、その後は広告写真や商品写真を撮っていた。そして、歯科用機器のスナップ写真を処理するデスクワークを六年続けた後、挑戦好きな自分に合う冒険をしたいと思うようになった。

はじめは、大学院で勉強しようと考え、ＭＢＡコースで金融を学ぶために必要な資金を蓄えた。しかしポートランド州立大学の一日目、マイクロソフトエクセルのスプレッドシートの使い方を教える授業を受けただけで、MBAは自分の目指す方向ではないことに気がついた。医師の助手や建築家になることも考えたが、新しい人生は思い切ったものでなければならない。

マクラフリンには変わった一面があって、二〇〇六年の冬休みには、軍事クーデターのさなかのフィジーへ旅行する計画を立てている。とはいえ、それ以外は普通の人。身長一七五cm、体重六八kg。「特に恵まれた体格でもない、きわめて平均的な人間」と、自分でも言っている。そこがミソである。

マクラフリンは、ジョフ・コルヴァンの *Talent Is Overrated*（邦訳『究極の鍛錬』米田隆訳、サンマーク出版）とマルコム・グラッドウェルの *Outliers*（邦訳『天才！』勝間和代訳、講談社）という、二冊のベストセラーに載っていたエリクソンの研究内容に大きく心を動かされた。*Outliers* で「偉業を達成する魔法の数字」だと説明されている一万時間の法則を知り、天性の才能ゆえと思われる技能は、何千時間もかけた練習の結果にすぎないことが多い、という理論を読んでいた。

そういうわけで、二〇一〇年四月五日、マクラフリンは、プロになっていつかはPGA（全米プロゴルフ協会）ツアーに出るという究極の目標を目指して、意図を持った練習の最初の二時間を記録した。一万時間に向けて一時間ごとに記録して、「ゴルフだろうがなんだろうが、プロと自分たち普通の人間との間に違いはない」ことを証明する計画だ。「もし私の身長が一八〇cm以上なら説得力に欠けるかもしれませんが、普通の体格の人間ですから」

マクラフリンの練習時間は二〇一二年末時点で三六八五時間に達しているが、これは売名行為ではなく、科学的な実験である。PGAの認定インストラクターの協力を得、エリクソンにこの方法でいいかどうか相談もしている。そして、エリクソンの一万時間の定義にしたがって、意図に基づくと認定できる練習時間だけを記録するようにした。

「意図を持った練習では、何を練習するかを正しく理解していなくてはなりません」とマクラフリンは言う。ただ練習場に出かけて、上達するために考えたり修正したりしないまま、何時間もひたすら球を打つのでは意味がない。そこで週に六日、一日六時間を意図を持った練習にあてることにした。とはいえ、途中何度も休憩をとって、うまくいったことや改善できること——たとえばインパクト時のクラブフェイスを閉じるといったようなこと——を考えるし、また何時間も神経を集中し続けるのはつらいので、実際には一日八時間になる。

マクラフリンは、自分のゴルフを基礎から一つ一つつくりあげている。私が初めて彼と話をしたとき、記録時間は一七七六時間だったが、その時点ではまだドライバーを手にしていなかった。「これまで練習してきたのは八番アイアンまで。カップまで一四〇ヤード以内の距離の攻略が自分のゲームプラン」だったそうだ。八番アイアンでラウンドらしきことをするときには、カップから異なる距離にボールを三個置き、それを全部打つようにしている。「そうすれば、九ホール回るだけで二七ホール回ったことになります」と言う。今のペースでいくと、一万時間に達するのは二〇一六年後半だろう（ウエイトトレーニング、ゴルフ理論の勉強、栄養士から話を聞くことなどの時間は計算に入れていない）。魔法の数字を達成すればプロになれる、とマクラフリンは本気だ。「何も保証はありません。明日交通事故に遭って死ぬかもしれないから。それでも、究極の目標はPGAツアーに出ることですよ」

さらに続けてこうも言った。「何が起ころうとも、うまくいった、と思うでしょう。日に日にゴルフが好きになってきて、フロリダ州立大学で開かれた学会で、プレゼンテーションもしました。そのときにはエリクソン博士と三度の食事をご一緒しましたよ……。博士は、たとえ一人だけだとしても、どのように伸びていくか様子が見られるのはありがたい、と言っていました。このような長期にわたる研究を誰かで試してみて意図を持った練習を追跡するなど初めてだ、とも」

今までこのような実験をした人はいない。一万時間の法則を裏付けるこれまでのデータはすべて、科学者が「断面的」で「遡及的」と呼ぶものだった。つまり、ある技術レベルまで到達した被験者に、これまでの練習時間を思い出してもらえないか、と研究者が依頼するのである。もともとの一万時間の研究では、世界的に有名な音楽学院への入学を許された音楽家が被験者で、すでにふるいにかけられていた。選ばれた者のみを対象とした研究ではどうにもならない偏りがあって、生まれつきの才能を証明することはできない。それに比べると、「長期にわたる」研究は実験としてははるかに質が高い。練習時間を積み上げていく被験者を追跡して、技能の上達を観察することができるからだ。しかし一万時間の法則を長期にわたって調査するのがむずかしいことは、容易に理解できる。今まで試したことがない技能を身につけるために何年も時間をかけようというマクラフリンのような人間を、何人も集めることがどんなにむずかしいか想像してみてほしい。ましてやそういう人たちをひたすら追いかけることなど、とてもできない。

ところが、被験者の記憶に頼ることなく、技能の獲得を追跡する方法があった。

チェスプレーヤーは、物理学者アルパド・イロが考案したイロポイントによって実力を評価される。平均的なプレーヤーのイロポイントは一二〇〇程度だ。チェスでなんとか生活していけるレベルのマスターは、二二〇〇から二四〇〇の間。国際的なマスターになると二四〇〇から二五〇〇。グランドマスターは二五〇〇以上になる。イロポイントは、プレーヤーが上達するのに伴って蓄積されるので、プレーヤーの上達履歴を客観的に示す指標となる。

二〇〇七年、ブエノスアイレスにあるアビエルタ・インテルアメリカーナ大学の心理学者ギエルモ・カンピテリと、ウェストロンドンにあるブルネル大学の専門能力研究センター所長フェルナン・ゴベは、それぞれに技術レベルの異なる一〇四人の競技チェスプレーヤーを集め、チェスの才能に関する研究を行なった。[2] カンピテリは、のちにグランドマスターになるプレーヤーを何人か指導したことがあり、またゴベは、若いころにチェスの練習を一日八時間から一〇時間行なって国際的なマスターになった経験があり、スイスでナンバー2のプレーヤーでもあった。

カンピテリとゴベの研究によると、二二〇〇イロポイントをとってマスターになりプロになれる練習量の一万時間というのは、だいたい当たっていた。マスターレベルに到達するための平均練習時間は約一万一〇〇〇時間、正確には一万一〇五三時間だった。これは、エリクソンがバイオリニストに対して行なった研究結果より多い。しかし、マスターレベルに達するための平均時間よりも興味深かったのは、時間の幅だった。

研究によると、わずか三〇〇〇時間でマスターレベルに達するプレーヤーがいる一方で、二万三〇〇〇時間かかったプレーヤーがいる。意図を持った練習の一〇〇〇時間が一年に該当すると仮定すると、同じレベルに到達するのに二〇年違ってくることになる。「これは研究結果の中で最も驚いたことでした。要するに、同一レベルに達するために、他人《ひと》の八倍もの練習を必要とする人がいるということです。それでもまだ同一レベルに達しないこともあります」と、ゴベは語る。* 幼少期にチェスを始めた被験者の中には、二万五〇〇〇時間以上の練習と勉強を重ねたものの、まだ一番下のマスターレベルに達していないプレーヤーもいた。

マスターレベルに達する平均時間は一万一〇〇〇時間だが、ある者にとっての三〇〇〇時間の法則は、他の者にとっては二万五〇〇〇時間でも到達しない法則になる。よく知られているバイオリンの一万時間研究は、練習時間の平均を表しているにすぎず、専門技術を習得するのに必要な時間の幅を示しているのではないから、どの被験者も本当に一万時間でエリートレベルに達したのか、それとも一人一人にかかった大きく異なる時間の平均にすぎないのか、それはわからない。

二〇一二年に開催された全米スポーツ医学会の公開討論会でエリクソンは、今や世界中で知られるようになったデータは少数の被験者から得られたものであり、練習時間の指標としては信頼性に欠ける、と述べた。「実際、一〇人のデータしか集めていなかったのです。［バイオリニストたちは］遡及的評価を何度かしてくれましたが、完全な一致は見られませんでした」。つまり、どのくらい練習したか、一人一人違うのである。違うといっても、一万時間で技能を習得したと言われるエリートバイオリニスト一〇人だけなのに、「たしかに五〇〇〇時間以上の」ばらつきがあった、とエリクソンは言う（エリクソン自身は、「一万時間の法則」という言葉を使ったことはない。この点は特記しておきたい。『ブリティッシュ・ジャーナル・オブ・スポーツ・メディスン』誌に二〇一二年に掲載された論文の中で、エリクソンは、その言葉が有名になったのはマルコム・グラッドウェルの著書 *Outliers* のある章のタイトルに使われたからであり、実はこれがバイオリニストの研究結果を誤解させるもとになった、と言っている）[3]。

ダン・マクラフリンに、一部のチェスプレーヤーのように一万時間ではなくて二万時間かかるかもしれないが、不安を感じるかどうか聞いてみた。するとこの過程が達成感そのものだと考えている、と彼は答えた。「一万時間になるいよいよそのとき、まだ七五で回っているか、Qスクール［PGAツアーの資格認定試験］にワン・ストローク届かずに落ちるか、

＊　もうひとつ、プロのチェスプレーヤーが左利きである割合が、プロでないプレーヤーの二倍ということも驚きだ。

それともツアーに出ているか、楽しみです。どんな分野でも、七〇〇〇時間から四万時間かければ一流のレベルになれると思うけれど、これは上達の過程を記録するにはいい方法ですよ」。七〇〇〇時間から四万時間の法則ではあまりにも幅がありすぎて、もうひとつピンとこないのだが。

チェスプレーヤーについて言うと、上達度合いの違いはすぐさま現れた。「マスターレベルに達したプレーヤーと、まだ達していないプレーヤーの両者を調べてみたところ、最初の三年間はみな同じような練習をしていました。しかし、成績においては、すでに大きな差がついていたのです」とゴベは言う。「最初の時点でわずかでも［才能に］差があれば、それは大きく影響します。一つのチャンクを学習するのに一〇秒前後かかるとします。するとグランドマスターになるためには、およそ三〇万のチャンクが要る計算になります。すると九秒で一つのチャンクを学習する人と、一一秒かかる人がいるとすると、そのわずかな差は膨大な差になるのです」

これは、いわば技術習得におけるバタフライ効果である。ゴベが言うように、始めた時点でわずかな差があると、結果が大きく違ってくるか、そうならないまでも、同じ結果を得るための練習量が大きく違ってくるだろう。

二〇〇四年八月二二日の朝、ステファン・ホルムは、競技の前にいつもそうするように、読書に没頭して気持ちを落ち着けていた。その日読んでいたのは、マイケル・ルウェリン・

スミスの著書 *Olympics in Athens 1896: The Invention of the Modern Olympic Games*（一八九六年アテネオリンピック：近代オリンピックの発祥）。スウェーデンの走り高跳び選手であるホルムは、競技で移動するときには訪問地に関係のある本を読むようにしていた。そしてこの日彼が読んでいたのは、まさにぴったりの本だった。数時間後、彼はアテネのオリンピアコ・スタディオで、アテネオリンピックの決勝に臨むことになっていたのだ。[4]

いつものようにホルムは、あらゆる予感をむりやり吉兆にした。二二五ページで本を読むのをやめたくても、二四〇ページまで絶対読み進める。なぜなら、競技でバーの高さが二二五cmに上げられたときに、その数字で終わるイメージになるのがいやだったからだ。

些細なことに神経を使わないですむように、ホルムの朝はいつも同じだった。朝食はコーンフレークとオレンジジュース。競技場に向かう一時間前は、スウェーデン王冠のシンボルをあしらった青と黄色のユニフォームをベッドに置いてからシャワーを浴びる。洗髪はいつも二回するが、特に理由はない。そして髭を剃《そ》る。荷物をバッグに入れる順序もいつも同じ。競技の日はいつも黒のアンダーウェア。靴下はいつも右足から履くが、スパイクシューズを履くときは左足が先。

その日の夕方の競技場で、彼は最後の二m三四を前にしていた。すでに二回のジャンプを失敗している。三回目も失敗すると万事休す。ジャンプの前にいつもするように、刈り上げた髪を手で二度うしろへ撫でつけ、目をこすり、ジャージの胸元を軽く引っ張り、額の汗を拭った。それから軽いステップで走りはじめ、やがてバーに向かって全力疾走。そして空中高く舞い上がり、バーの向こうへ。最終的に彼は二m三六を跳び、金メダルを勝ち取ったのだが、それは、子供の頃から走り高跳びに打ち込んできた彼にとって、最高の瞬間だった。努力が天才をつくったのだ。

モスクワオリンピックに刺激されたホルムは、一九八〇年、隣の家に住む友だちのマグナスと二人、初めて家のソファでジャンプをした。このときわずか四歳。マグナスが腕を骨折してしまって冒険は終わったが、二人はめげなかった。

ホルムが六歳のとき、マグナスの父親が裏庭に古いマットレスと枕を積んで、二人のために走り高跳びのピットをつくってくれた。その二年後の一九八四年、八歳のときにホルムはスウェーデンの走り高跳び選手、パトリック・ショーベリが登場する競技会を見た。金髪をうしろに長く垂らした生意気そうなショーベリは、世界記録を打ち立てようとしていた。スウェーデン中で小さなショーベリたちが家のソファではさみ跳びや背面跳びを始めた。ホルム少年も、「見て！　ぼくはパトリック・ショーベリだよ！」と嬉しそうに大声を出してはソファでジャンプをし、父親の注意を引いたものだった。

そのころホルムは学校に通いはじめた。学校には走り高跳びのピットがあったので、ホルムは夢中になった。昼休みに友だちのマグナスとオリンピックの走り高跳びを再現したりしていて、授業に遅れることも珍しくなかった。

アテネオリンピック決勝の日、友人のマグナスは観客席にいた。生涯のコーチである父親のジョニー・ホルムもいた。ジョニー・ホルムは、若いころにスウェーデンのサッカー四部リーグでゴールキーパーを務めており、俊敏な動きからプロの道に進むこともできたのだが、家族と溶接工の仕事から離れない道を選んだ。ホルムは一〇代のころにその話を聞いて以来、父はプロになる道を選ばなかったことを後悔しているとなんとなく感じていた。父親ははっきり口にはしないが、息子が走り高跳びに専念できるように一生懸命手を貸してくれる様子でわかる。父も息子も、ともに走り高跳びに打ち込んだ。

一九八七年、まるで走り高跳びの神様がステファン・ホルムの夢を後押しするかのように、プロアスリートの使用にも耐える立派な室内競技場ヴォクスネースハッレンがスウェーデン西部に建造された。ホルムが住む町フォシュハガから車でわずか数分の所だ。当時ホルムは一一歳だったが、この競技施設はその後、彼が一年中、そして生涯を通して世界レベルの練習ができる場所となった。

ホルムは一四歳のときに一m八三を跳んだ。そのシーズン、出場する競技会では負けてばかりだったのだが、これはスウェーデン西部の彼の地域では年齢別グループの新記録になった。そして一五歳で何回かスウェーデンのユース・チャンピオンになると、パトリック・ショーベリのコーチであるヴィルヨー・ノウサイネンに会いに、父親とともにヨーテボリ市に向かった。この出会いがきっかけで、父親とノウサイネンの親交がその後長く続くこととなり、父親はノウサイネンのトレーニング方法を取り入れて一〇代の息子をコーチした。偉大なるパトリック・ショーベリにずっと憧れていた少年が、突然そのショーベリになるための訓練を受けはじめたのだ。しかし、二人には決定的な違いがあった。ショーベリの身長は二〇〇cm。一方ホルムの成績が地元の新聞に載るときには、必ず小さな体格が話題になった。大人になってもホルムの身長は一八〇cmにしかならず、走り高跳びの選手としては『ガリバー旅行記』に出てくる小人の国のリリパット人に過ぎないと書かれた。身体の重心をできるだけ高くしたいスポーツでは、もともと重心位置が高い選手が圧倒的に有利なのだ。

ホルムは一〇代のころに、走り高跳びの舞台恐怖症とも言うべき緊張感にさいなまれた。バーが身長より高くセットされると、助走はいつもと変わらないのだが、ジャンプせずにバーの下をくぐり抜け、そのままマットに沈み込んでしまう。そのころ出場した競技会では、ある高さでそれを三回続けてやったことが何度かあった。もちろん失格だ。しかし彼はあきらめず、好きだったサッカーをやめて走り高跳びに専念し、倍の努力をした。一六歳のシーズンでは一度優勝を逃した以外、すべての競技会で勝利し――そのときの悔しさを胸に、二〇〇四年のシーズンでは負けなしで借りを返した――そしてのちに「二〇年に及ぶ走り高跳びとの恋愛」と表現する状態に身を投じた（その二〇年間、これが唯一の恋愛だったので、ガールフレンドをつくる暇はほとんどなかった）。ホルム自身が認めるように、たしかに、人類史上誰よりも多く走り高跳びをしているかもしれない。

ホルムは一七歳のときには十分力がつき、自分にとってのヒーローともいうべきショーベリと対決できるようになった。このときショーベリは手もなくホルムを退けたが、このまま続ければ、いつかこのスウェーデンの顔ともいうべき人に勝てるのではないか、とホルムは思った。一九歳になったホルムは、ウエイトリフティングの練習メニューを取り入れた。もちろん左脚の強化が目的だ。このトレーニングを一〇年でどんどん厳しくしていき、ついには体重の倍になる一四〇kgのバーベルを肩に担ぎ、腰を思い切り低く落として尻が床につきそうになってから持ち上げるスクワットができるまでになった。

さらに、身長の弱点をカバーするため助走に磨きをかけた。助走のトップスピードは時速三〇kmに達し、世界中のおそらくどの走り高跳び選手よりも速かった。スピードを上げるには、助走開始位置をバーからどんどん遠くしなければならない。ホルムは年々、より速く、より遠く、より高く跳ぶようになり、バーに向かって猛烈なスピードで突き進み、バーを包み込むように背中を大きく反らせた。背中が形づくるアーチが最大限丸くなったときには、両足のかかとが彼の耳元で何か秘密をささやいているかのようだった。一九八七年から毎年確実に数センチずつ記録は伸びた。「できるか、あきらめるか」のような課題では、究極の「できる」に向けて、ホルムは自分を変えつつあった。

一九九八年、ホルムはスウェーデン全国選手権で初優勝し、その後国内では一一連勝する。二〇〇〇年のシドニーオリンピックではメダルを逃して四位に終わった。しかしこのまま終わるわけにはいかない。

ホルムは両親と一緒に暮らし、ときどき大学で授業を受けていたが、二五歳のときに学校をやめ、家を出てカールスタード市のヴォクスネースハッレン室内競技場の近くのアパートに移った。人口六万人のカールスタード市は、スウェーデン最大の湖の北岸に面している。そのときから彼は、週一二セッションの練習をこなすようになった。毎朝一〇時に練習を始め、ウエイトトレーニング、ボックスジャンプ、ハードルに二時間かけた。ハードルは、一m六五の高さまで上げられるものを父親とつくった。それから昼食をとって、午後遅くにもう一セッション。このときは、競技と同じスピードで三〇回跳ぶことになっていた。三〇回というのは、予定どおりいったときの話だ。失敗をしたら帰れないし、クリアするためにバーを低くしようともしなかった。だからセットした高さのバーをクリアするまで練習は続いた。アテネオリンピックが間近に迫ったころには、父親は息子のジャンプを数えきれないほど見てきたために、彼がクリアできるかどうかをジャンプする四歩手前で予測できるようになっていた。

ホルムは助走しない垂直跳びでは七一cmを跳んだが、これはアスリートとしては平凡だ。しかし猛烈なスピードで助走するので、全エネルギーを受け止めるアキレス腱がバネとなってバーの上に体を押し上げる。科学者がホルムの身体を調べたところ、鍛錬によって左のアキレス腱が強化されていたため、腱を一cm伸ばすのに一・八トンの力が必要だということがわかった。これは平均的な男性の四倍の強さであり、それが人並み外れた跳躍力を生んでいた。

アテネオリンピックの勝者となった翌年の二〇〇五年、ホルムは超人的ともいえる完璧な跳躍力を獲得し、二m四〇をクリアした。このときのバーの高さと身長の差は世界タイ記録だった。

ホルムとは雪に覆われたカールスタード市内の駅で会い、その日の夕方、ヴォクスネースハッレン室内競技場を案内してもらった。ホルムが「二〇年間自分の家でした」と言う場所だ。トラックの端のウエイトリフティングのコーナーの近くに、ホルム親子の手製のハードルが納められた箱が施錠されて置いてある。ホルムは自分自身の練習癖から身を守るために、その箱の鍵を手放していた。今でも週に一、二回は走り高跳びをしに来るが、父親はここで若いジャンパーの指導をしているそうだ。

ホルムの息子メルウィンが私たちのあとをついてきた（メルウィンはスウェーデン人らしくない名だが、ホルムも彼の妻も「メルヴィン」という名前が好きで、さらにホルムは、息子の名前の中に勝利を意味する「ウィン」を入れたかったのだそうだ）。二〇〇七年のある日、メルウィンが二歳でジョニー・ホルムが子守をしていたとき、帰宅したホルムの目に飛び込んだのは、レゴでつくった高跳びのブロックを越えて、おむつをしたまま後ろ向きに倒れ込むメルウィンの姿だった。「三〇cmをクリアしたんですよ」と、ホルムは真顔で言う。

ヴォクスネースハッレンでは、ホルムに近づいてきてサインをねだる子供がいないわけではない（現役を引退したのち、ホルムはテレビのクイズ番組で優勝し、有名になっていた）。けれど記憶力は抜群で、過去二〇年間の競技で跳んだ高さも正確に思い出せるくらいだ）。たいていは誰にも声をかけられずに、七、八歳の子が高跳びをするのを見ている。利き足でない足でジャンプする子もいれば、両足でジャンプしようとする子もいる。子供たちが一人ずつマットに倒れ込むたびに、空中での身体の動かし方がわかっていると思われる子を指さし、才能がありそうだ、と私に耳打ちしてくれた。ここで教えている子供たちの中の一人でもオリンピックで優勝させられるかどうか尋ねてみると、こういう答えが返ってきた。「教えられないこともあるのです。ジャンプするときの感覚、と言いましょうか。技術的なことは教えないようにしていました。大切なのは背中を反らすことです」

室内競技場をあとにして駅に戻る途中、書店があった。「ちょっと来て」。ホルムが手招きをして、白い表紙に青く塗った手がVサインをしている本を、ショーウィンドウのガラス越しに指さした。ガラスに額を押しあてて中をのぞき込むと、そこにあったのはマルコム・グラッドウェル著*Outliers*のスウェーデン語訳だった。

「これ、わかります？　読んでみてください。若いころの私には、勝てない選手がたくさんいました。そんな私がオリンピックで優勝するなんて誰も思わなかったでしょう。すべては一万時間次第なんです」

二〇〇七年、日本の大阪で開かれた世界選手権に、ホルムは優勝候補として出場した。彼以上に走り高跳びを研究している人間はほかにいなかったのだが、そんなホルムですらほとんど知らなかったライバルと出会った。バハマのドナルド・トーマスである。トーマスが走り高跳びを始めてから、日は浅かった。大学の陸上競技コーチを務めるトーマスのいとこが冗談めかして言うように、「彼はまだトラックが円形であることすら知らない」状態だった。

その前年の二〇〇六年一月一九日、トーマスはミズーリ州セントチャールズにあるリンデンウッド大学のカフェテリアにいた。彼はそこで、陸上部の友人数人に自分のスラムダンクの腕前を自慢していた。その中に、リンデンウッド大学で一番の走り高跳び選手と目されるカルロス・マティスがいた。トーマスの話にうんざりしたマティスは、走り高跳びで勝負したら一m九八は跳べないだろうと言ってやった。

それを聞いたトーマスは、自分のジャンプ力で証明してやる、と答え、急いで家に戻ってスニーカーを鷲づかみにし、リンデンウッド大学の競技場に戻った。そこではマティスがにやにや笑いながら、すでにバーを一m九八にセットしていた。マティスは一、二歩下がり、ほら吹きがぶざまにマットに落ちるのを待った。するとトーマスは落ちた。しかし、バーは落ちてこない。驚いたことにトーマスは簡単にクリアしたのだ。そこでマティスはバーを二m〇三に上げた。トーマスはまたもやクリアした。次は二m一三。トーマスは背中を反らさず、空中で両足を凧の足のようにバタバタさせるので、美しいジャンプとは言えないが、クリアした。

マティスは大急ぎで、トーマスを陸上部のヘッドコーチ、レイン・レーアのもとに連れていった。コーチはまもなく開催される東部イリノイ州大学選手権大会に向けて、出場選手の名簿を用意していた。マティスが七フィート（二m一三）を跳べる選手を見つけたと報告すると、「おまえに跳べるわけがないとコーチは言いました。信じてもらえなかったんです」と当時を思い出してトーマスは言った。「でもカルロスは、『本当に本当なんですよ』という感じで。すると、土曜日の競技会に出場する気はあるかと、コーチに聞かれました」。レーアは大会の組織委員会に電話をして、追加エントリーの承諾を求めた。

二日後、黒のタンクトップと、白のナイキスニーカーと、跳び越えるときにバーにかぶさってしまいそうなくらいだぶだぶのショートパンツを身につけたトーマスは、最初のジャンプで二m〇三をクリアした。これは全米選手権出場資格が得られる高さだった。続いて二m一四をクリア、リンデンウッド大学の新記録になった。さらに、人生七回目のジャンプで、ちょうど人が空中で透明のデッキチェアに座っているようなガチガチの姿勢で二m二二をクリア、ランツ室内競技場での新記録になった。このジャンプの直後、コーチのレーアは、けがをおそれてトーマスにそれ以上跳ばせなかった。

トーマスの快挙は続いた。二カ月後、オーストラリアで開催されたコモンウェルスゲームズで、世界のトッププロ選手と対決することになった。しかもテニスシューズを履いてである。世界の檜舞台での結果は四位だった。この結果には面食らった。走り高跳びのタイブレーク制のしくみがまだわからなかったからだ。順位が発表されるまで自分は三位だと思っていたのだった。

トーマスのいとこのヘンリー・ロールは、オーバーン大学でハードルのコーチをしていたが、すぐさまオーバーン大学での奨学金をトーマスに申し出た。その条件は、二〇〇七年のシーズンに向けて、同大学で走り高跳びのトレーニングを始めることに同意するというもの。トーマスは同意した——まあ一応は。

オーバーン大学のアシスタントコーチであるジェリー・クレイトンは、アトランタオリンピックの走り高跳びの優勝者チャールズ・オースチンをコーチしたことがあるのだが、トーマスを見てすぐに、これは時間をかけてじっくり育てないといけないぞ、と思った。「トーマスが初めてここに来たときには、ウォーミングアップもストレッチも知らなかったんです」と、クレイトンは言う。[6] そのうえ、トーマスの練習態度には問題があった。水を飲みにいくと言って、練習中にオーバーン大学のビアードイーヴズ・メモリアルコロシアムを出たのだが、四〇分ほどしてクレイトンが見にいくと、外でバスケットボールをしていたということがよくあったのだ。トーマスに言わせると、走り高跳びは「ちょっと退屈だから」。

クレイトンは、二、三カ月軽いトレーニングをやらせながらトーマスのスタッターステップを減らそうとした。また、他のエリート選手のような走り高跳び用のシューズはまだ履かせられなかったが、少なくとも棒高跳び用のシューズを履かせることはできた。最初の公式シーズンでトーマスは二m三三を跳び、NCAA室内走り高跳び競技大会の覇者となった。

二〇〇七年八月、八カ月間のまともなトレーニングを終えたトーマスは、棒高跳び用のシューズを履き、金色とアクアマリン色に彩られた祖国バハマのユニフォームを着て、世界陸上競技選手権大会が開かれる大阪に向かった。オリンピックがない年に開催される世界陸上は、陸上界のスーパーボウルである。

トーマスは難なく決勝に進んだ。ステファン・ホルムも同様だった。男子走り高跳びの決勝出場者がアナウンスされると、テレビ各局は、レーザービームに照らされたホルムを優勝候補だと紹介した。一方、サングラスをかけたトーマスはスタジアムを明るく照らすライトの下で落ち着いた様子で、「未知の才能を秘めた選手」と紹介された。

競技が始まって早々は、初めて世界大会に出たトーマスが敗退するだろうと思われた。トーマス以外の選手は、長い助走をとるためにランニングトラックまで下がって、そこからスタートしたが、トーマスだけはインフィールドからスタートした。ゴルフでいえば、彼だけが「ショートホールで」短いティーを使うようなものだ。トーマスはスタッターステップで助走し、二m二一の一回目を失敗した。一つの高さで三回挑戦できるのだが、これは東部イリノイ州大学選手権で初めて跳んだときより低い。一方ホルムは落ち着いていた。二m二一、二m二六、二m三〇をパスして、二m三三を一発でクリアした。ビデオカメラのレンズ越しに息子を見ていた父親は、ガッツポーズを見せた。

しかし、トーマスも成功と失敗をくり返しながら徐々に調子を上げ、ホルムをはじめ他の数人の選手とともに二m三五に達した。

ホルムの一回目のジャンプ。彼は目を閉じ、バーをクリアするイメージをつくった。助走を開始し、そしてジャンプ。だが身体がかすかにバーに触れた。バーは落ち、ホルムはマットの上で悔しまぎれに後方宙返りをした。次は身長一九八cm、ロシアのヤロスラフ・ルイバコフ選手。バーは落ちた。そしてトーマス。バーに近づいたときに急にスピードを落としたため、これは失敗かと思われた。ところが、背中をほぼまっすぐに伸ばした状態で足をバタバタさせて、一回目のジャンプで二m三五をクリアしたのだ。[7] 落下の衝撃をやわらげようとするかのように、片手を後ろに下げていたのは、背中から落ちる感覚にまだ慣れていなかったからだ。マットから転げ降りると、嬉しさのあまりトラックを横切って跳びはねた。ここでホルムが再びスタート体勢に入る。

　またもや、かすかに触れて失敗。ホルムは走り高跳びの神様に祈るかのように、胸の前で手を動かすしぐさをした。しかし神様は願いを聞き届けてくれなかった。最後の試技ではふくらはぎがわずかにバーに触れ、ホルムは両手で頭を抱えながらマットに落ちた。

　棒高跳び用のシューズを履き、走り高跳びは「ちょっと退屈だから」と言っていた選手が、二〇〇七年世界陸上を制した。勝利を決めたジャンプでは自分の重心を二m五〇の高さまで上げていた。ほかの選手のような背中を大きく反らせる跳び方ができたなら、世界記録を破っていただろう。

　競技後のホルムのコメントは、新チャンピオンを祝福する紳士的なものだった。ルイバコフもトーマスの偉業をすばらしいものだと言い、自分は陸上の世界タイトルを取るべく一八年間練習を続けてきて、まだ室外のタイトルは一度も取っていないのに、トーマスは八カ月の練習で取ってしまった、と述べた。しかしホルムのコーチで父親でもあるジョニー・ホルムはトーマスの勝利に取り乱し、競技後のインタビューでトーマスのことを「ピエロ野郎」と罵倒した。[8] また、トーマスの「足をバタバタさせる跳び方」は見苦しいとも言い、その醜悪な跳び方は、長年練習を重ねてきた選手とスポーツそのものに対する侮辱だ、と語った。

　二〇〇八年、日本のＮＨＫが、当時フィンランドのユバスキュラ大学神経筋機能研究センターの研究員だった石川昌紀《いしかわまさき》（訳注　現大阪体育大学准教授）に、トーマスの身体の研究を依頼した。[9] 石川は、トーマスの両脚が身長に比べて長く、大きなアキレス腱を備えていることに着目した。ホルムのアキレス腱はどちらかといえば普通の大きさで、とても硬いバネのようだが、トーマスのアキレス腱は二六cmあり、彼ほどの身長のアスリートには考えられないくらい長かった。アキレス腱が長いほど（そして硬いほど）、アキレス腱が伸びるときに大きな弾性エネルギーを蓄えることができる。持ち主を空高く打ち上げるのに、これほど役に立つものはない。

「アキレス腱はジャンプするのにきわめて重要な要素です。そしてこれは、人間に限ったことではありません」と、アラバマ大学バーミングハム校の運動生理学者ゲイリー・ハンターは言う。ハンターは、アキレス腱の長さに関する研究論文の著者でもある。「たとえば、人間のアキレス腱に相当するカンガルーの腱はとても長い。だからカンガルーは、歩くよりも効率よく跳びはねることができるのです」

ハンターは、アスリートが長いアキレス腱を持てば、バネのような腱が伸張とそれに伴う復元をくり返す「伸張・収縮サイクル」からより大きいパワーを引き出せることに気づいた。バネが伸張したときに蓄えられるパワーが大きいほど、バネが復元したときに得られるパワーは大きい（典型的な例は、その場でジャンプする垂直跳びである。ジャンパーはすばやく膝を曲げて腱と筋肉を伸ばし、そうしてから跳び上がっている）。被験者をレッグプレスマシンに座らせてフットプレートにおもりをかけると、アキレス腱が長い被験者ほど、おもりを速く強く押し返すことができた。

「レッグプレスは必ずしもジャンプと同じではありませ

んが、多くの共通点があります」とハンターは言う。「だからドロップステップをしたり、二、三歩動いたりすると高く跳べるのです。バネのように、身体が地面に向かって降下する速度を利用して、腱を伸張させるのです」

　腱の長さはトレーニングによって大きな影響を受けることはなく、ふくらはぎの筋肉とかかとの骨を隔てることを主な役割としている。この二つは腱で結びついているのだ。人はトレーニングで腱を硬くすることができるようだが、他方、その硬さは人それぞれが持っている遺伝子の種類にも影響されることが、最近わかってきた。この遺伝子は、靭帯と腱を形成する体内のタンパク質、コラーゲンの生成にもかかわっている。

　石川もハンターも、アキレス腱だけがホルムとトーマスの偉業の要因とは言っていない。しかし腱は、二人のアスリートがどのようにしてほぼ同じレベルに到達したかを説明するジグソーパズルの一つの重要なピースだ。一方は二〇年に及ぶ走り高跳びとの恋愛を経て、もう一方は気楽な賭けで偶然出くわしてから、まともな練習を一年もせずに到達している。興味深いことに、トーマスはプロの世界に入って以来六年間、一cmも記録が伸びていない。世界の頂点に躍り出て、その後は上達していないのだ。彼はあらゆる意味で、意図を持った練習の枠組みと矛盾しているようである。

　実際、スポーツ技能のどの研究においても、同一レベルに達したアスリートたちがかけた練習時間には大きな幅があり、エリートアスリートが競争できるトップレベルに達するまでに一万時間をかけることはまれだ。たいてい一つのスポーツに決める前に、他のたくさんのスポーツを経験し、さまざまな運動技能を身につけている。ウルトラエンデュランス・トライアスロンのアスリートについて研究した結果、優れたアスリートの練習量は平均してかなり多いが、同等レベルの複数のアスリートを比較すると、人によって練習時間に一〇倍もの差があることがわかった。[10]

アスリートに対する研究の結果、アスリートがエリートレベルに到達するまでに必要な意図を持った練習は一万時間も要らないことがわかっている。[11]科学文献によれば、バスケットボール、フィールドホッケー、レスリングで国際レベルに到達するまでの平均練習時間は、それぞれおよそ四〇〇〇時間、四〇〇〇時間、六〇〇〇時間である。一方、オーストラリアの女子ネットボール選手について見てみよう（ネットボールはバスケットボールに似ているが、ドリブルはできず、ゴールリングにバックボードがついていない）。現在、世界最高の女子ネットボール選手と称されるヴィッキー・ウィルソンは、国の代表選手に選ばれたときには六〇〇時間の練習しかしていなかった。各種スポーツで、オーストラリア代表選手に選ばれているアスリートについて行なわれた研究では、選手の二八％が平均で一七歳のときに現在のスポーツを始め、それ以前に平均で三つのスポーツを経験し、現在のスポーツを始めてから四年後に国際試合にデビューしたことが報告されている。[12]

スポーツの世界で専門性が極度に進んだ現在においても、走るスポーツからこぐスポーツまで、一、二年に満たないトレーニングでも世界的な選手や、さらに世界チャンピオンにまでなってしまう者がまれにいるのだ。ゴベによるチェスプレーヤーの研究に見られるように、どんなスポーツや技能でも、唯一現実に即した法則は、人による能力の差がきわめて大きいということだ。

一九〇八年、のちに近代教育心理学の父として知られるようになるエドワード・ソーンダイクは、個々人の課題対応能力は遺伝によるのか、環境によるのかをテストする方法を思いついた。当時ソーンダイクは、年配の成人――当時は三五歳以上を指した――でも新しい技術を習得できるという、当時物議をかもしていた考えを先頭に立って提唱していた。[13] 遺伝か環境かを見極めるには、複数の被験者にある課題を与え、それに対して同じ量のトレーニングを施して、同じレベルの技能を獲得するかを見ればいい。技能レベルが収束するならば、個々人の天性の差よりトレーニングの影響のほうが大きく、結果が分散するようなら、環境より遺伝の影響が大きいということになると、ソーンダイクは推測した。

ソーンダイクはある実験で、三桁×三桁のかけ算を年配の成人にできるだけ速く暗算で計算させた。被験者の上達にソーンダイクは驚き、「分別と能力のある人がこれほど短時間のトレーニングで急速に上達したという事実は、注目に値する」と書いている。この計算を一〇〇回くり返したところ、多くの被験者が暗算を最初の半分の時間でできるようになった。しかも被験者全員が最初よりも上達している。チェス、言語学習、音楽、野球と同様に、訓練する人は暗算能力を高めるときに、問題を細かく分解する手順方法を身につけ、そうしてどんどん計算が速くなっていくのである。

しかし全員が上達したとはいえ、ソーンダイクは社会学者がよく引き合いに出す「マタイ効果」にも注目している。この言葉は聖書の「マタイによる福音書」の一節に由来する。

「持てる者はさらに与えられて富み栄え、持たざる者はその持てるものさえも取り上げられるであろう」

トレーニングが始まったときにうまくできた被験者は、出だしが遅かった他の被験者に比べて、トレーニングが進むにつれて早く上達する。ソーンダイクはこれに気づいていた。「実はこの実験では、同じトレーニングにもかかわらず、被験者間の差は徐々に拡大した。つまり、初期の高い能力とトレーニングで獲得される能力の間には、正の相関関係があることを示している」とソーンダイクは記している。被験者全員が上達したのだから、実験結果が必ずしも聖書の一節のとおりというわけではない。それより、能力のある者はますます能力を増している。たしかに全員が学習した。とはいえ、学習率は一貫して異なっているのである。

第一次世界大戦が勃発したとき、ソーンダイクは人材区分委員会の一員となった。新兵を評価するよう米国陸軍に委託された心理学者の集まりである。心理学の修士号を取得してまもない若いディヴィッド・ウェクスラーが、ソーンダイクから影響を受けたのはこのときだった。のちに著名な心理学者になるウェクスラーは、下限から上限まで、人間の限界についいて終生研究を続けた。

一九三五年、ウェクスラーは、人間について計測した信頼性のあるデータを、世界中からすべて集めた。垂直跳びの記録にはじまり、妊娠期間、人間の肝臓の重さ、カード穿孔機を使ってカードを打つ速さにいたるまで、洗いざらいである。そしてこれらのデータを全部、重要な意味をもつタイトルの一冊の本 *The Range of Human Capacities*（人間の能力範囲）にまとめた。

ウェクスラーは、走り高跳びから靴下編み作業まで、人間に関するあらゆる測定値について、最小と最大の比率、最良と最悪の比率が、二対一から三対一であることを発見した。この比率は一貫しているようなので、普遍的な経験則と言っていいだろうと、ウェクスラーは提唱した。

ジョージア工科大学の心理学者であり技能習得に関する研究の第一人者でもあるフィリップ・アッカーマンはいわば現代のウェクスラーで、同じ訓練が同じ結果をもたらすかどうかの答えを得るために世界中の技能習得の研究を調べた。得られた結論は、仕事の内容による、である。単純な作業であれば、同じ訓練に伴って似たような技能レベルに収束するが、複雑な作業の場合は差が開く傾向にある。アッカーマンは航空管制官をテストするために、コンピューター・シミュレーションをつくっている。たとえば飛行機を順番に離陸させるためにボタンを押すというような単純作業の場合は、訓練の成果はあるレベルに集中するが、実際の管制業務のように複雑な業務の場合は、訓練によって「個人差が」狭まるどころか「広がる」そうだ。つまり技能習得にマタイ効果があるということになる。

練習で個人差が縮まる傾向にある単純な運動技能においても、差が完全に払拭されることはない。「訓練の積み重ねによって個人差は減少しますが、被験者間の分散が完全に消滅する研究は一つもありません」とアッカーマンは言う。「食料品店に行くとレジ係がいますね。レジ係はだいたい知覚的運動技能を使っています。レジの仕事を一〇年続けている店員は、新人の店員がお客さん一人に対応する間に、平均で一〇人に対応しています。しかし、一〇年の経験者の中で最も手早い人は、同じ一〇年の経験者の中で最も仕事が遅い人より三倍も速いのです」

技能効率の研究を専門とする科学者は、個人間の「分散」を説明しようと試みている。分散というのは、個々人が平均からどれくらいずれているかを示す統計学の尺度だ。二人のランナーがいるとしよう。そのうちの一人は一六〇〇mを四分で走り、もう一人は五分で走るとする。この場合、平均は四・五分であり、分散は〇・五分だ。そこで科学者は次のような疑問を持つことになる。その分散をもたらすものは何か？　訓練か？　遺伝子か？　それとも、それ以外の要因か？

これは、きわめて重要な疑問である。科学者にとって、訓練が重要だというだけでは不十分であり、それは議論の余地がない。トロントにあるヨーク大学のスポーツ心理学者ジョー・ベイカーが言うように「ハードワークが不要という遺伝学者や生理学者は一人もいません。オリンピック選手はただソファからジャンプしているだけ、とは誰も思っていませんよ」。

科学者は、訓練は重要だという以上のことを考えるべきで、訓練がどのくらい重要かをきちんと説明するという難事に当たらなければならない。厳密に一万時間の考え方に従うならば、技能の分散は練習時間の蓄積によって、その大部分あるいはすべてが説明されなければならない。しかし、それは無理だろう。水泳選手やトライアスロン選手からピアニストにいたるまで、練習時間で説明できる分散は、通常小さいか中程度だと報告されている。

たとえば、K・アンダース・エリクソン自身が共同執筆者になって書かれたダーツプレーヤーに関する論文では、一五年の練習で説明できる成績の分散は二八%だけだった。[14] この論文に記されている技能収束率では、一万時間の法則よりも、一万年の法則のほうが妥当だろう。ダーツプレーヤーが誰でも同等レベルの技能に達することがあるとすればだが。

データは、チェスや音楽から野球やテニスに及ぶあらゆる分野で、技能に対する考え方を明確に裏付けている。その考え方とは、「ソフトウェアでなくハードウェア」というパラダイムではなく、「持って生まれたハードウェアおよび学習によって身につけたソフトウェア」の両方が重要というパラダイムに基づいている。

第3章　メジャーリーグ選手の視力と天才少年・少女アスリート

――ハードウェアとソフトウェアのパラダイム

一九九二年、ロサンゼルス・ドジャースの選手を検査することになった最初の年に、ルイス・J・ローゼンバウムは予期せぬ問題に直面した。選手たちの検査値が文字どおり検査表に収まり切らなかったからだ。

一九八八年からNFL（全米フットボールリーグ）のフェニックス・カーディナルス専属の眼科医だったローゼンバウムは、フロリダ州ヴェロビーチにある春季キャンプ施設ドジャータウンで、ドジャース選手の視力検査をしていた。[1] 検査対象は総勢八七人のドジャース選手。そこには、メジャーリーグ選手だけでなく、将来を夢見るマイナーリーグ選手もそろっていた。

午前八時から午後五時まで、選手たちは静止視力（通常の視力）、動体視力（動く物体を正確に識別する能力）、立体視力（物の奥行きを識別する能力）、そしてコントラスト感度（明暗の微妙なグラデーションを識別する能力）の検査を受けた。ローゼンバウムとそのグループが視力検査に使ったのは、一番上に大きなEの文字がある検査表ではなく、一部が欠けたリングが下にいくほど小さくなる、「ランドルト環」視力検査表だった。

問題は、視力一・三までしか測定できない市販のランドルト環表が使用されたことだった。*その結果、選手のほぼ全員が一・三ということになった。

幸い、静止視力以外の視力検査は順調にいった。そこへ、ぶっきらぼうで疑い深いドジャースの伝説的な監督トミー・ラソーダが、メジャーで活躍できるマイナーリーグ選手は誰だ、とローゼンバウムに挑むような口調で聞いてきた。ローゼンバウムは熟察すべきデータは山ほど持っていたが、[2]選手の野球に関する統計データを持っていなかったため、視力検査のデータに頼るしかなかった。ローゼンバウムが選んだのは、検査結果が飛び抜けて良かった一塁手だった。

選手の名は、エリック・キャロス。一九八八年にドラフト六巡目にしてドジャースから指名された選手だ。だが、一九九二年に一塁手としてスタートを切ったキャロスは、ナショナルリーグ新人王を獲得し、その後、一三年間フルシーズン、メジャーリーガーとして活躍することになる。

翌年の春、ドジャータウンに戻ってきたローゼンバウムが携えてきたのは、視力二・五ま

＊　視力一・三の人間は、六mの位置から○と○の区別がつくが、視力一・○の人間は、四・五mの距離に立ってようやく区別がつく。

で測れる特製の視力検査表だった。目の光受容細胞や錐体《すいたい》細胞の形状と大きさから、二・五あたりが人間の視力の理論的な限界なのである。[3]

人間の最高視力は、黄斑《おうはん》（網膜にある楕円形の小さなくぼみ）の中にある錐体細胞の密度で決まる。[4] 錐体細胞密度はデジタルカメラの画素数のようなもので、人によって大きな差がある。二〇歳から四五歳までの死亡した成人の網膜を研究者が検査したところ、錐体細胞の数は一平方mmあたり一〇万個から三二万四〇〇〇個の間だった（もし一平方mmあたり二万個以下なら、新聞を読むときに眼鏡をかける必要がある）。*See to Play*（アスリートの視力）の著者である眼科医マイケル・A・ピーターズは、プロの野球選手とホッケー選手について研究した結果、「私たち一人一人の錐体細胞の数は、遺伝子によってあらかじめ決定されているようだ」と言っている。

一九九三年の春季キャンプでは、ローゼンバウム特製の検査表のおかげで、プロ野球選手の視力がどれほど優れているかを確認できた。将来伸びるマイナーリーグ選手は誰だとラソーダは再び迫った。このとき視力検査でローゼンバウムの目にとまったのは、当時は目立たないキャッチャーだったマイク・ピアッツァだった。

ピアッツァは、ドジャースが五年前にドラフト六二巡目で指名した選手だった。指名順位は一三九〇位。指名された理由は、ピアッツァの父親がラソーダの幼なじみだったからにほかならない。[5] にもかかわらず、ローゼンバウムの予想どおり、ピアッツァは大活躍した。この年、一九九三年にナショナルリーグ新人王を獲得し、のちに偉大な打撃力のあるキャッチャーに成長した。

メジャーリーグとマイナーリーグの選手を四年以上にわたって検査した結果、総勢三八七人の平均視力は一・五だった。野手（打者でもある）は投手より視力が良く、メジャーリーグ選手はマイナーリーグ選手より視力が良かった。メジャーリーグ打者の右眼視力は平均一・八、左眼視力は一・七だった。奥行感覚の検査では、全選手の五八％が「優秀」と評価された。これに対して一般の対照群で「優秀」とされるのはわずか一八％にすぎない。コントラスト感度については、プロ野球選手が、事前に行なわれた大学野球選手のテスト結果を上回り、また、大学の野球選手は一般の青年より優れていた。どの視力検査においても、プロ野球選手はスポーツをしない人々を上回っており、メジャーリーグ選手はマイナーリーグ選手を上回っていた。「ドジャースのメジャーリーグ選手の半数は、裸眼視力二・〇だった」とローゼンバウムは言う。

世界で人口の一位と二位を占める中国とインドで実施された視力検査結果と比較してみれば、視力二・〇がいかに突出した数字であるかがわかる。インドで九四一一個の目を検査した結果、二・〇だったのは一個だけだった。北京で四四三八個の目を検査した結果、一・二を上回っていたのはわずか二二個だった。[6]

若者だけを対象にした小規模の検査ではあるが、平均が標準の一・〇を超えていたという調査結果がある。スウェーデンの一七歳と一八歳の青年を対象とした検査では、平均一・二五だった。[7]メジャーリーグの打者の平均年齢は二八歳であり、若いがゆえに平均視力が一・

〇を上回るであろうことは容易に推測できるが、それでも一・八までになるのは特異なことだ（偶然かどうか、視力が減退しはじめる年齢は二九歳前後であり、また打者の打率が下がりはじめるのも平均二九歳である）。[8]

　マーク・キプニスが、野球選手である息子のジェイソンの視力について話してくれたことがある。それは、ジェイソンが一二歳のとき、家族でスキー旅行中の出来事だった。ロッジのレストランで、キプニスが家族とテーブルについていたところ、レストランの隅にあったテレビにフットボールの試合が映っていた。父親は両チームの得点を知りたいと思ったが、自分は疲れていて歩く気になれなかったので、テレビの所に行って得点を見てきてくれと息子に頼んだ。「息子はちらっとテレビのほうを振りむいただけで、私に得点を教えてくれました。そのとき、私の頭の中で何かがひらめいたのです」とキプニスは語る。その一〇年後の二〇〇九年のドラフトで、キプニスは二巡目にクリーヴランド・インディアンスに指名された。二〇一一年には、二塁手としてスターティングメンバーの一人になっていた。

　メジャーリーグで一シーズンに四割以上を打った最後の打者、テッド・ウィリアムズは、友人との鴨狩りで誰よりも先に地平線上の鴨を見つけることができた。「必死に見つけようとしたからだ」と彼は言っている。[9]たぶんそれもあるだろう。しかし、第二次世界大戦時に実施されたパイロットの視力検査で、ウィリアムズの視力が二・〇であることがわかった。おそらくこちらも大きな要因だっただろう。[*]

　ドジャース選手のほぼ二％が平均視力二・二弱であり、これは人間の視力の理論的限界に近い。眼科医で、ドジャースと、のちにボストン・レッドソックスで研究に取り組んだダニエル・M・レイビーは、毎年の春季キャンプでは、このレベルの選手が二、三人いたと語っている。[10]「これまで二〇年にわたって二万人以上を検査してきましたが、プロアスリート以外にこのレベルの視力を持つ人間はいませんでした」。一方、カリフォルニア大学ロサンゼルス校（UCLA）医科大学院ジュールスタイン眼研究所で、両眼視力・視能矯正主任を務めるディヴィッド・G・キルシェン検眼医は、スポーツのトッププレーヤー以外で二・二の視力を持った患者を、これまで二、三人診たことがあると言う。「ただし、その間に要した期間は三〇年以上です」

メジャーリーグ打者の反応時間が一般人を上回るとは言えないかもしれないが、優れた視力によって予測する手がかりを得られるため、反応時間はさほど問題にはならない。[†]

野球選手は、投球の最後の二〇〇ミリ秒以前に、スイングで狙う位置を予測しなければならず、予測の手がかりを早く入手できるほど有利となる。手がかりの一つは、投げられたボ

＊　ウィリアムズは回転しているレコード盤ラベルの文字を読み取ったという伝説があるが、それは事実ではないと本人は語っている。

†　全米オープンに出場したテニス選手の視力を検査した結果、同年齢の他のプロスポーツ選手より優れてはいたが、なかには普通の視力の選手もいた。これは、プロテニス選手にとって良い視力は有利ではあるが、必須条件ではないことを示している。[11]

ールの「フリッカー」（点滅）だ。心理学者マイク・スタドラーが、著書 *The Psychology of Baseball*（邦訳『一球の心理学』長谷川滋利・三本木亮訳、ダイヤモンド社）で述べているように、回転するボールの赤いシーム（縫い目）が見え隠れするパターンから、ボール回転の種類を読み取ることができる。ツーシームの速球とカーブは、赤い縞模様《ストライプ》がボールの端に見えることから判断できる。フォーシームのスライダーは、白い円の中心に赤い点が見える。「白い円が［投手の］手を離れた瞬間に、『よし、スライダーだ』とわかるんだ。あの小さな赤いシームが見えなければお手上げだね」。一塁手としてオールスターゲームに五回出場したキース・ヘルナンデスが、ニューヨーク・メッツの試合を解説しているときにそう語っていた。[12]

ボールの回転を認識することの重要性は、バーチャルリアリティーのバッティング施設による研究[13]で証明されている。打者がボールの回転を読み取れば、球種を正確に見定め、バットを的確に振ることができる。シームの赤を強調すると、打撃成績は良くなり、逆にシームを白く塗りつぶすと成績が悪化した。

視力が良くても、予測するためのデータベースがなければ役に立たないことは簡単にわかる。フィンチと対決したアルバート・プホルスが、まさにその例だ。データがひとたび脳にダウンロードされれば、シグナルが早めにはっきりと見えるようになり、反応速度だけに頼る必要もなくなる。*「視力の良い選手は、ボールが投手から一・五mから三m離れた地点で、球種を読み取ることができる」。大学院で運動学習能力について学んだことがあり、メジャーリーグのスカウトを長く務めたアル・ゴルディスは語る。「技術が優れていても、視力が悪ければ反応が遅れ、ボールが根元に当たってバットが折れることもある。大切なのは、スイングの速さでなく視力だ。平凡と非凡の差はごくわずかだ」

北京オリンピックに出場した米国選手を、レイビーとキルシェンが検査した結果がある。[15]それによれば、ソフトボール選手の視力は、平均一・八だったが、奥行感覚は飛び抜けており、コントラスト感度は他のどの種目の選手よりも優れているという。アーチェリー選手も優れた視力を持っており、ドジャースの選手とほぼ同等だったが、奥行感覚は特に優れているわけではなかった。アーチェリーの的は平板で遠くにあるので、この結果は不思議ではない、とレイビーは言う。フェンシング選手は、近距離ですばやく細かい動きをしなければならないので、奥行感覚が特に優れていた。ソフトボールや、それに距離は短いが、サッカー、バレーボールなどの空中を動くボールを目で追うスポーツの選手は、コントラスト感度に優れていた。「この能力は生まれつきのものだと思います」とレイビーは言う。[†]

明らかに、視覚ハードウェアは特定のスポーツの動作と相互に影響を及ぼし合っている。さらに、ボールが速く動くほど視覚ハードウェアの重要性が増してくる。ベルギーの大学生

＊　まれにではあるが、傑出した反応時間を備えたアスリートがいる。一九六九年に行なわれた検査で、モハメド・アリは光信号に一五〇ミリ秒で反応した。人間の視覚反応時間としては理論的限界に近い値だ。[14]

の捕球能力を研究した結果がある。学生の中には、奥行感覚に優れた者とそうでない者がいた。ボールの速度が遅いときは両者の捕球能力にほとんど差はなかったが、速いときは大きな差がついた。奥行感覚で差がつくのはボールが高速で迫ってくるときだけであった。[16]

　国際的な研究チームにより、若い女性を集めて奥行感覚に関する頭脳的な追跡調査が行なわれた。全員の視力は平均的なものだったが、奥行感覚については優れた者とそうでない者がいた。テストに先立ち、全員がテニスマシンから飛んでくるテニスボールを捕球する事前テストを行なった。それから二週間に及ぶ練習で一四〇〇球以上のボールをキャッチし、そして事後テスト。奥行感覚が良い女性は、練習が進むにつれ急速に上達したが、そうでない女性はまったく上達しなかった。優れたハードウェアが、そのスポーツに必要なソフトウェアのダウンロードを加速したのだ。逆に、二〇〇九年にエモリー大学医学部によって行なわれた研究では、奥行感覚が良くない者は、リトルリーグ野球やソフトボールを一〇歳までにやめていくという結果が出ている。[17]ゴベがチェスプレーヤーの研究で見つけたように、捕球テストでは、トレーニングにより急速に上達する者とそうでない者がいるのである。

　オペレーティングシステムを搭載したコンピューターも、アプリケーションプログラムがなければ無用の長物だ。同様に、スポーツに必要なソフトウェアがダウンロードされている場合にのみ、奥行感覚や静止視力のような、生まれ持ったハードウェアの特性が意味を持つ。プロ野球選手とソフトボール五輪選手は視力に優れており、ルイス・J・ローゼンバウムは、視覚ハードウェアの性能テストに基づいて、ナショナルリーグ新人王を二人続けて的中させた。科学的な研究結果に基づくものではないとはいえ、的中させたのである。

その他にも、若いころに才能を発見するハードウェアの研究事例がある。

一九七八年、ドイツの心理学者ヴォルフガング・シュナイダーは、生涯またとない研究対象を図らずも手に入れることとなった。この年、ドイツテニス連盟から協力が得られ、ハイデルベルク大学の研究チームは、国内の八歳から一二歳までの優れたテニス選手一〇六人を募集したのだ。

テニス連盟は熱心に協力してくれた。というのは、対象がすでに高い技術をもった一部の子供たちに限られてはいたものの、そのなかから成人してエリートプレーヤーになる子を科学者たちが予測できるかという点に関心を抱いていたからだ。今回の研究対象は、シュナイダーがこれまで研究した中で、最も優れた少年・少女アスリートの集団であったことがのちにわかる。一〇六人のうち、九八人がやがてプロテニス選手になり、一〇人が世界のトップ一〇〇に、さらにその中の数人がトップ一〇にランクされた。

五年間にわたる研究期間中、研究者は毎年、まず子供たちのテニス技術を、そして次に基

† ビデオゲームをするとコントラスト感度が良くなるというデータがある。ただし、アクションゲームに限られる。「コール オブ デューティ2」は効果があるが、「ザ・シムズ2」は効果がないという研究結果がある。

礎運動能力を測定した。狙った場所にボールを正確にリターンするというような、練習によって獲得したテニス技術の高さが、子供が成人したときのランクを予想する主要因になるとシュナイダーは考えた。そのとおりになった。子供たちが成人した後、子供のときに計測したテニス技術のデータと成人後のランクを対比してみた結果、データに基づく成人後のランク予測値の分散が六〇〜七〇%であることがわかった。さらに、シュナイダーを驚かせた発見がもう一つあった。

三〇mダッシュや、スタートを繰り返す敏捷性などの、基礎運動能力についてのテスト結果が、テニス技術を習得する速さに影響していることがわかったのだ。「この基礎運動能力を排除すると、ランク予測モデルがうまく働かないため、モデルに取り込むことにしました」とシュナイダーは語る。基礎運動能力に優れた子供が、テニス技術の習得においても優れた結果を残す。これが、五年にわたる研究の結果わかったことだ。奥行感覚や捕球技術の学習に関する研究でも見たように、優れたハードウェアが、テニス技術というソフトウェアのダウンロードを加速したのだ。この研究報告はドイツでは注目を集めたが、ドイツ語で記されていたために他の国ではほとんど気づかれなかった。[18]

一〇年後、さらに一〇〇人多い子供を対象に、シュナイダーは同様のテストをくり返した。残念なことに、今回の子供たちの中に将来の世界トップ一〇〇はいなかったものの、基礎運動能力がテニス技能習得に影響を与えるという傾向が、このときはより強く表れた。「この結果は他のスポーツに適用できないかもしれませんが、テニスについては一貫した傾向を示しています」と、のちに国際行動発達学会の理事長となったシュナイダーは述べている。

当初の研究で対象となった子供たちの中の二人――そのときは二人とも一二歳に達していなかった――は、やがて世界で知られるテニス選手となった。その二人というのは、ボリス・ベッカーとシュテフィ・グラフである。二人ともテニス史に名を刻む名選手だ。「私たちは、シュテフィ・グラフを『テニスの天才』と呼んでいました。彼女はテニス技術においても基礎運動能力においても他を圧倒していました。肺活量も多いので、一五〇〇m走でも欧州チャンピオンになれると私たちは信じていました」と、シュナイダーは語っている。

グラフは、あらゆるテストにおいてトップの成績を収めた。意志の強さ、集中力を持続させる力、走る速さ、その他すべてだ。数年後、世界一のテニス選手となったグラフは、トラック競技のオリンピック選手と一緒にトレーニングをして持久力を養っていた。[19]

幼少期からプロ選手になるまでの成長過程を、克明に調査した例がある。ハードウェアとソフトウェアの組み合わせの重要性が、この事例からもわかる。オランダにあるフローニンゲン大学の四人の科学者が、「フローニンゲン才能発掘プログラム」の一環として、プロサッカー選手を目指してトレーニングを受けている少年をテストした。[20] 二〇〇〇年に一二歳の少年を対象として開始されたこの研究は、以後一〇年間、毎年行なわれた。

オランダの人口はわずか一六七〇万人だが、地球上で最も人気の高いチームスポーツ、つまりサッカーにおいては、世界でもトップクラスにランクされる国だ。オランダは、二〇一〇年を含めワールドカップ決勝に三度進んでおり、国内プロチームのすべてが少年選手の能力開発プログラムを運営している。研究対象となった数百名の少年プレーヤーのうち、二〇一一年までに六八人がプロになり、そのうちの一九人が、オランダ国内サッカーのトップリーグであるエールディビジの選手となった。

「プロチームが養成している少年選手をテストさせてもらうために、当初はそれこそひざまずいて頼みこんだものです」。フローニンゲン大学人間運動科学研究センターのマレイエ・エルフェリンク・ヘムサーはそう述懐する。しかし、彼女の研究は長期的に見れば、将来性のある少年を見出すのにとても有益であることがわかったため、「今ではクラブチームのほうから、少年をテストしてほしいと頼みにくるようになりました。そのすべてには応えられませんが……」。

将来のプロを予見するにあたって、注目すべきプレーヤーの特性は「行動」である。将来プロになる子供は、人より多く練習するだけでなく、責任をもって質の高い練習をしようとする。「トレーニング内容に納得できないと、将来伸びる子供は、『なぜこの練習をしなければいけないの?』とトレーナーに尋ねに来ます。そのため、一二歳でテストを始めた時点で、彼らの『行動』を将来予測の一つの要因としているのです」。エルフェリンク・ヘムサーはそうつけ加えた。

一二歳とはいえ、プロのクラブがすでに選りすぐったサッカー選手ばかりなので、運動能力のわずかな差が、「持てる者」と「持たざる者」の分岐点となる。「シャトルスプリント

（訳注 短い距離を何度も往復ダッシュするトレーニング）の結果を見ると、のちにプロとして契約書にサインするようになる子供たちというのは、若いころ、すなわち一二歳、一三歳、一四歳、一五歳、一六歳のころから、ほかの子供たちより平均で〇・二秒速い成績を残しています。アマチュアで終わる子供たちよりグループの平均が〇・二秒速いのです。このことは、足が速いことの重要性をはっきりと示しています。最低限のスピードは必要です。もし相当遅ければ、追いつくことはできません。トレーニングでスピードを身につけることはむずかしいのです」。エルフェリンク・ヘムサーはそう語る。*

このテーマは、スポーツ科学者にとって特に目新しいものではない。南アフリカスポーツ科学研究所のマネージャー、ジャスティン・デュランは、有望なラグビー選手を求めて国内を探し回り、そのスピードをテストしている。これまでにテストした最速ランナーは、天性の資質を持っていた。「地方から出てきた一六歳の少年で、これまでプロによるトレーニングを受けたことはありませんでした」とデュランは言う。この少年は四〇mを四・六八秒で走った。これはNFLの四〇ヤードダッシュなら四・二秒で走ることになり、歴代最速のN

＊ 急速な発育期（専門用語で言えば「最大身長発育速度」）を経ていない子供には、スピードを身につける可能性がまだ残されている。フローニンゲン大学の研究者は、少年選手の身長発育経過をコーチに伝えることにより、発育期以前の少年の能力をコーチが過小評価しないように配慮した。ただし急速な発育期に関係なく、極端に遅い子供が速い子供に追いつくのはむずかしい。

FL選手に匹敵する速さだ。この少年のNFL四〇ヤードダッシュをデュランが見たわけではないが、計算ではそういうことになる。「これまでに一万人以上の少年をテストしてきましたが、足の遅い子供が速くなった例を見たことがありません」とデュランは言う。

二〇〇四年八月、オーストラリア国立スポーツ研究所（AIS）の数人の科学者が、スポーツの種目に特化しない基礎運動能力の重要性の証明に総力をあげて取り組んだ。AISの科学者は、二〇〇六年にイタリアのトリノで開催される冬季オリンピックに向け、スケルトン競技の女子候補選手を一年半かけて発掘した。スケルトンは、選手が一方の手あるいは両手をそりにかけて氷の上を走りはじめ、その直後、ディスコダンスの「ワーム」に似たステップでそりに飛び乗り、腹ばいの姿勢で頭を前にして、時速一一〇kmのスピードで凍ったコース上を滑走する競技だ。

AISの科学者たちはこの競技を実際に見たことはなかったが、助走タイムの差が最終タイムの「分散」の半分を占めていることを事前に学んでいた。そこで、小さなそりに身体を楽に収められ、疾走能力に優れた女性を求めて、タレント発掘プロジェクトが国内で告知された。こうして、テレビ番組『アメリカン・アイドル』にも似た、オーストラリアの冬季オリンピック選手発掘が始まり、メディアも注目するようになった。

書類審査の結果、二六人のアスリートがオーストラリア南東部のキャンベラ市にあるAISに招待され、資金援助を受けながらトレーニングできる一〇人の枠を目指して体力検査を受けた。二六人の女性は、陸上競技、体操、水上スキー、サーフライフセービングの経験者だった。サーフライフセービングは、オーストラリアで人気の高いスポーツで、海でのボート、カヤック、パドリング、水泳、ビーチスプリント（訳注　海岸で行なわれる九〇m短距離走）などの種々の能力を総合的に競う競技だ。二六名のうち、スケルトンについて聞いたことがある者は皆無で、ましてや経験者はいなかった。

一〇人枠のうち、五人は三〇m走の成績だけで決め、残りの五人については、陸上で車輪のついた模擬のそりに飛び乗るテスト結果に基づき、科学者たちとＡＩＳのコーチ陣が協議のうえ決定した。

世界のスケルトン関係者から見れば、これは失敗を運命づけられた見世物でしかなかった。「スポーツ界の誰からも、うまくいくわけがないと言われました。否定的な見解を述べる最大の勢力は、他国から来たコーチでした。『感性がものをいう。芸術に近い。短期間で上達するスポーツではない』などと言われたものです」。当時ＡＩＳに所属していた生理学者、ジェイソン・ガルビンはそう語る。

ＡＩＳプロジェクトで選ばれた女性は、氷に対する感性を持ってはいなかったが、全員が優れたオールラウンドのアスリートだった。メリッサ・ホアーは、サーフライフセービングでビーチレース種目の世界チャンピオンだった。エマ・シアーズは、水上スキーの世界チャンピオンだった。「ビーチの女王を未経験のスケルトンに乗せたらどうなるか。誰もが興味津々でした」とガルビンは言う。

選考が終わり、選ばれた選手が、骨折することなく実際に氷上で成果を出せるかを示す日がやって来た。冬季シーズンが始まり、氷上での最初の滑走を見ようと、科学者たちは、はやる気持ちを抑えてカルガリーに向かった。結果を評価するのに、博士号の見識は必要なかった。

スケルトンの初心者選手が、三回の滑走でオーストラリア新記録を樹立した。何年も練習を重ねた選手の記録を更新したのだ。「トラックに足を下ろした最初の週に、心配は無用とわかりました」とガルビン。「そんな予感がしたんです」

氷に対する感性が必要という議論は、どこかへ吹き飛んでしまった。初心者選手に敗れて当惑した他国の選手やコーチたちは、助力を惜しまないというそれまでの態度を、突然よそよそしいものに一変させた。

氷上に足を下ろしてわずか一〇週間のメリッサ・ホアーは、スケルトン世界大会二三歳以下のクラスで、出場選手のほぼ半数を打ち負かした(次の世界大会では優勝した)。ビーチスプリント選手だったミッシェル・スティールは、イタリアで開催された冬季オリンピックに出場した。

AISの科学者は、「氷上の新人が一四カ月で冬季五輪選手に」と題した論文で、このタレント発掘プログラムについて詳しく報告した。

世界のスポーツの一大中心地であるオーストラリアは、すでにタレントを発掘し、競技から競技への転向も試みていたのだ。二〇〇〇年のシドニーオリンピックへの準備の一環として、オーストラリアは一九九四年に「ナショナルタレント発掘プログラム」を立ち上げていた。その結果、一四歳から一六歳までの子供は、学校で身体測定と運動能力テストを受けることとなった。そして当時人口一九一〇万人のオーストラリアは、シドニーオリンピックで五八個のメダルを獲得した。これは国民一〇〇万人あたり三・〇三個のメダルを獲得したことになる。アメリカは国民一〇〇万人あたり〇・三三個の獲得数だったから、オーストラリアの単位あたりの獲得数はアメリカのほぼ一〇倍だった。

オーストラリアにおけるタレント発掘活動によって、未経験ではあるが適性のありそうなスポーツへの転向を勧められたアスリートはほかにもいた。一九九四年、体操、陸上競技、セーリングの選手であったアリサ・キャンプリンは、エアリアルスキー（訳注　フリースタイルスキー競技の一種）に転向した。オールラウンドの優れたアスリートだったキャンプリンは、それまで雪を見たことさえなかった。そして最初のジャンプであばら骨を骨折した。二度目のジャンプでは木に衝突した。「冗談だろうとみなが言っていたわ。年を取りすぎている、始めるのが遅すぎた、と何度も言われた」。オーストラリアの「ナイン・ネットワーク」テレビのインタビューに、キャンプリンはそう答えている。しかし一九九七年にはワールドカップに出場するまでになっていた。二〇〇二年ソルトレークシティオリンピックでは、六週間前に両足首を骨折したにもかかわらず、金メダルを獲得している。そのような勝利のあとでさえ、スキー経験の浅いキャンプリンがまるでローラースケートを履いたキリンのように見えたことがあった。金メダルを獲得した後、記者会見場に向かってスロープを滑降していたときに転倒し、抱えていた祝いの花を押しつぶしてしまったのだ。

「競技転向」による成功は、スポーツにおける国家的成功が、各スポーツ特有の技術を並外れた努力で獲得していくばかりでなく、そもそも最高のオールラウンド・アスリートを最適のスポーツに引き合わせることによって成し遂げられるということを証明している。たとえばベルギーの男子フィールドホッケー代表選手は、平均一万時間以上の練習を積み重ねており、これはオランダチームより数千時間多いことがわかっている。[21] しかし、ベルギーチームはつねに可もなく不可もなくといった存在――NFLでいえばオハイオ州クリーヴランド・ブラウンズのような存在――であるのに対し、オランダチームは優秀なアスリートを集め、世界に冠たる存在となっている。

実のところ、最も基本的なレベルにおいてさえ、ハードウェアとソフトウェアの両方が必要なのだ。ソフトウェアがなければハードウェアは機能せず、逆もまた真である。特定の遺伝子と特定の環境がそろって、初めてスポーツ技術は獲得できる。そして、この両者はある時点で同時に起こらなければならない。

さらにもう一つギエルモ・カンピテリとフェルナン・ゴベが発見したのは、一二歳までに真剣にチェスの練習を始めないと、国際マスターのレベルに到達する可能性が著しく低下するということだった。一二歳より前であれば、いつ始めてもかまわない。一二歳以降に始めたプレーヤーが国際マスターになることはあるが、その可能性は急激に低下する。だから、おそらく一二歳というのは臨界年齢に近いのであって、その年齢になるまでにある程度のチャンクを学習し、チャンスが失われることのないように神経結合が強化されなければならないのかもしれない。

かつては、人間が成長し学習するにつれ、脳のニューロン（神経細胞）が形成されると考えられていた。しかし現在は、人間は生まれながらにして多数のニューロンを持っているが、早い時期に使われないニューロンは減衰し、使われたニューロンは強化され、相互に結合すると考えられている。脳は、柔軟かつ幅広い機能ではなく、効率的かつ特化した機能を持つようになるのだ。

神経科医ハロルド・クローアンズは、著書 *Why Michael Couldn't Hit*（マイケルが打てなかったわけ）で次のように記している。すなわち、マイケル・ジョーダンは、抜群の運動能力を持っていたにもかかわらず、（NBAから一回目の引退後）メジャーリーグで活躍できるほどの能力を身につけることはできなかった。その理由は、若いころにバスケットボールに専念している間に、野球での予測能力を担うニューロンがすでに減衰していたからだ。*

＊　ジョーダンはマイナーリーグのAAで一二七ゲームに出場し、打率は二割二厘だった。これは明らかに、すぐにメジャーリーグに進めるというレベルではなかった。とはいえ、一五年ぶりに野球を始め、以前は大学野球のスターだった選手やメジャーリーグを目指すプロ選手を相手に、AAで二割二厘の打率を残せる成人男性が何人いるだろうか？　私の推測では、ほとんどの人は打率〇割〇分〇厘だろう。

意図を持った練習の厳格な提唱者が、トレーニングはできるかぎり早い時期に始めるのがよいという理由はここにある。しかし、エリートレベルの成績を残すために、早い時期に特化しなければならないスポーツは何か、という点については明らかになっていない。女子体操選手が早い時期に始めなければならないのはたしかだろう。とはいえ、多くのスポーツにおいて、早い時期に専門性を決めるのは、最高レベルに達するために不要であるばかりでなく、むしろ避けられるべきだとする科学的証拠は多く、しかもますます増えている。[22]

短距離走において、早い時期に過酷で特化した練習を行なうと、「スピード定常（頭打ち）状態」に陥り、スピードの養成が阻害されることがある。[23] 早い時期のトレーニングによって、一定のスピードとランニングリズムが体に定着してしまうからだ。「あまりにも早い時期に、あるスポーツに特化した練習ばかりを行なうと、基礎運動能力の発達を阻害し、スピード定常状態に陥りやすい」と、世界の陸上競技界を統括する国際陸上競技連盟（IAAF）の報告書に記されている。「トレーニングを軽視するつもりはないのですが、エリクソンによる一万時間モデルの影響で、アスリートは近年過度のトレーニングを強いられているように見えます」。南アフリカスポーツ科学研究所のジャスティン・デュランはそう語る。

二〇一一年に、デンマークのアスリート二四三人について行なわれた研究では、早い時期の専門化は不要であり、むしろ最終段階への成長の妨げになると結論づけている。この二四三人のアスリートは、二グループに分類された。一番目のグループは、オリンピックのようなトップレベルでの競技経験があるアスリート。二番目のグループは、それ以下の「エリートに準じた」レベルだ。この研究は「cgsスポーツ」に限定して行なわれた。cgsスポーツとは、センチメートル（c）、グラム（g）、秒（s）で結果を測定できるスポーツであり、サイクリング、陸上競技、セーリング、競泳、スキー、ウエイトリフティングなどがその一例だ。両グループのアスリートは、どちらも子供のころに各種のスポーツを経験してはいたが、二番目のグループには早期の専門化という特徴が見られた。一五歳までの練習時間が一番目のグループより多かったのだ。一番目のグループが練習量を増やしたのはやっと一五歳を過ぎてからであり、一八歳になるころには二番目の「エリートに準じた」グループの練習時間を上回っていた。報告書の「反・直観」的、「反・一万時間」的なタイトルは、「遅い時期の専門化――センチメートル、グラム、秒（cgs）のスポーツでの成功への鍵」である。

これらのスポーツの研究結果が一致したため、南アフリカのスポーツ生理学者であり、ライターでもあるロス・タッカーは、一番目のグループのアスリートは、オールラウンドの才能に恵まれていたため、初期のころに二番目のグループのアスリートほど練習に打ち込む必要がなかったのではないかと言っている。「生まれつきの才能に恵まれた人は、少ない練習量で他人と同じレベルに達することができます。人はたいてい一六、七歳で身体的に成熟し、そのころになればある特定のスポーツで将来性が見えてくるので、そうしたら練習量を増やすべきでしょう」*

売れゆきの良い本の何冊かで、タイガー・ウッズは一万時間モデルの手本とされているが、そこでは遺伝子の重要性については触れられていない。ウッズがまだ幼いころに、多くの練習ができるように父親がいろいろ手助けをしたのは事実だが、ウッズによれば、それよりも自分がゴルフをしたいという気持ちが強かったという。「これまで、ゴルフをしろと父から言われたことは一度もない。ぼくが父に頼んだのだ。大切なのはゴルフをしたいという子供の気持ちであり、子供にゴルフをさせたいという親の欲望ではない」とウッズは二〇〇〇年に語っている。[24]ウッズの幼少期について見過ごされがちな事実がある。生後六カ月のときに、家の中を歩き回る父親の手の上でバランスをとって立つことができたというのだ。[25]六カ月といえば、普通に立つだけでもやっとという時期である。幼少期のこの出来事が超人的な運動神経・体力と称される現在のウッズをつくったとは言わないまでも、少なくともこの才能があったからこそ、生後一一カ月でボールを打つことができ、ほかの子供より早い時期に練習を始めることができた。ウッズのケースも、生まれ持ったハードウェアによって、ある特定のスポーツに特化したソフトウェアのダウンロードが促進された一例であろう。

タイガー・ウッズについて語られるときの、「練習がすべて」という物語には、たしかに魅力がある。しかしこれは、環境が適切であれば不可能なことはなく、子供は粘土細工のようにどこまでも運動能力を伸ばすことができるという、誤った期待を抱かせる。ウッズについての逸話は、自助努力が重要視され、自由意志がことさら強調されるきらいがある。しかし、生まれ持った資質による影響を無視した説明は、スポーツ科学を論ずるうえで好ましくない副作用をもたらすおそれがある。

ときには遺伝子の研究も手がけるスポーツ科学者たちが、私にこぼすことがある。遺伝子によって決定されたものはあくまでも変えることができないため、人間の自由意志や運動能力の発達は遺伝子の前では無意味である、という誤った考え方が流布している。そのために、正しい情報を伝えるのに苦労するというのだ。もちろん、生後に変えられない状況をもたらす決定論的な遺伝子もなかにはある。二つの眼球を形づくる遺伝子や、ハンチントン病のような退行性脳疾患の原因となる遺伝子などは、どちらかと言えば決定論的である。もし、ハンチントン病にかかわる遺伝的欠陥があれば、この疾患は避けられない。一方、他の多くの遺伝子は、身体の形質に影響を与えるだけで、人に致命的な影響を及ぼすものではない。だが残念なことに、新しい遺伝子の研究などについて報道がなされるときには、穏当な主張は脇に追いやられ、あたかも遺伝子の前では人の主体性は無力であるかのように伝えられることが多い。

オーストラリアのスケルトン五輪選手について研究した生理学者ジェイソン・ガルビンは、タレント発掘プログラムを進めているときに、「遺伝学」という言葉は使わず、あえて「分子生物学とタンパク質合成」と表現するようにしたと語っている。「まさに『gワードを口

＊　イギリスにあるチータム音楽学校の生徒に対する研究でも、同様の結果が得られている。「卓越した能力」を持つ生徒は「平均的な能力」の生徒より初期のころの練習時間が少なく、成長過程の後期に多くの練習時間を積み重ねている。

にするな』という状況だったのです（訳注 gene［遺伝子］、genetics［遺伝学］などの「g」で始まる用語）。提出する研究企画書でも、なるべく遺伝学という用語を使わないようにしました。そうすれば、『そうか。分子生物学とタンパク質合成について研究するのか。それならOKだ』という答えが返ってくるからです」。「遺伝学」も「分子生物学とタンパク質合成」も同じことを言っているのだが、それは気にしないでおこう。

私がインタビューした数人のスポーツ心理学者は、公の場では遺伝子を過小評価する見方を支持している、と語っている。そのほうが、社会に対して前向きのメッセージを発信できると信じているからだ。「ですが、そこで行き詰まるのは努力が十分でないからだ、と言うこともまた危険でしょう」と、ある著名なスポーツ心理学者は警告する。いずれにせよ、社会に発信するメッセージと、科学的真実とは何の関係もない、と。

ジャネット・スタークスの研究は、エリクソンの研究とともに、「ハードウェアでなくソフトウェア」の時代の到来を告げた。そのスタークスは、遺伝的差異はスポーツ技能に影響を与えているとずっと考えていたが、これまでそれを公言することは控えていた。「三五年前には、根本にあるのは生まれつきの能力だということを人々は疑ってもいませんでした。その後「学習された」知覚や認識が重要だというアプローチが受け入れられるにしたがって、私も以前より中道派に位置づけられるようになりました。こういった揺れ動きはまさに振り子のようなものです……。ダーツは非常に限られた単純な運動技能を鍛えるものですが、練習だけでその成績のばらつきのすべてを説明することはできません。また「野球のボールを」打つときには視力が必要で、良いに越したことはありませんが、それだけではなくソフトウェアも間違いなく必要です」

スタークスは、技術習得を目指した練習の研究において、現在存命の他のどの研究者にも負けないほど多大な貢献をした。練習だけがスポーツにおける成功の要因とする「一万時間」の考えを背骨にたとえるなら、スタークスの研究はそれを形成する脊椎骨《せきついこつ》である。それでいながら、公言をはばかっていたときにも、遺伝子抜きではスポーツの専門能力を完全には説明できないことをスタークスは理解していた。

結論として、スタークスはこう言い添えている――もし練習時間の累積だけで物事が決まるなら、なぜ競技で男女を分けるのか？

良い質問である。

第4章　男にも乳首があるのはなぜ?

マリア・ホセ・マルティネス＝パティーニョに、自分が女性であることを疑う理由はまったくなかった。顔は細長く女王様のようで、高い頬骨のあたりの肌は卵の表面のように滑らか。彼女はスペイン北部の町でごく普通の女の子として育ったが、走力とジャンプ力はほかの女の子以上だった。

一九八五年、世界に知られた二四歳のハードル選手マルティネス＝パティーニョは、この年に開かれたユニバーシアードに出場するために日本の神戸にやって来た。ところが、自分が女性で、女子競技に出場できることを証明する医者の証明書を忘れたことに気づく。そのため、規定どおり口腔内粘膜検体採取を神戸で受けて、女性であることを証明しなければならなくなった。

性別検査は一九六〇年代から始まっていた。国際陸上競技連盟（IAAF）が筋骨隆々の東欧圏の女子選手――多くが巧妙にドーピングをしていた――があまりに多いのを見て、男性選手が女性を装って競技に出場できないように規制を設けたのだ（それ以来そのようなケースは確認されていない）。初期のころの検査は乱暴きわまりなかった。女子選手は医師の前で下着を下ろさなければならなかったのだ。一九六八年のメキシコシティオリンピックまでには、このような品位のない検査方法に代わって、客観的な科学的手法が採用されるようになった。口腔内粘膜を採取し、染色体検査をするのである。性染色体は、女性がXX、男性がXYだ。

しかし、そうでないケースがあった。

神戸で検査を行なった一九八五年八月の夕刻、スペインチームの専属医師がマルティネス＝パティーニョのもとにやって来た。検査結果に問題があり、競技に出られないという。一瞬、自分がエイズ、あるいは兄の命を奪った白血病にかかっているのかと思った。しかし医師はそれ以上何も言おうとしなかった。

それからの二ヵ月間、彼女は不安で胸が押しつぶされそうだった。医師を訪れるときは、両親に付き添われずに一人で出かけた。両親はまだ兄の死から立ち直っていなかったからだ。やがて通知が届いた。エイズでも白血病でもない。しかし診断結果はその後の彼女の人生を一変させかねないものだった。口腔内検体を分析した結果、五〇個の細胞すべてにXY染色体があったというのだ。なんということだ、いい、いい、いい、君は男なんだ！　チームスタッフは、けがを装って静かに引退することを勧めた。

しかし引退は拒否。それどころか三ヵ月後にはスペインの国内選手権の六〇mハードル走で優勝した。ところが勝利の栄光が嘲笑の的となってしまう。性別検査の結果がマスコミにもれたのだ。残酷にもあっというまに、見る影もなく転落していった。

奪えるものはすべて奪われた。政府からは国内選手権のタイトルを剥奪され、代表選手にあてがわれた家からも追い出された。奨学金も停止され、アスリートとしてのそれまでの記録もすべて抹消。自分がまるで存在しなかったかのような扱いを受けた。友人は残る者と去る者に二分した。婚約者は後者だった。[1]

マルティネス＝パティーニョは恥ずかしかった。何をする気にもなれなかった。しかし立ち直る力は失われていなかった。自分が女性であることをマスコミに訴え続け、必ず復帰すると誓った。そこに救世主が、遠くから現れた。

フィンランドの遺伝学者アルバート・ド・ラ・シャペルが、マルティネス＝パティーニョの奮闘をニュースで目にして意見を述べた。ド・ラ・シャペルは染色体が必ずしも性別を決定しないことをよく知っていた。XX染色体を持ちながら男性になる人の研究の先駆者だったのだ。両親のX染色体とY染色体が遺伝子情報を交換するときに、両者が本来あるべき位置に整列できず、Y染色体の先端にある遺伝子が分離してX染色体に付着することがある。このとき「ド・ラ・シャペル症候群」が起こる。

マルティネス＝パティーニョは、何人もの医者に診てもらうために何千ドルもの出費をしていた。医者によると、外からは見えないが陰唇の奥に精巣があり、子宮も卵巣もないという。ところが精巣から男性と同等レベルのテストステロンを分泌していながら、アンドロゲン不応症があるということもわかった。これは身体がテストステロンに反応しないことを意味し、したがって彼女は完全に女性として成長したことになる。たいていの女性は自分の身体が分泌する少量のテストステロンによって運動面では恩恵を受けているが、マルティネス＝パティーニョの場合は、テストステロンをまったく使えない状態だったのである。マルティネス＝パティーニョの性別検査が公になってから約三年、一九八八年のソウルオリンピックでオリンピック医事委員会が開かれ、マルティネス＝パティーニョの復権を決定した。しかしそのころには選手としての能力はピークを過ぎており、〇・一秒の差で一九九二年のオリンピック出場を逃した。

一九九〇年、マルティネス＝パティーニョの試練を重く見たIAAFは、世界各国から学者を招集して、競技のための選手の性別判定をどのようにすればよいかを最終的に決めてもらうことにした。検討を重ねた学者グループの答申は――われわれにはわからない！　代わりに性別検査をいっさい破棄することを提案した。IOC（国際オリンピック委員会）は、一九九九年には疑わしい場合にのみ性別検査を行なうとしたが、それでも女性であることを決める要因の基準を確立していたわけではなかった。

問題は、スポーツ統括団体が期待しているほど単純に、人間は男と女に振り分けられないということだ。さらにこの二〇年の間で技術は一歩も進まず、将来の展望も見えていない。「二〇年前と異なる手法が見つかるとは思えません」と、イェール大学医学部小児科の名誉教授で、性別検査の中止をIAAFに提案した学者グループの一員でもあるマイロン・ジェネルは言う。

結局医師たちは、マルティネス＝パティーニョがこれまで不当な扱いを受けたという判断を下した。競技者として彼女は女性であると認定したのである。膣と隠れた精巣の両方を持ち、胸はあるが卵巣も子宮もない女性。そして、男性並みに分泌されたテストステロンが活性化せずに体内を巡っている女性であると。

いかなる身体の部位も、またその中にある染色体も、男性アスリートと女性アスリートをくっきりと区別する要因とはなりえない。では、男性と女性を区別する遺伝的要因は、そもそも存在するのだろうか？

「女性はやがて男性より速く走るようになるのだろうか？」。二〇〇二年、私が大学四年生のとき、UCLAの二名の生理学者によって書かれた論文のこのタイトルを初めて目にして、なんとばかげたことをと思った。それまでに私は八〇〇m走者として五シーズンのトレーニングを重ねていただけだが、記録は当時の女子世界記録を上回っていた。それでもリレーチームの中には私より速いランナーがいた。

しかしその論文を掲載していたのは『ネイチャー』誌だった。世界でも権威のある科学雑誌だから、きっと何か意味がある。みんなそう思ったはずだ。一九九六年のアトランタオリンピックに先立って、[2]『USニュース＆ワールド・レポート』誌が一〇〇〇人のアメリカ人を対象に調査をしており、そのうちの三分の二が、「女性のトップアスリートが男性のトップアスリートを打ち負かす日がやって来る」と考えていた。

『ネイチャー』誌のその論文は、二〇〇m走からマラソンに至るあらゆる競走の種目について歴代の男女の世界記録をグラフ化し、女性の記録の伸びが男性の伸びよりはるかに急であることを指摘している。そしてその伸びから将来を推測し、二一世紀前半にはあらゆる競走の種目において女性が男性を上回ると判断した。「両者の決定的な違いは記録更新の速さである。女性の記録は徐々に男性に近づいている」と筆者は記している。

二〇〇四年、アテネオリンピックを話題にとりあげた『ネイチャー』誌はまたもや同じような論文を掲載した。「二一五六年オリンピック、見逃せない短距離走？」[3]。一〇〇m走で女性が男性を破る日を予想した論文である。

二〇〇五年には三人のスポーツ科学者による論文が、「やがて女性は成し遂げる」という疑問符なしのタイトルで、『ブリティッシュ・ジャーナル・オブ・スポーツメディスン』誌に掲載された。

世界記録で男性がずっと優位にあったのは、女性を競技の世界から締め出すという差別が生み出した作為的な結果だったということなのか？

二〇世紀前半には、文化規範や疑似科学のせいで、女性のスポーツ参加が厳しく制限されていた。一九二八年のアムステルダムオリンピックでは、八〇〇m走を終えて疲れ切った女子選手がグラウンドに倒れて動かない姿が報道され（実はでっちあげだった）、その姿が医者やスポーツライターの目に不快なものと映って、この種目は女性の健康に害があると判断された。「この距離は女性の体力には酷である」と『ニューヨーク・タイムズ』紙は伝えた。[*] そしてこのオリンピックのあと即座に、二〇〇mを超える女子の競走種目はすべて禁止され、それは三二年間に及んだ。男子と同じように女子が陸上競技のすべての種目に出るようになったのは、二〇〇八年のオリンピックからである。しかし女性の出場者が増えるにつれ、やがて競技者として男性の記録に追いつくかもしれない、あるいは追い越しそうだと、『ネイチャー』誌の論文は予測している。

私はヨーク大学のスポーツ心理学者ジョー・ベイカーを訪ね、運動パフォーマンス、特に投げる力について、男女差の話を聞いた。これまで科学的実験で立証されてきた男女差の中で一貫して最も大きく異なるのが、投げる力である。男女間の投げるスピードの平均の違いは、統計用語で言えば標準偏差三だ。これは、身長における男女間の格差の約二倍である。つまり街で一〇〇〇人の男性を無作為に選んだとすると、そのうちの九九八人は、平均的な女性より強くボールを投げられるということになる。[4]

しかしこの状況は、女性がそのためのトレーニングをしないからかもしれない、とベイカーは付言した。彼の妻は子供のころから野球をしていたので、彼より遠くまでボールを投げることができるという。「まるでレーザービームですよ」と、ベイカーは冗談まじりに言った。となると、男女の差は生物学的なものなのだろうか？

男女間のＤＮＡの違いはほんのわずかで、二つの性染色体のうちの一つがＸなら女性、Ｙなら男性というだけのことである。兄弟も姉妹も、遺伝子を受け継ぐ元は同じだ。ただ父母のDNAの組み換えという混ぜ合わせが起きて、きょうだいがクローンにならないようにしている。[5]

性分化は多くの場合、Y染色体上に存在する一つの遺伝子によって起こる。SRY遺伝子、つまり「性決定領域Y遺伝子」である。「アスリート遺伝子」が存在するなら、それはSRY遺伝子にほかならない。両親から受け継ぐ遺伝子が同じであるにもかかわらず、その両親から頑健な息子が生まれることもあれば女らしい娘が生まれることもある。SRY遺伝子は、男性をつくる遺伝子を選んで、それを活性化させるDNAの万能鍵なのだ。

私たちはみな、女性として生を始める。すべての人間の胚は、はじめの六週間は女性だ。哺乳類の胎児は母親の胎内で大量の女性ホルモンにさらされるため、初期の性が雌であることは効率が良い。雄になる場合には、六週目にSRY遺伝子が睾丸を形成する信号と、テストステロンを合成するライディッヒ細胞を睾丸の中に形成させる信号を出す。その後一カ月

＊　新聞各紙は、八〇〇m走の女子選手がトラックのいたるところで倒れている様子を、驚きをもって伝えた。二〇一二年の『ランニング・タイムズ』誌の記事によると、ゴール後に倒れた女子選手は一人だけで、三人の選手がそれまでの世界記録を上回ったとのことだ。競技を観戦していたと思われる『ニューヨーク・イブニングポスト』紙の記者は、「一一人のかわいそうな女子選手」と題して、五人がゴールラインにたどり着かず、五人がゴール後に倒れた、と書いている。一方、競技に出場した選手は九人だけだが、全員が完走したという『ランニング・タイムズ』誌の記事もある。

のうちにテストステロンがあふれ出し、特定の遺伝子をオンにし、その他の遺伝子をオフにする。そうなれば、遠くまで投げられるかどうかの差が現れるのは時間の問題である。男子は子宮の中にいる間に、投げるときに力強いムチのようになる長い腕を形成しはじめる。投げる能力の男女差は、子供のときのほうが成人になってからよりも小さい、と言われているが、それでも二歳ごろにはすでにはっきりわかるようになる。[6]

文化的環境がどの程度子供の投げる能力に影響を与えるかを調べるために、北テキサス大学と西オーストラリア大学の科学者が協力して、アメリカ人の子供たちとオーストラリアの先住民アボリジナルの子供たちに投げる力のテストを行なった。[7]アボリジナルは農耕を発展させず、狩猟採集民のままで暮らしてきた。女の子も男の子と同じで、狩猟や戦いのために物を投げる技術を教え込まれている。実際、アボリジナルの子供たちのほうがアメリカ人の子供たちよりも、投げる力の男女差は小さかった。しかし、女の子は成熟が早いために男の子より身長も体重も上回っていたにもかかわらず、それでも男の子のほうが遠くに投げたのである。

投げる力だけでなく、飛んでくる物体を目で追跡してキャッチする力においても、一般的に男の子のほうが優れる傾向にある。標的を捉える能力のテストでは、八七％の男の子が女の子の平均を上回る。この差は、子宮の中でテストステロンにさらされていた結果だと、部分的には考えられる。先天性副腎過形成と呼ばれる遺伝子疾患——胎児の副腎が男性ホルモンを大量に分泌する——のために子宮の中で高レベルのテストステロンにさらされていた女の子は、まるで男の子のようにこういう運動ができていないるのだ。[8]
しっかりトレーニングを積んだ女性は、トレーニングしていない男性より容易に遠くまで投げることができるが、[9]トレーニングを積んだ男性は、トレーニングを積んだ女性を大きく超える。オリンピックの男子やり投げ選手は、女子用のやりのほうが軽いにもかかわらず、女子選手よりおよそ三〇%遠くまで投げることができる。また女性が野球のボールを投げる速さのギネス記録は時速一〇四・六kmであり、これはそこそこの男子高校生が投げられる速さだ。プロ野球選手の中には、一六〇km以上のボールを投げる者もいる。
一〇〇mから一万mまでの走りでは、トップレベルでの男女差は一一%というのが経験則だ。短距離走からウルトラマラソンまで、走る距離にかかわらず、男子選手のトップ一〇の記録は女子選手のトップ一〇の記録より約一一%速い。*プロレベルではこの差は大きい。二〇一二年オリンピックで男子一〇〇m走競技への参加資格を得るには、女子の世界記録でも四分の一秒遅かっただろうし、一万m走では、世界記録を持つ女子でも、オリンピック参加資格をぎりぎりで得た男子選手から周回遅れで走ることになるだろう。
投げる競技と瞬発力を要する競技では、男女差がさらに拡大する。走り幅跳びでは、女子は男子に一九%も及ばない。男女差が最も小さいのは長距離の競泳だ。八〇〇m自由形では、トップの女子選手はトップの男子選手に六%以内に迫る。[11]
女性がいつか男性を追い越すと予測する論文では、一九五〇年代から一九八〇年代にかけての女子の記録の伸びが、そのままずっと安定して続くだろうという含みを持っていた。しかし現実にはこの時期の伸びは一瞬の上昇であり、その後に男子ではなく女子が定常状態を迎えた。一九八〇年代には、女子の一〇〇m走からマイル走の最高記録が横ばい状態になりはじめていたが、男子の記録は徐々にではあるが、伸び続けた。[12]数字は正直だ。トップの女子選手はトップの男子選手に追いつかず、その差を維持してもいない。男子はゆっくりゆっくり女子を引き離しつつある。生物学的な差異が拡大しているのだ。

しかし生物学的な差異は、そもそもなぜ存在するのだろうか？

デイヴィッド・C・ギアリーのオフィスの窓辺に置かれた電話帳のような分厚い辞書の隣に、女性の頭蓋骨がある。まるで窓越しにミズーリ大学のキャンパスを見下ろしているようだ。「この頭蓋骨、小さいでしょ？」とギアリーが言う。頬はこけ、虹彩はトルコ石を思わせる青緑色だ。額にかかる弧を描くような白髪が疑問符のような形で、いかにも探求心が旺盛な人のようだ。「脳の大きさは私たちのおよそ三分の一しかなかったのです。だから、辞書の横。たくさん勉強しなければなりませんからね」と冗談を飛ばした。ルーシーの頭蓋骨の模型のことである。現代人の祖先である有名なアウストラロピテクス・アファレンシス。三二〇万年前の骨がエチオピアで発見されていた。

ギアリーは脳の研究に多くの時間をかけている。認知発達心理学者で、子供たちがどのように数学を学ぶかの理解に生涯のほとんどを費やしてきたことから、二〇〇六年から二〇〇八年まで、大統領の諮問機関、米国数学諮問委員会のメンバーに加えられた。また、性差についての生き字引でもある。[13]

ギアリーは一九八〇年代にカリフォルニア大学リヴァーサイド校の大学院生だったころから、人間の性差がどのように進化してきたかに関心を抱き続けてきた。しかし生物の性差の研究は――少なくとも生殖器を超越した性差では――一筋縄ではいかない性質のものであったため、しばらく待ち、終身在職権を得た後に人類の進化にかかわる研究を発表しはじめた。そして一気に一〇〇〇ページにも及ぶ教科書を共同編纂する。それは出生時体重から社会的行動にいたるまでの、過去一〇〇年に行なわれた性差に関する本格的な科学的研究の結果を

＊　レースの距離が長くなるにつれて女性ランナーは男性を超えるようになる、という考えが今までは一般的だった。これは、クリストファー・マクドゥーガルの興味深い作品 *Born to Run*（邦訳『BORN TO RUN 走るために生まれた』近藤隆文訳、NHK出版）のテーマの一つだ。しかし、必ずしもそうではない。男女のトップ選手間の一一％の差は、最短距離の競技の場合と同様に最長距離の競技でも変わらない。とは言うものの、男女のマラソンのタイムを比較してみると、走る距離がマラソンより短い競技ではつねに男性が女性を上回るだろうが、走る距離が六五kmを超えれば女性が勝つであろうことを南アフリカの生理学者が発見した。男性が女性より通常身長も体重も上回っているため、走る距離が長くなると不利になるからだ、と言う。ところが、世界のトップレベルにいる男女のウルトラマラソン選手を見ると、体格差は一般男女の体格差より小さく、超長距離における男女トップアスリートの間にも一一％の記録差は存在する。[10]

まとめるためだけに編纂された本だった。

私が彼のオフィスに足を運ぶまではおそらく意識していなかったと思うが、ギアリーが世界のスポーツ界に向けて書いた一番興味深い業績は、五五〇ページからなる大冊 *Male, Female: The Evolution of Human Sex Differences*（男と女：人間の性差の進化）である。人間の性差に関するあらゆる研究——あらゆるに注目——を、性選択という枠組みに組み込んだ初めての論文だ。

性選択の原理を初めて解き明かしたのは、チャールズ・ダーウィンである。とはいえ性選択は、ダーウィンが考えた自然選択ほど世間に知られてはいない。自然選択とは、自然環境に応じて人のDNAが保存されるか根絶される変化のことだが、性選択は、配偶者をめぐる競争および選択の結果、拡散するか消滅するDNAの変化のことである。性選択は人間の性差の大部分を決め、人間の運動能力を理解するうえで、このうえもなく重要な要素になる。

男女間の身体的な違いをあげると、一般的に男性は体重が重く、身長が高く、身長に比べて腕と脚が長く、さらに心臓と肺が大きい。男性の左利きの割合は女性の二倍で、多くのスポーツでは有利な条件になり*、脂肪が少なく、骨密度が高く、酸素を運搬するための赤血球が多く、多くの筋肉を支えるために骨は重く、腰幅が狭い[14]。これらは効率的なランニングを可能とし、さらに走ったりジャンプしたりするときに女子選手に起きやすい前十字靭帯の損傷といったけがの可能性を減らしてくれる。「女性は骨盤の幅が広いため、膝までの角度が大きくなります。そのために走るときに多くのエネルギーが股関節を圧迫する力として無駄に使われ、前へ進む力になりません……。骨盤が広いほどエネルギー効率が悪いということです」。ケース・ウェスタン・リザーヴ大学の人類学および解剖学の教授、ブルース・ラティマーはそう語る。

男女間で最も顕著な身体的な違いの一つは筋肉量だ。男性は、身体のあらゆる部分に筋線維を詰め込み、上半身の筋肉量は女性より八〇％多く、脚の筋肉量は五〇％多い。上半身の強さについて言えば、標準偏差三である。つまり前にも述べたように、街で一〇〇〇人の男性を無作為抽出した場合、そのうちの九九八人が平均的な女性より強い上半身を持っているということになる。[15]

「上半身の強さの差は、ゴリラでもわかります。すごいですよ。私たちに近い動物の中で、性的二型が最も顕著に表れているのがゴリラです。雄の大きさは雌の約二倍。だから身体全体の大きさの雌雄差は人間より大きいのですが、上半身の強さだけを見れば、その雌雄差は

＊　左利きはまれであるため、いつも左利きの人間と対戦するとは限らない。そのために、左利きの相手の動きに関するデータは少なく、左利きの人間には、科学者が言うところの「非頻度依存優位性」が生じる。一九八〇年のモスクワオリンピックにおいて、男子フェンシング競技のフルーレ種目で最終プールに残った六人の選手は、全員が左利きだった。素手で戦うことの多い先住民社会では左利きの割合が高い、とフランスの科学者シャルロット・フォリーとミシェル・レイモンは分析する。この二人の科学者をはじめ他の科学者は、自然選択では、特に男性の場合は戦いを優位にするために、一定割合の左利きが残される、と仮説を立てている。

人間とほぼ同じです」と、ギアリーは語る。

ゴリラとの類似から、性選択がどのように人間（とゴリラ）の運動能力を形づくってきたかがわかる。ある種の雄と雌において、どちらが大きくて強いかを知るには、こんな情報が役に立つだろう。すなわち、雄と雌、どちらのほうが潜在的に繁殖率が高いかだ。

妊娠期間と授乳期間が長いため、雌のゴリラが子を産めるのは四年に一度だ。雄のゴリラは雌を集めてハーレムをつくり、繁殖率を潜在的に高めようとする。しかしハーレムを持つ雄のゴリラ一頭に対し、その他の何頭もの雄のゴリラは繁殖活動からすっかり締め出されてしまう。その結果、複数の雌に近づこうと雄たちが激しく争い合うようになる。この「雄間競争」では実際に格闘したり、少なくとも争うそぶりを見せたりするのだが、このような自然選択が、ゴリラがより強い戦士になる形質を強化する。タツノオトシゴのように「雌の潜在的繁殖率が高い種では、逆に雌のほうが大きく、攻撃的になります」とギアリーは言う。卵の世話をする雄のタツノオトシゴが、大きくて強い雌を選ぶのも不思議ではない。

物理的な巡回や防御がよりむずかしくなる競争域——たとえば空——の場合、雌の配偶者選びはより重要になり、鳥によくあることだが、目立つ色と美しい求愛の歌といった雄の形質が、性選択によって強化される。[16]一方、ゴリラやヒトの祖先のように、活動の場を大地に限定された霊長類では、相手と向き合った戦いが重要になって、進化によって腕力が際立って発達することになる。

このような事例から、大地にしばりつけられた霊長類である私たち、特に男について、あまり喜べない概念が暗黙のうちに示される。一つは、男にある形質が選択されたため、互いに傷つけ殺し、威嚇し合うようになったこと。二つ目は、傷つけ殺し、威嚇することが誰よりも得意になった男は、その力を使って複数の女をめとり、多くの子孫を残すようになったこと。

この二つの推測を裏付ける証拠もある。狩猟採集社会では、男性のほぼ三〇%が戦いや不意の襲撃で他の男性に殺された。ほとんどの場合、目的は女性を奪うことだ。ハーヴァード大学の心理学者スティーヴン・ピンカーが著書 *The Better Angels of Our Nature*(邦訳『暴力の人類史』幾島幸子・塩原通緒訳、青土社)の講演で、人間の暴力性の歴史と現代におけるその衰退について述べたように、「[トマス・] ホッブズは正しかったことがわかる。人間の本質は邪悪かつ獰猛であり、その命は短い」。

私たちの先祖の男性が複数の女性を得ようと奮闘したという二番目の推測は、遺伝学的に議論の余地はない。父親はY染色体のDNAを息子だけに渡し、母親だけがミトコンドリアDNAと呼ばれるタイプのDNAを子に渡すため、時間を遡って父方と母方の先祖を別々に追跡することができる。世界中を調査したところ、世界のどこを見ても男性の先祖が女性より少ないということが明らかになった。[17] 今日の世界の人口に到達するまでに必要だったアダムの数は、イヴの数より少なかったのだ(驚くことにそういう事例がある。アジア人男性一六〇〇万人――世界の男性の約〇・五%――が、ほぼ同一のY染色体を持っているのだ。これはチンギス・ハンから受け継いだものと遺伝学者は考えており、チンギス・ハンには数百人の妻と側室がいたというのは、有名な話である[18]）。

雄対雄の激しい競争をする霊長類の間で種を超えて通用するもう一つの特性は、戦うために重要な身体能力が、もっぱら男性において、しかも思春期を通じて高められることだ。思春期には、急激に成長する人間が繁殖に向けてすぐに必要になるはずの資質が強化される。したがって、相手を殴るとか石を投げるというような身体能力が繁殖のために必要であれば、そのような能力が思春期の間に強化されるのだ。粗暴な霊長類の様式を人間も踏襲していることが、ここからもわかる。女の子は成熟が早期に始まり、短期間で終わる。一方男の子は思春期が遅い時期に始まり、長期に及ぶ。そのために女の子よりも成長に時間がかかり、その間に運動能力が急激に発達するのである[19]。

一〇歳ぐらいまでは、男の子も女の子も似たような体格をしている[20]。女の子のほうが身長が高く脂肪も少し多いが、さまざまな運動形質は男女間でほとんど変わらない。走る速さは一〇歳でほぼ同じであり、男の子が文字どおりみずからの天然ステロイドの影響を受けはじめる一四歳のころまで、似たり寄ったりである。

一四歳のころには、すでに広がっている投げる力の差が、深い溝のように大きくなる。男の子は強い腕と広い肩幅を持つようになり、一八歳のころには平均的な男女の比較でも、女の子のほぼ三倍の距離を投げることができるようになる[21]。また成人した男性は、女性や男の子以上に殴り倒すのがむずかしい特徴を備えるようになる。目を守るために眉弓《びきゅう》が盛り上がり、殴られても耐えられるように下顎が発達する。先祖たちにとって、もろい顎は致命的だったのだ。

男性の思春期に起こるテストステロンの急増は、赤血球の生成も刺激する。そのため男性は女性より多くの酸素を消費できるようになり、痛みを感じにくくなる。* 人間にかぎらず動物も、テストステロンを投与されると痛みを感じにくくなるのと同じだ。

一四歳のころ、普通の女の子は短距離離で生涯最速の記録に近づく。短距離走の年齢別世界記録では、九歳の男女はほとんど同じだが、それは思春期前には、運動能力で性差を持つ生物的な理由がないからだ。しかし一四歳になると、同じ競技とは思えない記録になる。† なかには、思春期を過ぎて特定の運動能力が低下する女性もいる。エストロゲンが腰回りの脂肪を増やすので、ほとんどの女の子は垂直跳びで停滞あるいは低下を経験する。また、最も痩せた成人女子マラソン選手で体脂肪率が六～八パーセント近辺となり、これは、男性マラソン選手のほぼ二倍にあたる値だ。[22]

オリンピック選手について調べた結果、ある種の競技の女子選手に重要な形質が認められ

＊ 女性は出産を経験するので痛みに強いと言われているが、この問題に関するどの研究結果から見ても矛盾する通説である。女性は男性より痛みに敏感であり、慢性疼痛を患う患者が男性より多い。ただし、女性は出産が近づくとたしかに痛みを感じにくくなる。

† 四〇〇m走の記録：
九歳男子 一分〇秒八七、 一四歳男子 四六秒九六
九歳女子 一分〇秒五六、 一四歳女子 五二秒六八

た。他の女性のように腰回りが大きくならないのだ。もし、女子体操のトップ選手の身長や腰回りが急激に大きくなりはじめたら、トップレベル選手としてのキャリアは実質的にそこで終わる。[23]強くなる前に身体的サイズが大きくなると、空中で回転する能力が低下し、空中で演技をするうえできわめて大切な要素であるパワー対体重比が悪化してしまうのだ。女子体操選手は二〇歳までにピークを迎えると言われるが、その時期の男子体操選手はまだ体操人生を始めたばかりだ。中国は、シドニーオリンピックで獲得した体操のメダルを剝奪された。女子体操選手の董方霄《ドン・ファンシャオ》が競技参加最低年齢である一六歳より二歳若かった、とIOCが裁定したからだ。男子体操ではこのような事態は起こらない、と言ってよいだろう。そうなると、一部の女子選手が持つ強みは、低い体脂肪率や狭い腰幅という、どちらかというと男性に特有な形質だということになる。

一九七〇年代から八〇年代にかけて女子陸上競技の記録が男子の記録に迫った主な理由——『ネイチャー』誌はこの点に触れていない——は、ただ単にテストステロンを注射してSRY遺伝子の欠如を補っていたから、と今では考えられている。一九六〇年代に始まった冷戦による競争はスポーツの世界にも入り込み、組織的な女子のドーピングが、選手本人は知らぬまま、東ドイツなどの国々に広がっていた。[24]その時代以降、最も瞬発力を求められる競技で、トップ女子選手の成績は悪くなっていった。たとえば女子砲丸投げでは、歴代記録トップ八〇中の七五の記録が一九七〇年代半ばから一九九〇年にかけて活躍した選手のものであり、かつ、東欧圏の選手が圧倒的多数を占めている。その中の八〇番目の記録は東ドイツのハイジ・クリーガーによるものだが、数十年後に、クリーガーは東ドイツの組織的なドーピングについて法廷で証言している。彼女はそのころにはアンドレアス・クリーガーと改名し、男性として生きることを選んでいた。テストステロンに類似したステロイドを大量に投与された結果、身体が男性化してしまったのだ。今日にいたるまで、短距離走とパワーを要する競技の女子世界記録は、ほぼすべてが一九八〇年代に樹立されたもので、女子アスリートに与える男性ホルモンの影響の大きさをうかがわせる事例と言えよう。ひとたび過剰なドーピングの時代が終わると、今度はSRY遺伝子を持つ人間（男性）と持たない人間（女性）の記録差が再び拡大しはじめた。たいていのスポーツでは、男性のほうが女性より遺伝的に有利であることは明らかなので、当然、男女を分けるのが最良の解決法となる。

ノースウェスタン大学フェインバーグ医学部の臨床医学人文科学・バイオ倫理学教授であり、スポーツにおける性別検査の歴史についての権威でもあるアリス・ドレガーが、「スポーツで女性を分けている理由は、多くのスポーツで最高の女子選手でも最高の男子選手にはかなわないからです。みなそのことに気づいていますが、誰も口にしようとはしません。女性は、しかるべき理由があってできないクラスに分類されていると、私は考えています」と、話してくれたことがある。

そして、誰をそのクラスに入れるかを決定することのむずかしさが、二〇〇九年の世界陸上競技選手権大会で明らかになった。この大会で、南アフリカ代表の無名の若い八〇〇m走者キャスター・セメンヤは、レースで優勝して一旦は世界タイトルを手にしたものの、筋骨たくましい肩をじろじろと見られ、競技場から引き離された。ほかの選手たちはメディアを通じて彼女を非難した。「彼女を見ればわかるでしょ」と、このレースで五位となったロシアのマリア・サビノワは、セメンヤの狭い腰幅と鎧のような身体を指して、冷ややかに言った。しかし、ただ見るだけでは答えにはならない。

世界陸上の後、セメンヤには精巣はあるが卵巣も子宮もなく、高レベルのテストステロンを分泌していることが発表された（セメンヤ自身はその発表を認めもしなければ言及もしていない。［訳注　検査の結果を受け、IAAFはセメンヤの金メダルを確定した］）。もし発表が事実ならば、彼女はどこに置かれるべきなのか？　特定の生物学的形質によってスポーツ選手の分類をやめさせようというなら、「犬種に関係なく優劣を競う、ウェストミンスター・ドッグショーのような国際競技を開催しなければならないでしょう」と、イェール大学小児科学教授のマイロン・ジェネルは語る。スペインのハードル選手マリア・ホセ・マルティネス＝パティーニョは、Y染色体とSRY遺伝子の両方を持っていたが、テストステロンに対する非感受性を示したために、最終的に女子競技への出場を認められた。

二〇一二年のロンドンオリンピックの前に、論争が続いているセメンヤの件に対してIAAFとIOCは、テストステロンレベルによって性別を判断すると発表した。［「レベル」という言葉には］分泌される量だけでなく、身体が消費できる量も勘案されている。[25]テストステロンのレベルは連続スペクトルにはならない。普通、女性が分泌するテストステロンは、血液一デシリットルあたり七五ナノグラム以下であり、男性は二四〇から一二〇〇ナノグラムだ。[26]したがって男性の下限値は、女性の上限値よりさらにその二〇〇％以上も高い値となる。二〇一一年にNCAAは、全国レズビアン権利センターの支持を得たシンクタンクから連絡を受けて、性転換手術によって男性から女性になった者は、一年間競技に出場しないでテストステロンレベルが下がるのを待ち、そののち女子競技に出場すること、という決定を下した。このようにテストステロンは、男性アスリートが持つ優位性の根源と考えられてきた。しかし、それだけではないかもしれない。

アンドロゲン不応症の女性を研究している内分泌学者何人かと話をしたとき、XY染色体を持っているがアンドロゲンに反応しない女性――マルティネス＝パティーニョのようにテストステロンをまったく利用できない女性――の割合が、低いどころかスポーツ界では異常に高い、と全員が感じていたのだ。

一九九六年のアトランタオリンピックは、口腔内粘膜検査が最後に行なわれた大会だったが、三三八七人の出場女子選手のうち七人――四八〇人に一人の割合――がSRY遺伝子を持ち、アンドロゲン不応症を示していた。[27]アンドロゲン不応症の一般的な割合は、二万人から六万四〇〇〇人に一人と推定されている。過去五回のオリンピックでは、四二一人に一人の割合で、女子選手がY染色体を持っていた。[28]世界最大のスポーツの祭典では、アンドロゲン不応症の女性の割合が非常に高いのだ。[29]よって、テストステロンのほかに、おそらくY染色体にかかわる何かが優位性を与えていると考えられる。

アンドロゲン不応症の女性は、男性を象徴するような手足のバランスになりやすく、胴に対して腕や脚が長く、身長は一般女性に比べて数センチ高い。[30] たとえばエリカ・コインブラがそうだ。彼女は身長一八〇cmのブラジルのバレーボール選手で、シドニーオリンピックの銅メダリストだった。のちに名前が公表されたアンドロゲン不応症を持つ選手の一人だ（私が話をしたことのある二人の内分泌学者によると、モデルの世界においてもXY染色体を持つ女性の割合が高いそうだ。外見はきわめて女性的だが、背が高く脚が長い。不幸にも個人的な医療情報が新聞に掲載される前には、背が高く金髪のエリカ・コインブラはずっと「ブラジルのバービー人形」と呼ばれていた）。

XY染色体を持ち、テストステロンに反応しない女性は背が高いが、これは、ホルモンの信号が無視されることにより、あるいは、Y染色体上にある身長にかかわる遺伝子が原因となって、成長期が延長されるからと考えられる。また、余分なY染色体を持っている男性は身長が非常に高くなる傾向がある。トールクラブインターナショナルのメンバーの中でも最も背が高いデイヴ・ラスムッセンは、身長二二一cmでXYY染色体を持つ。両親の身長は一九三cmと一七五cmだ。

XY染色体を持つ女性が多いというだけでは「スポーツにおける間性（インターセックス）の表面をなぞるにすぎない」と、『ブリティッシュ・ジャーナル・オブ・スポーツメディスン』誌に掲載された論文に記されている。[31] アメリカのトップアスリートを診察しているヒューストンの内分泌学者ジェフ・ブラウン——彼の患者が獲得したオリンピックの金メダルは全部で一五個——は、21-水酸化酵素欠損症と呼ばれる疾患を発症している女性オリンピック選手を、これまで大勢治療してきた。この疾患は家族内で発症する可能性があり、テストステロンの過剰分泌を引き起こす。* 女性アスリートはこの症状を発症する割合が高い、とブラウンは考えている。「問題は、その症状がある女性は症状のない女性より有利なのか、ということでしょう。答えはイエスなのですが、神が決めることですから……。これまで、ジャンプ競技、短距離走、長距離走で、そのような女性アスリートを目にしてきました」とブラウンは語る。

テストステロンがアスリートに与える影響を正しく説明できる科学者はいない。しかし二〇一二年に、陸上競技や水泳を含むさまざまな競技の女性アスリートについて三カ月にわたって行なわれた研究で、トップアスリートのテストステロンレベルは、つねに一般アスリートの二倍以上であることがわかった。[32] ほかにもいろいろな事例がある。[†] 五五歳のジョアンナ・ハーパーは、男性として生まれ、のちに女性として生きることを決心した医学物理学者である。ハーパーも、国内の年齢別グループで成績を残したランナーだ

＊　ブラウンは、男性患者の中にも21-水酸化酵素欠損症を発見したことがあるが、その影響は女性ほど顕著ではなかった。概して、トップアスリートの内分泌系は一般の成人と決定的に違っているとブラウンは言う。「ほかにもアスリートに特有の形質は数多く存在しますが、ホルモン環境を考えると、内分泌系は私と同じにはなっていません」

が、二〇〇四年八月にテストステロンレベルを下げて身体を女性に変えるホルモン療法を始めたときに、優秀な科学者なら誰でもするように、データを取ることにした。ハーパーは、だんだん力が衰えていくだろうと予想していたが、最初の一カ月で、自分が予想した以上に衰えて力がなくなったことにあらためて驚いた。「走ったときにも同じように感じました。以前のように走れないんです」と彼女は言う。二〇一二年には、五五—五九歳グループで全米クロスカントリーのチャンピオンになったが、年齢と性別で分けた基準を見れば、男性だったときと同じように、今では女性として競技ができることがわかる。つまり、性転換をする前は十分男性だったのと同じように、現在は十分に女性なのである。異なる点は、現在の彼女は、テストステロンレベルが高かった過去の自分より遅いということだ。

二〇〇三年、ハーパーは、ポートランドのヘルベティア・ハーフマラソンを、男性として一時間二三分一一秒で走った。そして二〇〇五年、同じマラソンを、女性として一時間三四分一秒で走った。男性としての記録は、女性のときより一マイルあたり約五〇秒速い。男性から女性に性転換した他の五人のランナーのデータを調べたところ、全員が同じように急激にスピードが落ちていることがわかった。その中の一人は、同じ五〇〇〇m走に一五年間連続で出場したが、最初の八回は男性として、そして残りの七回は、テストステロン抑制療法により女性になったのちの出場である。男性のときの記録はつねに一九分を切り、女性としての記録はつねに二〇分を超えていた。‡

このように、男性特有のホルモンパターン（高テストステロン）、骨格（高い身長、広い肩幅、高い骨密度、長い腕、狭い腰幅）、遺伝子（SRY遺伝子他）などが、アスリートにとって有利な条件となる。ここで進化に関して一つの興味深い疑問がわく――そもそも、女性に運動能力が備わっているのはなぜか？

男性の祖先と同様に女性の祖先にも、長い距離を歩く、子供やたきぎを背負う、木を切り倒す、イモを掘るなどの行為ができるように、運動能力は必要であった。しかし、女性が戦

† アスリートとテストステロンの関係を研究しているイギリスの生理学者、クリスチャン・J・クックはこう言っている。「パワーを要する競技での女性トップアスリートのテストステロンレベルは男性アスリートに近づいている、ということが最近明らかになりました。そのような女性アスリートには、トレーニングによって得られたパワーに磨きをかける、すごい能力があるのです」。クックは二〇一三年にも小規模な調査をしているが、そこからは、テストステロンレベルが高い女性アスリートは、低い女性アスリートに比べてより激しいパワー強化トレーニングをみずから選んでいることがわかった。[33]

‡ 私は二〇一二年の『スポーツ・イラストレイテッド』誌の記事「トランスジェンダー・アスリート」をパブロ・S・トーレと共同執筆したが、ハーパーに会ったのはそのときだった。またパブロと私は、ジョージ・ワシントン大学の元女子バスケットボール選手で、初めてトランスジェンダーをみずから明らかにしたNCAAディビジョン1のアスリート、カイ・アラムスにも会った。そのころアラムスは、男の身体になるためにテストステロンの投与を始めていて、手、足、頭が大きくなって声が低くなり、顔に薄くひげが生えはじめ、以前より速く走れるようになったと話してくれた。医学的研究の結果、テストステロン投与量と筋肉量増加ならびに筋肉の強さの間には、用量依存性があることがわかっている。

う、走る、木によじ登るといった激しい運動をがんばって行なうような機会は、男性よりはるかに少なかった。女性が現在のような運動能力を持っている理由の一部は、男性が現在のような運動能力を持っているからだ、とギアリーをはじめとする他の科学者たちが教えてくれた。

似たような問題について考えてみよう。そもそも、男性に乳首があるのはなぜか？　男性に乳首があるのは女性に乳首があるからだ、というのがその答えだ。繁殖活動を成功させるために、女性にとって乳首は欠かせない。そして男性に乳首がついていても、特に害になるようなこともないので、取り除くよう自然選択が強いることもなかった。狩猟における持久型ランニングと進化の役割を研究するハーヴァード大学の人類学者ダニエル・リーバーマンはこう言った。「男性と女性を完全に別々にプログラムすることはできません。赤い車、青い車というように注文することはできないのです。男女は、生物学的にわずかな差があるだけで、本質的には同じ存在です。もし女性に走る必要がなければ、脚のバネとしてのアキレス腱はなくてもよいという議論になってしまいます。そんなこと、できますか？　そのためには、特定の性に限定してアキレス腱がなくならなければいけないのですよ」自然はそうはしなかった。自然は、膨大な数の遺伝子を変化させるのではなく、変化を起こす遺伝子をホルモンが選択的に活性化させるシステムを人類に残してくれたのである。

男性と女性はほとんど同じ遺伝子を持っている。しかしSRY遺伝子のような遺伝子のわずかな違いが生物学的な帰結を次々と引き起こし、活動の場で大きな格差を生じさせることになる。その格差は、身長や腕の長さのようにはっきりと目に見える特徴ばかりではない。男性の筋肉は重いものを持ち上げると、女性の筋肉よりも早く成長する。男性の心臓は持久力を高めるトレーニングに反応して、女性の心臓よりも早く大きくなる。[34] このように、Y染色体が持つ遺伝子情報のわずかな差が、トレーニングによって効果がもたらされるかどうかを決めるのである。

そしてそれができる遺伝子を持つ染色体は一つではない。

第5章　トレーニングで伸びる選手の資質

夕食時に祖母が何度呼んでも少年は返事をしなかった。この日、少年は最高のピッチングを続けていたからだ。そして、今まさに相手チームの強打者と向き合っているところだった。いつまでたっても終わりそうにない。少年の投げる直球は空を切り裂き、祖父母の家のれんがの壁に当たって鈍い音をたてた。

そこにバッターはいない。キャッチャーもいない。少年はピッチャーになることを夢見て、空想の世界で遊んでいたのだ。キャッチャーでもいい。三塁手だっていい。本当を言えば、ポジションはどこでもいい。野球でなくたっていい。とにかく何でもいいからアスリートになりたかった。チームの一員になりたかった。チームであれば何でもいい。勉強に興味はなかった。だから、自分を目立たせるためには運動しかないと考えていた。

ある日、古い白黒テレビで『スーパーマン』を見た少年は、急いで台所の食器棚のところに行き、ピクルス、コーラ、そしてケチャップを全部混ぜて振ってみた。この特別なシェイクの威力で空を飛ぶことができるし、自分のさえない姿も変えられるはずだった。けれどもシェイクは期待はずれだった。何も起こりはしなかった。

少年は教会の野球チームにはもういたくなかった。ベース間の距離が長くなったからではない。もともと三塁ベースから一塁までノーバウンドで投げる力がなかったのだ。身長は普通より高いほうだったが、中学のバスケットボールチームからもやめさせられた。だから、何か別な方法を見つけて自信を取り戻したかったのは自然の流れである。

六年生になるまで、自分の不運をのろいながら、周りに当たり散らしていた。教師に口答えして、一日中、学校から締め出されたこともある。釣り具箱に煙草を潜ませ、家の近くの草むらに隠しておいたこともある。そして毎朝、新聞配達に行く前にそれを一服した。ボウリング場で煙草を吸い、ジャンクフードを食べながら何時間も暇つぶしをしたこともある。裏通りに駐車してあった配達トラックから焼きたてのパイを盗むことも覚えた。それを手はじめとして、まもなく街角の店で漫画本やキャンディーを万引きするようになった。幼いころから厳格な教会に通っていたが、神に疑問を感じはじめていた。

少年の反抗的態度や悪さを褒めそやしてくれる友人もいたが、体制に従順であることを象徴するようなあるものに憧れを抱いてもいた。それは、スポーツで優秀選手となった者だけに与えられる、母校の頭文字をあしらったセーターだ。中学校で自分にできるスポーツは一つしか残っていない。それは陸上競技だ。カーティス中学校の三年生だったときに、陸上部の入部テストを受けた。それが最後のチャンスだった。前の年にも同じテストを受けたが、惨めな結果に終わっていた。走り幅跳びはできなかったし、棒高跳びでは身体を強打して意識を失った。それとは別に、一年のときにはハードルを倒しまくり、二年生では五〇ヤードダッシュで肉離れを起こしてしまう始末。そこで中学三年生のこの年、一九六二年の春には、陸上部の勧めにしたがって、比較的長い距離の種目に挑戦した。それは、トラックを一周する四〇〇m走だった。テストが始まる前に、どうかぼくを入部させてください、と神に祈った。

「ゴー!」という体育教師のかけ声とともに、一気に最前部へ躍り出た。ついに自分に合ったスポーツが見つかったと思った。単独でトップを走っていたのだ。両脚はピストンのように激しくトラックを蹴る。下では石炭殻《シンダー》のくだける音、前方と上空には青空が広がっていた。その状態が二〇〇mまで続いただろうか、そのあたりから両脚がれんがのように重くなり、肺がサンドペーパーで包まれたような気がしてきた。と思ったら数人の集団にのみ込まれ、やがてうしろに吐き出された。六〇秒弱でゴールしたが、とても入部させてもらえるようなタイムではなかった。

しかし、ほんの短い時間だったが、トップを走ったのだ。このまま続ければ、いつかは五二秒、五三秒を出して、憧れのセーターを手にすることができるかもしれない。そう考えていた。だからその年の夏、高校に入学する前に――秋にはウィチタイースト高校に入学した――自宅の前から二ブロック先までダッシュし、そこで折り返して家の前までダッシュする練習を、疲れて芝生に倒れ込むまでくり返した。高校に入った年の秋のある集会で、クロスカントリーのコーチがしてくれた話は、まるで自分に直接語りかけてくれるかのようだった。「君たちの中には、中学で満足な結果を出せなかった人がいるだろう。でも、気を落としてはだめだ。人生を歩む速さは人によって違うのだから、まだこれから大きく伸びる人もいるのだ」。コーチは、ときにはまっすぐに、ときにはたとえ話を交えながら語りかけた。だからクロスカントリー部に入ることに決めたのだ。

クロスカントリー部で初めて経験した持久走では、同じく一年生だったダグ・ボイルとペアを組むことになった。ボイルとは考え方も似ていて、二人ともクロスカントリーは初めてだった。「私たちは、『五マイルを休まずに走ったことなんて一度もないんだ』と話し合いました」。数十年後に昔を思い出して彼はそう語る。「二人で協力し合って、ゆっくりでもいいから完走しよう」と誓い合った。そのとおりに実行できたので二人とも達成感に酔っていたが、すぐに現実を思い知らされることになる。

初めてのマイル走のタイムは五分三八秒。初めてにしてはまずまずだったが、それでも部内で一四位だった。「いい加減にあきらめなさい。いつも疲れた顔をして、夕食もろくに食べないんだから」と母親が心配して言った。

父親は、「おまえには無理だ」と言う。しかし、チームメイトが励ましてくれたおかげで、走ることへの情熱は消えなかった。体調にも問題はなかった。だからそのまま部活動を続けた。そのころ、身体は劇的な変化を遂げはじめていた。

初めてのクロスカントリーレースでは全校で二一位にとどまり、Cチームに配属された。

その後、本格的な練習が始まり、一〇マイルを休まずに走れるようになる。そして、トレーニングはCチームのほかの部員と何ら変わるところがなかったが、シーズンが始まって六週後には二軍チームの一員になっていた。さらに自分自身も驚いたことに、その二カ月後には学校の代表チームを率いてカンザス州選手権で優勝していたのだ。

このように急速に上達したにもかかわらず、走り続けることにはためらいがあった。「うまく走れたときは爽快な気分だが、苦しむのはいやだった」と、のちに記している。この年の冬は練習をいっさいしなかった。翌年の春からはもっと楽しいことをしようと考えていたのだ。ウエイトリフティングの競技に出たいと思ったし、ゴルフをしようとも考えた。しかし翌年の春、自分がいたのはやはりトラックの上だった。チームメイトのなかにはよちよち歩きのような成長しかしない者もいたが、彼は大男の大股歩きのような成長を遂げていたのである。

その年の三月、つまり初めて一マイルを五分三八秒で走った六カ月後、冬の間はまったく練習をしなかったのに、一マイルを四分二六秒で走り、それまでのカンザス州チャンピオンを破ってしまった。さらに続いて四分二一秒を記録する。競技場から学校に戻るバスの中で、監督のボブ・ティモンズから最前部の席に呼び寄せられ、どのくらい速く走れるようになると思うかと尋ねられた。今年はたぶん四分一八秒か一九秒、高校を卒業するまでには四分一〇秒でしょうかと答えた。しかし監督の考えは別のほうを向いていた。一〇年ほど前にロジャー・バニスターが、人間は一マイルを四分以内で走れることを世界に向けて証明してみせたのを監督は知っていた。そのとき監督はこの少年、ジム・ライアンに、将来のロジャー・バニスターの姿を見ていたのだ。初めて四分を切る高校生は君なんだと監督がライアンに告げたとき、監督は頭がどうかしてるとライアンは思ったが、種《たね》はしっかりと植えつけられた。[1]

ライアンにとって最初の陸上シーズンだった高校一年のとき、そのシーズンの最後のマイル走で四分八秒を記録した。翌年にはプロと同じような練習を始める。そして教会の牧師には、四分を切るためにはこれまでのように週に三回は通えないことを告げた。そして週に一〇〇マイルのトレーニングを欠かさなかった。一シーズンを終えた次の夏は監督の家に泊まり込み、四〇〇mを四〇本という、常識を超える練習量をこなした。そして高校二年のとき、つまり陸上競技を始めてわずか二シーズン目に、ライアンは一マイルを三分五九秒で走り、全米にセンセーションを巻き起こしたのだ。そしてその夏には東京オリンピックの米国代表選手になった。一九六六年、一九歳になったライアンは、カンザス大学の一年生選手として一マイルを三分五一秒三で走り、世界記録を樹立する。翌年の夏、カリフォルニア州ベーカーズフィールドの競技場で、かなり奇抜なレースを展開した。当時、世界記録が樹立された長距離レースでは、ほとんど例外なく「ラビット」を一緒に走らせていた。記録を狙うアスリートが、ペースをつくったり風除けの役を果たしたりするために利用したのである。しかし一九六七年六月二三日、ライアンは、ペースメーカーとしてのラビットも、ほかのランナーも利用することなく、しかも石炭殻が敷かれたトラックを走って自己ベストを更新した。スタートからゴールまで一貫してレースの先頭を走って出したタイムの三分五一秒一は、その後八年間破られることがなかった。

ライアンは歴代で最も優れた中距離ランナーの一人として、今でも記憶されている。「神に祈るときには、祈る言葉を慎重に選んだほうがいい」。のちに競技生活から引退し、カンザス州共和党下院議員となったライアンは、昔、陸上部に入部させてくださいと神に祈ったことを思い出しながらそう語る。二〇〇七年にスポーツ専門局ESPNは、歴代で最も優れた高校生アスリートとして、タイガー・ウッズでもなく、レブロン・ジェームズでもなく、ジム・ライアンを選出した。

もしライアンが監督から「四分の種」を植えつけられなかったら、常軌を逸した練習に耐えられなかったら、単なる優れた高校生アスリートで終わっていただろうし、詳細な彼のウィキペディアの項目も書かれていなかっただろう。しかし、世界記録もさることながら、むしろ特筆すべきはライアンが目標に向けて必死に練習を始める前の一九六二年から一九六三年にかけて、つまり中学三年、高校一年の時期だろう。この時期に、彼は高校のクロスカントリー・チームで最も目立たない一部員から、一気に州内の優勝チームの最優秀選手に成長した。そして、秋から翌年の春にかけてマイル走の記録を一分三〇秒も縮めている。このときのマイル走のペースは前年の四〇〇m走のペースに匹敵するものだった。「あのとき、自分に何が起こっているのかよくわからなかった」と、急速に上達したときのことについて語っている。「誰にもわからなかったと思う」とも言う。たしかにそのときは誰にもわからなかっただろう。

一九九二年、カナダと米国の五つの大学が共同で、HERITAGE（HEalth, RIsk factors, exercise Training And GEnetics 健康、リスクファクター、運動、トレーニングおよび遺伝子）ファミリースタディーと呼ばれる新たなプロジェクトを開始し、そのための被験者を募集した。[2] そして二世代からなる九八組の家族が登録され、その家族全員が、エアロバイクを用いたまったく同じトレーニング・プログラムを五カ月間続けた。週三回のトレーニングで、徐々に負荷量を増やしていくものである。負荷量は研究者によって厳重に管理されていた。

研究者の最大の関心事は、これまでトレーニング経験のない人が、規則的なトレーニングによってどう変化するかという点だった。[3] 心臓の強さはどう変わるか？　トレーニング中の酸素消費量は？　コレステロールとインスリンのレベル変動は？　血圧は下がるはずだが、どの程度下がるのか？　被験者によって差はあるのか？

それまでの研究と違って、四八一人の被験者全員からＤＮＡが採取されることになっていた。トレーニングによる身体状況の変化への、遺伝子の関与を検証するためだ。研究者が特に調べたいと考えている項目の一つは、最大酸素摂取量だった。生理学ではこれをVO_2maxという。最大酸素摂取量は、走ったり自転車に乗ったりしているときに、身体が消費できる酸素の最大量であり、それは心臓が身体に供給する血液量、肺が血液に供給する酸素量、さらに筋肉が血液からどれほど効率的に酸素を取り込んで消費できるかによって決まる。消費する酸素量が多いほど、持久力が高いと言える。*

HERITAGEプロジェクトの立案者であり、現在はルイジアナ州立大学ペニントン生物医学研究センターに所属するクロード・ブシャール博士は、このプロジェクトの成果について予期するところがあった。一九八〇年代に、ブシャールは、デスクワークに携わっている被験者三〇人に同じトレーニングを課し、最大酸素摂取量がどのくらい増加するか調べたことがある。持久力トレーニングは人間の身体能力に大きな影響を与える。より多くの血液がつくられ、筋肉の中に根のように張り巡らされた毛細血管を通って血液が流れる。さらに、心臓と肺が強くなり、エネルギーを生み出すミトコンドリアが細胞内で急増する。

ブシャールは、最大酸素摂取量の増加に個人差があることは予測していたが、「増加幅が〇%から一〇〇%という広範囲に及ぶとは思いませんでした」と語る。そして、この結果に関心をかき立てられ、三つの異なる研究で、それぞれに独自に考案したトレーニングを、一卵性双生児の被験者に行なってもらうことにした。当然、トレーニングの成果が早く現れる者と、そうでない者がいることが予想された。「双生児の兄弟同士の類似性は驚くべきものです。トレーニングの成果が現れる速度について調べてみると、二組の兄弟間の違いは、一組の兄弟同士の違いより、六倍から九倍ほど大きかったのです。そして、この結果には一貫性が見受けられました。それがきっかけとなって、このHERITAGEという大プロジェクトに資金を提供してもらえるように、国立衛生研究所（NIH）を説得できたのです」と、ブシャールは語る。HERITAGEのすべてのデータを収集、分析するのに四年かかったが、そこからあるパターンが明らかになった。

HERITAGEの被験者がトレーニングを受けた四つの場所、つまり、インディアナ大学、ミネソタ大学、テキサスA&M大学、カナダのケベック州にあるラヴァル大学における研究結果には、驚くほどの共通性が認められた。被験者はすべて同一のトレーニングを行なったにもかかわらず、最大酸素摂取量の増加についての被験者間の差は、すべての研究場所で幅広い類似のスペクトルを示したのだ。スペクトルの一方の端は、五カ月のトレーニングの結果、最大酸素摂取量の増加がゼロあるいはほんのわずかだった一五%の被験者であり、もう一方の端は五〇%あるいはそれ以上の劇的な増加を示した一五%の被験者だった。

意外にも、最大酸素摂取量は、トレーニングを始める時点ではいかに良くても、その後の増加には結びつかないことがわかった。貧しい者がそのまま貧しい（最大酸素摂取量の低い者の増加量がほとんどない）ケースもあれば、富める者がさらに富む（最大酸素摂取量の高

＊　厳密に言えば、最大酸素摂取量は持久力を予測するための唯一の指標ではないが、重要な要素であることは間違いない。マラソン走者の最大酸素摂取量がわかれば、ゴールする順位まではわからないにしても、少なくとも、走者がプロレベルか、大学生レベルか、週末ランナーか、あるいはレース清掃班が来てもまだ走っているレベルかの予想はつく。最大酸素摂取量が、レース結果を予測するうえでさらに力を発揮するスポーツはほかにもある。スウェーデンの生理学者ビョルン・エクブロムが一九七〇年代のデータを調べたところによれば、クロスカントリースキーのオリンピックメダリストを予想する際に、最大酸素摂取量がかなり有力な手がかりになることがわかった。

い者がさらに急激に増加した）ケースもあった。さらに、それ以外にも多様なケースが見受けられた。最大酸素摂取量のベースライン（当初の値）は高かったが、それがほとんど変化しなかったケースもあれば、ベースラインが低かった者が急激に増加したケースもあった。

増加量カーブを見ると、家族のカーブは互いに隣接していた。つまり、家族のそれぞれのメンバーは、トレーニングによる最大酸素摂取量の増加量が類似しているが、異なる家族間の増加量の差異は大きいということだ。統計分析の結果、トレーニングで最大酸素摂取量を増加させる能力のおよそ半分は、両親から受け継いだものであることがわかった。トレーニングで増加する最大酸素摂取量は、ベースライン最大酸素摂取量の高低には依存しないが、ベースラインのおよそ半分は遺伝によるものであった。

二〇一一年、ＨＥＲＩＴＡＧＥ研究チームは、運動遺伝学における革新的な発見について発表を行なった。二一種類の新たな遺伝子の変異《バリアント》（ヒト個体間でわずかずつ異なる遺伝子のタイプ）が発見されたという。これによって、人の酸素摂取能力の改善にかかわる遺伝的要因を予測できるようになった。人の酸素摂取能力の改善に影響を及ぼす残りの半分、つまり遺伝以外の要因については未解明だが、それでもこの二一種類の遺伝子マーカーの発見により、酸素摂取能力がトレーニングで大きく改善される者と、そうでない者との境界が把握できるようになったのだ。一九種類以上の「望ましい」遺伝子の型を持っていたＨＥＲＩＴＡＧＥ被験者は、一〇種類未満しか持っていなかった被験者に比べて、ほぼ三倍の最大酸素摂取量の増加を示していたのである。

ＨＥＲＩＴＡＧＥプロジェクトが始まる前は、研究者たちは、持久力向上度を予測するうえで決め手となる遺伝子を発見することができなかった。一〇年前にヒトゲノムの全塩基配列が解読されたときは、個別化医療への道が開かれたと考えられていた。そして、一つの遺伝子、あるいはいくつかの遺伝子が一つの形質を決定するという前提のもとに、生体システムの解明が間近いことを期待した。しかし現在では、ほとんどの形質はもっとずっと複雑なしくみであることが驚くほど明白になっている。

ゲノムは、人間のあらゆる細胞内に存在するレシピブックのようなもので、人間の身体をどのようにつくるかを身体自身に伝えるものだ。およそ二万三〇〇〇ページからなるこのレシピブックには、タンパク質を合成するための直接命令（つまり遺伝子）が書き込まれている。この二万三〇〇〇ページをすべて解読すれば、人間の身体がどのようにしてつくられているかが完全に理解できると、科学者たちは期待した。しかし、二万三〇〇〇のうちのいくつかのページには一連の役目を果たす命令が書き込まれていて、もし一ページでも書き換えられたり破り取られたりすれば、残りの二万二九九九ページの一部に突然新しい命令が書き込まれるようになる。二万三〇〇〇ページの中には複数の「指令ページ」があり、その指令ページが相互に影響し合っているからだ。

ヒトゲノムの解読が行なわれた後、スポーツ科学者は数年にわたって、運動能力に影響を与えると思われる遺伝子を選び出し、アスリートと一般人についてその関連遺伝子を比較してみた。ところが、一つ一つの遺伝子が身体に与える影響はとても小さく、そして少ない被験者を対象とした研究では、因果関係を解明するにいたらなかった。たとえば身長のような、容易に計測できる身体的特性に影響を与える遺伝子すら、大部分は突き止めることができなかった。遺伝子の複雑さを、科学者たちは過小評価していたのだ。

HERITAGEのフォローアップとしてブシャールと国際的な学者グループが行なった研究で画期的だったのは、研究すべき遺伝子を科学者があらかじめ予測するのではなく、ゲノム情報を利用して遺伝子を決定する手法をとったことだ。HERITAGEとは別のプロジェクトで、普段はデスクワークをしている二四人の若い男性が、六週間のエアロバイクトレーニングを行なった。そして、トレーニングの最初と最後で被験者の筋組織サンプルを採取し、どの遺伝子が強く（あるいは弱く）「発現」しているかを調べた。つまり、タンパク質合成を強く活性化した（あるいは非活性化した）遺伝子を調べたのだ。その結果、二九種類の遺伝子の発現レベルの差によって、トレーニングへの反応が弱い被験者と強い被験者を区別できることがわかった。つまり、ある種の遺伝子については、トレーニングに強く反応する被験者における発現レベルが、そうでない被験者より高かったのである。科学者たちは、さらに別の研究を行なった。複数の若い男性グループにハードなインターバルトレーニングを課し、遺伝子の発現状況を調べてみたのだ。その結果は前述の研究と同様であり、トレーニングへの反応の強さを、遺伝子によって予測できることがわかった（トレーニングに強く反応する人の遺伝子によって、ラットの運動適応変化を予測することさえできた）。ここで大切な点は、前述の二九種類の遺伝子セットは、運動をすることによってその発現レベルが変わるのではないということだ。つまり、これらの遺伝子の発現レベルが変わるのであれば、それは運動をした結果ではなく、個体特性によるということである。

ブシャールをはじめとする科学者たちが発見した「予測遺伝子」は、それ自身が重要な遺伝子なのか、あるいは遺伝子の広大なネットワーク内部の単なるマーカーなのかは、まだ解明されていない。遺伝子発現のデータにより、個々人の運動に対する反応には、数百の遺伝子がかかわっていることがわかっている。たとえばＲＵＮＸ１のようないくつかの遺伝子は、筋組織の変化、あるいは新たな血管の生成にかかわっていると考えられている。また、多くの遺伝子の中には、豊富な酸素を持つ地球環境に適応するためのものも特定されている。酸素は、三〇億年以上前に海洋バクテリアが生成を始めたものだ。

遺伝学の複雑さを考えると、研究結果を解釈する際にはつねに慎重を期す必要があるが、ＨＥＲＩＴＡＧＥプロジェクトによる発見が、遺伝子とトレーニングの関係を理解するための大きな一歩になったことは間違いない。さらに、別の研究によって新たな発見もなされつつある。マイアミ大学で行なわれた研究ＧＥＡＲ（Genetics Exercise and Research　遺伝学の実践と調査）では、複数の人種で構成される四四二人の成人被験者が集められ、みなが同じ有酸素運動《カーディオ》とウエイトトレーニングを行なった。[4] その結果、身体の免疫と炎症プロセスにかかわる遺伝子によって、最大酸素摂取量の効果の差を予測できることがわかった。そしてこのとき、ＨＥＲＩＴＡＧＥプロジェクトで発見された遺伝子のいくつかが、ＧＥＡＲでも重要な役割を果たしていたことがわかったのである。

世の中にはトレーニングを待ち構えている「有酸素性時限爆弾」というべき人間がいると、私がHERITAGEプロジェクト研究者の一人であるトゥオモ・ランキネンに話したら、「トレーニングによって点火される爆弾」のほうが正しい表現だと笑いながら答えてくれた。『ジャーナル・オブ・アプライド・フィジオロジー』誌の論説では、トレーニングに伴う成長スペクトルの一端の領域について、こう記されている。[5]「この研究でトレーニングに強く反応しなかった被験者のアルファベットスープ（訳注　アルファベットの形のパスタを入れたスープ）には、残念ながらrunnerの文字は入っていない」

HERITAGEプロジェクトの究極の目標は、ヒトゲノムプロジェクトの本来の目標と軌を一にしている。それは、個別化医療の実現だ。患者が運動に対してどう反応するかを医師が知っていれば、血圧低下や心臓血管の強度などで示される患者の健康状態が、運動によって改善されるかどうかを予測することができる。さらに、運動への反応が少ない患者に投薬が必要かどうかも予測することができる。幸いなことに、HERITAGEプロジェクトの被験者はみな運動によって健康状態が改善した。最大酸素摂取量がまったく増えなかった被験者でさえ、血圧、コレステロール値、インスリン感受性などの健康状態の指標となる値が改善した（ただし、少数ではあったが、ある種の遺伝子を二つ持った被験者は、運動をすることによってインスリン感受性が低下することがわかった。通常、運動をすることによって糖尿病を患う可能性は低下するが、前記の被験者は逆にその可能性が高くなる）。

HERITAGEプロジェクトでは、トレーニングの成果が早く現れる者とそうでない者の連続スペクトルが、測定されたすべての身体特性について現れた。そのため、トレーニングによる形質の変化にかかわる遺伝子を突き止めるべく、研究チームは解析を続けている。トレーニングを続けることによって、通常、血圧や心拍数が低下するが、この現象にかかわっている遺伝子はすでにわかっている。人の健康状態が改善されると心拍数が下がる傾向にあるが、心臓の拍動に影響を与えるCREB1遺伝子の変異が、その低下度合いを予測するときに有用であることがわかっている。

HERITAGEプロジェクトの副次効果は、遺伝子についてこれまで以上に理解を深めたことにもあった。少なくとも、このプロジェクトの被験者の中で、誰がジム・ライアンに近いのか、それともライアンの友人ダグ・ボイルに近いのかを予測することができるようになった。決してボイルを悪く言っているわけではない。高校三年生になった当初のボイルのマイル走のタイムは四分三九秒で、ウィチタイースト高校陸上部では三番目だった。一方、ライアンはそのとき、四分六秒だった。

最初のうちは二人とも、五マイルを走ることに戦々恐々としていたものの、この時点で技術レベルに雲泥の差があった。ライアンはすでに東京オリンピックにも出ていたし、世界でも屈指のランナーとなっていた。スーパーマンシェイクをつくっていた子供のころから、成功への強い渇望を抱いていたこと、さらに監督から関心をもって見守られていたことが支えとなり、トレーニングに対して急速に反応する身体をつくることができた。一週間に一二〇マイル走り、それ以外にも普通のランナーなら考えるだけでいやになるような過酷な練習に耐えることができた。いずれにせよ、極限まで速く走りたいというひたむきな気持ちが、ライアンをスポーツ界の英雄にしたことは間違いない。だがそれは、トレーニングに対して人並み外れた反応を示す能力が備わっていたからこそできたのである。

では、HERITAGEプロジェクトのスペクトルの中で、ライアンの家族はどのあたりに位置するのだろうか？　持久力トレーニングに早く反応しそうな家族がいたかと尋ねられたとき、ライアンは、「いい質問だね。家族の中で運動能力に恵まれたのは私だけだった。ほかの誰もスポーツには関心がなかった」と答えている。妹はどうだったか？「妹は走ったことがない。走る才能はないと思う」。兄もやはり同じだという。兄はまだトレーニングを始めていなかったから、そのように思えたのだろう。

あちこちのトラックで日常的に耳にする話だが、最初は差がなかった少年、少女が、同じ練習をしているにもかかわらず、いつのまにか大きな差がついている。このような現象に対して、満足できる生物学的な説明はまだないが、ほかの話で説明をしてみよう。少なくとも結論に至るような説明を。

マンハッタンの一六八丁目にあるアーモリー陸上競技センターは、空気がむっとすることで有名だ。二〇〇二年一月、コロンビア大学で室内陸上を始めて四年目だった私は、そのカビくさい空気に触れるチャンスを逃したくはなかった。競技が行なわれたその日の夜、スコットのことを考えると胸をかきむしられるような思いがして一晩中眠れなかった。砂を噛むような思いがするあまり、いっそのこと練習などサボってしまえば気が楽になるだろうかと考えたほどだ。しかし私はそのシーズンに幸先良いスタートを切っており、その日は陸上部の後輩であるスコットに勝てるかどうかを試してみたいと思っていた。

つい先ほどまで二人で一緒にウォーミングアップをしていたスコットが、いつのまにかいなくなっていた。やがて姿を現した彼は、六〇〇mだけ走って棄権するつもりだと言い出した。レース直前にそんな決心をするのは尋常ではないが、私には理解できるところがあった。

その二年前、私が大学二年生だったとき、当時高校三年だったスコットが学内見学に来て、私が案内役を務めることになった。事前に陸上部のアシスタントコーチが、「あいつにはくれぐれも感じよく接してやってくれ」と言っていたので、スコットは期待される新人なのだろうとは思っていた。しかし、そう言われても、私は自分のやり方を変えなかった。スコットが専門としていた種目は、私と同じハーフマイル、つまり八〇〇m走だ。そのころの私は学校代表として各地に遠征できるような正選手ではなかった。だから自分より二歳若いのに、同じハーフマイルで私のタイムの二分フラットより五秒も速く走る「期待の星」を案内するのに、気が進むわけがない。

一九九七年、私が高校二年で陸上競技を始めた年に、スコットはカナダで一四～一五歳グループの四〇〇m年齢別記録保持者となっていた。才能に恵まれていたように思えたばかりか、闘争心が旺盛で頭も良く、経験も豊富だった。地元のほかの有望なランナーたちと同じくクラブチームに属していて、アメリカの多くの高校生選手よりもプロに近いレベルの練習を重ねていた。まさに天才のように思えた。母親は一九六九年にカナダのジュニア一〇〇m走の勝者となっていた。夫（スコットの父親）とともに、一九七三年から七四年にかけてのシーズンに、ウィンザー大学陸上競技の女子と男子のMVPだったのだ。

では、なぜそのような天才が、スタート前から六〇〇mで棄権すると決めたのか？　そのシーズンを通して、スコットは精神的に疲れていた。タイムが上がっていなかったため、途中で棄権することで、自分を押しつぶしそうなプレッシャーを逃がす安全弁にしようとしたのだろう。六〇〇mで棄権すれば、八〇〇mの記録を更新できなかったと責められることはない。みながうらやむような才能を持っているのになぜ速くならないのか、おかしいじゃないか、と言われることはないからだ。

逆に、私の記録は比較的急速に伸びていた。私が高校で陸上競技を始めたのは比較的遅い時期だった。その前には、フットボール、バスケットボール、野球をやっていたので、陸上の経験はスコットより浅かった。今にして思えば、HERITAGE被験者のあるグループのように、最大酸素摂取量のベースラインは低いが、トレーニングによって増加していたのだろう。

私が高校で陸上競技を始めたころ、長距離を走るとみなについていけなくなるのが悩みの種だった。呼吸器科医に診てもらったところ、吐く息の量が他の陸上部員の六〇％程度であることがわかった。医者の診断書では、当時の年齢にしては珍しいが、初期の肺気腫ということになっている。不調のときはこれ以上ないほど不調だった。階段を上るときでさえ息切れがしたほどだ。

大学時代は毎年秋になると、どの八〇〇m選手も夏に行なう軽いトレーニングと同じものを自分もこなした旨を大学に報告していた。にもかかわらず体調は部内で最悪だったが、ハードトレーニングが始まると急速に仲間に追いついた。そして、ある冬の日に呼吸器科医を訪ねると、私の体力は驚くほど回復していて、息を吐く力もチームメイトと同等レベルになっていた。低いベースラインで始まり、急速に伸びる。チームメイトはみな高いベースラインに恵まれていたようだが、トレーニングへの反応速度はそれぞれ異なっていた。

スコットの場合は、わりと高いレベルでシーズン入りし、ゆっくり、控え目に調子を上げるタイプだったから、才能ある人間と見られがちだったが、現実にはその才能に見合う結果を出せなかった。そのような絶望的な状況になると、あの日のアーモリー競技場のときのように、緊急安全弁の作動が必要となってしまう。

私の場合はまったく逆で、誰からも期待されていなかった。才能に恵まれない平凡なアスリートだったので、もし、タイムを四分の一秒縮めろと言われれば、石にかじりついてでもがんばるしかなかった。苦しいのはいやだなどと言っている暇はなく、もともとない才能を振り絞るしかなかった。もちろんこれは本当の話である。厳しい練習のあとはたいてい嘔吐していた。吐きそうになったら、どこかからごみ箱を持ってきてそれを使っていた。それも、チームメイトに見つからないように。

練習でスコットと並んで走っているときには、彼の滑らかな走りを横に見ながらうらやましいと思ったものだ。しかし、私には才能がないので、とにかく彼よりタフになるしかないと自分に言い聞かせた。監督とチームメイトの励ましのおかげで、なおさらその考えは強まった。どこの陸上チームでも、似たようなことがあると思う。自分に抱いていたイメージは、才能の渇ききった岩のような身体から、努力して上達の一滴をしぼり出す筋金入りの脇役だった。だが今、HERITAGEの知見を得てふりかえると、私が信じていたこの努力のストーリーは、遺伝子や、遺伝子とトレーニングの相互作用の物語——私が目をふさいだまま演じきった物語をぼかして覆い隠したものにすぎなかった。

私が大学四年生のときだった。ある日、いつものように嘔吐する場所を探していたら、そこにはスコットがいて、今にも吐きそうな様子で苦しんでいた。何日かしてまた同じことがあった。大型のごみバケツに頭を突っ込むようにして吐いていた。そのようなことが何度もあった。練習中に突然トラックを離れてどこかへ走って行き、吐いたあとは、何事もなかったかのようにインターバル練習を続けていたことも二、三回あった。まるでチタン製のネジのようにタフな人間だと、このとき思ったものだ。彼より多くの練習をしても、どの年もシーズンを通して彼には追いつけなかった。しかし、大学生活も終わりに近づいたころ、練習時に彼とまったく同じペースで走っていることに気がついた。私が低いベースラインから急速に伸びるタイプであったため、彼に追いつきはじめたのだと思う。HERITAGEの話、あるいはトレーニングへの反応速度の話を聞く前から、私は、「気にするな。相手も伸びるだろうが、自分はもっと伸びるから」と、毎シーズン前向きに考えていた。

HERITAGEプロジェクトの研究者が私の遺伝子データを採取し、有酸素トレーニングに対する反応速度は、平均を少し上回っていると教えてくれた。運動をしているときに自分の血圧が急速に下がることは知っていた。そして、大学時代に最も効果があったトレーニングを思い起こしてみると、私はスプリント・トレーニングに早く反応する体質だろうと考えている。有酸素トレーニングと同様に瞬発力トレーニング（無酸素トレーニング）についても、トレーニングへの反応速度が早い者とそうでない者がいる（もし、運動遺伝学分野からトレーニングについて学べることがあるとすれば、それは、すべての人に万能のトレーニングはないということだ。あるトレーニングで自分の身体の反応がチームメイトより遅いと感じたら、競技生活をあきらめる前にほかのトレーニングを試してみるのがよい）。

アーモリー競技場での一月のあの日、スコットは競技を途中で棄権することに決めたが、逆にそのために気が楽になり、結局、完走して私より一五〇mほど遅れてゴールした。このとき私は一分五四秒で走り、初めてスコットに勝つことができた。そしてこのときの記録は、高校二年生のときより三〇秒速くなっていた。

やがてスコットは八〇〇mを離れ、成功を目指して徐々に短距離の種目に移っていった。私はその後もタイムを縮めていった。そして、在学中に大幅にタイムを縮めたことが評価され、ギュスターヴ・A・イェーガー記念賞と呼ばれる、眩《まばゆ》いばかりのガラスをはめ込んだ木製の箱を手にした。これは、四年間のうちに「異例の難題や困難を克服し、スポーツにおいて大きな成果を収めた」コロンビア大学の代表選手に与えられる賞だった。私は最大酸素摂取量のベースラインが低い人間だったが、もし高かったらどうなっていただろう。

持久力が他人より早く向上する人がいる。そのような人はトレーニングによって伸びる資質があるといえる。また、最大酸素摂取量のベースラインが高い人もいる。では、そのような人のベースラインはどれほど高いのだろうか？　これを言い換えれば、「そもそも、トレーニングをしないで、トップアスリートに匹敵する有酸素性能力を持つ人がいるのだろうか？」という疑問となる。これは、トロントにあるヨーク大学の身体運動学教授ノーマン・グレッドヒルが、一九七〇年代に抱きはじめた疑問でもあった。グレッドヒルは、ナショナル・ホッケー・リーグ（NHL）のプレドラフト・コンバイン（訳注　ドラフト会議に先立ち、全候補選手の身体特性を検査、測定し、それをとりまとめる作業）を指導したことがある科学者だ。グレッドヒルの好奇心を駆りたてた事例はいくつかあるが、そのなかにトレーニングを始める前に持久力が備わっていた事例がある。トロント市内にあるジョージ・S・ヘンリー中高等学校の近くに住んでいた女子高校生、ナンシー・ティナリは、グレッドヒルにとって忘れられない存在となった。

一九七五年の秋、デニムのショートパンツを身につけ、古びたキャンバス地のケッズスニーカーを履いて体育の授業に出ていたティナリは、それまでトレーニングの経験はなかったものの二マイル（約三・二km）を一二分で走った。「自分が運動に向いているとは思わなかったし、運動器具もトレーニングも好きではなかった。運動にはまったく興味がなかったから」と本人は言っている。ところが、彼女にとって幸いなことに、その秋の日にストップウォッチを持っていたジョージ・S・グラップは、そのタイムに強い関心を示した。「まさに頭がさえていたんでね、目の前にいるのは逸材だと実感しましたよ」とグラップは語っている。「いいかい、ナンシー、君はオリンピック選手になれるんだよ」とトレーニングを勧めたが、彼女は笑い飛ばした。しかし結局はグラップの言葉を聞き入れ、トレーニングを始めることにした。

トレーニングを始めるとすぐにレースに勝ちはじめた。高校卒業後はヨーク大学の陸上選手となり、まもなくプロとなった。そして一九八八年、けがのために十分な練習ができず、なんとか週に五〇kmから五五km走れる程度だったが、ソウルオリンピックの一万mに出場した。ナンシー・ティナリは今でも、カナダの一万五〇〇〇m記録保持者だ。

ノーマン・グレッドヒルは、高校の体育で才能を見出され、ヨーク大学きってのランナーとなったティナリのことを決して忘れることはなかった。一九八〇年代から九〇年代にかけて、彼は同僚のヴェロニカ・ジャムニックと、年配の女性からトップレベルの自転車競技選手やボート選手にいたるまで、何千人もの被験者の持久力をテストしたが、そのときにも折に触れてティナリのことが思い出された。ときには、最大酸素摂取量が低いデスクワーク中心の生活に不釣り合いな最大酸素摂取量を持つ人がいたりする。

一九九〇年代の後半、グレッドヒルとジャムニックは、ヨーク大学の研究者マルコ・マルティーノとともに、このような隠された資質を見出す術《すべ》があるかどうかについての研究を始めた。研究活動の一環として、トロント市の消防士を志望している青年の身体特性が検査され、二年以上かけて一九〇〇人の最大酸素摂取量が測定された。

その中に、それまでトレーニングはまったくしたことはないが、最大酸素摂取量が大学生ランナー並みの若者が六人いた。オーストラリアの生理学者ダミアン・ファローとジャスティン・ケンプ共著のスポーツ科学書 *Why Dick Fosbury Flopped*（ディック・フォスベリーはなぜ背面で跳んだか）で「天性の資質」と呼ばれる資質を備えたこの六人は、運動とは無縁だったにもかかわらず、最大酸素摂取量の平均値が同じくトレーニング経験のない他の若者より五〇％高かった。ヨーク大学の研究者たちがその「隠された資質」を調べた結果、六人には一つの決定的な共通点があることがわかった。それは、他人より多い送血量である。六人の送血量は、持久力トレーニングを重ねたアスリートに匹敵するものだった。「要するに、拡張期の血液充満量です」とグレッドヒルは説明している。これは、心拍で心房が拡張するときに、血液が心房内に流れ込む量を指している。グレッドヒルはさらに続ける。「心臓の右心系に多くの血液が満たされると、それが左心系に送られ、最終的にそこから多くの血液が体内に送り出されます。そして、送血量が多ければ心臓に戻ってくる血液量も多いのです」

アスリートがトレーニングを重ねると、通常は送血量が増加する。持久力を高めるために、プロアスリートがドーピングをして送血量を増やそうとするケースさえある。しかし、天性の資質に恵まれた六人にこのようなドーピングは必要なく、ドーピングをしたときと同じ状態の身体で生まれてきたのだ。

世界の偉大な持久系アスリートの中にも、生まれながらにして送血量が多い選手が存在する。クリッシー・ウェリントンがその好例だ。

現在三六歳の英国人トライアスロン選手ウェリントンは、三・八kmのスイム（水泳）、一八〇kmのバイク（自転車）、さらに二六・二マイルのラン（長距離走）を競うアイアンマン・レースで名を知られるようになった。

ウェリントンは他を寄せつけない、歴代最高の女性アイアンマン・トライアスロン選手だ。四度の世界選手権優勝を含め、一三のアイアン・ディスタンス・レースで優勝している。二〇一一年七月には、持久系スポーツ史上でも珍しいレースを展開した。ドイツで行なわれたレースで八時間一八分一三秒を記録し、彼女がレースを始める前の二〇〇七年に樹立された世界記録を三〇分以上短縮したのである。このときのレースで彼女の記録を上回った男子選手は、わずか四人しかいなかった。

イングランド東部にある小さな村フェルトウェルで育ち、ウェリントン自身も認めているように、幼いころは厳しい練習を強いられるスポーツに興味がなく、情熱を傾けたのは環境保護だった。「子供のころは、近所でリサイクル活動に精を出していた」と本人は語っている。スポーツをしてはいたが、「学校に通っていたのはできるだけ良い成績をとりたいため、スポーツをしていたのは楽しむため」と言う。いろいろなスポーツを楽しんでいた。ランニング、フィールドホッケー、ネットボール。さらに、地元のスイミングクラブ、セットフォードドルフィンズで水泳もしていた。

ウェリントンが一五歳のとき、両親は娘に水泳の才能があることに気づいた。「あなたには水泳の才能がある。もっと大きなスイミングクラブに通いたければ、一時間かかるけど毎朝送ってあげる。それとも、来年は大事な試験があるから、そちらに専念する?」という母親の言葉に、ウェリントンはこう答えた。「今のクラブでいい。水泳は楽しむ程度にして、勉強に専念したいと思ってる。ずっと前からそう決めてたの」

学業に専念するというウェリントンの選択は報われた。一九九八年にバーミンガム大学を優等生として卒業したのちに世界中を旅して回り、その後、国際開発分野の修士号取得に向けて、マンチェスター大学で再び勉強を始めた。そして二〇〇二年になると、英国政府の環境・食糧・農村地域省(DEFRA)で働きはじめた。そこでは、貧困国を支援するための開発プロジェクトに二年間参画し、イラクの紛争終結後の再建に向けた英国政府の政策立案にも携わった。そのころになると、気分転換のためにランニングを始めていた。そして、初めてマラソンに参加したときに、一番驚いたのは彼女自身だった。事前の予想は三時間四五分だったが、なんと三時間を切ったのだ。その後、公務員としての仕事にさらに励んだが、二〇〇四年ごろには、たび重なる官僚主義的な政策変更に付き合うのがいやになっていた。そして、何か手応えが欲しいと思うようになった。そこで、ネパールに移り住み、内戦で荒廃した地域の下水衛生プロジェクトに参加する。プロのトライアスロン選手になりたいという気持ちが芽生えたのは、まさにこの地、ヒマラヤの山中だった。

ウェリントンにロードバイクの経験はなく、初めてロードバイクを走らせたのは二七歳のときだった。二〇〇四年五月、彼女がネパールに向けて発《た》つ直前に、アマチュアが参加するスーパースプリント・トライアスロンに挑戦してみてはどうかと友人が勧めてくれた。〇・四kmのスイム、一〇kmのバイク、そして、二・五kmのランの合計タイムで競う競技だ。レースのために、彼女は古いロードバイクを借りた。「黒と黄色のハチのようなバイクだった」と、のちに語っている。他の競技者と異なり、バイク用のクリップ留めシューズを持っていなかったので、レース中に靴ひもがギアに絡まってしまい、危うく転倒しそうになった。それでも三着でゴールし、至福のひと時を過ごしたのだった。その後、二つのスーパースプリント・トライアスロンに挑戦し、その両方で優勝した。ネパールに到着してから、ウェリントンはバイクを買った。

ネパールでは友人と早朝にバイクを楽しむことがあったが、そのとき、「どこまでも、ずっと、一日中、バイクに乗っていたい」と実感したと言う。二週間の休暇を利用して、数人の友人とチベットの首都ラサまで行き、そこからバイクでヒマラヤ山脈を抜けてカトマンズに戻るまで、およそ一三〇〇kmを走破した。

ウェリントンはカトマンズの標高約一五〇〇mの地で八カ月暮らしていたため、身体が高地順応していた。休日に友人とバイクに乗るときには、四五〇〇m以上の高地を走ることが多く、ときには、標高五五〇〇mの地にある、エベレストのベースキャンプまで足を伸ばすこともあった。そこは空気が薄いため、身体が順応できていない人は、バイクどころか歩くことさえままならない。しかし、ウェリントンと共にバイクに乗っていた男たちにとって、それはたいした問題ではなかった。彼らは、経験を積んだサイクリストであったばかりでなく、エベレスト登山者を案内することで生計を立てている、地元ネパールのシェルパでもあったのだ。「私のバイク技術は彼らに遠く及ばなかったけれど、それでも自分なりに丘や山を登っていました」

「ネパールから英国に戻ったとき［二〇〇五年末］、本格的にトライアスロンをやってみようと決めたの。でも、まだプロになろうとは思っていなかった」と彼女は語る。

二〇〇六年二月、英国に戻ってまもなく、ニュージーランドで行なわれた結婚式にウェリントンが出席していたときのことだった。友人に「うまく乗せられて」アドベンチャー・レースに参加することになった。ラン、バイク、カヤックの三種目で、南アルプスを抜けて二四〇kmの距離を競うレースである。ウェリントンの人生初のカヤックのトレーニングがレース前月の特訓から始まった。そしてレースでは、カヤックで何度も転覆したにもかかわらず、二位でゴールした。その年の九月にはフルタイムの仕事とトレーニングをなんとか両立させ、アマチュアトライアスロンの世界チャンピオンになった。その五カ月後、二〇〇七年二月にプロに転向したのである。

その年の一〇月、それまで短距離のトライアスロン・レースに備えたトレーニングしかしてこなかったウェリントンが、アイアンマン世界選手権に、事実上まったく無名の新人として出場した。しかし、無名の新人であったのは、二〇〇七年一〇月一三日の昼過ぎまでだった。ランの種目に移るとき、後続に早くも二分の差をつけていたのだ。「ほかの選手が力をつけて迫ってきて、すぐに追い越されるのではないかとレース中ずっと考えていたけど、差は開くばかりだった」とウェリントン。ゴールラインに達したとき、差は五分に開いていた。

　ウェリントンの勝利に対して、英国トライアスロン連盟は、「偉大な功績だ。初めてのアイアンマン世界選手権で新人が優勝するのは不可能に近い」とコメントしている。[6] このとき二位となったサマンサ・マグローンのような名選手たちを破ったのだ。ウェリントンが、このレースの前の五年間を通じて、第三世界の国々で人々に飲料水を配る仕事をしていたころ、マグローンはすでにカナダのトライアスロン代表選手の一人で、アテネオリンピックにも出場しており、ウェリントンとは対照的に、アイアンマン長距離レースのための練習に文字どおり専念していた。「私たちはみな何らかの才能を持っているけれど、それに気がつかないこともある。いろいろ違うことをやってみないと、自分が何に向いているかわからないと思う」とウェリントンは語っている。

　二〇一二年一二月にウェリントンが五年間のプロトライアスロン選手活動を引退したとき、終業後の趣味としてトライアスロンを楽しんでいたころのことは、すでに懐かしい思い出となっていた。引退するまで、ウェリントンはプロとして懸命に練習に打ち込んできた。スイム、バイク、ランのそれぞれを週に六セッション、一日六時間の練習をこなすことも珍しくなかった。練習後は筋肉をほぐし、食事と睡眠に細心の注意を払ってきた。トライアスロン選手として、引退の直前までたえず進歩を続けてきたので、そのまま続けていればさらに速くなっていたかもしれない。だがその急速な上達ぶりは、ほとんど驚異的であった。

弱点だと思っている種目は何かと聞かれると、「水泳」と、彼女はすかさず答えた。幼いころから水泳に親しんでおり、生涯で練習に最も多くの時間を費やしたスポーツが水泳だったのに。

ヨーク大学で行なわれた研究では、一九〇〇人の男性のうち、天性の資質を備えていたのは六人だった。[7] 一見、少ないような気もするが、これは、大きな高校なら数人の生徒が天性の資質を持つという数字だ。仮にこの割合を女性にも適用してみると、全米の二〇歳から六五歳までの人口のうち、一〇万人以上が該当者となる。このように見ると、歴代の持久系プロアスリートの中には、この天性の資質を持っていなかった者もいるのではないだろうか。のちにオリンピック選手となったナンシー・ティナリのように、体育の授業で才能を見出されるケースは珍しくない。メブ・ケフレジギも、同じ道をたどって世界的な選手となった。エリトリア系アメリカ人のメブ・ケフレジギは、二〇〇九年にアメリカ人として二七年ぶりにニューヨークシティマラソンの覇者となった。サンディエゴで中学二年生だったときに体育で一マイルを走り、その持久力が認められたのだ。「私は体育でAの成績をとりたくて、がむしゃらに走っただけです。戦略とかペース配分とか、そんなものは何も知りませんでした」。自伝の *Run to Overcome*（勝利へのラン）で、それまでトレーニングをしたこともなかったのに、体育で一マイルを五分一〇秒で走ったときのことをそう語っている。体育教師はすぐにサンディエゴ高校クロスカントリー部のコーチに電話をし、「オリンピック選手を見つけた」と伝えたという。そのとおりだった。アテネオリンピックのマラソンで銀メダルを獲得することになる。「体育の授業で私の人生は一変したんです。けれど、あのときは気がつきませんでした」とケフレジギは記している。

　アンドルー・ウィーティングは現在二五歳のアメリカ人で、トップレベルのマイルレース走者である。初めてトラック競技を経験したのはニューハンプシャー州メリデンにあるキンブル・ユニオン・アカデミーの三年生のときのことだった。その前年の高校二年生のときに、サッカーシーズンに入る前の練習で一マイルを五分で走ったことがランナーとしてのキャリアの始まりだった。アスリートとしての将来はグラウンドではなくトラックにあると確信したサッカー部の監督から、クロスカントリーに転向することを勧められた。[8]ウィーティングは監督の言葉にしたがって陸上競技奨学金を得て、陸上の名門オレゴン大学に進学した。そして二年生のとき、陸上を始めてわずか三年目のシーズンだったが、八〇〇m走でオリンピックの米国代表選手となった。その二年後の二〇一〇年、陸上シーズン最後の一五〇〇m走で三分三〇秒九〇を記録し、世界第四位の一五〇〇m走者となった。これは、マイル走ならば三分五〇秒を切るタイムだ。

　キューバのアルベルト・ファントレナは、モントリオールオリンピックで四〇〇m、八〇〇mの両種目で金メダルを獲得した史上初めてのランナーである。ランナーになる前はバスケットボールで成功することを夢見ていたが、一九七一年に彼の才能を見抜いた米国バスケットボール代表チームの監督が、陸上競技への転向を勧めたのだ。[9]「うれしいお話ですが、ぼくにその気はありません。バスケットボールが生きがいですから」と、にべもなく断るファントレナに、監督はこう言った。「悪いが、もう決まったことなんだ。明日から君はバスケットボール選手ではなく、ランナーだ」。翌年、ファントレナはランナーとしてミュンヘンオリンピックに出場した。

しかし、天性の資質を持った人間がすべてウェリントンやウィーティングのようになるとはかぎらず、HERITAGEプロジェクトで見たように、なかにはトレーニングに対する反応が遅い者もいる（ブシャールの研究チームは、非常に高い最大酸素摂取量を持つ三〇〇人の持久系アスリートのDNAを保有しており、この三〇〇人の遺伝子検査の結果から、トレーニングへの反応速度が遅い選手は一人もいないだろうと予測している）。そしてブシャールは、集めたデータに基づいて次のように推測している。すなわち、一〇人に一人から二〇人に一人は――天性の資質を備えた六人にはとうてい及ばないが――最大酸素摂取量が生まれつき高く、一〇人に一人から五〇人に一人はトレーニングによって最大酸素摂取量が急速に高くなる、と。「生まれつき高い最大酸素摂取量に恵まれていて、それがトレーニングによってさらに急速に高くなる確率は、この二つの確率の積となります。そうすると、その確率はさらに低くなり、一〇〇人に一人から、一〇〇〇人に一人の間という計算になります」と、ブシャールは言う。

当然、望ましい組み合わせは、もともと高い最大酸素摂取量を持ち、それがトレーニングで急速に高くなる資質だろう。しかし、トレーニングを開始する前にそのような人を見つけるのは容易ではない。アスリートが研究室に出向いてテストを受けるのは、ある程度の成果を出してからというのが普通だからだ。トレーニングを始める前にその選手は成功するだろうと予測するよりも、エリートアスリートが成功した理由をあとから推測して述べるのが科学の常道だ。トレーニングに対する各人の反応の速さを事前に予測し、さらにそれを検証することがむずかしいからだ。

運動生理学者ジャック・ダニエルズによって行なわれた、一風変わってはいるが、見逃せない研究結果がある。ダニエルズは、かつて近代五種競技選手としてオリンピックに出場し、現在は世界で尊敬を集めている持久力のコーチだ。数十年前、一人のオリンピックランナーを五年間にわたって追跡調査したことがある。[10] この調査は、ランナーのあらゆる生物学的な特徴について、少なくとも六カ月ごとに検査する形で行なわれた。トレーニングのピーク時に、このランナーの最大酸素摂取量は、トレーニングをしていない健康な男性の平均値のほぼ二倍であった。しかし、研究が始まって三年目に予期せぬ事態が発生した。このランナーが走ることを避けるようになったのだ。周りからの期待の大きさとインターバルトレーニングの苦痛に押しつぶされたのだった。全米選手権においてレースの前半で走るのをやめ、そのままトラックの外に出てしまった。その後は丸一年間、一歩たりとも走ろうとしなかった。本気で走りたいと思い直すまでに一年半以上かかっている。

しかしこの間、ダニエルズは研究を中断することなく、むしろ、運動をしていないときのランナーを経過観察した。通常、トレーニングをやめたアスリートは、数週間のうちに直近の最大酸素摂取量の一五％以上を失う。ダニエルズの被験者であったこのランナーは、ダニエルズが次に検査するまでに二〇％を失っていた。そして、このオリンピックランナーがトレーニングを休止している間に、最大酸素摂取量は、ヨーク大学の研究で発見された六人の天性の資質保有者と同等レベルになっていた（数十年後、最大酸素摂取量の低下に関する同様のパターンを、ダニエルズは再び目にすることになる。一九六八年に、博士論文のための研究で二六人のトップランナーを検査したのだが、そのうちの一五人がのちにオリンピックに出場した。そして、一九九三年に再びこの二六人を検査したときに、すでに何年も前に走ることをやめた者であっても、普通の男性より高い最大酸素摂取量を保っていることがわかった。「何年も走っていないランナーであっても、遺伝的な特性の影響は残っているのです」と、ダニエルズは陸上の情報サイト Flotrack のインタビューに答えている）。

一年間の精神の回復期を経て、かのオリンピックランナーは、妻と一緒にジョギングを始めるまでになった。そして、オリンピックが近づくにつれ、本格的なトレーニングに対する情熱が再燃しはじめた。トレーニングの負荷を徐々に増やすにしたがい、休んでいる間に失った二〇％の（それもほぼ正確に二〇％の）最大酸素摂取量を取り戻したのだった。

生理学の見地からすれば、ダニエルズのこの五年以上にわたる研究結果は、日本のジュニア男子陸上中長距離選手を対象にした七年間の研究結果と見事に一致している。被験者には、日本ジュニア・ユース陸上競技選手権大会の中長距離走の種目で勝った男子選手たちが選ばれている。研究は、トレーニング中の一四歳から二一歳までの選手に対し、一日に二時間、週に五、六日かけて継続的に行なわれた。[11] 研究を始めたときの彼らの最大酸素摂取量は、ダニエルズのオリンピックランナーがトレーニングを休止していたときとほぼ同じ値だった。これは六人の天性の資質保有者とも同じレベルである。その後、何年ものトレーニングを重ねるうちに、最大酸素摂取量は増大したが、被験者たちはおのずから二つのグループに分かれた。第一グループは一三％増大した。一方、第二グループは一七歳になるまでに九％増大し、そこで、最大酸素摂取量、タイムともに、頭打ちになった。このグループの被験者たちは、記録が伸びなくなり、一七歳を過ぎるあたりで走るのをやめていった。これは、競争社会における自然な自己選択の一形態とも考えられ、記録が伸び続ける選手のみが、（一万時間のトレーニングに向けて）淘汰を生き残ることとなる。しかし、生き残ってトレーニングを続ける選手は運が良かったと言っているわけではない。研究によれば、選手の成長余地が大きいほど、目指す地点に到達するまでに、さらに長く厳しいトレーニングが待っているようだ。とはいえ、その成長する能力があるおかげで、スポーツの世界に残り、トレーニングを続けられたのかもしれない。

　結局、第一グループの日本人選手は、ダニエルズのオリンピックランナーと同様に、最大酸素摂取量のベースラインが高く、かつ、トレーニングに対する反応速度が高かったといえる。かのオリンピックランナーも、ライバルの選手が（日本の第二グループの選手のように）定常状態に陥り、他の方向を模索している間に成長を遂げたのだ。結果から見れば、ダニエルズのオリンピックランナーは、生まれつき最大酸素摂取量が高く、しかもトレーニングに対する反応速度が高かったと言える。

ちなみにそのオリンピックランナーの名は、ジム・ライアンという。

第6章　スーパーベビー、ブリーウィペット、筋肉のトレーニング効果

その男の子が生まれたのはちょうど世紀の変わり目。痙攣《けいれん》が看護師の目を捉えた。たしかにその子は若干大きめだが、ベルリンにあるシャリテ病院の保育室の中では、特に驚くような新生児ではない。けれどこの震え。生まれて二時間後にピクピクブルブルする震えが始まった。医師はてんかんの可能性を案じ、この赤ちゃんを保育室から新生児病棟に移した。ここで、小児神経科医のマルクス・シューロックがとんでもないことに気づく。

新生児の上腕二頭筋は少し盛り上がっており、まるで子宮の壁を叩いてトレーニングをしていたかのようだった。ふくらはぎは輪郭がくっきり見え、大腿四頭筋を包む皮膚はいくぶん張りすぎている。赤ちゃんだからお尻は柔らかい？　この子は違う。五セント硬貨を落としたらはね返ってきそうだ。そして下半身を超音波検査した結果、筋肉量が新生児のチャートの最高値を超え、脂肪の量は最低値を下回ることがわかった。

その点を除けば、普通の男の子だった。心臓の働きは正常で、震えも二カ月ほどで治まっ

た。もしかしたらこの子は体のつくりがベンジャミン・バトン（訳注　老人として生まれ、その後、次第に若返り、最後に赤ん坊として死ぬという、F・スコット・フィッツジェラルドによる短篇小説の主人公）で、だんだん筋肉がなくなっていくかもしれない。けれど違った。四歳になるころには、難なく三kgのダンベルを持って、腕を水平に上げておくことができたのだ（そういう家の育児対策はどんな感じだろう）。

怪力は血筋だった。母親は、その兄や父親と同様に力が強かったが、祖父がすごかった。トラックの荷台から一五〇kgの縁石を素手で降ろして仲間の建設作業員から喝采を浴びたという。

しっかり服を着ていれば、この子はほかの子と変わりはなかった。胸の筋肉は普通なので、もし街ですれ違ったとしても、好奇の目を向けることはないだろう。しかし、二の腕と脚の筋肉は、同年齢の子のほぼ二倍の大きさだった。二倍の筋肉／ダブルマッスル。シューロックには思い当たるふしがあった。

一九九〇年代の初頭、ジョンズ・ホプキンズ大学の遺伝学者セジン・リーは、ボルチモアのノースウルフストリートにある自分の研究室で、筋肉の研究を始めた。探していたのはできあがった筋肉そのものではなく、筋肉をつくる骨格タンパク質である。目的は、筋ジストロフィーのような筋肉消耗性疾患の治療法を見つけ出すことだった。リーと同僚たちは、トランスフォーミング増殖因子ベータと呼ばれるタンパク質の一種を研究の対象とした。彼らは、そのタンパク質をコードする遺伝子のクローンをつくり、まるで新しいおもちゃを与えられた子供のように、その遺伝子は何をするのだろう、と観察を始めた。

リーたちはその遺伝子にそれぞれ「増殖分化因子（GDF）1〜15」という面白くもない名前をつけ、それぞれの遺伝子のコピーが欠損したマウスを遺伝子ごとに飼育して、何が起きるかを観察し、その結果から各遺伝子の働きを推論しようと考えた。GDF-1が欠損したマウスは、器官の位置が正常でなく、長生きしなかった。GDF-11が欠損したマウスには肋骨が三六本あり、やはり早死にした。一方、GDF-8が欠損したマウスは長く生きたが、一種の奇形だった。ダブルマッスルを持っていたのである。

一九九七年、リーの研究チームは二番染色体にあるこのGDF-8とそのタンパク質を「ミオスタチン（myostatin）」と名づけた。[1] *myo* はラテン語で筋肉、*statin* は停止という意味だ。ミオスタチンが何かをすると、筋肉に対して成長を止める信号が出る。研究チームは、遺伝子版の筋肉停止命令を発見したのだった。ミオスタチンがないと筋肉は急成長する。少なくとも、研究室のマウスではそれが確認された。

リーはほかの種でも同様の結果が出るのか知りたいと思った。そこで、ミズーリ州ストックトンにあるレイクヴュー・ベルジアンブルー牧場のオーナー、ディー・ギャレルスに連絡をとった。ベルジアンブルー牛は、第二次大戦後に、ヨーロッパの経済復興に伴う食糧需要の増大に応えるために飼育されたのが始まりだ。ベルギーのブリーダーが乳牛のホルスタインと体格のがっしりしたイギリスのショートホーンを交配させて、肉の量が異常に多い牛をつくったという。正真正銘のダブルマッスルの牛である。ベルジアンブルーを形容するならば、牛の皮についているジッパーを全開にし、その中にボウリングのボールをできるかぎり詰め込んで、再びジッパーを閉じたようなもの。ギャレルスが体重一一〇〇kgで賞を取った「ホットライン」という雄ベルジアンブルーは、発情期に鋼鉄製の柵を引きちぎって弾き飛ばし、雌牛に向かって行ったことがあるという。

リーはギャレルスに頼んで、このダブルマッスル牛の血液サンプルをもらった。すると予想どおり、ベルジアンブルーは、六〇〇〇以上から成るミオスタチン遺伝子のDNA塩基配列から、一一塩基が欠けていた[2]。そのために筋肉に成長停止命令が出されなくなったのだ。別のダブルマッスル牛、ピエモンテも遺伝子変異を起こし、正常に作用するミオスタチン遺伝子がない。

リーは次に、人間の被験者を探すことにした。まず立ち寄ったのは食料雑貨店。買い物カートに入れたのは、ぴちぴちの小さな下着を身につけ、血管が浮き上がって見える男性が表紙を飾る雑誌だ。リーは「世界で一番痩せている男」と同僚から冗談まじりに呼ばれていたので、レジ係に横目でちらっと見られたことを今でも覚えているそうだ。それでも『マッスル・アンド・フィットネス』誌に広告を出したところ、すぐに熱心なボランティアが殺到した。筋肉を誇示している写真や、小さな下着をつけただけ、あるいは、まったくつけていない写真を送ってきた人も多い。リーは一五〇人の筋骨たくましい男性のサンプルを採ったが、ミオスタチンの突然変異体《ミュータント》は発見できなかった。

その後リーは研究を休止していたが、二〇〇三年、マルクス・シューロックが電話をかけてきて、三年前にシャリテ病院で生まれてその後も発育過程の観察を続けている、筋肉ではちきれそうな赤ん坊のことを話した。その翌年、シューロックとリーをはじめとする科学者グループが、この赤ん坊を世界に紹介することとなる論文を発表した。[3] メディアはこの子を「スーパーベビー」と呼ぶことになる。このドイツ人の男の子は、本人が特定されないように細心の注意が払われたが、ベルジアンブルーの人間版だった。二つのミオスタチン遺伝子がともに変異しているため、血液中にミオスタチンを検出することができないのだ。そしてもっと刺激的なことがあった。このスーパーベビーの母親が普通のミオスタチン遺伝子と変異したミオスタチン遺伝子を持っていて、ミオスタチンが息子よりは多いが、平均的な人間より少なかった。彼女はミオスタチンの変異を記録されている唯一の成人、そしてプロの短距離走選手だった。

ダブルマッスルは無条件の恵みのように見えるかもしれないが、ミオスタチンが存在することにはそれなりの理由がある。進化学の用語でいうところの「高度《ハイリー》に保存されて《コンサーブド》いる」ものなのだ。ミオスタチン遺伝子は、マウス、ラット、ブタ、魚、シチメンチョウ、ニワトリ、ウシ、ヒツジ、そしてヒトに対して同じ作用を及ぼす。おそらく筋肉にコストがかかるからだろう。筋肉を維持するにはカロリーと、特にタンパク質が必要で、大昔の人間のような、身体の維持に必要なタンパク質をいつでも摂取できる環境にない生命体にとっては、筋肉が多いと問題が大きくなる。現代社会ではこのような心配はいらないが。

当初スーパーベビーの場合、ミオスタチンを持っていないために、心臓が異常に大きくなるのではないかと医師は心配していた。しかし今のところ、この子も母親も、大きな健康上の問題は報告されていない。*今後、ミオスタチンに変異のある人が、特別な検査を受けようと思うことはおそらくないだろう。ミオスタチンの変異がどの程度珍しいのかは、誰にもわからない。ほとんどの人間（と動物）にはないということがわかっているだけだ。きわめてまれなミオスタチン遺伝子変異を二つも持っている少年が人並み外れて力が強く、そしてその母親が人並み外れたランナーであったことは、偶然の一致ではない。スーパーベビーとその母親のケースは、レース犬として知られるウィペットに通じるものがある。

一九世紀の後半、足の速いレース犬をつくろうとしていたウィペットのブリーダーが偶然、スーパーベビーの母親のようにミオスタチンに変異が一つある、とてつもなく速く走る犬をつくり出した。トップスピードが時速五五kmに達する最上位クラス、グレードAのレースでは、出走犬の四〇%以上がきわめてまれなこのミオスタチン変異を持つが、グレードBでは一四%だけになり、グレードCでは皆無になる。[4]

ミオスタチン変異があることが、グレードAに出走するための必須条件ではないが、あれば有利になることは間違いない。ウィペットを繁殖させるときの悩みは、ときとして筋肉が多すぎる犬が生まれることだ。

ウィペットの子はすべて、両親から一つずつミオスタチン遺伝子のコピーを受け継ぐ。ここに、それぞれが一つずつミオスタチン変異のコピーを持つ、雄と雌のウィペットがいたとしよう。この二頭の間に四頭の子犬が生まれると、一頭は変異のコピーをまったく持たず正常、二頭はスーパーベビーの母親のように変異のコピーを一つ持ってレース犬になり、四頭目はスーパーベビーのように変異のコピーを二つ持って、ダブルマッスルの「ガキ大将《ブリー》」ウィペットになる、というのが起こりうるシナリオである。ブリーウィペットは、漫画に出てくるような筋骨隆々たる犬で、さながら積み上げた石をぴっちり包装して、そこに愛らしい顔をつけたような外見を持つ。ただ、身体が大きすぎて速く走れないため、安楽死させるブリーダーも多いという。

　科学者が研究すればするほど、ミオスタチン遺伝子とスピードのある一定の「組み合わせ」パターンを持っている種が、次々と発見された。[5] 二〇一〇年の初め、二つの別個の研究が行なわれて、サラブレッド競走馬のミオスタチン遺伝子のタイプが、短距離向きか長距離向きかを判断する際の有力な手がかりになることがわかった。C型と呼ばれるミオスタチン遺伝子――これがあると、ミオスタチンが抑えられて筋量が増えるようになる――がある馬は、T型を二つ持つ馬に比べ、五・五倍の賞金を稼いでいることが判明したのだ。[6]

　このことを発見した科学者たちが、サラブレッドのブリーダー向けに遺伝子検査を行なう

＊　ミオスタチンの減少は、日常的に物を持ち上げる動作をくり返している人間には、実は通常の適応反応で、明らかに筋量増加に向けての障害をなくそうとする身体の働きと考えられる。

会社を設立したのは、言うまでもない。

筋肉が多いマイティーマウスの研究結果を一九九七年にリーが発表したときには、筋ジストロフィーの子を持つ親からの問いあわせ（それはそうだろう）が殺到し、遺伝子研究に自分の遺伝子を使ってほしいと、アスリートからの売り込みも（まさか！）殺到した。アスリートの中には、何の話をしているのかわかっていない人もいた。筋肉の増強を促すのはミオスタチンがない場合ということすら理解せずに、ミオスタチンはどこで買えるのかと尋ねる者さえいた。

リー自身、大のスポーツ好きだ。NCAA《全米大学体育協会》バスケットボールの最近の優勝校四五校をそらで全部言えるし、二〇年前の妻とのデートを思い出すきっかけが、その日のセントルイス・カージナルスのピッチャーが誰々だったという記憶だったりする。しかし、自分の研究内容をスポーツ記者に話すことは控えていた。まだ実用化されていないテクノロジーをアスリートが悪用することが見え見えで、それを恐れたからだ。もっぱら他に選択肢のない患者のための研究だ。ステロイドの悪用はスポーツ界でスキャンダルを招いたが、ミオスタチンを基礎にした将来の治療が、その二の舞にならないことをリーは切に願っている。

たまたま遺伝子研究の最先端を覗いてしまったので、アスリートがそそられてしまったのも無理はない。リーはミオスタチンを追いかけて、ミオスタチンを抑制し、筋肉の成長にかかわるフォリスタチンと呼ばれるもう一つのタンパク質を変化させたマウスで研究を続けた。

するとその結果は四倍の筋肉。そこでリーは、製薬会社ワイスの研究者と共同で、ミオスタチンに結合することでその働きを抑制し、一回投与しただけでマウスの筋肉を二週間で六〇%増加させる分子を開発した。[7] それに続いて二〇一二年に製薬会社アクセルロンファーマが試験をしたところ、その分子をたった一回投与しただけで、閉経後の女性の筋量が増加したという。現在では、数社の製薬会社がミオスタチン阻害剤の臨床試験を行なっている。[8]

製薬会社にとってこれは、筋肉消耗性疾患の治療だけでなく、医薬界の最高の夢の実現、老化に伴う通常の筋肉減退の治療にもつながる研究である。そしてミオスタチン以外にも、急激な筋量増加をもたらす因子があった。

リーがつくり出したマイティーマウスが紙面を飾った翌年、ペンシルヴェニア大学の生理学教授H・リー・スウィーニーも巨大筋肉を持つマウスを発表した。[9] これは研究室で操作された遺伝子、導入遺伝子《トランスジーン》をマウスに注入してつくったもので、筋肉を成長させるインスリン様成長因子IGF-1をつくる。リーの場合と同様に、スウィーニーにも問いあわせの電話が殺到した。選手を遺伝学の実験台として使わないかと提案してくる、高校のレスリング部やフットボール部の監督もいた（もちろん、断った）。

ひょっとすると、遺伝子ドーピングの時代がそこまで来ているのかもしれない。二〇〇六年、未成年者にパフォーマンスを向上させる薬物を使用させた罪に問われたドイツの陸上競技コーチ、トーマス・スプリングスティンの裁判で、このコーチがレポキシジンを手に入れようとしていたことが明らかになった。レポキシジンは、体に赤血球をつくらせる導入遺伝《トランスジ》子《ーン》を運ぶ貧血治療薬である。

二〇〇八年、私がオリンピック観戦のため北京に向けて出発する前に、パワーリフティングの元世界チャンピオンが、ボディービルダーが遺伝子治療で利用しているという中国のある企業の名前を教えてくれた。中国に着いてその企業と連絡を取ったところ、代表者が返事をくれて遺伝子技術の可能性について話をしてくれた。しかし、その企業について言えば、それは患者を焦らす戦略にすぎず、実際には遺伝子治療を施していなかったのではないかという印象を受けた。

それでもスウィーニーによると、導入遺伝子を単に血流に注いで体内に送り込む方法は、必ずしも安全とはいえないが、分子生物学を学んでいる学部学生にもできる簡単なことだそうだ。スウィーニーは、世界アンチ・ドーピング機構の遺伝子ドーピングとの闘いに備えて協力をしてきたが、もし遺伝子治療が完全に安全であることが証明されれば、スポーツ界から排除しようと思った理由がなくなる、と言う。*

しかし一番知りたいのは、変異についてではなく、IGF-1やミオスタチンのような遺伝子に普通に見られるDNA配列の違いが、スポーツジムに通う人が（ジムに通う）同僚よりも早く筋肉をつけるかどうかの決め手になるか、だろう。ウエイトリフティングの選手とデスクワークの人の両者が持っているヒトミオスタチンの遺伝子多型を比べても、目を見張るような結果は得られていない。両者の間にわずかの差が認められたケースはあったが、まったく差がないケースもあった。しかし、筋量の増加にかかわっていると思われる他の遺伝子がわかってきている。バーベルを上げて見事な体になる人もいれば、がんばってもそうなれない人もいるのはなぜなのか、という疑問に答えるうえで、きわめて重要な遺伝子である。

筋肉は、長さ数ミリ、針の先端に置かれて視認できないほどの細い筋線維が何百万も緊密に結びついてつくられた、肉の集合体だ。筋線維には、筋機能を制御する複数の指令センター、筋核《ミュオニュークレイ》が並んでいて、それぞれの担当筋肉をコントロールしている。筋線維の表面には衛星《サテライト》細胞がいくつも浮いている。これは幹細胞《ステムセル》の一種で、普段は何もせずじっとしているが、重いものを持ち上げるときに起こるような筋肉損傷が発生すると、その部位に飛んできて損傷をふさぎ、それまでよりも大きく強く修復増強してくれる。

通常、筋肉が強化されるということは、新たな筋線維がつくられるのではなく、既存の筋線維が大きくなるだけである。そして筋線維が大きくなると、一つ一つの筋核指令センターが受け持つ領域が広くなり、筋線維がある大きさに達すると、指令センターにはバックアップが必要となる。すると衛星細胞が新たな指令センターをつくり出し、その結果、筋肉はさらに成長を続けることができるようになる。二〇〇七年から二〇〇八年にかけて、アラバマ

＊　フランスの有名な遺伝子治療の実験では、バブルボーイ（訳注　免疫不全のため、ビニールテントの中に隔離されている小児患者）症候群として知られるX連鎖重症複合免疫不全症の少年一二人が治療に成功したが、そのうちの数人は、その後、白血病を発症した。

大学バーミングハム校のコアマッスル研究所とアラバマ州バーミングハムにある退役軍人医療センターが行なった研究によると、[10]遺伝子と衛星細胞の活動に関する個人差が、ウエイトトレーニングに対する個々人の反応の差に重要な影響を与えることがわかった。

この研究では、幅広い年齢の六六人の被験者がスクワット、レッグプレス、レッグリフトといったウエイトトレーニングを四カ月間行なったのだが、全員、持ち上げられる最大筋力に見合う努力水準の負荷がかけられた（代表的なトレーニングでは、一回のリフトで持ち上げられる最大重量の七五％の負荷を与えるトレーニングを一一回くり返した）。トレーニングを終えると、被験者は見事に三グループに分かれていた。大腿筋線維の大きさが五〇％成長したグループ、二五％成長したグループ、そしてまったく成長しなかったグループだ。

同じトレーニングなのに、〇％から五〇％までの筋線維の成長差。どこかで聞いたような話ではないだろうか？ HERITAGEファミリースタディーと似て、トレーニングによってもたらされる効果の違いが大きいのだ。ただ今回の場合は持久力トレーニングとは対照的なトレーニングで、筋肉が大きく増加した「最速反応者」が一七人、まずまずの増加を示した「中間反応者」が三二人、そしてまったく増加しなかった「無反応者」は一七人だった。*

ウエイトトレーニングが始まる前ですら、最大級に筋肉が増えるグループは、活性化して筋肉を成長させるのを待っている衛星細胞を大腿四頭筋に一番多く持っていた。つまり、身体の初期設定が、ウエイトトレーニングの効果がよりよく得られる状態だったのだ（ちなみに、ステロイドによってアスリートの筋量が急速に増加する理由の一つに、筋量増加をもたらす衛星細胞をより多くつくり出すよう、ステロイドが身体に働きかけることもあると考えられている）。

筋力トレーニングに関する類似の研究においても、バーベルを上げるトレーニングに対する反応性について、広範囲にわたって報告されている。マイアミのGEAR研究チームの研究では、四四二人の被験者がレッグプレスとチェストプレスを行なって、五〇％以下から二〇〇％以上までの幅で筋量が増加している。[11] また、病院と大学が組織したある国際コンソーシアムが五八五人の男女を一二週間にわたって研究した結果、上腕の筋量増加が、〇％から二五〇％までのスペクトルを示したことも報告されている。[12]

このような結果を受けて、全米スポーツ医学会（ACSM）は「運動は薬である」という新たなスローガンをかかげた。コーヒー、タイレノール、コレステロール値を下げる薬などへの、個々人の反応度合いにかかわるゲノムの領域が確認されたように、誰もが、トレーニングというさまざまな薬に対して、それぞれ固有の生理学的反応を示すようだ。

アラバマ大学バーミングハム校の研究者たちはHERITAGEに似た研究方法を採用して、多くの衛星細胞を持つ人、つまりウエイトトレーニングの高反応者が予測できる遺伝子を探した。HERITAGEやGEARの研究が持久力に関する成果を上げたのと同様に、

＊　トレーニングを激しくすればするほど、「無反応者」の割合が低くなる点は留意しておく必要がある。負荷が重くなるにつれ、反応がわずかであっても、何らかの反応は出やすくなるのだ。

ウエイトトレーニングの最速反応者は、ある特定の遺伝子の発現レベルにおいて際立った結果を示していた。

すべての被験者の生体組織が、トレーニングが始まる前、一回目のトレーニングセッション終了後、そして最後のセッション終了後の三回にわたって採取された。その結果ある遺伝子では、ウエイトトレーニングをしたすべての被験者において活性化されるか弱くなるかしたが、反応者だけに活性化を示す遺伝子があったのだ。最速反応者がトレーニングを行なったときに、最も強く活性化を示した遺伝子の一つが、IGF-1Eaだった。これは、H・リー・スウィーニーがあのシュワルツェネッガーのようなマウスをつくったときに使った遺伝子の関連遺伝子である。ほかに際立っていたのは、筋肉の活動と増加にかかわっているMGFとミオゲニン遺伝子だった。

MGFとミオゲニン遺伝子の活性レベルは、高反応者においてそれぞれ一二六%と六五%、中間反応者において七三%と四一%上がり、無反応者においてはまったく伸びなかった。

筋量増加にかかわる遺伝子ネットワークの解明はまだ緒についたばかりだが、人によって筋力の増強が異なる生物学的な原因はすでによくわかっている。筋線維の配分がもともと異なるため、筋線維が増加する能力が高くなるアスリートがいるのだ。

ざっくり言えば、筋線維には大きく二つの種類がある。遅筋（タイプI）と速筋（タイプII）だ。速筋線維は、瞬発運動をするときに遅筋線維の二倍以上の速さで収縮する。[13]筋肉の収縮速度は、短距離走をするときの限定因子と見られてきたが、速筋は疲弊しやすい筋肉でもある。*また速筋線維はウエイトトレーニングをすれば、遅筋線維のおよそ二倍、成長する。したがって、筋肉の中の速筋線維が多いほど、筋肉成長能力が高いと言える。[14]

ほとんどの人の筋肉は、遅筋線維が半分よりやや多めだが、筋線維の割合はスポーツの種類によって異なる。[15][16] 短距離ランナーのふくらはぎは、七五%あるいはそれ以上が速筋線維だ。私もそうだったが、八〇〇m走者は、速筋と遅筋の割合がほぼ五〇%ずつであることが多い。ただし、競技者のレベルが高くなるにつれて速筋の割合が高くなる。長距離ランナーは、速筋ほどの瞬発力は出ないがすぐには疲れない遅筋線維が多い傾向にある。オリンピックのマラソン競技で、アメリカ人として最後に勝ったフランク・ショーターは、脚の筋線維の八〇%が遅筋線維だったことが検査の結果わかっている。[17] ではアスリートは、自分の専門種目に向いた筋線維の組み合わせを、トレーニングの結果として手に入れるのだろうか？　それとも、すでに持っている筋線維に向いたスポーツに引き寄せられて、成功を手中にするのだろうか？

＊　遅筋線維は、多くの酸素を必要とするために血管に囲まれ、そのため浅黒く見える。感謝祭の日の夕食に準備された七面鳥をよく観察すれば、七面鳥は圧倒的に歩く動物であり、飛ぶ動物ではないことがわかる。色の濃い肉が脚に、そして白っぽい速筋が胸についているからだ。遅筋線維は鉄分を豊富に含んでいるので、多くの鉄分を摂取したければ七面鳥の脚を食べるのがよい。

その答えが後者であることは、多くのデータによって裏付けられている。これまで行なわれてきたどのトレーニングに関する研究も、人間の相当量の遅筋線維を速筋線維に変える方法を可能にしておらず、一日八時間、電気的刺激を筋肉に与えても効果は見られない（この方法によって、マウスでは筋線維の組成を変えることに成功したが、人間ではできなかった）[18]。二〇〇二年に科学誌『スカンジナビアン・ジャーナル・オブ・メディスン・アンド・サイエンス・イン・スポーツ』に掲載された筋線維組成に関する研究の総説には[19]、意味のある筋線維の組成変化はトレーニングで可能になるか、という問いに対してこんな答えが出ていた。「一言でいえば（残念ながら）、期待できない。しかしもう少し言葉をつけ加えるならば、期待できる部分もある*」。つまり、有酸素トレーニングによって速筋線維に持久性を持たせることが可能になり、また、ウエイトトレーニングによって遅筋線維を強くすることが可能になる。ただし、完全に変化するわけではない（脊髄が切断されるような、極端な場合は別である。その場合はすべての筋線維が速筋線維に変わる）。

遺伝子と筋線維組成に関するデータを見れば[20]、生まれつきの資質は一人一人違うのだから、誰にでも適したスポーツもトレーニング方法もないことがわかる。そして、この考え方を現実に応用したスポーツ科学者がいる。

人口わずか五五〇万人のデンマークでは、トップアスリートにあまりお金をかけられない。そのためイェスパー・アンデルセンは、デンマークのアスリートとコーチに筋線維の種類について考えるように働きかけている。

アンデルセンは、国内トップレベルの元四〇〇m走者で、のちにデンマークの短距離走代表選手のコーチを務めた。現在は、世界的に有名なコペンハーゲンスポーツ医学研究所に籍を置く生理学者で、オリンピックランナーから、欧州チャンピオンズリーグにも出場するデンマーク最強のサッカーチーム、FCコペンハーゲンの選手まで、幅広いエリートアスリートと仕事をする。そして毎日、トレーニングプログラムに一人一人が違う反応をするのを目にしている。

アンデルセンが二〇〇三年にデンマークの砲丸投げ選手ヨアキム・オルセンの筋肉を生体検査したところ、肩、大腿四頭筋、そして上腕三頭筋の速筋線維の割合が、他のトップレベルの砲丸投げ選手をはるかに上回っていることがわかった。そして、これだけ速筋線維の割合が高いなら、オルセンにはまだ筋力増加の余地が大きいと確信した。そこでアンデルセンはオルセンに対して、一年間ウエイトトレーニングをやめて、その代わりに非常に負荷の高いウエイトリフティングを短期間集中的に行ない、その後はウエイトリフティングをまった

＊　二〇〇九年にロシアの持久系アスリート一四二三人と非アスリート一一三二人を対象に行なわれた研究では、遅筋線維の割合と、別の研究では（あまりはっきりしないことが多いが）持久力と結びつけられた一〇種類の遺伝子の間に、比較的強く統計的に意味のある相関関係があることがわかった。ただし、筋線維組成の割合決定に影響を与える特定の遺伝子については、ほとんどわかっていない。

くしない完全休養をしばらく取ることを提案した。そのシーズンが終わるころ、もう一度生体検査をするとオルセンの筋線維は大きく成長していて、翌年の夏、アテネオリンピックで銀メダルを獲得した。この偉業がオルセンをデンマークの著名人に押し上げ、デンマーク版の「ダンシング・ウィズ・ザ・スターズ」（訳注　有名人が社交ダンスの勝ち抜きを競うテレビ番組）で優勝し、やがて国会議員に選出された。

また、アンデルセンの研究で、あるカヤックのデンマーク代表選手の肩の筋肉は、九〇％以上が遅筋線維であることがわかった（この選手の兄の肩も同じ）。このカヤック選手は、五〇〇mあるいは一〇〇〇mレースのどちらかでオリンピックに出場することを目指していたが、ライバルたちが爆発的な力でスタートするため、レース終盤で遅れを取り戻しても、いつもわずかに届かず、オリンピックチームに入ることができないでいた。アンデルセンは、筋線維の種類がどうなっているかを説明して、出場レースの種目を変えてはどうかと提案してみた。長い距離のレースに変更したこのカヤック選手は、まもなく世界でも有数の選手となった。

筋線維の研究の応用は陸上競技とカヤックにおいては功を奏したが、サッカーではアンデルセンを悩ませている。サッカーのコーチはみな、足の速いアスリートを求める。だから、デンマークのプロサッカー選手の多くが街中の普通の人間より速筋線維の割合が低いことなどありうるのか、と不思議に思っていた。FCコペンハーゲンの選手養成アカデミーを調べたときに、そのわけがわかった。俊足の選手がトップレベルに達する前にけがを繰り返して、使えなくなっていたのだ。「速筋線維が多い選手は、他の選手と同じようなきつい練習に実は耐えられません。そして、筋肉を急速に収縮させる［速筋］線維が多い選手は、たとえば大腿屈筋群《ハムストリング》を痛めることが多いのです。筋肉を瞬発的に収縮させられない選手はけがをしません」とアンデルセンは語る。

けがをしにくい選手だけが無事に養成期間を終えるために、デンマークのサッカーのトップクラスは、遅筋線維が多い選手だけとなる。「アメリカンフットボールでは、大きくてがっちりした体格の選手がつくポジションがあり、一方で俊足の選手はワイドレシーバーになります。トレーニングは別々です。ところがサッカー選手はみな同じトレーニングをします。『あいつはけがをしてばかりなので、使い物にならない』と、コーチはいつもこぼしています。いつもけがをするならば、その選手に対し何か間違ったことをしているのでしょう。トレーニング方法を変えるのがよいと思います。足の速い選手を失ってはいけませんから」と、アンデルセンは言う。

サッカーで国際的な舞台に立てば大いなる富と名声が手に入るだろうに、コーチたちが——少なくともデンマークのコーチたちは——俊足の選手がプロのピッチに立つ前に、その芽を摘んでしまっている可能性がある。すべてのアスリートに同じ薬を処方してはならない。ときには、練習をしないことが良薬となることもある。

筋線維タイプの割合のような目には見えない身体特性を無視すると、厳しいトレーニングは誰にでも効果を発揮するという考え方で選手生活を棒に振る者も出てくるだろう。短距離から長距離に転向した遅筋線維のカヤック選手は、勝てる可能性のある長距離にアンデルセンが目を向けさせてくれなかったら、短距離のレースで負け続けてカヤック選手としての選手生命を無駄に費やしていたかもしれない。

めまぐるしく変わる競争競技の遺伝子プールの中で、ある種の身体特性が特定のスポーツに向いていることをもっとはっきりと示す事例がある。

第7章　体型のビッグバン

数十年前、特にヨーロッパでは、地方のクラブチームが地元の優秀なアスリートたちの多くを、あるいはセミプロ級のアスリートさえをも支援しており、そこからエリート選手が育つことがよくあった。だが、それもテクノロジーが状況を一変させるまでのことだった。

今日では、文字どおり何十億もの人々が、リモコンを操作するだけでオリンピックやワールドカップ、スーパーボウルを観戦できる。その結果、多くの熱狂的なスポーツファンは月並みな選手ではなく、エリート選手を目当てにスポーツを視聴するようになった。リクライニングチェアに座ったままクォーターバック気分で視聴する膨大な数の人々が、少数の本物のクォーターバックを見るために金を払う。このような状況が、経済学者ロバート・H・フランクが「一人勝ち」マーケットと呼ぶ社会を生み出すのだ。[1] 非凡な運動パフォーマンスを観賞するという顧客基盤が拡大するにつれて、富と名声はそのパフォーマンスにおけるピラミッドのほんのわずかな上層へと集中するようになった。そして、報酬が増加してトップアスリートに集中するようになると、報酬を得られた選手たちはさらに速く、さらに強くなり、そしてさらに熟練した技術を身につけていった。

スポーツ心理学者たち、なかでも厳格な「一万時間の法則」の信奉者からなるグループが主張してきたことは、過去一世紀の間に個人競技の世界記録は大きく更新され、団体競技の技術も格段に向上したが、それは進化によって遺伝子プールが有意な変化をしうる以上に速いスピードでの向上であった。となれば、その向上要因は練習量の増加に帰着するはずだ、ということだ。トップアスリートへの報酬が増えるにつれて、より多くのアスリートたちがその報酬を得ようとさらなる練習量の増加を試みた。

しかし、真摯な努力がなされてはいても、その向上の一端はテクノロジーの進歩の結果であることは間違いない。たとえば、伝説のスプリンター、ジェシー・オーエンスの映像を生体力学的に分析した結果、一九三〇年代のオーエンスの関節が動く速さは、一九八〇年代のカール・ルイスと同等であることがわかった。[2] ただ、オーエンスが走ったのは、ルイスが世界記録を樹立した合成素材のトラックよりもはるかに多くのエネルギーを奪う石炭殻を敷きつめたシンダートラックだったのだ。

見落とされがちではあるが、テクノロジーだけが向上における要因ではない。明らかに、練習の量や精度が増したことも、パフォーマンスの最前線を推し進めるのを助けてきた。だが、さらに大勢の人々が収入がより多くより少数の枠を求めて、オーディションに参加できるようになった世界市場とあいまって、「勝者一人占め」効果はたしかに遺伝子プールを変えた。それは人類全体の遺伝子プールではなく、もちろん、エリートスポーツにおける遺伝子プールである。

一九九〇年代の中ごろ、オーストラリアのスポーツ科学者ケヴィン・ノートンとティム・オールズは、二〇世紀においてアスリートの体型にどのような顕著な変化があったかを調べるためにデータを集めはじめた。その結果、スポーツ科学は大きく様変わりした。

一九世紀後半、人体測定学《アンソロポメトリー》として知られる、体型に関する科学に携わる研究者たちは、人種的な偏見に基づく考えと同様に、プラトンのイデア論のような古典的な哲学や、人体の理想的なプロポーションとして人間の身体を正方形と円の中に描いた有名な絵画、レオナルド・ダ・ヴィンチの「ウィトルウィウス的人体図」のような芸術の影響を受けて、ある結論に達した。「人体には完璧な形、あるいは体型がある」[3]。一九世紀後半の記事にアスリートの特徴が列挙されている。「人類［すなわち、白色人種］はそれに到達しようとする傾向がある」

当時、人体測定学者たちは人間の体格が正規分布曲線《ベルカーブ》に沿って分布しており、その曲線の頂点、すなわち平均値が理想の体型であって、両側の減衰曲線に位置するものは偶発性あるいは何らかの欠損によって逸脱したものだと思っていた。そのため、最も優れたアスリートは均整のとれた平均的な体格の持ち主である、と主張した。背は高くも低くもなく、痩せすぎも太りすぎもせず、ちょうどイギリスの童話『ゴルディロックスと三匹のくま』に出てくる三杯目のおかゆのように熱すぎず冷たすぎず、その人間版といったところだ（そして、それは男性に限られていた）。どの運動競技を行なうにしても平均的な体型が理想であると、あらゆるスポーツにおいて信じられていたのだ。二〇世紀初頭、このような主観的な理論と哲学が重なり合って、スポーツコーチや体育教師の基本方針を支配しており、アスリートの身体にもそれが現れていた。一九二五年には、世界的レベルの走り高跳び選手と砲丸投げ選手とがそうであったように、平均的なバレーボールのエリート選手と円盤投げ選手の身体の大きさは同じぐらいだった。

しかし、ノートンとオールズが確認したように、「勝者一人占め」市場の出現とともに、アスリートにふさわしい唯一の完璧な身体という二〇世紀初頭のパラダイムは姿を消し、目的に応じてさまざまな形状を持つフィンチの嘴《くちばし》のように、スポーツ競技の特定分野に適合する、より希少で高度に特化された身体が支持されるようになった。[4] ノートンとオールズがグラフ化してみたところ、現代における世界的レベルの走り高跳び選手と砲丸投げ選手についてその身長と体重をグラフ化してみたところ、両者の体格が驚くほど異なることがわかった。今や国際的な走り高跳び選手の平均値よりも、砲丸投げのエリート選手の平均値のほうが、身長が約六cm高く、体重が約六〇kg多いのだ。

ノートンとオールズは、身長と体重について、二〇以上の種目のエリートアスリートたちの平均体格グラフを描いてみた。一つは一九二五年のそれぞれのスポーツにおけるアスリートの平均体格を示すデータ、もう一つは同種目における七〇年後のデータだ。

一九二五年と現在の点を種目ごとに結んでみると、はっきりと異なるパターンが現れた。二〇世紀初頭には、すべての種目のトップアスリートたちが、かつてコーチが支持していた「平均的な」体格の周辺に集中しており、グラフ上の中心の比較的狭い範囲に集まっていた。だが、その後はあらゆる方向へと飛び散ってしまうのだ。このグラフは、膨張する宇宙で互いに離れていく銀河の動きを示すために天文学者が描いたチャートに似ている。よって、ノートンとオールズはこれを「体型のビッグバン」と呼ぶことにした。

銀河が互いに離れていくように、アスリートの体型という宇宙で、ある種目で成功するために必要な体型は他の種目に適した体型からは離れて、それぞれの種目に高度に特化した独自の場所へと突進していく。人類全体と比較すると、長距離走のエリート選手の身長は低くなってきている。飛び込み選手やフィギュアスケート選手、体操選手などの空中で身体を回転させなくてはならないアスリートも同様だ。過去三〇年で、エリート女子体操選手の平均身長は約一六〇cmから約一四五cmへと低くなったが、同時に、バレーボール選手やボート選手、フットボール選手の平均身長は高くなっている（背が高いことは、ほとんどのスポーツにおいて有利である。一九七二年のミュンヘンオリンピックと一九七六年のモントリオールオリンピックでは、身長が一八〇cm以上の女子選手は一五〇cm以下の選手の一九一倍も決勝に進む可能性が高かった）。[5] ノートンとオールズが言うように、プロスポーツの世界は自然選択ではなく、過剰な自己選択、あるいは人為選択による室内実験のようになってしまった。

ノートンとオールズはビッグバンのデータをもとにして計測法を考案し、それをＢＯＺ

（二変量重複域）と呼んだ。これは、一般市民から無作為に選ばれた人の体型が、ある種目におけるエリートレベルに相応する可能性を示すものだ。はたして、勝者一人占め市場が体型のビッグバンを推進したため、あるスポーツの特定分野に求められる遺伝子を持つ人はさらに希少となり、たいていのスポーツにおいてBOZは著しく縮小した。今日、プロサッカー選手に見合う身長と体重の組み合わせを備えているのは一般男性の二八％。一方、二三％がエリートスプリンター、一五％がプロホッケー選手、そして九・五％がラグビーユニオンのフォワードに適合しうる身長と体重を備えている。

NFLでは、平均して身長が一cm高いと、あるいは体重が三kg重いと、約四万五〇〇〇ドルの年収増につながる（特有の体格が求められる、ある種の職業ではさらに「勝者一人占め」構造が著しく、プロスポーツをしのぐほどだ。地方のファッションモデルのBOZは八％以下、国際レベルだと五％に減少し、スーパーモデルだとたったの〇・五％になる）。

そして、体型のビッグバンは身体の部位にまで及んでいる。背の高いアスリートが、人類全体よりはるかに速いスピードでさらに身長を伸ばし、背の低いアスリートは相対的に小さくなってきた。その一方で、あるスポーツのアスリートたちはきわめて特化された身体特徴をますます求められるようになったのだ。一九八〇年から一九九八年までクロアチアのエリート水球選手の身体を計測した結果、この約二〇年間に選手の腕の長さが約三cm以上伸びていることがわかった。これは、同時期のクロアチアの一般人に比べると五倍の伸長度になる。パフォーマンスの必要条件がより厳しくなるにつれ、必要とされる身体構造を備えたアスリートのみがつねにエリートレベルの基準に達し、より短い腕を持つアスリートは排除されることが多くなる。

トップレベルの水球選手は総体的により長い腕を持つことに加えて、腕の骨の比率も変化した。エリート選手は腕全体の長さに対して前腕が一般の人々よりも長く、そのため、ムチのようなしなりをつけて、より効果的にボールを投げられる。同様に、それはカヌー選手やカヤック選手のように、力強いストロークをくり返すために長い梃子《てこ》を必要とするアスリートにも言えることだ。反対に、ウエイトリフティングのエリート選手の腕、特に前腕は同等の身長の一般人と比べてますます短くなり、そのため、バーベルを頭上に持ち上げるときに梃子《てこ》の作用が有利に働く。ＮＦＬコンバインとはドラフト前に候補選手の身体測定を行なうもので、その多くの欠点のうちの一つは身体測定で腕の長さを測っていないことだ。腕の短い男性にとってベンチプレスは腕の長い男性より容易である。実際のフットボールスタジアムでは、腕が長いほうがすべてにおいて有利である。したがって、ベンチプレスの成績を高く評価されて選ばれた選手は、実際には腕が短いというあまり好ましくない身体特徴の持ち主かもしれない。

バスケットボールやバレーボールなどの跳躍力を必要とするスポーツでは、最近のトップアスリートは胴が短く、相対的に脚が長くなっている。そのほうが、下肢を加速してより力強く飛び上がるのに有利である。プロボクサーの体型もさまざまだが、多くの選手が長い腕と短い脚を備えており、長いリーチを繰り出しながらも、低く、より安定した重心を保つことができる。

短距離走の選手の身長は、重要な勝負において決定的となることが多い。六〇m短距離走における世界のトップレベルの選手たちは、ほとんどの場合、一〇〇m走や二〇〇m走、四〇〇m走の選手よりも身長が低い。脚がより短く、体重が軽いと加速に有利であるためだ(脚が短いと慣性モーメントが小さくなり、それは本質的にスタート時の抵抗が減少することを意味する)。一〇〇mあるいは二〇〇mの短距離走では、選手は最高疾走速度に達するが、六〇m走ではレースの全時間に占める加速期の時間の割合が大きい。NFLのランニングバックやコーナーバックはできるだけすばやいスタート、ストップが求められるが、人類全体の身長が高くなっているにもかかわらず、彼らの身長は平均して、過去四〇年間にわたり低くなっている。おそらく、加速をするときに身長が低いほうが有利だということで、その理由を説明できるだろう。

ときには、スポーツにおける技術の変化が、そのスポーツにとっての有利な体型を一夜にして変えることもあった。一九六八年、ディック・フォスベリーが走り高跳びで「背面跳び《フォスベリーフロップ》」を初めて世界に披露した。これは身体の重心位置が高い選手に有利な跳び方だ。その後わずか八年で、走り高跳びのエリート選手の平均身長が約一〇cm伸びた。*

体型が微妙な影響を及ぼす例もある。一般的に、持久力を必要とする選手にとっては身長の低さが有利となるが、女子マラソン世界記録保持者であるポーラ・ラドクリフは約一七三cmと、ほとんどの世界レベルの選手たちより、文字どおり頭と肩の分だけ抜きん出ていた。

それでもイギリスを代表するタフな彼女は、二〇〇二年から二〇〇八年の全盛期に八回のマラソンで勝利した。だが、その体格ゆえに、ほとんどの勝利が秋開催レースに限定されたのかもしれない。小柄なマラソン選手が多い理由の一つは、身体が小さいと身体のボリュームに対する皮膚の表面積が大きくなるからだ。[7] 身体のボリュームに比べて表面積が大きいほど、放熱機能がより効果的に働き、体温をより早く逃がせるようになる（したがって、小柄で痩せた人々は背が高くてがっしりとした人々より風邪をひきやすい）。身体の中核体温が摂氏四〇度を超えると、中枢神経系によって強制的に身体の動きがスローダウンあるいは完全に停止させられるため、持久系スポーツにとっては熱放散がきわめて重要である。[†]

全盛期のラドクリフは、レースが涼しい秋の朝に開催されたときには無敵だったが、夏の暑さのなかでは結果を残せなかった。二〇〇四年のアテネオリンピックで、マラソン競技は気温三五度のなかで行なわれ、それまでは他を圧倒する最速タイムを記録していたにもかかわらず、ラドクリフは完走できずに道端にバタリと倒れ込んでしまう。このレースの勝者は

＊　ほとんどあらゆるスポーツにおいて、その競技により適した身体の持ち主を世界中から探し出すことに成功している。[6] 何世紀もの間、大相撲は日本人のみで競い合っていたので、日本人力士で占められていた。一九九〇年まで、日本人以外の横綱はいない。しかし、全世界的に広がったスポーツ市場で、概してより大きな体格を持つ国からのアスリートたちが大相撲の世界にも大勢入り込んできた。大相撲という伝統に固執する人々にとっては残念なことに、近年の八代の横綱のうち、六人がモンゴルあるいはハワイ出身の力士である。

身長約一五〇cmの女性（訳注　野口みずき）だった。北京オリンピックでマラソンが行なわれた日は気温二七度で湿度が高く、ラドクリフは首位からは遠く離された二三位でゴールした。二〇〇二年から二〇〇八年にかけて、涼しいか、ほどよい気候のうちに行なわれたレースでは八勝無敗だったが、うだるように暑い夏季オリンピックでは〇勝二敗と勝負にさえならなかった。[9]

スポーツ選手の体型に関する研究で最もよく知られているのは、国際研究チームが一年をかけて集めたデータであり、これはメキシコシティオリンピックにおける、すべての種目（乗馬を除く）、九二ヵ国の選手一二六五名について調べた研究だ。[10]さらに六年をかけて調査結果を編集し、二三六ページの書籍が出版された。この書籍の半分は、測定された体型についての表である。たとえ本文がなくても、それらが伝えようとしているメッセージは明らかだ。ほとんどの種目において、私と私の兄弟が似ている以上に、アスリートたちが肉体的によく似ているということだ。

陸上競技では、その身体測定値だけでほとんどの選手の出場種目を言い当てられるかもしれない。ハードル走の目的が身体の重心位置をできるだけ動かさずに障害物をクリアすることだと考えれば驚くにはあたらないが、四〇〇m、八〇〇m、あるいはハイハードル走に参加した選手は男女ともにランナーのなかでは最も身長が高かった。その一方で最も身長が低かったのはマラソン選手だ。それについても納得がいく。しかし、その類似性は骨格というあまり目に留まらない身体的特徴にまで及んでいた。

同じスポーツ、または同じ種目のアスリートは身長や体重が類似する傾向にあり、運動選手ではない一般の人々の対照群とは異なることが多い。これは骨盤の幅と肩のあたりの骨格構造についても同様だった。

研究の対照群として測定された一般女性の骨盤は、当然、一般男性よりも幅が広かった。しかし、女子競泳選手の骨盤の幅は一般男性の対照群より狭い。そして、女子飛び込み選手の骨盤は女子競泳選手より狭く、女子短距離走選手の骨盤は女子飛び込み選手よりさらに狭い（腰幅が狭いと走行効率が良い）。そして、女子体操選手の骨盤はさらに狭かった。

女子短距離走選手は一般女性の対照群より脚が長く、一般男性の対照群とほぼ同じ長さだった。男子短距離走選手は一般男性の対照群より五cmほど背が高く、その一〇〇%が脚の長さの差だった。つまり、座ったときには、短距離走選手と一般男性の対照群との座高は同じ

---

† 持久系スポーツのパフォーマンスを向上させるのに、禁止薬物であるにもかかわらずアンフェタミンがよいとされる理由は、身体のオーバーヒートを抑止しようとする脳の機能が阻害され、体温が四〇度を超えても身体を動かし続けることができるからだと考えられている。[8] しかし、パフォーマンス向上に効果があったとしても、レース中の熱射病による死亡にもつながってしまう。二〇〇九年、猛暑のなかでの練習中に選手が倒れ、死亡したことにより、ケンタッキー高校のフットボール監督が殺人容疑で裁判にかけられた。監督は無罪とされたが、その選手が注意欠陥・多動症（ＡＤＨＤ）の治療のために、処方されたアンフェタミンを服用していたことが明らかになった。

ということだ。

男子競泳選手は男子短距離走選手より平均して約四cm背が高かったが、それにもかかわらず脚は約一・三cm短かった。より長い胴とより短い脚は大きな接水面積をつくり出し、大きな船底を持ったカヌーと同じく、速いスピードで水に乗って進むのに役立つ。報道によれば、身長一九三cmのマイケル・フェルプスは股下約八一cmのズボンをはいているそうだが、マイル走世界記録保持者で、身長約一七五cmのモロッコのヒシャム・エルゲルージがはいているズボンより短い[11]（他のトップスイマーのように、フェルプスも腕は長く、手と足は大きい。フェルプスの自伝 *Beneath the Surface*（水面の下で）によると、身体部位の長さの比率があまりにも偏っているため、毎年、マルファン症候群の検査を受けているそうだ）。伸長した体型はマルファン症候群と呼ばれる危険な疾患の兆候となることがある。*

エリートアスリートによってスポーツ市場が、一般参加型から無数の大衆による視聴型に移行するにつれ、成功する身体条件を備えた選手はますます希少になり、そのような特定のスポーツにとって有利な身体条件をもつ者を引き付けるためにこれまで以上に多くの資金が必要となった。一九七五年には、アメリカにおける主要スポーツの選手の平均年収は、一般的なアメリカ人の年収における中央値《メディアン》のおよそ五倍だった。現在ではそれが四〇倍から一〇〇倍である。[12] アメリカで最高額の報酬を得ているスポーツ選手に匹敵する額を稼ぐには、フルタイムで年収の中央値を稼いでいる人が五〇〇年働かなければならない。

遺伝子は体重にも影響を与える。GIANT（Genetic Investigation of ANthropometric Traits 人体計測形質の遺伝学的調査）コンソーシアムが一〇万人の成人の被験者を調べた結果、体重に影響を与える六種類のDNA変異体が発見された。[13] FTO遺伝子（訳注　脂肪量と肥満に関与する遺伝子）は、おそらく脂肪分の多い食品への嗜好に影響を与えることによって、数キログラムの体重増の主な原因となる。しかし、感謝祭のごちそうを満腹になるまで食べてから体重計に飛び乗ったことのある人ならわかっているように、体重は実質的には生活習慣に影響されるものだ。

脂肪はトレーニングや食事に最も強く反応する身体の組織である（そして、体重は特定の薬品に対して非常に敏感に反応する。ノートンとオールズがNFLのディフェンシブタックルの大きくなっていく体格について調べていたとき、フットボール選手によるステロイドの使用が蔓延しはじめた一九六〇年代後半から一九七〇年代前半にかけて、その体格が人目を引くほど急激に大きくなっていることに気づいた。一九四〇年代から一九九〇年代まで、NFLディフェンシブタックルのボディマス指数［BMI］は三〇から三六に増加する。これ

＊　競泳やカヤック、ラクロスのような競技において、アスリートは、「上腕インデックス」が高くなる傾向にある。つまり、上腕に比して前腕が長く、腕による推進力がより大きくなるというわけである。ウエイトリフティングやレスリングのように、安定性と力を必要とするスポーツ選手は、上腕インデックスがきわめて低い。

は、身長が約一九〇cmのディフェンシブタックルであれば、体重が約一〇六kgから約一二七kgに増えたことになる)。

近年の工業化社会において肥満が蔓延するはるか前からFTO遺伝子は明らかに存在している。双子と養子に関する研究によって示唆されているように、体重に影響を与える遺伝子がさらに発見されることだろう。遺伝子やライフスタイル、そして体重の複雑な相互関係については、まだ明らかになりはじめたばかりだ。GIANTコンソーシアムによって確認されたDNA変異体をすべて集めてみても、それは体重に影響を与える遺伝子全体のほんの一部しか説明しない(DNA分析に基づくと、私の体重約六八kgのうち、これらの遺伝子に起因する体重増加分は約四kgである)。

個々人の速筋線維と遅筋線維の比率が潜在的な筋肉成長に影響を与えるように、それは脂肪燃焼能力にも影響を与えている。アメリカとフィンランドの研究チームによってそれぞれ研究結果が発表されているように、速筋線維の比率が高い成人は筋肉を増やすことはできるが、速筋線維の比率が低い成人より脂肪を落とすことはむずかしい[14]。脂肪は、主として遅筋線維内で起こるエネルギー産生プロセスの一環として燃焼する。そして遅筋線維が少ないほど、脂肪燃焼能力が低くなる。これが、瞬発系やパワー系のアスリートの体格が、競技生活を始める前も終えた後も変わらず、持久系アスリートよりがっしりとしている傾向がある理由なのかもしれない。

トレーニングと食生活により、アスリートの体格が大きく変わるのが明らかであっても、そこには限界がある。その限界は、個々人の骨格によって定められている。

運動と栄養の研究者であるブエノスアイレスのフランシス・ホルウェイは、子供のころから、人間の体格の限界のことで頭がいっぱいだった。最初にインスピレーションを得たのはターザンの物語だ。ゴリラに育てられてジャングルに適応したイギリス貴族の息子が、どうやってサイと戦えるほどの身体をつくりあげ、どうやってつるからつるへと飛び移る能力を身につけたのだろうかと、すっかり魅了されてしまった。彼が七歳のときに初めての実験を試みる。数匙のオートミールを飲み込むとすぐに、成長したかどうかを確認するため、上腕二頭筋の力こぶを調べてみたのだ。

子供のころ、ホルウェイはスポーツによって身体がつくられると考えていた。バスケットボール選手はプレーすることによって背が高くなり、ウエイトリフティング選手はスクワットを行なうことによってがっちりした体格になると思っていたのだ。成人してから行なってきた研究も、ある程度は、同じような驚くべき現象を裏付けるものだった。ホルウェイは、世界のトップ二〇にランクされるテニス選手のグループについて彼らの前腕を測定し、ラケットを握る腕が反対の腕とは少々異なることに気がついた。ラケットを握るほうの前腕骨は、もう一方より約六mm長かった。そして、肘関節は一cm大きくなっていた。[15] 筋肉と同様に、骨も運動に反応する。運動選手でなくても、ペンを持つほうの腕の骨がより頻繁に使用するというだけで、もう一方の腕より骨量が増える傾向にある。したがって、骨はより強くなり、より多くの筋肉を支えられるようになるのだ。「骨がくり返し応力に適応している様子を想像すると驚くばかりです」と、ホルウェイは言う。これらのプロテニス選手たちは、まさにサーブやボレーを打つことによって、より長い前腕を手に入れたのだ。それにもかかわらず、この適応性には限界がある。

ミズーリ大学の人類学者リビー・カウギルは、ある集団において、子供のころからの活動によって強固な骨格が形づくられたのか、あるいは隆々とした筋肉を支えうる頑丈な骨格基盤を生まれつきもっているだけなのかを解明しようと、世界各地の人間の骨格を調べた。[16]「異なる集団においては、一歳にして骨の強度に違いが見られます」とカウギルは言う。「私が発見した内容は、まさにこれらの強度差を指し示しています。個人的活動に基づく成長過程からも影響を受けますが、人々はある遺伝的傾向を持って生まれており、それによって骨格に強弱の違いが現れると思われます」

ある研究においてカウギルは、中世ユーゴスラビアの遊牧民であるミスティハリ族の骨格と、一九五〇年代におけるデンバーの子供の骨格を比較した。「遊牧民の子供がこれまで見たなかで最も大きくて頑丈な子供でした」とカウギルは言う。「現代アメリカの子供たちのデータに基づくと、私たちの骨量は非常に貧弱と言えます」。だが、子供のころから厳しいトレーニングを積めば、アメリカ人のどんなに小さな子供でも、中世の遊牧民のように大きな骨格へと変わったりするのだろうか？　「できることはたくさんありますから、なるべく早い時期に始めることが特に大切です。しかし、そこには遺伝的要素がかかわっているようにますます思えてきました」とカウギルは語る。

人が譲り受けた骨格は、特定のスポーツに求められる体重が得られるかどうかに大きな影響を与えている。ホルウェイは、骨格を空の本箱にたとえている。他の本箱より約一〇cm幅が広い本箱は、それ自体、ほんのわずかに重くなるだけだろう。しかし、その二つの本箱に本を入れてみよう。すると、突如として本箱のわずかな幅の差がかなりの重量の差となる。人間の骨格も同じだ。サッカーからウエイトリフティング、レスリング、ボクシング、柔道、ラグビーまで、さまざまなスポーツのエリートアスリートを数千人にわたって測定した結果、ホルウェイは骨一kgあたり、最大で五kgの筋肉を支えることを発見した。つまり、五対一が人間の筋肉を収容する「本箱」の一般的な限界だ。*

「私たちに相談に来る人々がいますが、彼らは審美的な理由で筋肉量を増やしたがっているのです」とホルウェイは言う。「測定をして、比率が五対一に近ければ、成長や体力のレベルが横ばいになってから何年たっているかを尋ねます。すると、この五年、あるいは七年と答えますが、その間、限界を超えることができないでいたのです」。ホルウェイはみずからを実験台にして、タンパク質を多く含む食事をとり、クレアチンのサプリメントを摂取しながら、激しいウエイトトレーニングを何年も続けてみた。しかし、五対一に近づくと、ステ

＊　ホルウェイが実証した限界は、女性の場合は四・二対一前後だ。そして、これは男女ともステロイドを使用しない場合である。ステロイドを使用しているアスリートは、五対一の上限を超えることができる。

ーキやシェイクをいくら摂取しても、脂肪が増えるばかりで筋肉は増えなくなった。オリンピックに出場した円盤投げや砲丸投げなどのパワー系スポーツアスリートをホルウェイが測定したところ、彼らの骨量は平均的な男性より約三kg重いだけだった。しかし、それは適切なトレーニングによって、さらに約一四kg以上もの筋肉を得ることができるということだ。ホルウェイは、それらの測定結果をアスリートたちのトレーニング計画に役立てている。たとえば、砲丸投げでは選手が自分自身を遠くに移動させる必要がなく、投げる物に比べてより重くなるために体重を増やす必要がある。そのため、身体に余分な脂肪がつくのも有益かもしれない。しかし、やり投げでは速いスピードで走ったあとに思い切りやりを投げなくてはならない。そのため、五対一の比率以上に体重を増やす場合には、それが脂肪となる可能性があるので慎重に行なわねばならない。もしくは、相手が前に進むのを妨げなくてはならない大相撲の力士やフットボールのオフェンシブラインマンを考えてみよう。彼らにとっては余分な脂肪をつけたほうが賢明かもしれない。オフェンシブラインマンは途方もなく力が強いが、決して筋肉だけの体ではない。

さらに、生来の生物学的な差異を考慮すれば、理想的なトレーニング計画とは個々人の生理にあわせて誂《あつら》えたものであることは明らかだ。人間の成長に関する著名な学者（世界レベルのハードル選手でもある）のJ・M・タナー博士が、著書 *Fetus into Man*（胎児から人間へ）でこのように記している。[17]「すべての人間が異なる遺伝子型《ゲノタイプ》を保有している。よって、それぞれが最適の成長を遂げるためには、それぞれが異なる環境に身を置かねばならない」

スポーツのパフォーマンスを前人未踏の領域にまで高めるには、特化したトレーニングと訓練すべき特化した身体の両方が求められる。

今日、アスリートの体型という宇宙の膨張はスローダウンしつつある。ほとんどの自己選択あるいは人為選択は終焉を迎えた。背の高いアスリートの身長はもはや、二〇年前の一般の人々の身長の伸び率を下回っており、同様に背の低いアスリートの身長低下率もスローダウンしている。それに伴って、たえず更新されてきた世界記録の歩みも遅くなっている。

二〇世紀を通した「記録は破られるためにある」というスローガンは、長期にわたって真実を語っていたように思われる。しかし、すべてとは言わないまでも、ほとんどのスポーツにおいて歴史に残るような記録は、仮に前進していると言えるものであっても、ほんのわずかずつしか前進していない。誰もが待ち望んでいる男子マイル走と一五〇〇m走（マイル走に近い距離で、アメリカ合衆国外で行なわれているレース）の世界記録は、一九五〇年から二〇〇〇年の間に、全体として一〇年ごとにおよそ八回更新されてきたが、それ以降はまったく更新されていない。今でも他の種目はゆっくりと更新されてはいるものの、わずかの差での更新となっている。その人並み外れた瞬発力と身長によって、世界記録を大幅に更新して経済的成功を収めたウサイン・ボルトが、他の種目からより多くのアスリートたちをスプリント界へと引き寄せられるかどうか、興味深いところである。

「世界にはまだ開拓されていない地域がありますが、［アスリートの］グローバル市場においては、ほぼ開拓し尽くした感があります」。体型のビッグバンを唱えた科学者の一人、ティム・オールズはそう語る。「私たちは体型の供給母集団の限界に到達しようとしています。全世界的に、人口の増加も減速しており、それにしたがって、体型についても、記録についてと同様に、成長のスローダウンを目のあたりにするでしょう」。かつて、地球の探索が終わりのない冒険のように思えたように、世界記録をたえず打ち破ってきた時代はもはや過ぎ去った。この先は赤ん坊の歩みのようにゆっくりと前進していくのだろう。

アスリートの体型という宇宙が外部へと膨張するにしたがって、ますます希有となった身体を持つアスリートの体型を探し出すために、より高額な報酬と、費用をかけて全世界的に才能探索を行なうことが必要になってきた。

しかしそのような試みのなかでも、NBAほど成功している例はほかにないだろう。

第8章　ウィトルウィウス的ＮＢＡ選手

ポップカルチャーの代名詞になるずっと前、マドンナとデートしたりカルメン・エレクトラと結婚したり、ウェディングドレスを着て自伝のプロモーションに現れる前、髪を消防車のように真っ赤に染め、飾り鋲を打ったチョーカーをつけ、真っ青なオウムを手に乗せ、気取った顔をして『スポーツ・イラストレイテッド』誌の表紙でポーズをとる前、トップレスの女子バスケットボールリーグをつくると言い出す前、そして、北朝鮮の金正恩《キム・ジョンウン》第一書記と親しくなるはるか前、デニス・ロッドマンはただの気の弱い少年だった。

子供のころ、ダラスの町のオーククリフ地区にある低所得者用住宅で毎晩眠りにつく前に、「どこかででっかいことがデニス・ロッドマンを待っている」とベッドの中で考えていた。当時は知る由もなかったが、でっかいこととは、ロッドマン自身のことだったのである。

そのころ、ロッドマンの二人の妹はバスケットボールのスター選手だった。のちに二人とも大学のオールアメリカン選手に選ばれることになるが、家族のお荷物デニスは背が低く、不器用で、レイアップシュートを決めるのにも苦戦した。高校のバスケットボール部ではシーズンの半分ベンチを温めて、その後、退部。高校卒業時の身長は一七五㎝で、自分より大きくて年が下の、運動能力に優れた妹たちと一緒にいるときは、いつも友だちにからかわれた。

高校卒業後、ロッドマンはダラス・フォートワース国際空港で夜勤の清掃員として働きはじめた。ある晩空港内で、閉店したギフトショップのシャッターの隙間から箒《ほうき》の柄を入れて腕時計を数ダース盗み、友だちに配ってしまった。ロッドマンは捕まり、その仕事は長続きしなかったが、そのころでっかいことは始まりかけていた。高校を卒業してから二年の間に、ロッドマンの身長がまるでケルプのように伸びたのだ[1]。その後、オールズモビルの販売店で時給三ドル五〇セントの洗車アルバイトをしていたときには、身長が二〇三㎝になった。そこで再びバスケットを始めることにした。このとき、以前より身長が伸び、体格も大きくなっていたのに、以前ほどぐずで不器用ではなくなっていることに気づいた。まるで、ある晩バスケットボールの妖精が現れて、バスケットボールの秘訣を枕の下にそっと残しておいてくれたかのように、ゲームの流れをすぐにつかんだのだ。「やり方を知っている新しいボディーを手に入れた気分、ってやつ。前の俺は何もわかっちゃいなかった」とは本人の弁だ。

家族の友人が、地元のコミュニティー・カレッジのバスケットボールチームで入団テストを受けてみたらどうかと勧めてくれたので、しばらくプレーしたが、学業が追いつかずに退学してしまった。そして翌年の一九八三年、バスケットボール奨学金を得て、あまり知られていないが全米大学運動競技協会（NAIA）に所属するサウスイースタン・オクラホマ州立大学に入学。ここでの三年間で、平均して一試合に二五・七得点、リバウンドは異次元ともいうべき一五・七回という成績をあげ、チームの主役になった。その後はバスケットボール界の歴史となっている。ロッドマンはNBAにドラフトで指名され、一四年間に五回の優勝を経験、最優秀守備選手賞を二回受賞し、NBA史上最高のリバウンダーになり、そして二〇一一年、二一歳まで組織立ったチームでまともにプレーができなかった男が、バスケットボールの殿堂入りを果たしたのである。

一九九〇年代に、死ぬことと税金を払うことと同じくらいほとんど当たり前だったのが、シカゴ・ブルズがNBAで優勝することだった。

シカゴ・ブルズ王朝は、折よく背が高くなった将来の殿堂入り三選手のおかげで築かれた。それでも、王朝を支える三本柱がそろって十分な身長になる前は、三人とも技術だけで抜きん出ることはできなかった。

もちろんロッドマンはその一人だった。二人目はスコッティ・ピッペン。ピッペンの経歴もロッドマンに似ていた。高校を卒業したときの身長は一八五cmで、セントラルアーカンソー大学バスケットボール部のマネージャーをしたのがバスケットとの付き合いの始まりだった。ところが大学一年を終えるころには身長が一九〇cmに伸びたので、選手としてプレーすることになった。翌年の夏には一九五㎝。三年生になるときには二〇一㎝になって、無名のセントラルアーカンソー大学チームを見るために、NBAのスカウトたちが観客席に群がりはじめた。数年後、ピッペンはNBA史上最も優秀な選手五〇人の一人に選出され、ロッドマンより一年早く殿堂入りした。

マイケル・ジョーダンの場合は少し事情が違っていた。高校時代からすでに優秀なバスケットボール選手で、身長一七三㎝の一年生でダンクシュートができた。[2] しかし家系はどちらかというと背が高いほうではなく、高校二年で身長が一八三㎝なのは、すでに例外だったことになる。高校三年のときには大学のスカウトに注目されつつあったが、小さい学校のほうが合いそうだと思われた。ジョーダンによると、兄のラリーは身長一七〇㎝だがやはり運動が得意で、家の裏庭でバスケットボールをしていたときは兄にはかなわなかったそうだ。ただし、それはジョーダンがケルプ状態になるまでのこと。高校の後半に身長が一五㎝伸びたジョーダンは、野球をやめてバスケットボールに専念し、奨学金を得て名門ノースカロライナ大学に進んだ。その後の活躍については説明の必要はないだろう。

ロッドマン、ピッペン、ジョーダンの三人は、一九九五～九六年のシーズンに、七二勝一〇敗というバスケットボール史上でも例がない驚異的な戦績を残したシカゴ・ブルズの中核となった。三人の経歴からも、背の高さが重要であることがわかる。

しかし、身長が一九八㎝あるいは二〇三㎝あれば誰でもプロバスケットボール選手になれると言っているわけではない。殿堂入りなどなおのことだ。ESPNのパーソナリティ、コリン・カウハードが言っているように、「才能は子宮から生まれるものではない」が、一方で「身長が二〇三cmあってもNBA選手ではないアメリカ人男性は一〇〇万人いる」というのは正しくない。

米国国勢調査局（USCB）とアメリカ疾病予防管理センター（CDC）の下部組織である国立衛生統計センターのデータによれば、二〇歳から四〇歳の間で身長が二〇三cm以上のアメリカ人男性は、二万人はいないらしい。つまり、デニス・ロッドマンやレブロン・ジェームズのような選手は、同じ身長の男性のなかで比べると、一〇〇万人に一人ではなく、言ってみれば、ミズーリ州ローラくらい小さな町のプールに一人程度の割合だ。

身長というのは、人を表すには驚くほど狭義で限定的な特徴だ。アメリカ人男性の六八%が、身長一七〇cmから一八五cmまでの一五cmの幅の中に収まる。成人の身長が描くベルカーブは、まるでヒマラヤの斜面のように、平均値の両側が下方に急勾配を描く。アメリカ人男性のたった五%しか一九〇cmを超えないのに、NBA選手の平均身長はつねに二〇一cm前後である。一般人の身長とNBA選手の身長が重なる部分は驚くほど少なく、これはカウハードの予想よりはるかに少ない結果となっている。

工業化の進んだ社会に生きる人々の身長は、二〇世紀の一〇〇年間、ほぼ一〇年に一cmの割合で伸びてきた。タンパク質の摂取量が増え、成育を妨げる子供の伝染病が減少したこともあるし、遺伝子の混合が昔より広範囲に行なわれるようになって、「背が高い」遺伝子が「背が低い」遺伝子に対して優位になったこともあるだろう。[3]その間NBAの選手は平均の四倍以上もの勢いで身長が伸び、その中でも最も身長が高い選手は、一〇倍の伸びを見せている。

マルコム・グラッドウェルは著書*Outliers*で、バスケットボール選手の身長をＩＱにたとえて説明している。閾値《いきち》というのがあって、これを超えてもあまり違わないとグラッドウェルは言う。ＩＱが一二〇を超えると——これでもすでにほとんどの人がふるい落とされる——最もむずかしい知的問題を考察できるくらい頭が切れるが、さらにＩＱが高くなっても、現実世界での成功には結びつかないそうだ。さらに、バスケットボールでは「一八八㎝の身長はおそらく一八五㎝より有利だと思う……が、ある高さを超えると身長はあまり問題にならなくなる」とも書いている。しかし、ＩＱに関する「閾値仮説」は、その道の専門家の研究では裏付けられていないし、[4] ＮＢＡ選手の身長についても、選手のデータの裏付けはない。

ＮＢＡ、ＮＢＡプレドラフト・コンバイン（靴を脱がせて正確に測定）、ＵＳＣＢ、そして、国立衛生統計センターによって発表されている数字を見てみると、ＮＢＡでは高い身長を重視しているので、二〇歳から四〇歳までのアメリカ人男性がＮＢＡ選手になる可能性は、身長が一八三㎝からスタートして五㎝高くなるごとに、ほぼ一桁ずつ上がっている。[5] 身長が一八三㎝から一八八㎝の間の男性にとって、ＮＢＡ選手になれる可能性は一〇〇万人に五人だ。一八八㎝から一九三㎝の間では、一〇〇万人に二〇人。そして、二〇八㎝から二一三㎝の間では、一〇〇万人に三万二〇〇〇人、三・二％に跳ね上がる。身長が二一三㎝のアメリカ人男性はまれなので、ＣＤＣはその身長での順位をリストにしていない。しかし、ＮＢＡ

の測定値をＣＤＣのデータでできる分布曲線と組み合わせると、二〇歳から四〇歳までの、身長が二一三㎝のアメリカ人男性のうち、なんと一七％が今現在ＮＢＡの選手ということになる。正直なセブンフッター（身長が七フィート以上）を六人探してみよう。* そうすればそのうちの一人はＮＢＡ選手のはずだ。

体型のビッグバンを研究するケヴィン・ノートンとティム・オールズが、一九四六年から一九九八年までのＮＢＡでセブンフッターがどれくらい増加したかをグラフ化してみたところ、セブンフッターの割合は三五年間で少しずつ、しかし確実に増えていることがわかった。一九四六年には一人もいなかったが、勝者一人占めのバスケットボール市場が全盛期を迎える直前の一九八〇年代初期には、全選手の五％を占めたのである。

一九八三年、ＮＢＡはそれまでに例のなかった選手との労働協約を打ち出し、これによって選手はリーグのパートナーになって、ライセンス契約、チケットの販売、テレビ放映契約に伴う対価を受け取ることになった。翌年、新人のマイケル・ジョーダンは、やはりそれまでに例のなかった契約をナイキ社と結び、自分の名前が入ったスニーカーの販売ロイヤルティを受け取ることとなった。

＊　ＮＢＡの名簿に身長が七フィート（二一三㎝）で登録されている選手の多くが、コンバインで靴を脱がせて測定してみると二、三㎝、ときには五㎝も足りなかった、ということがある。しかしシャキール・オニールは、靴を脱いだ状態で正真正銘二一六㎝ある。

突如として、プロバスケットボール選手の所得能力がアリーナの天井を突き破り、NBAでプレーができそうな選手であれば、誰でもそうしたいと思うようになったのである。同時にNBAの各チームは、世界中で大男を探しはじめた。新たな労働協約が結ばれてからちょうど三年後には、NBAのセブンフッターの割合がそれまでの二倍以上の一一%になり、以来、実質的にこの割合は続いている。「身長が七フィート以上でバスケットボールができれば、基本的にどこの誰でもどうぞということです。背の高い人の発掘が限界に達したとでも言いましょうか」とオールズは言う。

限界に達したことにより、バスケットボールはますますグローバル化を求められるようになった。NBAのアメリカ人選手の平均身長は約一九九cmだが、外国人選手の平均身長はだいたい二〇六cmだ。NBAに外国出身選手が多いのは、国内の長身の選手の数が十分ではなかったからと考えられる。NBAにいつも代表を送り込んでいるアメリカ以外の国、クロアチア、セルビア、リトアニアが、世界で最も長身の国に入るのは、驚くようなことではないだろう。人間の身長は「正規分布に従う」特質（ベルカーブ）なので、ある国で身長の平均値が少しでも変わると、セブンフッターのような分布曲線の末端の人間の数は大きくなるのだ。

異様なほどの長身という点において、女子リーグの全米女子バスケットボール協会（WNBA）は男子リーグにはるかに及ばない。WNBA選手の平均身長は一八〇cmから一八三cmの間で、一般女性との差は、NBA選手と一般男性の差ほど大きくない。一般のアメリカ人男性より身長が約一五%近く高いNBA選手に比べると、平均的なWNBAの選手は、平均的なアメリカ人女性より一〇%程度高いにすぎない。

長身の女性がもっと大勢バスケットボールに魅力を感じるまでに、もう少し時間が必要だろう。時間というより、必要なのはもっと強力な勝者一人占め市場かもしれない。WNBAの選手の年収は数万ドルにしかならず、NBAでは平均年収五〇〇万ドル以上の荒稼ぎだ。長身という体型的資質に恵まれているのに、たとえばテニスのような、収入の多い他のスポーツに引かれる女性が多いのもわかる。ラケットが軽くなり、サーブの重要性が増すにつれ、テニス選手の身長は高くなってきた。本書を執筆している時点で、世界の女子テニス選手トップスリーの平均身長は一八二cm、WNBAの平均身長とほぼ同じである。

ただし、女性、男性ともに、背が低い選手はバスケットボールで大成しないと言っているわけではない。NBAのマグシー・ボーグス（一六〇cm）、ネイト・ロビンソン（一七二cmあるかどうか）、スパッド・ウェブ（一七〇cm、ただし厚い靴下を履いて）はみな、大男の国で立派に戦っている。[6] しかし、低い身長を補う能力があってこそだ。ロビンソンとウェブはNBA史上身長が最低に近い選手だが、二人ともスラムダンク・コンテストで優勝している。ボーグスは垂直跳びで驚異の一一二cmを跳ぶと言うが、手が小さくてバスケットボールが手のひらでつかみにくいので、バレーボールを使ってダンクの練習をしたそうだ。

背が低い人はふつう、人並み外れたジャンプ力がない限りNBA選手になれない。ボーグスやロビンソン、ウェブのようでなくてもいいが、プレドラフト・コンバインのジャンプテストでゴールリングを握ることができずにNBAにドラフトで指名された選手が、これまで全部で何人いただろう？　答えはゼロだ。しかし、小さなNBAの選手に大きなプレーをさせる何かがある。

レオナルド・ダ・ヴィンチが描いたウィトルウィウス的人体図では、アームスパン（訳注　両腕を左右に伸ばしたときの端から端までの長さ）が身長に等しくなっている。私も、おそらく読者のみなさんもそうだ。ほとんど同じだろう。ところがネイト・ロビンソンは身長が一七二cmで、アームスパンは一八五cm。おかげで実際上は身長ほど小さくはならない。NBAの選手は途方もなく背の高い選手も含めて、ほとんど誰もが、見かけより背が高いのだ。NBAの選手のアームスパン対身長比の平均値は一・〇六三である（医学的な観点から言えば、一・〇五より大きいと、マルファン症候群を診断する際の一つの基準になる。マルファン症候群は体の結合組織の疾患で、手足が長くなってしまう）。平均的身長のNBA選手は、約二〇一cmだが、アームスパンは二一三cmだ。レオナルド・ダ・ヴィンチがウィトルウィウス的NBA選手を描こうとしたならば、正方形と円ではなく、長方形と楕円が必要だっただろう。

身長を基準にして、ポジションのわりに背が低いとされる選手は、身長を補うアームスパンが長いことが多い。一九九九年のNBAドラフト一位で指名されたエルトン・ブランドは身長二〇三cm、パワーフォワードとしては平凡な高さだ。しかし、アームスパン二二七cmを考慮すれば大男になる。二〇一〇年のドラフトで一位指名されたジョン・ウォールは身長が靴下を脱いで一九〇cmしかないが、アームスパンは二〇六cmある。マイアミ・ヒートが二〇一〇～一一年のシーズン前に集結させた鳴り物入りの三人、クリス・ボッシュ、レブロン・ジェームズ、そしてドウェイン・ウェイドらの身長の合計は六〇三cm、ただしアームスパンは六四六cmにもなる。これは偶然ではない。

二〇一〇～一一年のシーズン開始時にNBAに登録されていた選手の統計を見ると、選手のアームスパンがさまざまな基本統計値に影響を与えていることがわかる。チームのブロックショット数を増やしたいと考えるゼネラルマネージャー（GM）なら、身長が三cm高い選手よりも腕が三cm長い選手を獲得したい。ニューオーリンズ・ペリカンズのアンソニー・デイヴィスは、二〇一二年のドラフトで狙い撃ちのように一位指名されたが、身長が二〇六cmで、アームスパンは二二七cmである。デイヴィスと同じ体型の選手なら、出場時間は同じだが腕の長さが背の高さと釣り合っている身長二一六cmの大男よりも、おそらく、一シーズンにブロックを一〇回余分に決めると予想できる。もしオフェンシブリバウンドを多く取りたいなら、身長が三cm高い選手を獲得するのもいいが、GMとしてはやはり、腕の長さが三cm長い選手を獲得するほうがいい。ディフェンシブリバウンドの場合には、アームスパンよりも身長のほうがやや有利だがどちらも重要であり、両方合わせてリバウンドの半分が決まると言ってよい。ジャンプ力、体重、ポジション、普通のリバウンド技術などの特性は考慮に入れることもない。

統計に詳しいGMは、とっくに気づいていたようだ。マサチューセッツ工科大学出身でヒューストン・ロケッツのGMを務めるダリル・モーリーは、映画にもなった野球のマネー・ボール方式をバスケットボールに応用したことで有名であり、一見、小柄に見える選手を数人ドラフトで指名している（ロケッツが戦略としてアームスパン対身長比が大きい選手を狙っていたかどうか、モーリーはコメントしようとはしなかったが）。そして三シーズン前、ロケッツはNBA史上で最も背が低いスターティング・センターを使った。身長一九七cmのチャック・ヘイズ。幸運なことに彼のアームスパンは二〇八cmだ。

要するにNBAの選手というのは、ただ異様に背が高いだけでなく、背の高さと比べてもおかしいくらい、横に長いのだ。アスリートらしい体型の選手が集まった中で自分のポジションを得るのに必要な背の高さがない場合、必ずと言ってよいほど長いアームスパンでそれを補っている。体型のビッグバン後は、身長であれ腕の長さであれ、ポジションに適した機能的サイズ（ポジションにとっては普通だが、人間としては限界であることが多い）でなければ、NBA選手にはほぼなれない。NBAの公式データによれば、二〇一〇～一一年のシーズンの登録選手の中で、アームスパンが身長より短い選手は二人だけだった。そのうちの一人は、ミルウォーキー・バックスでガードを務めるJ・J・レディック。身長は一九三cm、アームスパンは一九一cmで、まさにNBAのティラノサウルス・レックスだ。*もう一人はすでに引退しているが、ヒューストン・ロケッツのセンター、姚明《ヤオ・ミン》だ。身長が二二五cmを超えるヤオ・ミンは、中国バスケットボール協会が二世の誕生を目論んで結婚させたきわめて背の高い両親の間に生まれ、長身を生かして活躍した。[7]

くり返し言われることだが、家族や双子に関する研究の結果、身長の遺伝率はおおよそ八〇％であることがわかっている。つまり、被験者たちの身長に差があるならば、その原因は八〇％が遺伝であり、二〇％が環境によるということだ（非工業化社会では身長の遺伝率が低くなるが、それは痩せた土壌の植物のように、多くの人々が栄養不足や伝染病などによって、遺伝的には可能な身長にまで成長できないからだ）。したがって、ある人口のうちの身長が高いトップ五％が、最も低い五％より三〇cm高いとするならば、二四cmの差は遺伝で説明できることになる。

二〇世紀の大半、工業化社会に生きる人々の平均身長は、一〇年に一cmの割合で伸びた。一七世紀、平均的なフランス人男性の身長は一六三cmで、それは現在のアメリカ人女性の平均身長に相当する。[8] アメリカに移民した日本人を親に持つ最初の世代（二世と呼ばれている）が身長で親を超えた話は、よく知られている。

一九六〇年代、成長に関する専門家であるJ・M・タナーは、環境によってどの程度身長

＊　成功したボクサーはたいてい腕が長いが、その傾向は、最強のヘビー級ボクサーであっても、NBAの選手ほどのことではない。ロッキー・マルシアノは、身長一八〇cm、アームスパン一七〇cmで、その当時のボクシング界のJ・J・レディックだった。それに対してソニー・リストンは、身長一八三cm、アームスパン二一三cmだった。

が違ってくるかがよくわかる、一組の一卵性双生児を調べた。瓜二つの男の子二人は、生後まもなく別々に引き取られ、一人は愛情深い家庭で育ち、もう一人は虐待癖のある親戚が面倒を見た。この子は薄暗い部屋に閉じ込められ、水さえまともに与えられなかったという。二人が成人したとき、愛情深い家庭で育てられた子は、もう一人より身長が八㎝高かったが、体のバランスは多くが似通っていた。「遺伝的な制御は体の大きさよりも体型に強く及ぶ」と、タナーは著書 *Fetus into Man* に記している。[9] 小さいほうの子は、大きいほうの子が虐待で縮んだようなものだったのだ。

とはいえ、実際に身長に影響を与える遺伝子については、ほとんど解明されていない。外見的には単純に見える形質の遺伝子すら、複雑きわまりないからだ。二〇一〇年に科学誌『ネイチャー・ジェネティクス』に掲載された研究によると、三九二五人もの被験者と二九万四八三一個もの一塩基多型――DNAの塩基配列中で一つの塩基がほかの塩基に置き換わったもの――を調べてわかったのは、遺伝子では成人身長の分散の四五%しか説明できない、ということだった。[10] これまでで最も進んだ研究だ。身長に作用する遺伝子をすべて見つけるには、科学者たちが一〇年前に想定したよりもはるかに大がかりで複雑な研究が必要なのだろう。[11]

そういう遺伝子を特定することは容易でないが、身長が遺伝的にプログラムされていることは、双子に関する研究からも明らかだ。子宮内の環境が違ってくるので、一卵性双生児の二人の出生時の身長は、二卵性双生児の場合ほど同じにならないことが多い。それでも生まれてからは、一卵性の小さいほうの子は、すぐに大きいほうの子に追いつき、成人するころには二人はほぼ同じ身長になる。同じように女子体操選手は、厳しい練習に伴い身長の伸びは遅れるが、成人したときの最終的な身長が削られてしまうわけではない[12]。遺伝的プログラミングは、子供の成長速度でも明らかだ。第一次および第二次大戦時、ヨーロッパの子供たちは一時的に飢餓状態に陥り、その間成長はほとんど止まってしまった。そして食糧事情が改善されると、子供たちの身体は急激に成長を始め、成人してからの身長が抑制されることはなかったのだ。「栄養不良の子は成長速度を落とし、環境が改善されるのを待っている。人間以外の動物の子供も同様の能力を持つ……今日のようなスーパーマーケットに行けばいつでも食糧を調達できる時代に人は進化したわけではない」とタナーは書いている。

相互に作用し合って身体の大きさを決定していく遺伝と環境の組み合わせは、無限にある。子供たちは秋や冬より日照量の多い春や夏のほうが速く成長するが、それはどうやら眼球を通して入ってくる日光の信号によるものだ。同じような季節の変移下にある全盲の子供の成長は、季節とは同期しない。

都市社会に住む人の身長は二〇世紀の間に伸びたが、伸びたのは主に脚だった。脚は胴よりも速く長くなったのだ。中産階級と貧困層の間で栄養や伝染病予防環境に大きな格差がある発展途上国では、穏やかに暮らせる人と病を持つ人との間の身長差はすべて、脚にある。

日本は第二次大戦後の高度経済成長期に驚くべき成長を見せた。一九五七年から一九七七年にかけて、日本人の平均身長は男性が四㎝、女性が二・五㎝伸びた。一九八〇年には、日本で暮らす日本人の身長が、アメリカで暮らす日系人の身長に追いついた。[13] 驚くことに、身長の伸びは脚の長さの伸びによるものだった。現代の日本人はヨーロッパ人と比較すればまだ背は低いが、かつてほどではない。それに、プロポーションもずっと似てきているのだ。[14]

しかしながら、長年にわたって存在し続け、スポーツ人体測定学者が関心を寄せている体型の違いというものはある。体型における人種間の違いを調べてきた研究はどれも、アフリカ、ヨーロッパ、南北アメリカのどこに住もうと依然として残る白人と黒人の相違について記録している。椅子に座ったときの頭の上までの高さ、座高がどのくらいであっても、アフリカ人またはアフリカ系アメリカ人は、ヨーロッパ人より脚が長い。六〇cmの座高に対して、アフリカ系アメリカ人の少年は、ヨーロッパ人の少年より六cm脚が長い傾向にある。現代のアフリカ系人種においては、脚が、身体の大きな割合を占めているのだ。* そして、これはエリートアスリートについても同様である。

オリンピック選手について調べた結果、アフリカ人、アフリカ系アメリカ人、アフリカ系カナダ人、アフリカ系カリブ人の体型は、アジア系、ヨーロッパ系のライバルたちと比較すると、みなが同じように一貫してもっと「長細い」ことがわかった。つまり、脚が長く、骨盤の幅が狭いということだ。

一九六八年のメキシコシティオリンピックの出場選手一二六五人を測定した結果をまとめると、ある種目で好成績を残した選手たちの体型は人種に関係なく似通っており、多種目間で比較するよりもその傾向は強いが、多種目間で「最も色濃く出ている」のは、狭い腰幅と長い手足、すなわち近代のアフリカに起源を持つアスリートの体型である、と研究者の報告にある。[15]「この特徴は、あらゆる種目で共通していると言ってもいい」のだそうだ。

アスリートを測定した現代の科学者は、体型の違いが運動パフォーマンスに影響を与えると、ときに不本意に感じながらも書いている。特定の体型が何から何まで優れているわけではない、このスポーツよりあのスポーツのほうが向いている、と言葉を選びながら指摘することも多いのだ。「こう考えれば、体型が細く、手足が長い東アフリカ出身の選手が持久系スポーツに強く、手足が短い東ヨーロッパあるいはアジア出身の選手が、これまで長くウエイトリフティングや体操競技で優位に立ってきたことが、少しは説明できるかもしれない」。体型のビッグバンの第一人者であるノートンとオールズは、共著 *Anthropometrica*（測定人類学）にそう書いた。

手足の長さの違いは、ＮＢＡのデータを見ても明らかだ。[†] ＮＢＡがプレドラフトで現役選手を測定した数字を見ると、平均的な白人アメリカ人選手の身長は二〇二㎝、アームスパン

＊　最近のアフリカ系人種は手足が長くなる傾向にあるため、これまでのマルファン症候群診断基準が改定されて、アフリカ系アメリカ人と白人系アメリカ人の診断基準が別になった。アフリカ系アメリカ人の場合、胴と脚の長さの比が〇・八七に満たないと、マルファン症候群を疑われるが、白人系アメリカ人の場合は〇・九二が診断基準になる。

は二〇八cmだ。一方、平均的なアフリカ系アメリカ人選手の身長は一九七cm、アームスパンは二一一cmで、背は低いが腕は長い。NBAの白人選手、黒人選手ともに、アームスパン対身長比は一般の平均よりはるかに大きいが、白人選手と黒人選手の間に少なからぬ差があるのだ。白人のアメリカ人選手の平均値は一・〇三五、アフリカ系アメリカ人選手の平均値は一・〇七一だ。さらに、同一民族の選手間においてさえ大きな多様性がある。たとえば二人の白人選手、コビー・カール（身長一九二cm、アームスパン二一一cm）とコール・オルドリッチ（身長二〇六cm、アームスパン二二六cm）のアームスパン対身長比はともに一・一〇に迫ろうというものだが、他の白人選手と比べるとかなり例外的な値である。他の白人選手は足元にも及ばないのだが、この値を上回る黒人選手はいくらでもいる。アスリートの体型について研究している科学者にこのデータを見せたところ、「たぶん、白人は跳べないというわけではないのですよ。白人は高いところに届かないというだけのこと」という答えが返ってきた。[‡]

ある意味これは、体型を研究してきた科学者にとっては前世紀のニュースだ。一八七七年にアメリカの動物学者ジョエル・アサフ・アレンが、赤道に近づくにつれて動物の四肢や尻尾などの突出部が長く細くなるという、独創的な論文を発表した。[16] アフリカ象は耳が帆のように広くて薄っぺらいので、インド象と区別ができる。耳が薄いのは、人間の肌のように熱を放出する放熱器官の働きをするからだ。身体の大きさに対して放熱器官の表面積が大きいほど、熱を早く逃がすことができるので、赤道近辺で進化してきたアフリカ象は、冷却目的のために大きな耳を持つようになったのだ。暖かい気候環境に生息する動物は長い四肢を持つようになるという「アレンの法則」は、ファイリングキャビネットが一杯になるほどの研究によって人間にも適用されるようになった。[17]

一九九八年、世界中の先住民に関する数百の研究内容を分析したところ、ある地理的領域の年間平均気温が高いほど、歴史的にそこに住んでいた人間の子孫は、相対的に長い脚を持つようになることがわかった。[18] 人が居住するすべての大陸の何十という先住民の男女を選び出し、脚の長さを基準に地理別に分類したのだ。低緯度の地域に住むアフリカ人やオーストラリアのアボリジナルは、緯度に比例するように脚は一番長く、胴は一番短かった。つまり厳密には民族性による差異と言うよりは、地理的な差異、もっと正確に表現するならば、緯度と気候による差異ということになるだろう。祖先がアフリカ大陸の南の地域、赤道から遠く離れた場所に住んでいたアフリカ人は、必ずしも手足が特別に長いわけではない。しかし、研究対象となったアフリカ人は、ナイジェリア出身であろうが遺伝的にも身体的にも違うエ

† NBA選手の民族に関するデータは、ブリガムヤング大学の経済学者ジョセフ・プライスが一般公開しているデータと合致している。プライスは、NBAの審判がファウルを宣告するときに起こりうる人種的偏見を分析する興味深い研究を行なった。

‡ 本章のために使ったNBAコンバインの測定値は特定の選手だけに焦点を当てたものだが、このデータによると、NBAコンバイン時の垂直跳びの平均値は、白人選手が六九cm、黒人選手は七五cmだった。

チオピアの出身であろうが、緯度が低い地域の出身であれば、身長が同じヨーロッパ人より脚が長かったはずだ。そして、カナダ北部に住むイヌイットより、間違いなく長かった。イヌイットは背が低く、手足が短く体格ががっちりして、骨盤が広い傾向にある。*

一九世紀に、低緯度地域に住む動物の四肢が長いのは暖かい気候が直接の原因だと、アレンは推測した。言い換えると、もしアフリカ象の赤ちゃんがインド象の養子となってアジアの高緯度地域で育てられたら、この赤ちゃん象の耳はインド象のように小さなものになるだろうとアレンは想像したのだ。しかし、この点については間違っている。ヨーロッパ人の子孫と赤道近辺に住むアフリカ人の子孫が、イギリスとかアメリカとか、今同じ国に住んでいるとしよう。両者を比べると、手足に違いが残っていることがわかる。ということは、気候が手足に影響するかどうかは、そもそも何世代にもわたる遺伝子選択があってのことなのだ。手足が短めの祖先は熱を保ちやすいために、北の寒冷地で生存し子孫を残す可能性が高かったのである。

二〇一〇年、デューク大学とハワード大学からさまざまな人種の学者を集めた研究チームが、血統と運動パフォーマンスに関係する体型の問題に向き合った。そこで人種に対する固定観念を避けるため、「この研究は人種の概念を示すものではない」と報告書に記した。研究チームに参加していた黒人のエドワード・ジョーンズは研究のプレスリリースで、スポーツで上達するためには、スポーツ施設を利用できることが絶対必要だが、自分がサウスカロライナで育った時代には、水泳をやらせてもらえなかったことを強調した。それでも、同じ身長の成人の白人と比べると、成人の黒人の重心――だいたいへそのあたり――は三％高い位置にある、と報告されている。研究チームは人体模型を作り、それを空気や水などの流体の中で動かした。重心位置が三％違うと、へその位置が高い選手（黒人）は走る速さが一・五％向上し、へその位置が低い選手（白人）は泳ぐ速さが一・五％向上することがわかった。[19]

ジョーンズが指摘したように、トレーニング施設の利用と指導の重要性を考えないのは、真実を見ようとしない愚かしいことだ。しかし本書のテーマは遺伝学と運動能力である。世界中で行なわれている誰でも参加できるスポーツで、特定の地域に住む人を祖先に持つ選手が圧倒的な強さを示している、という事実を無視するのも、やはり真実を見ていないことになるだろう。はっきり言おう。現在、短距離走と長距離走のいずれでも、最速の人間は黒人である。

＊　これはすべて平均値に基づく話であることを承知しておいてほしい。たとえば、男性は平均的に女性より背が高い、と誰でも納得してくれるのと同じだ。とはいえ、個人差はあるので、大多数の男性より背が高い女性を探し出すのはさほどむずかしいことではない。

第9章 人間はみな黒人（とも言える）
――人類の遺伝的多様性

一九八六年当時は、血液バッグを機内に持ち込むことが許されていた。だから人種、そして人類の祖先に関する科学者たちの見解を一変させるような受け渡しが行なわれたのは、ニューヨーク市クイーンズ区の外れにあるジョン・F・ケネディ（JFK）国際空港でだった。イェール大学の遺伝学者ケネス・キッドが、アフリカから接続便で戻ってきた二人の同僚学者をJFK国際空港で出迎え、中央アフリカ共和国のビアカ族と、コンゴ民主共和国のムブティ族の血液サンプルを受け取ったのだ。

キッドは、カリフォルニア州タフトでガソリンスタンド経営者の息子として育った。庭でのんびり過ごしながら色とりどりのアイリスを交配させ、その結果を見ては驚いていた一二歳のころから、遺伝学に夢中だった。大人になり大学を卒業したあとはヒトのDNAを研究する道へ進んだ。JFK国際空港で血液サンプルを受け取る以前から、キッドには予感があった。いつか自分は何かを発見するだろう、と。

一九七一年、ダーウィンによる *Descent of Man*（邦訳『人間の進化と性淘汰』長谷川眞理子訳、文一総合出版）の出版一〇〇周年を記念して、イタリアで科学シンポジウムが開催された。キッドはそこで、アフリカには東アジアやヨーロッパの集団より多くの遺伝子多型――同一遺伝子またはゲノム領域上で認められるDNA塩基配列のばらつき――を持つ集団が存在することを示すデータを発表した。当時、多くの科学者たちは、アフリカ、アジア、ヨーロッパの人々は、それぞれ独自にわれわれホモ・サピエンスの段階に到達したと主張していた。つまり、現代人の祖先であるホモ・エレクトスは各大陸で別々に進化し、今日のような多様な民族に至ったと考えていたのだ。

その後二〇年以上の年月をかけ、キッドは世界各地からさまざまな集団のDNAを集め、研究室に保存した。タンザニア北部のマサイ族、イスラエルのドゥルーズ派、シベリアのハンティ族、オクラホマ州のアメリカ先住民シャイアン族、デンマーク人、フィンランド人、日本人、韓国人――どのDNAも、半透明のプラスチック容器に大陸別に色分けして保存された。なかにはキッド自身の手で集めたDNAサンプルもある。あるいは、たとえばナイジェリアのハウサ族のDNAのようにナイジェリアに住む医師から入手したものもある。この医師は、ナイジェリア南西部にいる特定の民族で双子出生率が世界一高い理由を調べていた。

キッドの一つの目標は、さまざまな集団のDNAの同じ配列領域を調べ、その差異を明らかにして、世界各地の遺伝的変異《バリエーション》を分類することだった。DNAの一部を解析するたびに、一定のパターンが現れた。アフリカの集団のほうが多様性が高いのだ。DNAのレシピブックに記載された内容を調べてみると、アフリカの集団はほぼつねに、世界のどの集団よりつづりと語句の選択肢が多かった。ゲノムのさまざまな領域において、アフリカの一つの集団内の遺伝的多様性のほうが、アフリカ以外の大陸の集団間の多様性より高かったのだ。特に、あるDNAの配列を調べてみると、アフリカのピグミーの一集団には、世界中のそれ以外の集団をすべて合計したよりも高い多様性が見受けられた。

そこでキッドは、遺伝学者サラ・ティシュコフと協力し、地球上のヒトの系統樹を描いてみることにした。[1] すると、アフリカの集団は四方八方に広がって系統樹を形づくったが、ヨーロッパの集団はすべて木の先端の細い枝に集まったのだ。「遺伝学の観点からは、ヨーロッパ人はみな同じように見えます」とキッドは言う。ヒトの遺伝情報のほとんどは、さほど遠くない昔にアフリカに存在していたということだ。

キッドの研究は、ほかの遺伝学者、考古学者、古生物学者による研究とともに、「アフリカ単一起源説」を支持した。[2] これは、現在アフリカ以外の地域に住むすべての人間の祖先は、九万年前にサハラ砂漠以南の東アフリカに住んでいた集団に遡るという考えだ。リアDNA——とそれに起きた変異の速度——から推定すると、大昔にアフリカを出て世界中に散らばった人間の数は、わずか数百人だったという結論に達する。[3]

私たちがヒトとチンパンジーの共通祖先から分かれたのは、五〇〇万年ほど前のことだ。[4] この五〇〇万年という時間をフットボールの一試合の時間にたとえれば、人類がアフリカ以外の地域に住むようになった九万年という時間は、ツー・ミニッツ・ドリルよりさらに短い。

私たちの祖先の一団がアフリカを離れたのは、進化の時間軸でいえばつい最近のことだったうえ、集団のごく一部だったために、人間の遺伝的多様性のほとんどはアフリカに残された。DNA上の変異は――ランダムな変異であれ自然選択であれ――、アフリカ大陸内で何百万年もかけて私たちの祖先のゲノムに蓄積されてきた。しかし、アフリカ以外の地域で起きた遺伝的変異は、わずか九万年の間の出来事であったため、ゲノム上にその痕跡をほとんど残せなかった、ということだ。アフリカ以外の地域に住む人間は、アフリカのある集団の一部《サブセット》の子孫であり、さらにその集団は近い過去におけるアフリカ全体の一部《サブセット》なのだ。* 人類が地球上の新天地に分布を拡大するときは、移住する人間の数が少なかったため、元の地で蓄積された遺伝的多様性のごく一部だけが、新天地の集団に継承されたと考えられる。世界中から集めたデータを見ると、集団が東アフリカから外へ向かって移動する際に、移動距離が長ければ長いほど遺伝的多様性が低くなることがわかる。[5] だから、東アフリカの集団と対比した場合、南北アメリカの先住民の遺伝的多様性が最も低いのだ。

* 特筆すべき例外がある。アフリカの外に出た人間がネアンデルタール人と混血していた可能性が高いことが、最近、科学者によって報告された。アフリカ以外の地域と北アフリカに住む（サハラ砂漠以南を除く）現代人のDNAの中に、ネアンデルタール人のDNAがわずかに含まれているのである。アフリカの外の人間は、アフリカの一集団から出た移民の一部であるという考え方は一般化されたモデルだが、遺伝学者がさらにサンプルを集めた結果、人間がアフリカの外に出る前後に起きた遺伝的混合は、もっと複雑なものであることがわかってきた。

人間を肌の色によって分類するときに、これは重要な意味を持つ。たとえば肌の色が黒いことからは、赤道直下の太陽光から皮膚を守るようにコードされた遺伝子を持っていることはわかっても、その人のゲノムについてはほとんど何もわからない。あるアフリカ人とその隣人のアフリカ人のゲノムの差が、台湾系アメリカ人のバスケットボール選手ジェレミー・リンと、イタリア系アルゼンチン人のサッカー選手リオネル・メッシのゲノムの差より大きいということがありうるのだ。

このことはスポーツにも関係する。キッドによれば、遺伝的要素を含むスキルに関しては、理論上、運動の才能が世界で最も豊かな人と最も乏しい人は、アフリカ人か、アフリカ系アメリカ人やカリブ海地域のアフリカ系人種などアフリカ系の人の子孫かもしれない。地球上で最も足の速い人間と最も足の遅い人間の両方が、アフリカ人である可能性は高い。同様に、最も高く跳べる人間と最も跳べない人間の両方が、アフリカ人かもしれないのだ。当然のことながら、スポーツ競技において私たちが求めるのは、最速のランナーと最も高く跳ぶジャンパーだ。「個々の遺伝子を見れば、アフリカ以外の地域のほうが遺伝的多様性が高いということはあります。しかし、全体を見れば、やはりアフリカのほうが多様性が高い。つまり、スペクトルの両端ではアフリカ人の割合が高くなるのです」とキッドは言う。

そうは言っても、集団間の平均値の違いというものは歴然と存在する。だからキッドも、いくらピグミーの遺伝的多様性が高くても、次のオリンピックの短距離ランナーやNBAのオールスター選手をその中から探そうとは言わない。「ピグミーの解剖学的特徴が妨げになるでしょう」と、ピグミーの身長が極端に低いことにキッドは触れている。「でも、最もバスケットボールがうまい選手なら、アフリカの集団のどこかにいるでしょう。アフリカの集団は身長と筋肉の協調能力が平均してとても高いし、集団内のほかの遺伝的多様性も高いですからね」

アフリカ人やアフリカ系の人の子孫には、トップレベルのスポーツにおいて優れたパフォーマンスを見せる遺伝的優位性がたしかにある、とキッドは言う。しかし、彼らが平均して遺伝的に優位だと主張しているわけではないため、キッドの仮説は知識人層にも受け入れられやすく、他の科学者やメディアによって世に喧伝されてきた。

キッドは、同じくイェール大学の遺伝学者である妻のジュディス・キッドと、コネチカット州ニューヘイヴンの研究室を共同利用している。この研究室には、ステンレス製の冷蔵庫と大型ごみ容器大の液体窒素容器があり、色分けされた容器に入れられた世界中のDNAが保管されている。ナイジェリアのヨルバ族のDNAは黄色の半透明容器の中に、漢民族系中国人のものは緑色の容器、アシュケナージ系ユダヤ人のものは紫色の容器といった具合だ。もしキッドが私のDNAを採取していたならば、紫色の容器に保管していただろう。

二〇一〇年、私は自分のゲノムの一部を民間企業に分析してもらった。すると、私の直近の祖先が東ヨーロッパ出身であることが正確に突き止められ、HEXA遺伝子のコピーの一つに変異が起きていると告げられた。もし私が、同様にHEXA遺伝子変異を持つ女性との間に子をなしたならば、その子供がＨＥＸＡ遺伝子の突然変異体を二つ持ち、「ティーサックス病」と呼ばれる神経系疾患を発症する確率は四分の一で、この病気が発症したら四歳ごろまでに死に至るだろう。ＨＥＸＡ遺伝子の変異は世界的には珍しいが、ポーランド系あるいはロシア系の祖先を持つユダヤ人（私はこのケース）の場合は、およそ三〇人に一人が保因者だ。ＨＥＸＡ遺伝子変異は多数ある遺伝子マーカーの一つであり、キッドの紫色の容器の中の人種を識別する際の手がかりとなる。色とりどりの容器一つ一つの中には、それぞれに固有の遺伝的特徴を共有する集団のＤＮＡが保管されているのだ。

「ここが、タイレノールを分解する能力に関係する遺伝子座《ローカス》［ゲノム上で各遺伝子が占める位置］です」。カイゼルひげのキッドは、そう言いながらパソコンのファイルを開き、共同で行なった研究について説明してくれた。「このＣＹＰ２Ｅ１遺伝子の変異の中には、アセトアミノフェン中毒を引き起こすものがあります」。モニターには色とりどりの図が現れている。[6]

キッドは、自分が行なった他の数多くの研究と同様に、この研究でも世界中の五〇の集団でＤＮＡ塩基配列の一部がどれほど共通しているかについて記録した。予想どおり、キッドが調べたＣＹＰ２Ｅ１遺伝子の一六種類の変異体すべて——それぞれ色分けされている——が、アフリカ人に見つかった。アフリカを除く世界中のいかなる地域にも見つけることができなかったＤＮＡ塩基配列もいくつかある。東アフリカを起点として、アジア南西部、ヨーロッパ、シベリア北東部、太平洋の島々、東アジア、そして南北アメリカ大陸へと、集団がアフリカから遠ざかるにつれて、パソコン上の色の種類は少なくなっていた。「アフリカには、薄紫色、赤紫色、黄色、黒色と、さまざまな色がありますが、ヨーロッパに入るとほとんどすべての人が少なくとも一つは緑色を持っているのです」とキッドは説明する。パプアニューギニアのブーゲンヴィル島ナシオイ地区の住民は一人残らず、CYP2E1遺伝子のDNA配列に緑色で示された多型を持っていた。「なかには、緑色の遺伝子多型を二つ持っているアフリカ人もいます。つまり、このゲノム領域にかぎっては、アフリカ人の一〇〇人に一人は他のアフリカ人よりもむしろヨーロッパ人に近いと言えます」とキッドは言う。「ただし全体としては、アフリカ人はヨーロッパ人と大きく異なるでしょう」。アフリカ人のDNA塩基配列が固有の配列になっているだけでなく、集団によってそれらの多型が現れる頻度も異なるからだ。キッドは、一つの遺伝子の一部を見るだけで、その人間の祖先の居住地域と民族を言い当てることができるという。

人類の祖先が世界中に拡散し、山脈、砂漠、海、社会的属性、そして後に国境などのさまざまな障壁によって分断された結果、それぞれの集団は独自の遺伝子マーカーを持つようになった。人類の歴史のほぼすべての期間、人間は生まれた場所で生活し、伴侶を見つけ、子孫をもうけてきた。開拓者が新たな場所で文明社会をつくりあげると、偶発性あるいは「遺伝的浮動」と呼ばれる遺伝子プールの変化によって、あるいは、ある遺伝子の多型が新たな環境下で人間の生存と繁殖を助ける場合は自然選択によって、集団内の遺伝子多型は似通ってくる。

成人における乳糖、すなわち哺乳類の乳汁中に存在する糖の消化を可能にしている遺伝子多型が、その一つの例だ。哺乳類は一般に、離乳期を迎えると、乳糖分解酵素であるラクターゼの分泌が止まり、それ以降母乳を完全には消化できなくなる。この原則はわずか九〇〇〇年前、牛の飼育が始まる前までは、基本的にすべての人間にあてはめることができた。しかしその後、人間が乳牛を飼いはじめると、乳糖を消化できる成人が生殖面で有利になり、その結果、北欧など冬場を乗り切るために酪農に頼る社会で乳糖耐性遺伝子変異が局地的に広まったのである。[7] 現代のデンマーク人とスウェーデン人のほとんどは、乳糖を消化することができる。しかし、東アジアや西アフリカのように、牛の家畜化を最近になって始めた集団や、まったく行なっていない集団では、成人が「乳糖不耐症」（訳注　乳汁に含まれている乳糖を消化もしくは吸収できないこと）であることはいまも珍しくない。コメディアンのクリス・ロックが、「ルワンダで乳糖不耐症のヤツがいるか？」と言って、乳糖不耐症は富裕層の贅沢病だとからかった話は有名だ。ロックはお決まりの過激なせりふを発したのだが、実際にはルワンダの国民の大半は乳糖不耐症だ。[8]

スポーツに関係がある例を紹介しよう。ヨーロッパ系の祖先を持つ人間の約一〇％には、ある遺伝子多型が二つあり、その人はドーピングをしても発見されない。不正なテストステロン投与を発見するためにスポーツ界でよく行なわれる尿検査では、テストステロンともう一つのホルモンであるエピテストステロンの比（T／E比）を分析する。通常の比は一対一だ。合成のテストステロンを投与するとTの値がEの値より高くなり、比が四対一以上になると不正を疑われる。しかし、UGT2B17遺伝子の特定の多型を二つ保有している者は、T／E比のテストをすり抜けてしまう。UGT2B17遺伝子はテストステロンの排出にかかわっており、この遺伝子の特定の多型を保有していると、テストステロンをどれほど投与されてもT／E比が変わらない。だからヨーロッパのアスリートの一〇％は、不正行為をしても一般的な薬物検査には引っかからないのだ。そして世界の他の地域、たとえば東アジアでは、ドーピングをしても検査に引っかからないこの遺伝子多型は、例外というよりもむしろ普通に存在する。[9] 韓国人の三分の二が、T／E比検査をすり抜けるこの多型を保有しているのだ。

私たちにはそれぞれ違いがあるが、さほど遠くない昔の祖先が同じであるために、人間は互いに大変よく似ている。ゲノム全体を見れば、チンパンジー同士よりも人間同士のほうがよく似ている。DNAレベルでは、レシピブックに三〇億の文字が書かれており、人間同士はその九九％から九九・五％が遺伝的に同じである。[10] これは、誰もが直感的に理解していることかもしれない。もし二人の人間を新たにつくるとしたら、その二人が世界中のどこの人でも、ほとんど同じ指示を出すはずだからだ。目が二つ、手の指と足の指が一〇本ずつ、肝臓が一つと腎臓が二つ、骨も同じなら脳内化学物質も同じ。そう言ってしまうと、チンパンジーのレシピブックのほとんどのページは、人間と同じ内容だ。DNAレベルでは、チンパンジーと人間は九五％同じなのだから。しかし、だからといって差異が重要でないわけではない。

DNAの文字列は、平均して少なくとも一五〇〇万文字は人によって異なるし、ヒトゲノムのレシピブックの長さも、数百万文字は異なっている。これだけ違いがあるのだから、世界にはさまざまな人間がいるはずだ。二〇〇七年、ゲノムの塩基配列決定《シークエンシング》がこれまでより高速、かつ安価に行なえるようになると、世界の二大科学誌の一つである『サイエンス』が、「ヒトの遺伝的多様性」と題する論文をこの年最大のブレークスルーに選んだ。[11] その後も、ゲノムのシークエンシングはいっそう安価に行なえるようになり、この論文が提起した問題はますます重要性を増している。人間がどこに文明社会をつくっても、個人間の差異は急激に拡大していたのである。

アイスランドに人が住むようになったのはほんの一〇〇〇年ほど前のことだ。デコード・ジェネティクス社は、ゲノムの四〇の領域を検査することにより、アイスランド国民の祖父母がアイスランドの一一の地域のどこの出身かを特定できることを示した。[12] 二〇〇八年には、DNAのさらに広い領域を調べた科学者たちが、三〇〇〇人のヨーロッパ人サンプルのほぼすべての祖先の居住地が、数百マイルの範囲内に収まることを突き止めた。[13] さらに、私たちが「人種」と呼んでいる構成も、DNAによってある程度は特定することができる。

二〇〇二年に、ある研究チーム（キッドも含む）が『サイエンス』誌に発表した論文では、コンピューターを使って世界各地の一〇五六人のゲノムの三七七の領域を調べ、得られた遺伝的差異に応じて被験者をグループ分けした。するとできあがったグループは、アフリカ、ヨーロッパ、アジア、オセアニア、南北アメリカの、世界の主要な地域に対応した。[14] それに続いて、スタンフォード大学の研究チームは、三六三六人のアメリカ人に、自分が白人か、アフリカ系アメリカ人か、東アジア人か、ヒスパニック系アメリカ人かを自己申告してもらった。するとそのうちの三六三一人について、DNAを使って行なったブラインドテストの結果と見事に一致した。[15]「人種と民族性に関する自己申告の内容と被験者の遺伝的背景は、ほぼ完璧に一致していた」と、スタンフォード大学医学部が発表したプレスリリースに、研究者ニール・リッシュが記している。[16]＊

主に緯度によって決定される肌の色は、祖先が住んでいた地域を特定するための手がかりとしては不正確かもしれない。[17]どの大陸でも、肌の色にスペクトルが見られるからだ。しかし、その人の属している地域や民族は、遺伝子の来た道の痕跡を確かに残しているはずだ。医学の特定の分野、たとえば薬理遺伝学――異なる遺伝子を持つ人間が同一の薬品に対して示す反応とその原因の研究――では、遺伝的情報を調べるために、おおざっぱな場合もあったが、以前から肌の色を手がかりとして使ってきた。今日では、薬品の有効性については、民族ごとに個別に研究する必要があることを医学研究者たちも認識している。

キッドとティシュコフは二〇〇四年、遺伝と地域性で結ばれた人々は、『「人種」の概念とたしかに相関がある」と論文に記した。[18]しかし、地球上のすべての集団を含めると、遺伝的な差異は不連続な集団の集まりではなく、連続したスペクトルに見えるだろう、とつけ加

＊　アフリカ系アメリカ人の出身地が、アフリカの特定の地域に集中している点を特記しておきたい。

えている。

さらに二〇〇九年、ティシュコフと国際研究チームが、アフリカ系アメリカ人の遺伝的背景に関する重要な研究結果を発表した。[19] 自分はアフリカ系アメリカ人だと認識している成人について検査したところ、彼らの遺伝的背景は多岐にわたっており、各人の祖先が西アフリカに住んでいた確率は一％から九九％まで大きな隔たりがあることがわかったのだ。DNAに含まれるヨーロッパ人の祖先の量については、特に多様性に富んでいた。しかし、ほとんどのアフリカ系アメリカ人は、アフリカ人のX染色体を持っていた。これは、アフリカ系アメリカ人の母親は歴史的に、渡来したばかりのアフリカ系の人の子孫で、一方の父親はアフリカ人、ヨーロッパ人の両方のケースがあるという見解と一致していた。この研究の被験者になったアフリカ系アメリカ人はそれぞれ、ボルチモア、シカゴ、ピッツバーグの各都市、およびノースカロライナ州に住んでいた。が、彼らが継承しているアフリカ人の遺伝的特徴にほとんど差異は見受けられず、お互いに、そしてナイジェリアのイボ族やヨルバ族のような西アフリカ人の遺伝子プロファイルにもよく似ていた。[20] イボ族やヨルバ族が奴隷貿易によって母国からカリブ海沿岸地域やアメリカ合衆国に移送された史実を考えれば、不思議なことではない。*

人は自分の遺伝子によって祖先を調べることができる。しかし、アフリカ人アスリートに関するキッドの思考実験をさらに深めるためには、アフリカ人は遺伝子型《ゲノタイプ》が最も多様であるということに加えて、表現型《フェノタイプ》も最も多様であるかどうかについても知っておかねばならない。

表現型というのは、ある生物の持つ遺伝子が形質として表現されたものだ。人間のDNAが持つ数十億の塩基の働きについては、まだほとんど解明されていない。なかにはほとんど、あるいはまったく働かないものもあるだろう。キッドの仮説によれば、遺伝子型の多様性が最も高いのはアフリカの集団なのだから、アスリートの表現型の多様性（たとえば、最も速いランナーと最も遅いランナーの両方）が最も高いのもアフリカの集団だ、ということになる。しかし、キッドの思考実験を総括できる、わかりやすい結論はまだ出ていない。

二〇〇五年、アメリカの国立ヒトゲノム研究所は人種と遺伝学の問題を取り上げ、世界における人間の身体特性の差異が、民族内の個々人の差として発生するのか、それとも民族集団全体の特徴として発生するのかという疑問について検討した。[21] つまり、アフリカの集団の遺伝的多様性が高いのであれば、世界における身体的多様性の大半はこれらの集団内で発生するのか、と率直に問いかけたのである。その答えは、「それは、形質によって異なる」というものだった。

人の頭蓋骨を例にあげると、多様性の九〇％は主な民族内で現れ——民族間の違いは一

＊　アフリカ系アメリカ人に関する別の遺伝学的研究によれば、サウスカロライナ州に住むアフリカ系アメリカ人は、アフリカ西部の穀物海岸（セネガルからシエラレオネに至る一帯）のアフリカ人を祖先に持つ傾向が強い。サウスカロライナ州の米《こめ》プランテーション所有者が、サウスカロライナ州で必要な農作業のスキルを持つ奴隷を求めたのがその原因と推測される。

○%のみ――、たしかにアフリカ人はそのなかでも最も多様性が高い。一方、肌の色についてはまったく逆の結果となる。民族内で現れる差異は一○%だけであり、差異の九○%は異なる民族間で現れている。したがって、アフリカ人あるいはアフリカ系アメリカ人が特定のスポーツをするうえで有利な遺伝子を保有しているかどうかについて検証しようと思うなら、まず有利に働くと思われる遺伝子と、運動パフォーマンスに影響を与えると思われる形質を特定し、それから、その形質が現れる頻度が他より高い集団があるかどうかを調べなければならない。

それを実行した研究者がいた。

キャスリン・ノースが科学誌『ネイチャー・ジェネティクス』に書いた論文《レター》は、いつでも投稿できる状態になっていた。そして、彼女の報告は遺伝子研究の突破口《ブレークスルー》となるはずだった。その数年前、一九九三年の夏に、ノースはオーストラリアを離れ、ボストン小児病院で小児神経科医および遺伝学者として研究を始めていた。悪性の筋消耗性疾患である「デュシェンヌ型筋ジストロフィー」にかかわる遺伝的変異を発見した研究室の一員として迎えられたのだ。ノースが筋ジストロフィー患者の筋線維を調べてみると、患者の速筋線維の比率は正常だったが、およそ五人に一人の割合で、速筋線維に含まれているはずのαアクチニン3と呼ばれる構造タンパク質が欠如していることがわかった。

『ネイチャー・ジェネティクス』誌に投稿するつもりだった論文《レター》には、一九九八年にノースがシドニーで診察したスリランカの兄弟の症例が記されていた。この兄弟は、二人とも先天性筋ジストロフィーを発症していた。兄弟の両親はいとこ同士で、二人ともこの疾患を発症してはいなかったので、この兄弟の症例は劣性遺伝による結果と考えられた。兄弟のいずれもαアクチニン3タンパク質を発現していなかったため、ノースらはこのタンパク質をコードする遺伝子（ACTN3遺伝子）の塩基配列を調べてみた。すると予想されたとおり、兄弟ともに、二つのACTN3遺伝子の同じ位置に「終止コドン」、すなわちタンパク質の合成を停止させる塩基配列が発見された。DNAの中の一文字が変わってしまったために導入されたこの停止信号が、筋内のαアクチニン3の合成を途中で止めてしまうのだ。このとき、ノースの研究チームは筋ジストロフィーを引き起こす新たな遺伝子変異を発見したと思われた。「私は『ネイチャー・ジェネティクス』誌に短い論文《レター》を送るつもりで書きはじめましたが、いつのまにか、新しい疾病遺伝子に関する長い論文《ペーパー》を書いていたのです[22]。でも、よき遺伝学者なら、家族全員を調べないわけにはいきません」とノースは語る。

それでノースは、両親と他の二人の健康な子供のACTN3遺伝子を検査した。病気の兄弟が持っていたACTN3遺伝子の型はX型と呼ばれ、αアクチニン3の合成を止めてしまう。両親は二人とも、息子が受け継いだX型一つと、正常に働き、タンパク質の合成を促すR型を一つ持っていると、ノースは予想していた。しかし驚いたことに、両親も健康な二人の子も、全員がX型を二つ持っていたのだ。筋の中にαアクチニン3がある家族は誰もいなかったにもかかわらず、筋ジストロフィーを発症したのは二人の兄弟だけだった。ノースは、筋ジストロフィーを引き起こす新たな遺伝子を発見したわけではなかったのである。「それがわかったのは金曜日でした。本当にがっかりしました」

その週の日曜日、ノースは映画を観に行き、映画館を出てからは、その一週間の出来事を思い出しながらあてもなく散歩した。構造タンパク質を合成できない遺伝子を持ちながら健康体である例は、自分の研究室でも、科学文献でも、目にしたことがなかった。構造タンパク質は生物にとってきわめて重要な物質であり、指の爪、髪、皮膚、腱、筋などの構成要素となる。構造タンパク質をコードする遺伝子が正常に働かないと、人間は病気になったり、最悪の場合には死に至ったりする。「それで、私は進化に関する文献を読みはじめたのです。そして、αアクチニン3は余計なものかもしれない、と思い至りました。人間には必要ないから、消えていくところなのかもしれない、と」とノースは語る。

ノースは、分子進化学の専門家であるオーストラリアの研究者、サイモン・イースティールに電話をした。そして二人は、各種の疾患を持った二〇〇の筋サンプルを保管庫から取り出した。その中には、正常に収縮しない筋もあれば、神経系に異常をきたした筋もあった。ノースがボストンで筋ジストロフィー患者を診察していたときと同様、五人に一人の割合で、疾患を有する筋からACTN3遺伝子X型が二つ検出され、筋にαアクチニン3タンパク質が含まれていなかった。一方、正常で健康な筋サンプルからも五つに一つの割合でACTN3遺伝子X型が二つ発見された。つまり、ACTN3遺伝子は筋内で別の目的のために働いていたのだろう。おそらくαアクチニン3は筋ジストロフィーの原因にはなりえなかった。

「そこで、ほかの民族を調べてみることにしたんです。すると民族によって遺伝子の分布状況が異なることがわかりました」とノースは言う。

ノースは、東アジア人の子孫の約二五%、白人のオーストラリア人の約一八%がX型を二つ持っていることを発見した。しかし、南アフリカのズールー族を調べたところ、X型を二つ持つ人は一%未満だった。ほとんど全員が、速筋線維の中のαアクチニン3をコードするR型を少なくとも一つは持っていた。さらにズールー族にかぎらず、アフリカのすべての集団でも同様の結果が得られた。この遺伝子の型に関しては、アフリカ人もアフリカ系の人の子孫も驚くほど均質だった。

αアクチニン3の欠如が疾患につながるわけではないとしても、αアクチニン3は決して無意味なタンパク質ではない、とノースは確信した。ミオスタチンタンパク質——スーパーベビーで有名になった——と同様に、進化学の用語を借りるならば、αアクチニン3も高度《ハイ》に保存されて《リーコンサーブド》いるのだ。αアクチニン3はニワトリ、ハツカネズミ、ショウジョウバエ、ヒヒをはじめとする動物、そして私たちに最も近い霊長類であるチンパンジーの速筋線維の構成要素だ。つまり、αアクチニン3の欠如は最近見られるようになった現象で、人間に特有の形質なのだ。X型は、過去三万年ほどの間にアフリカ以外の地域の人間に広まったと、ノースらは推測している。そしてX型は、何らかの理由で、アフリカ以外の環境のみで自然選択されたようだ。何らかの理由で速筋線維がX型を必要としたに違いない、とノースは考えた。

そこでノースらは、速筋線維の割合が高いエリートスプリンターのDNAを集めた。オーストラリア国立スポーツ研究所の協力を得て、世界クラスのアスリートのACTN3遺伝子を検査したのだ。その結果、一般のオーストラリア人の一八%がX型を二つ持つのに対し、オーストラリア人のトップアスリートでX型を二つ持っている者はほとんどいなかった。短距離ランナーのほとんど全員の速筋線維の中に、αアクチニン3が含まれていたのだ。「この研究結果を発表するときを、私は何年も待ち続けてきました。研究の最初の段階でこの結果は明らかになっていましたが、その後、何度も検証をくり返しました」とノースは語る。検証の結果は変わらなかった。そもそも短距離ランナーはACTN3遺伝子がXX型（X型が二つ）ではない傾向が強かったが、優秀なランナーであればあるほど、XX型である確率が低かった。あるサンプルでは、一〇七人のオーストラリア人短距離ランナーのうち、XX型だったのは五人だけであり、三二人のオリンピック選手のなかにXX型は一人もいなかったのである。

この研究結果が発表されると、[23]世界中のスポーツ科学者が自国の短距離ランナーを対象として同様の検査を行ない、同様の結果を得た。ジャマイカとナイジェリア出身の短距離ランナーでは、ほぼ例外なく速筋にαアクチニン3が含まれており、ケニア出身の長距離ランナーも同様だった——アフリカ人集団の対照群のほぼ全員にも含まれていたことを考えれば、驚くことではないが。フィンランドとギリシャの科学者が短距離走オリンピック選手のDNAを検査したところ、やはりXX型の保有者は一人もいなかった。日本にはXX型を保有する短距離ランナーが数人いたが、一〇〇mを一〇・四秒以下で走る選手のなかには一人もいない。[24]

ACTN3はスピードに影響を与える遺伝子だと、ノースは確信した。ただし、その因果関係はまだ明らかになっていない。αアクチニン3は、筋線維が速く収縮できるよう構造に影響するのかもしれないし、筋系の配置に影響するのかもしれない。αアクチニン3を欠如したマウスは速筋線維が小さく、筋量全体も少ない、という研究報告がある。日本とアメリカの女性を対象に行なわれた研究でも、同様の結果が得られている。ノースがαアクチニン3を欠如したマウスを飼育し、普通のマウスと比べたところ、活性型グリコーゲンフォスフォリラーゼがはるかに少ないことがわかった。これは短距離走などの瞬発系の運動をするときに、糖分の生成に関与する酵素だ。検査をしたマウスの速筋線維は、持久力のある遅筋線維の特性もわずかに併せ持っていた。

X型が人間に広まったおよその時期——一万五〇〇〇年から三万年ほど前——は、最終氷期のころであったとノースは考えた。[25] αアクチニン3の欠如は、速筋線維の代謝効率を高め、速筋線維に遅筋線維のような特性を持たせることになったのだろう。[26] これは、アフリカから離れた、食糧も乏しい高緯度の極寒の地で暮らすときにはありがたいことだったのかもしれない。アフリカの外へ出た人間の生活様式が狩猟採集型から農耕型に移ったときに、X型が広まったのかもしれないと、二人の人類学者は考えている。[27] 農耕民族は、戦いや狩猟で速く走る必要がなくなり、一定のペースで長時間の作業を強いられるため、代謝効率の良い身体が必要となってくるからだ。

しかし、ノースは結論を急ぐのを避けている。人間とマウスのDNA塩基配列に共通点が多いとはいえ、遺伝子操作されたマウスは、人間の遺伝的多様性の理想的なモデルとは言えないからだ。「まだ全体像は見えていませんが、今のところ、ACTN3遺伝子は短距離走に少しは影響を与えると考えられます。でもそういう遺伝子は何百もあるかもしれません。それにもちろん食事、環境、機会など、ほかにも考慮すべき要素はいくらでもありますから」とノースは言う。

民間の遺伝子検査会社はノースほど慎重ではなかった。ACTN3とオリンピック選手に関する研究結果が発表されるとまもなく、まだ規制が少ない遺伝子検査マーケットに民間企業が参入した。そのなかでも、オーストラリアのフィッツロイに本社を置くジェネティック・テクノロジーズ社の動きは早かった。同社は、顧客のACTN3遺伝子の型を九二・四〇ドルで検査するという（ちなみに私はR型を二つ保有している）。二〇〇五年、オーストラリアのナショナル・ラグビー・リーグのチームであるマンリー・シーイーグルスは、所属選手のACTN3遺伝子を検査し、その結果にしたがってトレーニング方法を変えていることを公式に認めた。短距離ランナーに適した型のACTN3遺伝子を持つ選手には、瞬発力を鍛えるウエイトリフティングの練習を増やし、同時に有酸素運動を減らしているという。

コロラド州ボルダーに本社を置くアトラス・スポーツ・ジェネティックス社は、子供向けのACTN3遺伝子検査を親に売り込んでいることで、新聞の見出しを賑わせた。同社の社長ケヴィン・ライリーによると、この検査は「まだ運動スキルを獲得していない若いアスリート」に特に有効だという。「若い」という言葉を使ったのは、まだ歩けない赤ん坊でも、DNAを見ればアスリートとしての将来設計を始めることはできると言いたいからのようだ。子供がR型を持っていないとわかれば、親はその子に持久系スポーツを勧めればいい、ということだ。幼児の遺伝子検査マーケットはほとんど実現していないが、一〇歳前後の子を対象とするマーケットでは、同社はそれなりの成功を収めている。スポーツを選択するうえで、「八歳から一〇歳の年齢グループのアスリートに、ある程度の影響を与えてきたと思います」とライリーは言う。

残念ながら、八歳から一〇歳の子を対象とする遺伝子検査には、あまり意味がない。* というのは、運動能力のような複雑な形質は、往々にして数十から数百、場合によっては数千も

＊ 持久系とスプリント系／パワー系のトップアスリートを対象に、持久系またはパワー系に関係する一連の遺伝子を調べた研究がある。結果は、一般に、遺伝子によって持久系とスプリント系／パワー系アスリートを識別できるというものだった（しかし給料分の働きをするコーチであれば誰でも、もっと高い精度で識別できるだろう）。二〇〇九年に、スペインの短距離ランナーとジャンプ競技選手五三人を対象とし、瞬発力に関係すると思われる六種類の遺伝子型が検査された。その結果、そのうちの五人が六種類の「パワー系」遺伝子型をすべて持っていた。ちなみに、スペインの一般人男性では、五〇〇人に一人の確率だ。この種の研究は、それ自体興味深いが、子供が短距離走、走り高跳び、長距離走のうちどのスポーツに向いているかを予測するためには、現時点でそれほど有用とは思えない。

の遺伝子の相互作用の結果として生まれるものであり、さらに環境要因も考慮に入れなければならないからだ。もしあなたのＡＣＴＮ３遺伝子がＸＸ型なら、「おそらくオリンピックの一〇〇m走者にはなれないでしょう」とノースは言う。しかしそんなことは、遺伝子検査をするまでもなく、すでにわかっているはずだ。ＡＣＴＮ３遺伝子がスプリント能力に影響を与えているように見えるとはいえ、それだけでスポーツを選択してしまうのは、一つのピースを見ただけでジグソーパズルの全体図を決めてしまうようなものだ。パズルを完成するためにそのピースが必要なのは間違いないが、他のピースも見てみないと意味のある絵にはならない。

　ウィスコンシン大学ラクロス校のヒューマンパフォーマンス研究室長を務め、ＡＣＴＮ３遺伝子に関して複数の論文を共同執筆したカール・フォスターは次のように述べている。「将来、子供の足が速くなるかどうかを知りたい人にとって、現時点における最高の遺伝子検査器はストップウォッチです。子供を運動場に連れていって、他の子と競走させてみるのが一番です」。遺伝子検査が流行《はや》っているが、走る速さを間接的に測定するのは、直接的な測定に比べて不正確なばかりか愚かなことだと、フォスターは考えている。それは人の身長を測定するときに、屋根の上からボールを落とし、そのボールが頭に当たるまでの時間を測定するようなものだ。巻き尺を使えばいいではないか。

　ＡＣＴＮ３遺伝子によって予測できるのは、二〇一六年のリオデジャネイロオリンピックで、一〇〇m走決勝に出られないのは誰かという程度のことだろう。地球上の七〇億人のなかから一〇億人を排除するだけであれば、意味のある仕事をしたとすら言えないだろうが。

とはいえ、この遺伝子を唯一の予測因子とするならば、ＡＣＴＮ３遺伝子検査によって排除される黒人は世界中にほとんどいないことになる。

第10章　ジャマイカ・スプリンターの「戦士・奴隷説」

た。

「お帰り！」と、黒人の科学者が、チェシャ猫のような満面の笑みで白人の科学者を出迎えた。

黒人の科学者はエロール・モリソン、ジャマイカで最も著名な医学研究者だ。「モリソン症候群」は糖尿病の一種で、この病気と、ジャマイカ人のなかに大量に飲む人がいる地元のブッシュ茶との関連を発見したのがモリソンだった。島ではとても尊敬されているため、功績が顕彰されたとき、モリソンを紹介しようとした医師がこんなジョークを言った。この医師が海外に出張したとき、ジャマイカから来たとわかると、訪問先の国の人々は、「ボブ・マーリー！」と言って出迎えてくれるが、それは糖尿病に関連した会議でなければの話だ。もし糖尿病の会議であれば、「エロール・モリソン！」と出迎えてくれるだろう、と。

モリソンは、地元では「Uテック」の愛称で知られる、ジャマイカ工科大学の学長でもある。Uテックはジャマイカの首都キングストンにあり、学生数は一万二〇〇〇人だ。ジャマイカに戻った二〇一一年三月末、モリソンは、白人の科学者ヤニス・ピツラディィスと冗談を交わしていた。英国グラスゴー大学の生物学者ピツラディィスは、肥満に関する専門家だ。定期的にジャマイカを訪れており、Uテックで最近スタートしたスポーツ科学プログラムの非常勤教授に就任したばかりだった。

二人は、右手でかたく握手を交わし、左手を相手の背中に回した。彼らは固い友情で結ばれていた。その夜二人は、小高い丘の上の広々としたモリソンの自宅でゆったりと夕食をとりながら、眼下に点々と輝くキングストンの夜景を楽しんでいた。

だが、ピツラディィスは街中に住んで研究している。これまで一〇年間、綿棒とプラスチック容器を携えてジャマイカを訪れたピツラディィスは、地球上で最速の男女アスリートの口腔粘膜と唾液を採取してきた。オリンピックに出場した五、六人の男女一〇〇m走者に、昼食をとりながらばったり出会える場所は地球上でもここだけだろう。そのような機会に恵まれたとき、ピツラディィスは必ずDNAを採取することにしている（ある日、ピツラディィスが社交の場で世界のトップランナーに会ったときに、唾液を採取するために急いでワイングラスを消毒した）。Uテックの質素な三〇〇mの芝生のトラックは、いわばスピードの苗床だ。北京オリンピックの陸上競技においてUテックでトレーニングをしていた選手が獲得したメダル数（八個）は、多くの国がすべての競技、国全体で獲得したメダル数の合計より多かった。[1]

モリソンとピツラディィスは、夕食をともにしながら彼らの共通の夢について語り合った。

それは、人口三〇〇万人のこの小さな島が世界のスプリンターの製造工場になっている理由を、遺伝学的側面ならびに環境学的側面から解き明かすことだった。二人は、優秀な頭脳を一つにして論文を共同執筆することもあれば、個別に科学論文を発表することもあった。そして、それらの論文の結論は、「遺伝か環境か」という観点に立てば、対照的という以外の何物でもなかった。

ピツラディスのメモ帳には研究予算が記してあり、そこには、島のまじない師を訪問してその縄張り内でDNAを採取するための許可取得費が予算計上してある。言うまでもないが、世界のどこを探してみても、ピツラディスのような研究者はほかにいないだろう。

ピツラディスの先祖は、第二次大戦後に職を求めてギリシャを離れてオーストラリアに移り、さらにその後、南アフリカに移った。ピツラディスは、二歳だった一九六九年から人種隔離政策《アパルトヘイト》が敷かれている同国に住んだ。一九八〇年には、家族とともにギリシャのレスボス島に戻り、そこでプロのバレーボール選手を目指して練習に励んだ。未来の生物学者は授業をサボって練習に明け暮れたが、身長が一七八cmで止まったために、バレーボール選手になるという夢をあきらめた。過去に南アフリカとギリシャの両国に住んだことが、現在の仕事に影響を与えたと思われる。ピツラディスはいま、地球上で最高のアスリートを形成する遺伝子を探し求めて、そのDNAを持っているのは特定の民族だけかどうかを調べている。過去一〇年間にわたり、地上で最も持久力のある、そして最も瞬発力のあるアスリートを求めて、エチオピア、ケニア、ジャマイカに足を運んだ。

しかし、研究を続けるのは楽ではなかった。アスリートの遺伝子研究というテーマに、予算がつかないことがたびたびあったからだ。人間の遺伝子については、ほとんどの場合、人類の祖先や、健康、疾患に関する研究に研究費が割り当てられる。そのため、ピツラディスは、グラスゴー大学で子供の肥満の遺伝学を研究対象として、ポジションを維持していた。そうすれば、高額の助成金を獲得できるからだ。アスリートの研究はほどほどにして肥満の研究に専念してはどうかと、グラスゴー大学の学部長から意見されることもあった。だが、ピツラディスの情熱は、相変わらず肥満ではなくアスリートに向けられていた。

「肥満にかかわる遺伝子についての論文を発表したところです。しかし、［遺伝子が］肥満に及ぼす影響はとても小さいものです。運動で肥満が解消されることだってあるのですから。この先も肥満にかかわる遺伝子がさらに発見されると思いますが、その影響度はすでにわかっています」。ピツラディスはそう言って軽く手を上げ、親指と人差し指を数センチ離すしぐさをした。この先、何十、何百、何千もの肥満体質にかかわる遺伝的変異が発見されるだろうが、それによって説明できるのは、工業化社会における肥満の原因の一部だけだという。

ピツラディスが話題を肥満遺伝子の研究からもう一つの研究、つまり、世界のベストアスリートの遺伝子の研究に切り替える瞬間、まるでその顔から不機嫌の仮面を剝ぎ取ったようになる。ピツラディスは、エチオピアのオリンピック金メダリストからもらった金色と緑色の陸上ユニフォームを着て、姿を見せることもあった。興奮すると、白髪交じりの髪がこめかみのあたりで跳びはね、目を大きく見開き、言葉はこれまで住んだ国のアクセントが入り混じって、声のトーンがメゾソプラノになる。「この研究テーマになると、私の脳は休もうとしないのです」と言う。「まったく止まらないのです。決してね。一つのDNAサンプルを手に入れるのに一年かけたこともあります。こんなことをする人間がほかにいますか?」。スポーツ科学研究において、その答えは、そんな人間はいない、となるだろう。研究費がおりないからだ。

そのため、ピッツラディスはスポーツの研究を自前でなんとか進めなくてはならない。二〇〇五年にジャマイカを訪問しはじめたときから、ほとんどの研究費用を自費で賄っている(二度、自宅を抵当に入れて借金をした)。ときには、メディアに協力したり(ジャマイカで撮影したフィルムを、英国BBCのドキュメンタリー番組用に売却した)、外国の科学者とともに活動したり(日本政府がスポーツ遺伝学に多少の資金を捻出した)、そして、友人から支援を受けることもある。二〇〇八年のジャマイカ行きは、地元グラスゴーのインドレストラン店主から資金援助を受けた。このときは、店主の息子を一緒に連れていくという条件付きだった。

ピッツラディスが進めているのは、驚くほど大胆で低予算の科学研究である。さらに彼にとって、資金を調達できることが、調達できないのと同じぐらい辛いことでもあった。飛行機に乗るのが死ぬほど嫌いなのだ。アフリカやジャマイカに行く前には、いつも秘書あてに電話がかかってくる。行くのをキャンセルできないかという、ピッツラディス本人からの電話だった。しかし、ヴィンテージワインの力を借りて、毎回かろうじて搭乗する。

DNA採取以外の目的でジャマイカへ行ったこともある。当初は遺伝学者というよりもまるで人類学者のようで、ジャマイカが優れたスプリンターを輩出している秘密を、地元の人たちに尋ねて回ったのだ。住民たちの答えはジャマイカ人がよく食べるヤム芋にはじまり、田舎の子供が動物を追いかける習慣や、ヨーロッパ人の奴隷所有者からすばやく逃げたという歴史までさまざまだった。最後の答えはばかばかしく聞こえるかもしれないが、実はジャマイカの北西部に位置する洞窟と同じぐらい深い背景と理由があるのだ。そして、その洞窟の一帯は、スプリンターを生み出している場所でもある。

ピッツラディスがジャマイカを訪れるようになってまもなく、この島国が世界的なトップスプリンターを数多く輩出しているだけでなく、その多くが、ジャマイカ北西部にある小さなトレローニー教区の出身だということがわかった。ちなみに、カナダとイギリスの国内一〇〇m走記録保持者もジャマイカ出身であり、アメリカのトップスプリンターも、ジャマイカ人の系譜をもつ者が少なくない。[2]北京オリンピックでジャマイカは、六〇年に及ぶスプリントの歴史の中で最高の成果を収めることとなった。このオリンピックで男子一〇〇mと二〇〇mを制したウサイン・ボルトと、女子二〇〇mを制したベロニカ・キャンベル＝ブラウンは、ともに現代スプリント界の頂点に立つ選手であり、トレローニー教区の出身だ。一八世紀ごろ、トレローニーには思いがけなく戦士の集団が住むようになる。戦士たちは、ぶ厚い熱帯雨林で覆われたコクピット・カントリーから、切り立った石灰岩の崖を駆け降りて谷に突入し、世界で最も恐れられていた軍隊の精鋭たちに襲いかかった。
今日の陸上界のスーパースターを生み出したのはこの戦士たちだと、ピッツラディスは地元民から聞かされている。

二〇一一年四月三日、モリソンと豪華な夕食を楽しんだ一週間後のことだった。ジャマイカの熱帯雨林地域にある、地元の人間でさえ知らないコンクリート製の建物の薄暗い部屋で、ピッツラディスは古ぼけたプラスチック製の椅子に腰をかけていた。そこで科学のために闘っていたのだ。

この話し合いのために引っぱり込んできた木製テーブルの反対側に座っていたのは、アコンポン村の指導者、フェロン・ウィリアムズ族長《コロネル》だった。コロネルは、琥珀色のボタンダウンの半袖シャツを身にまとい、相手の話を聞きながら、剃りあげた頭をいぶかしげに傾けた。コロネルの左隣の席には、彼の補佐役であり村の看護師でもある、ノーマ・ロウ・エドワーズが控えていた。

三年前、村民のDNAを採取するためにピッツラディスがアコンポン村を訪れたとき、口腔内に綿棒を入れて採取する方法に対し、ロウ・エドワーズが懸念を表明した。そして、それから数日の間に、ピッツラディスの綿棒でエイズが広まっているという噂が、村中を駆け巡っていた。

コロネルの右隣には、二〇〇八年に、DNA採取のためにピッツラディスが雇った村の男が座っていた。男は、二〇〇人のアコンポン村民のDNAを採取すると約束したが、ピッラディスがグラスゴーに戻ってデータを分析したところ、四種類の塩基（G、T、A、C）からなる塩基配列が、二〇〇人分すべてでまったく同じだった。村民はみな近縁者なので、そういうこともあると男は主張した。しかし、塩基配列は近かったのではない。同一だったのだ。男は、自分の口腔内の細胞を二〇〇回くり返して採取したのだった。

テーブルの向こう側に座っている相手には、これまで散々苦労させられたが、この日のピッラディスは議論を終始リードしていた。この日ピッラディスが提案したDNA採取用の新しい道具は、綿棒を必要とせず、プラスチック製の円盤に唾液を落とすだけでよかった。それによって、侵襲的検査に対する看護師の不安も解消されるはずだった。つづら折りの山道の先にある人里離れた小さな農村には、傾いたブリキ小屋とパステルカラーのコンクリートの家屋が、無造作に並んでいる。コロネルは、その農村に外部からの訪問者を増やしたいと、かねがね考えていたのだ。それで、検査に際してこれまでのような問題を起こさずに、この地で科学実験を継続できると知ったコロネルはとても喜んだ。話し合いが終わり、コロネルは、テーブル越しに腕を伸ばしてピッラディスの手を握った。あらためてピッラディスにDNA採取の許可を与えたのだった。

ジャマイカでのこの話し合いは、ピッラディスにとって重要な意味を持つ出来事となった。言い伝えられているジャマイカ北西部の歴史によれば、最初はスペイン人によって、そしてのちにイギリス人によって、最も屈強な奴隷がこの地に連れてこられた。ここは、周りを崖と海で囲まれており、逃げ出すことがむずかしかったからだ。ピツラディスをこの地に引き寄せることとなったジャマイカの歴史は、一六五五年に、ジャマイカをスペイン人から奪おうとしたイギリス海軍が、この地にやってきたときに遡る。当時、命知らずの奴隷たちは、この混乱に乗じてジャマイカ北西部の山岳高地、コクピット・カントリーに逃げ込んだ。逃げ延びた奴隷たちは自分たちのコミュニティーをつくり、「マルーン」として知られるようになった。マルーンはスペイン語の*cimarrón*《シマロン》に由来する言葉で、飼い慣らされた馬が逃げ出して野生に戻ることを意味している。

ジャマイカのコクピット・カントリーの地形は、島内でも他に例がなく、世界でも珍しいものとなっている。人里離れた多雨林で、一面を覆う石灰岩が何百万年にもわたって雨に削られた結果できあがったカルスト地形として知られている。そこには、目もくらむような切り立った断崖で囲まれた、コクピットと呼ばれる星型の峡谷が形成されている。水で削られてできた峡谷には川があることが多いが、コクピット・カントリーはそうではなかった。ここでは、水が多孔質の石灰岩を通り抜け、地下の洞窟に流れ込んでいる。地形を知り尽くし、石灰岩台地の陥没穴の位置を熟知しているマルーンにとって、コクピット・カントリーはイギリス軍に対する堅固な要塞となった。

イギリスは、スペインから覇権を奪った後、アフリカ人奴隷の移送を加速させた。奴隷となったアフリカ人は、現在のガーナやナイジェリアあたりの住民だった。彼らの多くは、たとえばガーナのコロマンティ族のように戦闘に長《た》けた民族だったが、戦闘相手に捕らえられて、奴隷として売られた者もいた。当時のイギリス高官の手紙には、コロマンティ族に対する深い尊敬の念がうかがえる。[3]あるイギリス人のジャマイカ統治者は、コロマンティ族を、「生まれついての英雄、虐待に対するあくなき反逆精神」をもち、「西インド諸島植民地の危険な囚人」と形容している。また、一八世紀に別のイギリス人が、「身体も精神も強靭《きょうじん》なゴールドコースト・ニグロ」「気質は凶暴、危険と困難を顧みぬ魂の気高さ」と記している。[4]

一六七〇年代には、ジャマイカに移送される奴隷がますます増え、それと共に、逃げ出して山岳地のマルーンに合流する奴隷も増えていった。マルーンたちはサトウキビ畑に火を放ち、夜空に赤々と燃え上がる炎は、マルーンの強い反逆の意志を表しているかのようだった。「燃え上がるサトウキビに勝る警告はない。燃え移る火の速さと恐ろしさは筆舌に尽くしがたい」と、当時ジャマイカに居住していたイギリス人、ウィリアム・ベックフォードが記している。[5]そして、その勇敢なコロマンティ族から、戦闘の天才であるキャプテン・クジョーが現れた。

クジョーは、ジャマイカ東部地域のマルーンの女性リーダー、ナニー*とともに巧妙に偵察隊を編成した。偵察隊は、マルーンの戦士や植民地の奴隷で構成され、イギリス兵の動きをつぶさに観察した。逃亡した奴隷を捕らえるために、イギリス兵がコクピット・カントリー

＊　ナニーは、ジャマイカ人に崇拝される伝説の人物であり、飛んでくるイギリス軍の弾丸を素手でつかんだと言われている。

に入ると、待ち伏せしていたクジョーの戦士たちが、数に勝るイギリス軍を撃破した。さらに彼らは、奪い取った武器を使って、武装集団を編成した。戦況があまりにも一方的であったため、最強と謳われたはずの大英帝国兵士が、「敵がほぼ同数とわかるとまともに戦おうとしなかった」と、イギリス人の農園主が記している。そのときイギリス人兵士の心に刻まれた恐怖心は、コクピット・カントリーのある地域の名前「ドント・カム・バック」（二度と戻るな）、「ランド・オブ・ルック・ビハインド」（背中を向けたい地）に、そのなごりを留めている。

　雌雄を決する戦いは一七三八年に起こった。そして戦いの地は、DNA採取についてピッラディスがコロネル・ウィリアムズと話をした建物から数分の場所だ。クジョーの戦士たちは、現在は「平和の洞穴」と呼ばれている鍾乳洞の中に身を潜めて、敵の通り道に軽石のかけらを撒《ま》いた。イギリス兵が軽石を踏みしめる音により、敵の数を推し量ったのだ。それからマルーンの一人が姿を現し、牛の角でできた緑色のアベンと呼ばれる角笛を吹き、周りの丘に潜む仲間に合図を送る。次の瞬間、マルーン戦士が四方八方から谷に攻め入り、イギリス兵を虐殺したのだった。言い伝えによれば、一人だけは殺さずに残し、ここで起こったことを上官に報告させるために、切り取った彼の耳を持たせて部隊に返した。この大虐殺の後、まもなく、イギリス軍はマルーンと協定を結び、マルーンの領土と自由を保障した。これは、マルーンが正式に解放される一世紀も前の出来事であり、このときから、クジョーはトレローニー村近隣地区の最高指揮官となった。

今日、アコンポン村に住むおよそ五〇〇人のマルーンは、ジャマイカの中に一つの主権国家を形成している。ピッラディスとコロネル・ウィリアムズが話をした建物から丘一つ越えた所に、ウサイン・ボルトとベロニカ・キャンベル＝ブラウンの生家があり、アコンポン村のマルーンは、この二人のアスリートが自分たちの血筋を引いていることに誇りを持っている。*

「奴隷の質を高めるような選択が行なわれたと主張する者はいないでしょう」とピッラディスは語る。彼は自分の足で史実を調べ、島内の専門家にインタビューし、ジャマイカの奴隷貿易に伴う人口動態についての論文を共同執筆している。「奴隷を売っていた者たちは、みずからの隣人を売っていたのです」とピッラディスは言う。「当時実際に起きていたことは、おまえは身体が丈夫だから、おまえの知らないうちに頭にフードをすっぽりかぶせて売り飛ばしてやるよ、ということなのです。このようにして、最終的には、最も屈強で、最も健康な人間が船に乗せられました」。そのような人間が、やがてはジャマイカ北西部の不屈のマルーンの一員となったのだ。「その地域がジャマイカのアスリートたちの出身地です。実に

＊　歴代で最も不名誉なスプリンターは、おそらくカナダのベン・ジョンソンだろう。彼はソウルオリンピックの一〇〇m走で金メダルを獲得したが、ステロイド検査で陽性反応を示したために、数日後にメダルを剥奪された。ベン・ジョンソンの出身地もトレローニーだ。

よくできたストーリーがつくられたものです」

そのストーリーとはこうだ――身体が丈夫な人間がアフリカから船に乗せられ、そのなかから、過酷な船旅に耐えられた者だけが生きてジャマイカにたどり着き、さらにそのなから、最も屈強な者だけがジャマイカの辺境の地でマルーン戦士の仲間入りをした。そして今日のオリンピック・スプリンターは、この戦士の遺伝子が継承されている地域の出身者である（二〇一二年に放映されたドキュメンタリー番組で、世界記録を持つスプリンターであったマイケル・ジョンソンが、この問題について次のようにコメントしていた。「かつての奴隷の子孫としての痕跡が幾世代をへて残っていないと考えることはできない……。奴隷という言葉を耳にするのは辛かったが、その子孫であることが自分にとってプラスとなっている。われわれのなかには、優れたアスリート遺伝子が受け継がれていると私は信じている」[6]）。二〇〇五年以来、ピッツラディスは、過去五〇年間のジャマイカの短距離ランナー一二五人に加えて、マルーンのDNAも採取し続けている（誰のDNAかを特定できないように、細心の注意を払うことも忘れてはいない。私がグラスゴーにある研究室を訪問したとき、ピッツラディスは「ウサイン・ボルトのような人間」のDNAを、ピペットでプラスチックのサンプルプレートに移している大学院生の周りをうろうろしていた）。

まだ検証の予備段階ではあるが、マルーンの戦士社会がジャマイカのスプリンターを生んだという説は、ピッツラディスが採取した遺伝子からは証明できていない。

肌の黒さの度合いでマルーンを他の人間と見分けることができると、アコンポン村に住むマルーンから何度も聞かされた。しかし、その根拠をただすと、単なる昔からの言い伝えであることを、ほとんどのマルーンが認めた。実際には、おそらく見分けられない。ピッラディス自身も、ほんの断片を分析しただけではあるが、DNAの検査結果を見るかぎり、マルーンと他のジャマイカ人を区別することはできないと言う。「マルーンは、見かけは「遺伝的にも」西アフリカ人です。それは他のジャマイカ人についても同様です」と彼は語る。「ジャマイカ人とはいったいどんな人種なのか、誰か知っていれば教えてほしいくらいです」

ジャマイカ人のDNAに見られる特徴が、彼らの国のモットーに集約されていることを、ピッラディスは言いたかったのだ。ジャマイカ国家のモットーは、Out of Many, One People（たくさんの人種からなる一つの国民）というものだ。ジャマイカにやってきた奴隷は、アフリカの多くの国の、さらにその中の多くの民族からなっていた。ジャマイカ人の先祖に関する遺伝学的な研究では、西アフリカからの多くの痕跡が見出されている。父親から息子へと受け継がれるジャマイカ人のY染色体は、アフリカのビアフラ湾近辺（ナイジェリア、カメルーン、赤道ギニア、ガボンを含む沿岸地帯）の民族に酷似しているという研究報告がある。[7] また、ジャマイカ人のミトコンドリアDNAを検査した結果、アフリカのベニン湾とゴールドコースト（ガーナ、トーゴ、ベニン、ナイジェリアを含む地域）近辺の民族との類似性が確認されている。アフリカ系アメリカ人と同様に、ジャマイカ人は、母方の遺伝子をたどれば、本質的にまったくの西アフリカ人である。ただし、もといた国はさまざまだ。この点について、遺伝子にかかわる多くの研究結果に齟齬《そご》はない。

つまり、この島の奴隷貿易の歴史から推測されるように、ジャマイカ人は西アフリカ民族の子孫ではあるものの、受け継いでいる民族の血は多岐にわたるということだ[8]（キャプテン・クジョーも結局、アシャンティ族、コンゴ人、コロマンティ族といった民族を団結させて名を上げた）。言うまでもなくアメリカ先住民のDNAを保有しているジャマイカ人もいることが研究によって明らかになっており、これはタイノ族と混血していたためであろうと推測されている。タイノ族はジャマイカの先住民であり、スペインの植民地政策による迫害と疫病の影響を受け、かつては西アフリカから奴隷が到着する前に死に絶えたと考える歴史家もいた[9]。

一九九三年から二〇〇六年まで一一〇mハードルの世界記録保持者であったコリン・ジャクソンは、ジャマイカ人の両親を持ち、ウェールズで生まれ育った。二〇〇六年に、BBC制作の先祖を探す番組 *Who Do You Think You Are?*（あなたは自分を誰だと思う？）に出演したジャクソンは、自分のDNAの七％がタイノ族であることを知り、大変驚いた。少数のタイノ族がスペイン人による迫害から逃れ、山岳地のマルーンに合流したというのが、今日の歴史家の定説だ。つまり、イギリス人であるコリン・ジャクソンも、さらにもう一人のマルーンの遺産を受け継ぐチャンピオン・スプリンターであろうということだ（現役を引退して五年後の二〇〇八年に、ジャクソンは、別のBBCの番組 *The Making of Me*［私ができるまで］に出演した。このとき、ボールステイト大学の研究室で採取されたジャクソンの脚の筋線維が検査された。ジャクソンが大変喜んだことに、タイプⅡb線維〔別名、超速筋線維〕の比率が、過去に例がないほど高いということがわかった）。

ジャマイカの世界トップスプリンターと、それ以外のジャマイカ人のDNAについて、まだ解明されていないことが多いのはたしかだ。しかし、少なくとも、ピツラディスをはじめとする研究者により、マルーンも他のジャマイカ人も、単一の遺伝的背景を持つものではない点については明らかになっている。むしろ、西アフリカの多くの民族の混合体であると予測されるように、ジャマイカ人は遺伝的にきわめて多様性に富んでいる（しかし、ACTN3「スプリント遺伝子」に関しては、予想どおり、ジャマイカ人に多様性はない。ほぼすべてのジャマイカ人が正しいスプリント遺伝子のコピーを持っている）。

もし、「スプリンター製造工場」現象が、スプリンターとしては恵まれているアフリカの遺伝的特徴を色濃く持つカリブ海諸国に及ぶのであれば、バルバドスから、もっと多くのトップスプリンターが出てきてもよいだろう。この国は、人口二五万人の小さな島国ではあるが、カリブ海地域でも最も濃く西アフリカの血を受け継いでいる国だ（とはいえ、ジャマイカほどではないが、実際には人口比で見れば健闘している。バルバドスのスプリンターは、シドニーオリンピックの一〇〇m走でメダルを獲得し、ロンドンオリンピックの一一〇mハードルでは決勝に進出した。人口三五万人の小国バハマも、世界的に優秀なスプリンターを毎年輩出している国の一つだ。ロンドンオリンピックの男子四×四〇〇mリレーで、バハマはアメリカを破って金メダルを獲得した。人口一三〇万人のトリニダード・トバゴも、スプリントの世界におけるカリブ海勢力の一つだ)。

スプリントの能力に関連すると思われる二〇種類以上の遺伝子多型について——なかには関連性の非常に希薄なものもあるが——ジャマイカのスプリンターと一般の被験者をピッツラディスが比較したことがある。その結果は、「しかるべき方向に向いてはいるが、特に注目すべき事実はない」というものだった。つまり、スプリンターは、一般人より多くの「正しい」スプリント遺伝子を持っている傾向にはあったが、必ずしもそうであるとはかぎらなかった。このときの検査では、ピッツラディス研究室の大学院生が一般被験者の一人となっていたが、彼はいわゆる「ウサイン・ボルトのような人間」より、多くのスプリント遺伝子多型を持っていた。この結果から言えるのは、スプリンターにとって遺伝子が重要でないということではなく、これまでに発見されたスプリント能力に関連する遺伝子があまりにも少なすぎるということだ。

ピッツラディスはジャマイカのトップスプリンターの遺伝子の分析を続けている。技術の進歩により、以前より効率的にゲノムの解読を行なえるようになったことで、スプリンターと一般人を区別するいくつかの遺伝子多型を発見した。しかし、それらがスプリンターとして成功する資質にかかわっている可能性はあるとはいえ、まだ何もはっきりしていない。そして、オリンピックでメダルを獲得できるレベルのスプリンターが世界に多くはいないために、大規模な研究を行なうことはむずかしく、これからもおそらくはっきりしないままだろう。トップレベルの運動パフォーマンスをもたらす身体特性を明らかにするために、スポーツ科学者がこの先歩む道はまだ険しく、ましてやそれを補強する遺伝子の研究が歩む道はさらに険しい。

この一〇年間のジャマイカ訪問の間、ジャマイカが世界のスプリンター製造工場であるというピツラディスの考えは、高価なDNA塩基配列決定装置《シークエンサー》やクロマトグラフで分析したデータによってではなく、ほかの二つの道具で集めたデータによって裏付けられてきた。それは、ピツラディスの両目だ。

「チャンプス」の名で知られるジャマイカの高校陸上競技大会は、一九一〇年から継続して開催されている、年に一度の国をあげての祭典だ。[10] ジャマイカがまだイギリスの植民地だったころ、当時の六つの男子校の校長が相談して始めたのだ。

チャンプスは四日間にわたって開催され、参加校は男女あわせて一〇〇校に及ぶ。最終日の喧騒は、一〇〇〇軒のナイトクラブを一度に競技会場に放り込んだようなものとでも言えば、理解できるだろうか。

首都キングストンにある三万五〇〇〇席の国立スタジアムは立ち見席のみとなる。「ホワイン」と呼ばれる、集団で腰をくねらせる、慣れない者は少々赤面するようなダンスに興じる観客で通路はごった返す。夕方になれば、ジャークスパイスの匂いが競技場のホールに立ちこめ、それぞれの高校のファンでいっぱいだった応援席は、スクーナー船の帆ほどもある、明るい色の横断幕に覆われる。地元民が「クラッカー」と呼ぶ熾烈《しれつ》なレースでは、ランナーたちがゴール間際でいっせいに上体を前傾させるあたりで、声援と、歓声と、ホイッスルと、角笛の音が最高潮に達し、何も聞こえなくなる。スプリントリレーで、アンカーがレース後半になって先を行く走者を捉えそうになると、興奮のあまり観客がフェンスを乗り越えてトラックに飛び出さないよう、場内アナウンスが流れる。母校の応援のために、あるいは賞賛の声を浴びるために、オリンピックに出場したスプリンターが姿を見せることもある。二〇一一年のチャンプスでは、デザイナー・ジーンズと、金の鎖と、夜だというのにサングラスを身につけた元世界記録保持者アサファ・パウエルが、スパンコールシャツを着た少女たちと、オープンジャケットで着飾り、ゆるいスニーカーをはいた少年たちに囲まれながら、観客席を練り歩いた。

ジャマイカでは、国全体が青少年の陸上競技に熱狂している。ウサイン・ボルトが現れるまでは、キングストンで行なわれるプロの陸上競技の観客席は人気《ひとけ》もまばらで、五歳と六歳の子供の国内陸上競技大会は満席という状況だった。キングストン界隈のプーマ社のショップでは、かつて奴隷の輸出港となったナイジェリアの都市にちなんで名づけられたカラバル高校をはじめ、チャンプスで活躍している高校の校章を縫いつけたランニングシューズが売られている。青少年の陸上競技に熱中するあまり、地元の高校がチャンプスで良い成績を残せるように動き回る人間も出てくる。チャールズ・フラーもその一人だった。

一九九七年のこと。ジャマイカのアルミニウム製錬会社アルキャン社に勤務するフラーは、足の速い子が高校進学のために地元マンチェスター教区を離れることを嘆いていた。近所に住んでいた少年・少女が教区外にある高校の生徒となり、マンチェスター高校をチャンプスで破るのを見るのが、悔しくてしかたない。マンチェスター高校がチャンプスで活躍できるように、フラーは地元の少年・少女ランナーを勧誘しはじめた。シェローン・シンプソンは勧誘された一人だった。

その年にフラーは、一二歳になるシンプソンの一〇〇m走を目にした。普段は落ち着いたバリトンの声の持ち主であるフラーだが、このときのレースについて語る声はひときわ上ずっていた。「手測定でしたけど、彼女のタイムは一二・二秒でした」と語るフラーは、目を大きく見開いている。「それも芝地を裸足で走って」。フラーはシンプソンのしなやかな筋肉を見て驚いた。彼女の筋肉は、一九八〇年代にジャマイカのオリンピック選手だったグレイス・ジャクソンを彷彿とさせるものがあった。

しかし、シンプソンは学業優秀な生徒であり、初等学校のときの試験の成績で、すでにノックスカレッジ高校への入学資格を十分に満たしていた。ノックスカレッジ高校は、ジャマイカでもトップクラスだが、陸上部がない。そんなときに、フラーが介入してきたのだった。フラーは、シェローン・シンプソンの両親であるオードリーとヴィヴィアンに、陸上選手としての彼女の将来性について力説した。ようやく両親から理解を得ることができ、次に、マンチェスター高校の校長、ブランフォード・ゲイルを巻き込んだ。ゲイルはノックスカレッジ高校に連絡をとり、交渉の末、シンプソンがマンチェスター高校に入学できるよう了承を取りつける。

チャンプスに出場していた最初の数年間、シンプソンのレースの成績は悪くなかったが、彼女の主たる関心は依然として学業にあった。ジャマイカの高校のコーチは一般的にトレーニングにおいては非常に保守的である。下級生の練習は毎日は行なわれず、一五〜一六歳になるまでは、ウエイトトレーニングは許されない。高校のときの練習は「楽だったわ」とシンプソンは言っている。

だが、マンチェスター高校での最後の年、二〇〇三年に彼女は花開く。チャンプスの一〇〇m走では、やがてオリンピックのメダリストとなるケロン・スチュワートに肩の差で敗れはしたが、二着でゴールした。チャンプスでは、大学のロゴをプリントしたシャツや帽子を身に着けたアメリカの大学のスカウトたちも観客席をうろうろしている（もともと、白人の観客は少ないため、スカウトたちは人目につく。チャンプスを見に行ったとき、一〇代の少年が近づいてきて、「エクスキューズミー・サー」と声をかけてきたことがあった。私に話しかけているのだと気づくまで、少年は何度も話しかけてきた。「あなたの大学に奨学金制度はありますか？」。少年をがっかりさせてしまい、申し訳なかった）。奨学金を得て、テキサス大学エルパソ校への入学をシンプソンが決めようとしていた矢先、彼女の守護天使たちが再び介入してきた。

陸上のコーチ、スティーヴン・フランシスは、エロール・モリソンが学長を務めるUテックの近くに「MVP陸上競技クラブ」をつくろうと奔走していた。ジャマイカのコーチには、アメリカに行って過剰と思えるほどのレース参加を課すNCAAのクラス別編成システムに参加するのではなく、ジャマイカでトレーニングを続けられる施設をつくりたかったのだ。マンチェスター高校のゲイルは、校長室にシンプソンを呼び、「一年間はUテックでがんばってほしい」と伝えた。「そのとき、彼女を泣かせてしまいましたが、涙を拭うように言いました。そして、彼女は同意したのです」

二〇〇四年、Uテックの一年生となったシンプソンは、陸上競技の国際舞台に華々しく登場した。アテネオリンピックの女子一〇〇m決勝で、六位入賞を果たしたのだ。その一週間後、二〇歳の誕生日のちょうど二週間後に、四×一〇〇mリレーで第二走者として出場したシンプソンは、アメリカのスーパースター、マリオン・ジョーンズを打ち破り、ジャマイカ史上最年少の金メダリストとなった。その四年後の北京オリンピックで、シンプソンは女子一〇〇mで銀メダルを獲得した。一着となったのは、Uテックのクラスメイトであるシェリー＝アン・フレーザー＝プライスだった。このときシンプソンは、ケロン・スチュワートと一〇〇分の一秒単位まで同タイムの二着であったため、二着が二人となった。ケロン・スチュワートは、五年前のチャンプスでシンプソンが敗れた相手だ。オリンピックの表彰台に三人のジャマイカ選手が立った。

汗ばむような暑さのある春の日、MVP陸上競技クラブのメンバーがトレーニングをしている小さな芝地トラックの横で、雄大なブルーマウンテンズを望むコンクリートのベンチにもたれ、シンプソンはこれまで歩んできた道を思い起こしながら、ほほ笑んでいた。「はっきり覚えています。フラーさんが初めて私のレースを見たときに、将来性が大いにあると言ってくれました。すべてはそこから始まったのです」

シンプソンの物語は、ジャマイカのアスリート育成システムの秀逸さを、見事に象徴している。ジャマイカでは、ほとんどすべての子供が何らかの形でスプリントレースに参加するようになっている（シンプソンの場合は、五歳のときに、毎年開催されるジャマイカの学童向けスポーツデーにリレーで参加し、そこで初めて一着になった）。そして、フラーやゲイルのような陸上競技に熱心な大人が足の速い子に着目し、陸上競技に力を入れている高校に入るように働きかける。高校ではゆっくりと能力開発がなされ、チャンプスのような大きなレースの経験を重ね、レースの成績が良ければ敬愛と奨学金を勝ち取るようになる。さらに、優秀選手のなかでも一段と優秀と見なされれば、スポーツシューズ会社による資金援助と、プロの陸上クラブの会員資格を手にすることができる。

ジャマイカのスプリンター育成システムは、なかには怪しげな支援者がいるという点も含めて、アメリカのフットボール事情と共通するところがある（チャンプスで出会った数人の高校陸上部のコーチに聞いた話だが、足の速い子を入学させるためにその親に冷蔵庫を贈ることが、今は禁止されているとのことだった）。国全体で進められているこのスプリンター発掘システムは、オリンピックの金メダル獲得数という形で実を結んでいる。ウサイン・ボルトは一四歳のときに参加したスポーツデーの短距離走でダントツの一位となり、陸上競技の世界に勧誘されるまでは、クリケットのスター選手になりたいと思っていた（その次は、サッカー選手)。彼は練習嫌いで有名だったが、それでも、二〇〇三年に開催されたチャンプスの二〇〇m走と四〇〇m走で大会新記録を樹立した。ボルトのトレーニング仲間であるヨハン・ブレークは、ロンドンオリンピックの一〇〇m走と二〇〇m走で、ボルトに次いで二着となった。彼も、子供のころはクリケット選手になりたいと思っていたが、一二歳のときに参加したスポーツデーで、スプリンターとしての才能を認められた。アメリカのトップスプリンターでさえ、ジャマイカの才能発掘システムによって見出されることがよくある。ロンドンオリンピックの女子四〇〇m走で金メダルを獲得したアメリカ人選手、サーニャ・リチャーズ＝ロスは、一二歳までジャマイカに住んでいた。彼女が七歳のときに参加したスポーツデーで、年長の少女を破って一着になったのを小学校の陸上コーチに認められ、陸上の世界に入ることとなった。「君は陸上競技をすることになったんだよ、とコーチに言われました」と、リチャーズ＝ロスは語る。

持久力トレーニングにより速筋線維の疲労耐性は向上するものの、スプリント・トレーニングにより遅筋線維が収縮するスピードが改善することはないと、生理学の研究により明らかになっている。そのため、エリートスプリンターになるためには、高い比率の速筋線維に恵まれることが必要不可欠である。「スピードは教えることができない」と、フットボールコーチがよく口にするが、これには誇張されている部分もある。スピードを向上させること、特にスピードを維持する能力を向上させることは可能だ。しかし、オランダのフローニンゲンで行なわれた、サッカー選手を対象とした研究を思い出してみるとよい。どのようなトレーニングをしても、スプリントのスピードという点で、足の遅い子が速い子に追いつくことはない。そして、「一万人以上の少年をテストしてきましたが、遅い子が速くなった例を見たことはありません」と、南アフリカスポーツ科学研究所のジャスティン・デュランは語る。遅い子が速い大人になることは絶対にない。そのため、できるだけ多くの足の速い子を、スプリンターの予備軍として抱えておくことが最重要ということだ。ボルトのようにおそろしく足の速い身長一九三cmの一五歳の少年が、成人してバスケットボールやバレーボールのコート、あるいはフットボールのフィールドに立っていない国が、ジャマイカ以外にあるだろうか？　もし、ボルトがアメリカで生まれていたならば、間違いなく、そびえ立つスピードスターと呼ばれるランディ・モス（身長一九三cm）やカルヴィン・ジョンソン（一九六cm）と同じ道を歩んでいただろう。長身かつ俊足のこの二人は、ともにNFLのワイドレシーバーとして、数百万ドルを稼ぐ選手だ（ジョンソンは、その体格とスピードのおかげで、二〇一二年には一億三二〇〇万ドルの契約書にサインをした）。

チャンプスでのスプリントの記録は、実は、アメリカでスプリントが盛んな州（たとえばテキサス州）における州大会の記録とほぼ同じだが、その熱狂ぶりは、テキサス州の高校フットボール選手権によく似ている。ただし、将来オリンピックに出られそうな多くのスプリンターが、バスケットボールやフットボールなどの、人気のあるスポーツに力を入れるというのはアメリカではよくあることだ（ジャマイカでも、最近、バスケットボールの人気が高まっているため、陸上競技の才能がそちらに流れるのではないかと、チャンプスで出会ったジャマイカのスポーツ記者が心配していた)。

NFLのワイドレシーバー、トリンドン・ホリデイは、ルイジアナ州立大学(LSU)時代には傑出したスプリンターだった。二〇〇七年の全米陸上競技選手権大会一〇〇m走で、フロリダ州立大学のウォルター・ディックスを破ったこともある。ディックスは、北京オリンピックでボルトに敗れ、銅メダリストとなったスプリンターだ。しかしホリデイは、LSUフットボール部のシーズン前練習に参加するために、陸上競技全米代表選手の座を捨てた。ザビエル・カーターは、ホリデイと同時期にLSUに在学しており、二年間ワイドレシーバーとしてフットボールに打ち込んだが、目立った結果を残すことができず、プロのスプリンターになる道を選んだ。ジャマイカがスプリント界の盟主であり続けるための必要条件は、優秀なスプリンターをトラックに引き留めておくことだろう。

ジャマイカがスプリントで世界をリードしているのは、すべての子供が何らかの形でスプリントに参加し、国をあげてその才能を発掘するシステムができあがっているからだと、ピツラディスは考えている。しかし、遺伝子に意味がないと言っているわけではない。「陸上の世界記録保持者になりたかったら、慎重に両親を選ばなければなりません」と、ピツラディスは冗談まじりに言う。「ジャマイカではスプリントレースが頻繁に行なわれており、そこから優秀な選手が生まれています。現在、世界でジャマイカ人のトップスプリンターが多いのはそのためです。ジャマイカとまったく同じことを他の国でも行なえば、同じ結果が得られる可能性はあります」

イギリスのアスリートに向けてのアドバイスを、スコットランドの出版社から求められたピツラディスは、「スプリントをやりなさい。白人だからといって心配することは何もありません。肌の色とスプリント能力は何の関係もないのです」と答えている。[11]

ピツラディスの同僚であり盟友でもあるエロール・モリソンは、それには心をこめて反対するだろうが。

第11章　マラリアと筋線維

　ジャマイカ人は、ヨーロッパ人より腰幅が狭く、身長に対して脚が長い。この事実に議論の余地はない、とモリソンは言う。

　ジャマイカ人の体格が総じてヨーロッパ人よりもスリムだからといって驚くことはないし、これはジャマイカ人にかぎったことでもない。人体比率に関するアレンの法則によれば、低緯度の温暖な地域に直近の祖先を持つ人は、一般に男女ともに手足が長いという。また、生態地理学におけるもう一つの法則、ベルクマンの法則――一九世紀の生物学者カール・ベルクマンにちなんで名づけられた――によれば、低緯度地域に直近の祖先を持つ人のほうが体が細く、骨盤の幅が狭い傾向がある。[1]長い脚も狭い腰幅も、ランナーとジャンパーにとっては有利な条件だ。もし脚の長さ以外の条件がすべて同じであれば、走るときの最高速度は、脚の長さの平方根に比例するからだ。しかし、モリソンが共著論文に記した、西アフリカ系のスプリンターがスプリント界を席巻していることについての理論は、こうした解剖学的な問題とはまったく異なる主張である。

二〇〇六年、モリソンはパトリック・クーパーとともに『ウェスト・インディアン・メディカル・ジャーナル』誌に論文を発表し、黒人が奴隷として連れ去られる前に住んでいたアフリカ西海岸でマラリアが蔓延していたことが原因で、スプリント系およびパワー系スポーツに適した遺伝的変異と代謝変質が起きたという説を唱えた。[2] その仮説はこうだ。西アフリカでマラリアが蔓延していたことにより、マラリアから身を守るための遺伝子の増加が促された。それらの遺伝子は個体の有酸素エネルギー産生能力を低下させるものであり、結果的に、エネルギー産生における酸素依存度が低い速筋線維を増やすこととなった。論文を執筆するにあたり、生物学にかかわる詳細部分はモリソンが担当したが、もともとのアイデアはモリソンの幼なじみである、ライターのクーパーが考えついたものだった。

クーパーは博識で、音楽のレコーディングから、ジャマイカ独立の立役者であるノーマン・マンリーや、その息子であるジャマイカ首相、マイケル・マンリーのスピーチ原稿の執筆にいたるまで、数々の仕事で成功を収めてきた。[3] 若いころは、ジャマイカを代表する新聞『グリーナー』紙の記者だった。そこでスポーツ記者をしていたときに、彼が最初に考えたのは、過去に白人アスリートがスプリント系とパワー系のスポーツを支配していたのは、黒人アスリートの参加を組織的に排除したり、阻んだりしていたからだということだ。ボクシングのヘビー級王者ジャック・ジョンソンが、その好例である。やがて、白人に比べればごくわずかながら、西アフリカ系の黒人もスポーツに参加する機会を与えられるようになると、彼らはスプリント系やパワー系のスポーツ界を席巻する。クーパーはこの事実について詳細な記録を残し、現在も続くこの傾向について特に強調した――たとえば、アメリカがモスクワオリンピックをボイコットした一九八〇年以降のすべてのオリンピックにおいて、男子一〇〇m決勝に残った国は、カナダ、オランダ、ポルトガル、ナイジェリアと、さまざまだった。しかし出場した選手は、一人残らずサハラ砂漠以南の西アフリカ民族に直近の祖先を持つ者だったのだ(女子選手についても、近年の二度のオリンピックは同様の状況だ。さらにモスクワオリンピック以降、女子一〇〇mの覇者は、一人を除いてすべて西アフリカに直近の祖先を持つ者だった)。アメリカン・フットボールで最も足の速さを要求されるポジションであるコーナーバックには、過去一〇年以上、白人のNFL選手はいない。*

一九七六年、マイケル・マンリー首相再選に向けた激しい選挙戦が繰り広げられる中、スピーチライターとして活躍していたクーパーは、家族ともどもたえず脅迫を受けていた。クーパーは窓に背を向けて座ることを避けるようになり、妻のジュアンが拳銃で脅された後は、一家でジャマイカを出国し、二度と戻ることはなかった。一九八〇年代の後半、ヒューストンに住んでいたクーパーは図書館に通いつめ、黒人アスリートがスプリント界を席巻していることについての歴史学的、生物学的な説明を探し求めて生物学、医学、人類学、歴史学の各分野の科学文献を徹底的に読み込んだ。パソコンのキーを押すだけで文献のデータベース検索ができるようになる以前は、ほとんど誰もしたことがない作業である。

クーパーは、メキシコシティオリンピックに出場した選手の体型に関する有名な研究を見つけ、研究者が記した脚注に釘づけになった。[4]「黒人系オリンピック選手のうち、かなりの人数が鎌状赤血球を持っていた」ことに驚いたのである。つまり、黒人オリンピック選手のなかには、ヘモグロビン（赤血球にある酸素を運ぶ分子）をコードしている遺伝子の二つのコピーの一方に変異を持っている者がいたということだ。この変異を持っていると、酸素が欠乏したときに円盤状の赤血球が鎌状に変形し、激しい運動をすると体内の血流に支障をきたす。鎌状赤血球形質を引き起こす遺伝子変異は、西アフリカや中央アフリカに住み、サハラ砂漠以南に直近の祖先を持つ人にきわめて多く見受けられる。一九六八年にオリンピックが開催されたメキシコシティは高地にあったために、鎌状赤血球形質を保有している選手は良い結果を出せないだろうと、科学者たちは考えていた。「鎌状赤血球はスポーツの阻害要因になると考えられていました」とモリソンは言う。しかし、スプリントやジャンプ競技のような短時間の競技では、その影響はなかったのである。

その後の数十年にわたる疫学的な研究により、有酸素性能力（持久力）を必要とする競技では、鎌状赤血球を持つアスリート（この遺伝子変異を一つ持っており、「鎌状赤血球保有者」と呼ばれる）の数が少ないことがわかった。八〇〇m以上のランニング競技では、トップレベルの選手のなかに鎌状赤血球保有者はいない。[5]長距離競技を戦ううえで遺伝的に不利だからだ。鎌状赤血球保有者のなかには、血流が阻害される結果、長時間の激しい運動により死に至る者も少数ながらいる。二〇〇〇年以降、九人の大学アメリカン・フットボール選手――全員黒人で、ＮＣＡＡディビジョン１に所属していた――が練習中に突然死したことは、鎌状赤血球形質がその一因であるとされた。[6] NCAAは現在、鎌状赤血球形質をもたらす遺伝子変異の検査を義務づけている（ただし白人選手は、鎌状赤血球をもたらす遺伝子変異を保有している可能性が低いことから、医師の所見が添えてあれば、遺伝子変異の検査を受けないことも可能だと、NCAAビッグ・イースト・カンファレンスに属するスポーツ医学会の委員会が二〇一二年に発表している）。

メキシコシティオリンピックに関するデータが公表された翌年の一九七五年、また別の研究結果が出版された。クーパーが二〇年後に詳細に分析することになるその研究では、[7] アフ

＊　ディフェンシブバックのもう一つのポジション、セイフティーを務めているNFL白人選手はいる。白人は足が遅いという先入観から、コーナーバック志望の白人選手をセイフティーにつかせる狭量なコーチが存在する、と指摘する記者もいる。『ニューヨーク・タイムズ』紙のウィリアム・C・ローデンがその代表例だ。先入観も一つの要因かもしれないが、NFLのプレドラフト・コンバインのデータを見るかぎり、人種に関係なく、セイフティーはスピードも俊敏性もコーナーバックには劣る。「セイフティーについている人間には、それなりの理由がある。彼らは足が速くない。いや、コーナーバックほどは速くない、と言うべきだろうな」。ハイズマン賞を受賞したワシントン・レッドスキンズのクォーターバック、ロバート・グリフィン三世は、ESPNのインタビューにこう答えている。また、二〇一一年に『ジャーナル・オブ・ストレングス・アンド・コンディショニング・リサーチ』誌に掲載された研究は、「アメリカン・フットボールの一五のポジションについて調べた結果、運動能力が最も優れているのはコーナーバックであり、最も劣っているのはオフェンシブガードだと思われる」と結論づけている。

リカ系アメリカ人のヘモグロビン値が生まれつき低いことが報告されていた。この研究が掲載された『ジャーナル・オブ・ザ・ナショナル・メディカル・アソシエーション』誌を発行しているのはメリーランド州に本部を置く医師会で、アフリカ人の直近の子孫にあたる医師および患者の利便を図っている。この研究では、米国一〇州の〇歳から九〇歳までのおよそ三万人の被験者のデータを利用し、すべての年齢において、アフリカ系アメリカ人のヘモグロビン値はアメリカの白人より低いと結論づけた。社会経済的な状態や食生活が同等の場合でも、である（エロール・モリソンの妻で、ジャマイカ国立公衆衛生研究所サービスの元所長フェイ・ウィットボーンは、ジャマイカ人のヘモグロビン値はアフリカ系アメリカ人と同等レベルであると述べている）。その後、アメリカの国立衛生統計センターの人口データも含めた数多くの研究で、ヘモグロビン値に関しては、アスリートでも同様の結果が確認されている。[8] 二〇一〇年に全米の七一万五〇〇〇人の献血者を対象に行なわれた大規模な研究では、アフリカ系アメリカ人は「ヘモグロビンの遺伝的な設定値が低く」、さらにこの値は栄養などの環境要因に影響されないことがわかった。[*9] ヘモグロビン値が低いことは、鎌状赤血球形質と同様に、他の条件が同じであれば、持久系スポーツでは不利な要素となる。西アフリカ人の直近の子孫がトップレベルの長距離走競技に出場している例は少ない（ちなみに、一万m走のジャマイカ国内記録は、ロンドンオリンピックの参加要件すら満たしていない）。『ジャーナル・オブ・ザ・ナショナル・メディカル・アソシエーション』誌に掲載された論文の著者たちは、ヘモグロビン値が低いアフリカ系アメリカ人は、酸素運搬能力の不足を補うために代替のエネルギー経路を発達させた可能性が高い、と記した。その二年後、同じ医学誌に他の研究グループによる論文が掲載された。「健康なアフリカ系アメリカ人アスリートの優れたパフォーマンスを見るかぎり、ヘモグロビンの不足を補うために、何らかの補完システムが存在していると考えざるをえない」と主張する内容だ。[10]クーパーはその補完システムを探しはじめた。

しかし、一九九六年にクーパーが末期の前立腺癌と診断されると、精力的に医学誌を読みあさるクーパーの努力に、時間との闘いが加わった。二〇〇〇年になると、クーパーと妻のジュアンは、クーパーがニューヨーク公共図書館で毎日を過ごすことができるよう、ニューヨークに移り住んだ。図書館を「私のオフィス」とクーパーは呼んでいた。さらに、ボルチモアに住む娘を週末に訪ねる頻度を倍に増やし、メリーランド大学の図書館にも通うようになる。

そしてクーパーはついに、一九八六年の『ジャーナル・オブ・アプライド・フィジオロジー』誌に掲載されたラヴァル大学のクロード・ブシャールの共著論文の中に、探し続けてきた「補完システム」と思われる記述を発見した。[11]ブシャールは、のちに運動遺伝学の第一人者となり、有酸素運動に影響する家族間の差異について記録したHERITAGEファミリ

＊　黒人献血者の場合、ヘモグロビン値が低いのは健康不良によるものと判断され、しばしば不適切に献血を拒否されることがある、と研究者は記している。

ースタディーを率いる科学者である。ブシャールと同僚たちは、主として西アフリカ出身の祖先を持ち普段運動をしていない、ラヴァル大学の学生二〇人以上から大腿の筋肉サンプルを採取した。そして年齢、身長、体重がアフリカ人学生と同等で、普段運動をしていない白人学生二〇人以上からもサンプルを採取した。論文の報告によると、アフリカ人学生は白人学生に比べて速筋線維の構成比率が高く、遅筋線維の構成比率が低かった。さらに、アフリカ人学生の場合は、全力スプリント中のエネルギー産生において、酸素に依存しない代謝経路の働きが白人学生よりはるかに活発であった。ブシャールたちは、アフリカ人学生は白人学生に比べ、「持続時間が短い運動に適した骨格筋特性を持っている」と結論づけている。

筋肉組織の一部を外科的に切り取らなければならない生検ではよくあることだが、この研究も規模は小さい。ほかにも類似の研究が行なわれ、基本的にはラヴァル大学の研究と同様の結果が出たが、いずれの研究も被験者の数は少なかった。*

クーパーは、二〇〇三年の著書 *Black Superman: A Cultural and Biological History of the People Who Became the World's Greatest Athletes*（黒いスーパーマン：世界最高のアスリートを輩出した民族の文化的生物学的歴史）と、二〇〇六年にモリソンと共同執筆した論文の中で次のように論じた。西アフリカの人々は、マラリアに対抗する低いヘモグロビン値をもたらす鎌状赤血球や、それと関連する遺伝子の変異を広めるといった特徴を進化させた。そして結果的に起こった速筋線維の増加が、このように酸素を用いたエネルギー産生能力を低下させた人々に、酸素に主として依存しない低代謝経路からのエネルギー産生の増加をもたらしたのである。[12] 鎌状赤血球形質と低ヘモグロビン値はマラリアに対抗するための進化的適応であるというクーパーの仮説の前半部分は、今では否定できないようである。[13]

ロジャー・バニスター卿が世界で初めてマイル走で四分を切った一九五四年のことである。ケニアの農場で育った医師であり生化学者でもあるイギリス人のアンソニー・C・アリソンは、サハラ砂漠以南のアフリカ人の中で鎌状赤血球形質を持つ人間は、同じ地域に住み、それを持たない人間よりも血液中のマラリア原虫が少ないことを指摘した。[14] 通常、鎌状赤血球をもたらす遺伝子変異は、人間にとって良くないように見える。もし鎌状赤血球遺伝子を一つずつ持つカップルが子をもうけたならば、四人に一人の割合で、その子は鎌状赤血球遺伝子を二つ持ち、「鎌状赤血球症」――別名、鎌状赤血球貧血――を発症するからだ。そうなると、運動をしなくても鎌状赤血球が現れ、余命も短くなる。それにもかかわらず、マラリ

＊ 西アフリカ系の祖先を持つ被験者は速筋線維の比率が高いという発見について、ブシャールは次のように語っている。「被験者たちはタイプⅡ筋線維［速筋線維］の比率がやや高かった。これは種類が異なるわけではなく、活動頻度が違うんです。つまり、うまく人を選んでトレーニングを施せば、ヨーロッパ人を祖先に持つ平均的な人より生物学的に成功しやすい者が多いということです。しかし、ヨーロッパ人を祖先に持つ人にも、同じプロファイルを持つ人は存在します。これが私たちがたどり着いた結論であり、この考えを覆すデータを今まで見たことはありません」。ブシャールはまた、平均値にわずかな差異があるということは、極端な生物学的特徴を備えた、分布曲線の両端にいる人では大きな差が出る、とも述べている。

アの危険地帯であるサハラ砂漠以南のアフリカでは、この遺伝子変異はなくならず、むしろ発現頻度が増加してきた。

鎌状赤血球遺伝子を一つだけ持つ人は、普段は健康だが、マラリア原虫に感染すると鎌状化する赤血球を持つ。それにより、マラリア原虫による破滅的な影響から体全体は守られることになる（鎌状赤血球症を発症すれば寿命が短くなるため、鎌状赤血球遺伝子が集団全体に広まることはない。マラリアが存在しないアメリカで何世代にもわたって生活しているアフリカ系アメリカ人の間では、鎌状赤血球遺伝子は着実に減っている）[15]。今日、鎌状赤血球による弊害とマラリア耐性のバランスの問題は、進化におけるトレードオフの代表例として生物の教科書に記載されている。有害な遺伝子変異でも、体を守る機能を備えていると、子孫に継承されるのだ。

アフリカ系アメリカ人とアフリカ系カリブ人のヘモグロビン値が低いのは、マラリアに対する二次適応の結果である、とクーパーとモリソンは示唆したが、彼らの主張は致命的な結果をもって証明された。

アフリカのマラリア流行地帯に住む人々のヘモグロビン値が低いのは、少なくとも一部は遺伝によるものであることを示す根拠は山のようにある。それにもかかわらず、アフリカ支援関係者は、ヘモグロビン値が低いのは食事から摂取する鉄分が少ないからだと考えていた。二〇〇一年、国連総会において、発展途上国の子供たちの間で蔓延している鉄分不足を解消する案が採択された。それを受けて、善意の医療関係者たちがヘモグロビン値を高める鉄分サプリメントを携えてアフリカを訪れた（ヘモグロビンは鉄分を多く含んだタンパク質なので、鉄分摂取量が不足するとヘモグロビン値が低下する。トップレベルの持久系アスリートは、調子が悪くなるとまず鉄分が少なくなっていないかどうかを調べることが多い）。

そして、問題が起きた。マラリア流行地帯で働く医師が、鉄分サプリメントが配布されたすべての場所で重度のマラリアが増えていることに気づいたのだ。一九八〇年代以降、アフリカやアジアで研究を行なった科学者たちは、ヘモグロビン値が低い住民のほうがマラリアで死ぬ割合が低い、と報告してきた。[16] 二〇〇六年にアフリカ東海岸のザンジバル地域で行なわれた大規模かつ無作為のプラセボ対照試験では、鉄分サプリメントを摂取した子供の間で、マラリアの罹患例と死亡例が急増したと報告された。この結果を受けて、WHOは国連による二〇〇一年の採択を撤回し、マラリアの危険が高い地域で鉄分サプリメントを配布することについて、医療関係者に警告を発した。[17] ヘモグロビン値の低さは鎌状赤血球形質と同様に、どうやらマラリアから人を守っているようだ。そしてクーパーとモリソンの仮説を支持するかのように、カリブ海沿岸と北アメリカに強制的に連れて来られたアフリカ人の多くは、まさにマラリアの罹患率と死亡率が世界一高く、鎌状赤血球遺伝子の発現頻度が高いサハラ砂漠以南のアフリカ西海岸の出身である。[18]

ただし、ヘモグロビンが減ると、速筋線維が増えるというクーパーとモリソンの仮説の最終部分は、まだ推測の域を出てはいない。

パトリック・クーパーは、命の炎が消えるまで研究と論文執筆に人生を捧げた。癌がついに彼の命を奪った二〇〇九年のその日まで、クーパーは病床から口述し、妻のジュアンに筆記をしてもらっていた。私は、ジャマイカを訪れたときにはぜひクーパーに会いたいと思ってきたが、その後、彼が亡くなっていたこと、そしてそもそも何年も前からジャマイカには住んでいなかったことを知った。そのようなわけで私はモリソンに会った後、モリソンとクーパーが共同執筆した論文を、その論文についてそれまで知らなかった五人の研究者に見せて、意見を聞いてみた。研究者の一人は、この理論はあくまでも推論にすぎず、議論できないという見解を示した。他の四人の研究者は、しっかり構築された仮説ではあるが実験も検証もされていない、という意見だった（しかし、二〇一一年、コペンハーゲン大学の研究者たちが、アフリカ系アメリカ人とアフリカ系カリブ人の速筋線維の比率の高さは身体的特徴の一つである、という説を発表した[19]。このとき、アフリカ系民族はヨーロッパ人に比べて代謝の休止と休眠が少なく、エネルギー産生時の脂肪の代謝が不活発で、より多くの炭水化物を燃焼させることも報告された）。

世界のトップスプリンターのDNAを集めているピツラディスは、この仮説が正しいはずがないと反論している。アフリカ系アメリカ人やジャマイカ人は遺伝的背景がとてつもなく多様で、遺伝的に均質な塊ではないことがわかっている、というのがその理由だ。しかし、アフリカ系アメリカ人とカリブ海地域のアフリカ系人種はどちらも、問題となっている形質——鎌状赤血球形質と、低いヘモグロビン値の広範な蔓延——を備えている。だから全体としての遺伝的多様性は問題とはならない。アフリカ人は平均的に、ヨーロッパ人より遺伝的多様性が高いが、ACTN3といういわゆるスプリント遺伝子のような特定の遺伝子については、高い同質性を示す。つまり、遺伝的に多様だからというだけでは、ある民族内で共通の形質が現れないことにはならないし、むしろ多くの民族で共通の形質は間違いなく現れている。イェール大学の遺伝学者ケネス・キッドがアフリカのピグミーについて語ったことと同じである。すなわち、ピグミーは遺伝的に世界で最も多様性に富む民族だが、身長が低いという形質をみなが共有しているため、NBAを席巻することはまずできないのだ。

今となってはクーパーから直接話を聞くことはできないので、彼の論文が発表された後にその理論を裏付ける、あるいは否定する新たな根拠が現れたかどうかを調べてみることにした。最初の問いはこれだ。鎌状赤血球形質を持つアスリートは、瞬発系スポーツにおいて、それを持たないアスリートより優れているのだろうか？

フランス人生理学者で、コートジボワールの旧首都アビジャンにある国立スポーツ医学センターで医学部長を務めたダニエル・ル・ガレは、クーパーよりずっと以前からこの疑問を抱いていた。コートジボワールでは、国民の鎌状赤血球保有率は約一二%だ。一九八〇年代の前半、コートジボワールの女子走り高跳び選手のトップ三人（そのうちの一人はアフリカ選手権の覇者）が練習中にひどく消耗していることに、ル・ガレは気づいた。三人の選手を検査したル・ガレは、「驚いたことに、三人とも鎌状赤血球保有者でした。三人は国内の別の民族の出身なのに」と、Eメールに書いている。

ル・ガレはのちに、トップレベルのスプリンターとジャンパーの鎌状赤血球形質を網羅的に調べ、その結果に基づいて論文を共同執筆した。[20] そして一九九八年、瞬発系スポーツであるジャンプ競技と投擲競技において、コートジボワール国内覇者一二二人のうち三〇%近くが鎌状赤血球保有者であり、彼らが樹立した国内新記録は合計三七個になると発表した。このグループのトップは、男女とも鎌状赤血球保有者だった。また、二〇〇五年のフランス代表選手となった仏領西インド諸島出身のスプリンターに対する検査では、約一九%が鎌状赤血球保有者だった。代表チームが獲得したタイトル数や樹立した新記録数が多かったのは、このためだったのである。

ル・ガレはEメールで私にこう伝えている。「私は、どこまで解明できたでしょうか？ 長距離の持久系スポーツでは、（鎌状赤血球形質を）保有している選手の数は、保有していない選手より少ないことがさまざまな研究によって明らかになっています。逆に、ジャンプ競技や投擲競技では鎌状赤血球形質を保有している選手の比率が大きいこともわかっています。長距離走でパフォーマンスが悪化するのは、酸素運搬系障害が原因だと言えます。一方、それがジャンプ競技や投擲競技において有利となる理由については、何もわかりません」

ヘモグロビン値が低いと速筋線維を増やすスイッチが押されるのかという点については、マウスやラットではこれを支持する結果が出ている。[21] UCLAの研究により、鉄分が不足した餌をマウスに与え続けると、ヘモグロビン値が低下し、後肢のタイプⅡa筋線維（速筋線維）がタイプⅡb筋線維（超速筋線維）に変化することが明らかになった。スペインで行なわれた別の研究では、定期的な採血によってラットのヘモグロビン値を低下させたところ、後肢の速筋線維の比率が高くなった。しかし、人間に対してこのような研究を行なった例はない。しかも、マウスは人間よりも筋線維タイプを変化させる能力に優れている。さらに言えば、これはマウス個体の生存中に起こった発育上の影響によるものであり、何世代にもわたる遺伝子変化による進化ではない。

現在の科学でわかっているのはここまでだ。マウスとラットを使ったそれぞれ一例の研究結果では、齧歯類のヘモグロビン値を低下させると、瞬発系筋線維を増やすスイッチが入ることが示された。しかし、クーパーとモリソンの仮説を、人間を使って検証しようとした研究者はいない。つまり、人間を対象とした研究は、まだ一つも行なわれていないのである。

仮説について意見を求めた研究者の数人は、このテーマをこれ以上追究しようとは思わないと答えた。厄介な人種問題を避けて通れないからだ。そのうちの一人は、特定の生理学的形質に関する民族的な差異を示すデータを持っているが、物議をかもすおそれがあるから発表する気はないと言っていた。また、あるグループの身体的優位性を強調すると、そのグループの知性が低いと言っていると誤解されるおそれがあるため、クーパーとモリソンが抱いた疑問を追いかけるのは心配だと答えた研究者もいた。生物学において運動能力と知性はシーソーのような関係にあると思っている人もいるのだ。このような誤解を受けることを十分に覚悟したうえで述べるが、クーパーが著書 *Black Superman* でなした最大の功績はおそらく、世に言う運動能力と知性の間の逆相関関係の真偽を体系的につまびらかにしたことだろう。「運動能力の高さはときとして知性の低さを意味するという考え方は、優れた運動能力がアフリカ系アメリカ人と関連づけられたときに限定して現れた」。「一九三六年ごろまではそのようなことはなかった」と、クーパーは記している。運動能力は知性に反比例するという考えから偏見が生まれたのではなく、偏見があった結果として、このような考え方が生まれた。むずかしい問題については、今後はさらに真剣に科学的に追究するのが正しい道筋であると、クーパーは示唆したのである。

酸素運搬能力の減退は瞬発系筋肉の増加を誘発する、というクーパーとモリソンの仮説は、決して単純に〝黒人特有〟の現象として意図したものではなかった。たとえ仮説が正しかったとしても、どの民族内でも生理学的な多様性は無数に存在する。クーパーとモリソンは、特定の地域に祖先を持つ黒人アスリートの一群についての理論を構築したにすぎない。

アフリカ大陸でも、スプリンターの祖先が住んでいた地域とは逆側の地域を見てみよう。ここでは地理的な偶然の一致も手伝い、また別の世界最高のアスリート集団が、持久力を阻む可能性のある遺伝的適応をまぬがれていた。彼らが住む高地には蚊が少なく、そのためマラリアも鎌状赤血球遺伝子もほとんど存在しない[22]。その土地出身の黒人アスリートたちは、まったく別の分野に君臨していた。

第12章　ケニアのカレンジン族は誰でも速く走るのか？

ジョン・マナーズは毎年、夏になるとケニアに帰り、七月に一五〇〇m走のタイムトライアルを行なう――涙のレースだ。走り終えたばかりの子供たちの頬を流れ落ちる涙だけではない。マナーズもまた、「泣きます。気持ちが高ぶってしまうんです」。

マナーズの悲しい顔を想像するのはむずかしい。キャスケット帽のひさしの下でキラキラ輝く目、とがった白いあごひげと軽快な足取りが、その口調をいっそういたずら好きで楽し気なものにしている。

マナーズを泣かせる一五〇〇m走は、毎年、六〇人余りのケニアの貧しい子供たちを対象にケニア奨学生アスリートプロジェクト（ＫｅｎＳＡＰ）プログラムが行なう独特な大学出願プロセスの仕上げとして実施される。マナーズとＫｅｎＳＡＰは、そのうちの五〇人近くをふるい落とさなければならないのだ。

ＫｅｎＳＡＰは、ニュージャージー州在住のライター、ジョン・マナーズとマイク・ボイト博士が二〇〇四年に考案したプロジェクトだ。ボイトは、一九七二年ミュンヘンオリンピックの八〇〇m走で銅メダルを獲得し、現在は、ナイロビのケニヤッタ大学で運動・スポーツ科学の教授を務めている。KenSAPの目的は、リフトヴァレー州西部出身の優秀なケニア人学生を、アメリカの一流大学に進学させることだ。

マナーズは毎年、新聞に掲載されるケニア中等教育修了証（KCSE）テストの高得点取得者リストに目を通し、リフトヴァレー州西部の成績優秀者名を確認する。KCSEテストは高校の卒業試験であり、ケニアでは、このテストの成績のみで大学入学の選考が行なわれるのだ。マナーズはまた、地元のKassFMラジオ局に足を運び、最高の成績、すなわちオールAを取った生徒たちに、KenSAPに応募するよう呼びかける。しかし、募集は簡単ではない。「プログラムが無料のため、詐欺ではないかと疑う親もいるのです」とマナーズは説明する。

応募者のなかから選別された生徒たちはイテンにある高地トレーニングセンターに集められる。標高約二三〇〇mのこの場所で、面接に続いて一五〇〇mを走らされる。生徒たちはみな、田舎の貧困家庭に育っているが、高校の成績は優秀だ。応募者の大多数は男子生徒が占めている。ケニアには家父長制の伝統があり、女子生徒がKCSEテストの準備をする機会が少ないからだ。なかには、家族が食べていくのが精一杯の農家の子供で、教室の床が泥土や石といった学校に通っていた生徒たちもいる。全員の学業成績と作文の内容は、アメリカ東海岸の有名大学の入試担当者たちを驚かせるほどのものだった。面接と一五〇〇m走が終わると、マナーズは、ボイトとアメリカ人教師たち、地元のケニア人の長老らと相談し、数時間のうちに合格者の名前を大きな声で呼び上げる。ここで、不合格になった生徒たちが涙を流すのだ。

ＫｅｎＳＡＰに合格した十数名の生徒は、その後二ヵ月間、大学進学適性試験（ＳＡＴ）の受験準備と大学入学出願の作業に没頭する。これまでのところ、ＫｅｎＳＡＰは見事な成果を上げている。二〇〇四年から二〇一一年までの間に、ＫｅｎＳＡＰに合格した七五人の生徒のうち、七一人がアメリカの大学に入学した。これまでにアイビーリーグのすべての大学にＫｅｎＳＡＰの生徒が入学している。そのうち、ハーヴァード大学が一〇人と最多で、イェール大学の七人、ペンシルヴェニア大学の五人と続く。このほか、アマースト大学、ウェズリアン大学、ウィリアムズ大学といった有名なリベラルアーツ・カレッジに入学する生徒もいる。マナーズの言うには、「私が好きなのはＮＥＳＣＡＣです」。ＮＥＳＣＡＣとは、「ニューイングランド小規模大学体育連盟」の略称である。「うちの生徒たちはＮＥＳＣＡＣで活躍していますね」

一五〇〇ｍ走タイムトライアルは明らかに、大学出願プログラムでは前例のない試みである。ケニアでオールＡを取る生徒は普通、政府の助成する寄宿学校に入っており、ランニングの経験者はほとんどいない。面接の数ヵ月前にＫｅｎＳＡＰ応募者に送られた手紙には、ランニングのテストがあるため運動に適した服装をしてくるようにと書かれている。それでも、長ズボンをはいてくる男子生徒や、膝下丈のスカートとパンプスで来る女子生徒が必ずいる。

一五〇〇m走を行なう目的は、アメリカ人コーチが入試事務局に口添えする気になるような、走ることに長けた天才アスリートを発掘することだ。「出願が有利になるためにできることはないか、どんなことでも探しています」とマナーズは言う。ランニングの経験がないのに見込みのありそうな生徒を見つけたら、マナーズが大学のコーチに連絡をして、興味があるかどうかを尋ねるのだ。

東アフリカの一角にある小さな土地に住む秀才たちに、標高二三〇〇mの高地にある土のトラックで一五〇〇mを走らせるのが、少し奇妙なことだと感じるなら、そのとおりだろう。アメリカの大学入試カウンセラーが、SATで二四〇〇点満点を取った生徒をスタートラインに並ばせてタイムトライアルを受けさせる様子を想像してみてほしい。

しかし、この小さな土地でタイムトライアルが行なわれているのは、決して無作為に選ばれた結果ではない。

一九五七年、マナーズが一二歳の年、彼は父親と一緒にマサチューセッツ州ニュートンからアフリカに移り住んだ。人類学教授であり、ブランダイス大学人類学部の創設者である父ロバート・マナーズは、タンザニアのチャガ族について研究するつもりだった。しかし、他の人類学者に先を越されたため、ケニアのリフトヴァレー州西部に住むキプシギス族を研究することにした。キプシギス族は古くから牧畜を営む民族で、さらに大きな種族であるカレンジン族の下位集団をなす。キプシギス族は、一九六三年まで続いたイギリスによる植民地政策に対抗して、伝統文化を必死で守ろうとしていた。

ロバート・マナーズは、ケニア西部の標高一八〇〇mのソティック地区にある、茶畑や酪農家に囲まれた家を選んだ。この地区には一本の泥道があり、昔のアメリカ西部の町のように、道の両側にある歩道の上方に家のベランダが張り出していた。ジョン・マナーズは短期間のうちに、キプシギス族の子供たちのようにスワヒリ語を話し、土地の子供たちと一緒に、彼らが遅刻をして杖で叩かれるのを避けるために、四、五kmの道のりを走って学校に通うようになった。マナーズはまた、陸上競技大会を初めて観戦に出かけた。

ジャマイカと同じように、イギリスの植民地政策によってこの国にも陸上競技がもたらされた。一九五一年に「ケニア・アマチュア競技協会」が設立され、マナーズ一家がケニアにやって来るころには、この地区ではトラックは土や芝生のままだったが、すでに陸上競技大会が盛んに開催されていた。七年生のときに初めて見た競技会で、マナーズは、自分の仲間であるキプシギス族のランナーたちの華々しい活躍を喜んだ。

一九五八年の秋、八年生のときにマサチューセッツ州に戻ったが、陸上競技とケニアには魅了されたままだった。一九六四年の東京オリンピックでは、ケニアはわずか三回目の参加にもかかわらず、男子八〇〇m走でキプシギス族のウィルソン・キプルグトが銅メダルを獲得した。四年後、高地のメキシコシティで開催されたオリンピックでは、ケニア人選手が中長距離走で合計七個のメダルを獲得し、圧倒的な強さを見せつけた。メキシコシティオリンピックの開催されているその月に、ハーヴァード大学を卒業したばかりのマナーズは、ニューヨーク州北部で平和部隊の訓練に参加していた。「メダルを獲得したケニア人選手の名前を見ましたが、そのほとんどがカレンジン族でした」とマナーズは言う。ケニア人ランナーの活躍を見てマナーズは心を躍らせた。イギリスの植民地主義者の持つ固定観念が打ち砕かれたからだ。「黒人は短距離走なら走れるが、高度な戦略が求められ、自己規律や鍛錬を必要とする競技は白人の領域であるというのが慣習的な見方だったのです」

マナーズは、平和部隊の一員としてケニアのリフトヴァレー州西部に再び赴き三年間を過ごしたが、地元の住民はマナーズ父子のことをまだ覚えていてくれた。一九七〇年代初頭に、数名のケニア出身の中長距離ランナーがアメリカの大学で活躍しはじめ、マナーズはケニアのランナーについて記事を執筆するようになった。一九七二年には、『トラック・アンド・フィールド・ニュース』誌に共同執筆の記事が掲載された。「その内容は要するに、ケニアにはまだ優秀なランナーがいるのかという、アメリカ人コーチの問いに対して、『いくらでもいる!』と答えるものでした」とマナーズは解説する。それもとりわけ、カレンジン族のなかにいる。

四九〇〇万人のカレンジン族は、ケニア総人口の約一二%にすぎないが、同国のトップランナーの四分の三以上を占めている。[1] マナーズは一九七五年、『ランナーズ・ワールド』誌編集の *The African Running Revolution*（アフリカ人ランニング革命）のうちの一つの章を執筆した。彼がその脚注で提唱したケニア人――特にカレンジン族の優れたランニング能力についての進化学的理論は今でも議論の的となっている。

　マナーズは、カレンジン族戦士の伝統的な生活では牛の略奪が行なわれていたと書いている。つまり、人目を忍んで走って近隣の部族の土地に侵入し、牛の群れを囲い込み、できるかぎりすばやくカレンジン族の部落に連れ帰る、という行為のことだ。同じカレンジン族に属する他のグループの牛を襲うのでなければ、牛の略奪は盗みとは見なされていなかった。[2] マナーズによれば「略奪は主に夜に行なわれ、一六〇《ムレン》km先まで走ることもあった。たいていの略奪はグループを組んで行なわれるが、各々の戦士は少なくとも自分の役割を果たすことが求められた」。

　略奪して持ち帰った牛の数が多い戦士は、勇敢で運動能力の高い戦士として称えられ、名誉と牛を利用して複数の配偶者を手に入れることができた。略奪に成功するには牛の群れを安全な場所まで急いで追い立てる必要があるため、優れたランナーであることが求められ、略奪に長けた戦士はより多くの配偶者を持ち子孫を残した。つまり牛の略奪が、優れた長距離走遺伝子を持つ男性が有利になるような生殖上の利点として働いたのかもしれないとマナーズは脚注に記している。だが、同じ章の中のすぐ先で、マナーズは記したばかりの自分の見解を疑うようなことも書いている。「ぱっと思い浮かんだことを書いただけでした」とマナーズは述懐する。

　しかし、長年にわたってカレンジン族のランニングを研究し続け、カレンジン族のランナーと年配者にインタビューを行なってきたマナーズはやがて、その見解はさほど奇抜なものではない、と考えるようになった。長距離ランナーの才能を輩出する地域が東アフリカの他の土地にも見つかり、そうした能力の高いランナーたちもまた、その昔、牛の略奪を行なう習慣のある伝統的な牧畜文化を持つ土地の出身であることが、理由の一つだった。[3]

長距離走における世界第二位の大国であるエチオピアでは、オロモ族の人口は全人口の約三分の一だが、エチオピア人の国際レベルのランナーの大多数を占める。[4] エルゴン山をはさんでケニアの反対側に位置するウガンダでは、長距離走トップランナーのほとんど全員がセベイ族であり、そのなかには、二〇一二年ロンドンオリンピックのマラソン覇者、スティーヴン・キプロティチも含まれる。ウガンダのセベイ族は、実は、ケニアのカレンジン族の小グループである。

ニュージャージー州モントクレアにある自宅の三階部分、天井が斜めになった屋根裏部屋を改装した場所がマナーズの仕事場だ。そこには紙や地図があふれ、まるで、密かに火星旅行を計画している頭脳明晰な一二歳の子の部屋のようだった。何冊ものファイル、積み上げられた本の山、棚に並んだ本、何枚もの地図。傾いた天井に貼りつけてある大きな地図には、いくつもの画鋲が意味ありげに刺してあった。

それらの地図は、ランナーが大量に生み出されているケニア西部の特定の地区のものだ。地図の横には、一九五五年版以降の『陸上競技統計学者協会年鑑』が積み上げてある。陸上競技統計学者協会は、陸上競技の統計マニアのボランティア組織であり、年鑑の多くはすでに絶版となっている。「何冊かは収集家から買い取らなくてはなりませんでした」とマナーズは言う。さらに、『アフリカ陸上競技年鑑』もほぼ全冊持っており、『トラック・アンド・フィールド・ニュース』誌は一九七一年以降のものをすべてそろえている。

マナーズは、ケニア人ランナーを出身地域と部族ごとに分類した。その範囲は、他のどの研究者による調査よりも広い。調査は、ランナーに直接質問をする形式が多かった。この作業を通して、才能豊かなカレンジン族ランナーについての驚くべき逸話を収集した。

たとえばエイモス・コリルは、一九七七年にペンシルヴェニア州アレゲニー郡のコミュニティー・カレッジに入学したとき、棒高跳びをするつもりだった。だが、他の選手たちのほうがずっと上手なのを知り、自分は本来ランナーなのだ、とコーチに嘘をついた。そこでコリルは、三〇〇〇m障害走に出場することになった。三度目のレースで全米ジュニアカレッジ選手権を制し、四年後には、世界ランク三位の障害走ランナーにまでなった。

もう一つ、テキサス州のラボッククリスチャン大学に入学したジュリアス・ランディックは、ランニング競技の経験を持たないヘビースモーカーだった。それが一年生の終わり、一九九一～九二年のシーズンに、NAIA選手権の一万m走で優勝。翌年、五〇〇〇mと一万mでNAIA新記録を樹立し、最優秀選手に選ばれた。カレンジン族のランナーがNAIA参加校のコーチたちの間で注目を浴びるようになり、ランディックに続き、何人もがその後、全米選手権の一万mで優勝することになった。ランディックの弟であるアーロン・ロノもその一人で、四年連続でトップを取った。

さらに、ポール・ロティッチの逸話もある。おそらく、マナーズが耳にしたなかでも最も有名な話だろう。カレンジン族の裕福な農家に生まれたロティッチは、マナーズに言わせれば地元で「座ってばかりの快適な」生活を送った後、一九八八年にテキサス州のサウスプレーンズ・ジュニアカレッジに入学した。身長一七三cm、体重八六kgとかっぷくのよいロティッチは、二年分の学費と生活費として父親から受け取った一万ドルをあっというまに使い果たした。「ポールは惨めな姿で国に帰るよりは、陸上競技の奨学金を目指してトレーニングをする道を選んだ」と、マナーズは書いている。ロティッチは、人に見られて恥ずかしい思いをしないように夜中に練習をしていたが、その心配はすぐに無用となった。最初のシーズンに、全米ジュニアカレッジ・クロスカントリー選手権で優勝したのだ。その後、クロスカントリーと、室内および室外トラック競技の全米代表選手に一〇回選出された。ロティッチがケニアに戻り、競技の成績をいとこに自慢すると、「そうか、本当だったんだな。おまえが走れるなら、カレンジン族の誰でも走れるよ」と返された。

カレンジン族なら誰でも優秀な長距離ランナーになれるとはマナーズも思ってはいないが、トレーニングによって非常に短期間に際立って速い中長距離ランナーとなる者の割合は、ケニアの他のどの部族より、あるいは世界中のどの民族よりもカレンジン族が大幅に高い、とマナーズは確信している。

少し考えてみてほしい。過去に、マラソンで二時間一〇分を切った（または一マイルを四分五八秒のペースで走った）アメリカ人男子ランナーは一七人だ。一方、二〇一一年一〇月のひと月だけで、三二人ものカレンジン族男子ランナーがこれを達成した。[6*] 長距離走でのカレンジン族の優位を示す数字はいくらでもあり、思わず笑いがもれるほどだ。たとえばこれまで、マイル走で四分を切ったアメリカ人高校生は五人いる。しかし、カレンジン族のランナーたちがトレーニングを積む、イテンにあるセントパトリック高校にはかつて、一マイルで四分を切る生徒が同時期に四人いた（逆に、一〇〇m走のケニア記録一〇秒二六は、ロンドンオリンピックの参加標準記録さえクリアしていない）。セントパトリック高校を卒業し、後にデンマーク国籍を取得したウィルソン・キプケテルは、一九九七年から二〇一〇年まで八〇〇m走の世界記録保持者だったが、自分の高校では記録保持者ではなかった（高校の記録保持者は、一分四三秒六四のジャフェット・キムタイである）。

マナーズは、リフトヴァレー州西部は才能の宝庫だろうと期待して、二〇〇五年に、彼に言わせればＫｅｎＳＡＰの「一大テスト」を開始した。ケニア人ランナーが持久走の才能を遺伝的に継承しているかどうかについては、科学者とランニングの専門家たちがあらゆる角度から調べてきた。一方、マナーズが行なうテストは、貧しいケニアの生徒たちを一流大学に入学させることを目的としているため、科学者たちがサンプルを抽出し、トラックを走ら

＊　二〇一二年に開催されたスタンダードチャータード・ドバイ・マラソンの一レースだけで、合計一七人のケニア人とエチオピア人ランナーが二時間一〇分を切った。

せる通常の手法とは異なり、カレンジン族からの無作為抽出に近いものであった。マナーズのタイムトライアルを受ける生徒たちは、ほとんどが、政府の助成する一流寄宿学校の出身であり、基本的に、誰一人として競技で走った経験は持っていない。これは、持久力走の金の卵を選抜するには、きわめてあらっぽい方法である。*

質の悪い土のトラックで、しかも標高二〇〇〇m以上にもかかわらず、毎年、タイムトライアルを受ける男子生徒の約半数が、一五〇〇mを五分二〇秒以下で走る。「アメリカの上流社会の成績優秀な生徒を集めたら、どうなるか想像できますか？　おそらく、足元にも及ばないでしょう」とマナーズは言う。

二〇〇五年のトライアウトでは、ピーター・コスゲイという名の少年が、それまで実質的なトレーニングをしたことがないにもかかわらず、四分一五秒のタイムを出した。コスゲイはニューヨーク州クリントンにあるハミルトン・カレッジに入学してまもなく、同校史上最高のアスリートと称されるようになり、大学一年で、NCAAディビジョン3における三〇〇〇m障害走の全米覇者となった。そして、三年生の終わりまでに、クロスカントリーとトラック競技でさらに八個の全米タイトルを獲得する。ディビジョン3では彼の能力はあまりにも群を抜いており、チームメイトのスコット・ビッカードはそれをこんなふうにたとえている。[7]「ディビジョン3の大学に入ってバスケットボールをしていたら、NBAでも通用する選手が同じチームにいたようなものだ」と。

残念なことにコスゲイは、四年生の年に競技を続けられなくなってしまった。二〇一一年だ。三月、春休みを利用してケニアに帰省する途中、強盗に襲われて両脚を骨折してしまったのだ。その八カ月後、私はＫｅｎＳＡＰ関連でコスゲイに会った。化学の大学院学位取得に専念していたが、いつの日か再びレースに出たい、と話していた。ハミルトン・カレッジにいたときには、一週間にわずか五〇km前後しか走っていなかったので、自分の潜在能力のほんの一部しか開発していないと思うと言うのだ。

短期間のうちに才能を発揮したＫｅｎＳＡＰ出身のランナーは、ほかにも大勢いる。エヴァンス・コスゲイは（ピーター・コスゲイと血縁はない）、リーハイ大学でコンピューターサイエンス・エンジニアリング専攻でＧＰＡ三・八（訳注　ＧＰＡは学業成績の判定基準。最高評価点四・〇、最低評価点〇）の成績を収めた。一年間でアメリカの生活に慣れた後、二年生ではクロスカントリーに挑戦することにした。最初は、八kmのトライアウトを走り終えるのさえ苦労した。しかし短期間のうちに、クロスカントリーとトラック競技でディビジョン1の全米選手権に出場するまでになっていた。二〇一二年には、リーハイ大学の卒業生に贈られる年間最優秀学生・アスリート賞を受賞したのだ。

ＫｅｎＳＡＰプログラムで大学に入学した生徒の多くが走ることに興味はなく、アメリカ人コーチに歓迎されて入部はしても、すぐに退部して学業に専念する者もなかにはいた、と

＊　マナーズ自身も言っているが、「高校で学業しかしてこなかった」生徒を応募させていることから、実際のところ、ランニングの才能を見出す作業に反することを行なっているのだ。

マナーズは言う。とはいえ、二〇一一年までの合計七一人のKenSAPプログラムの生徒のうち、一四人がNCAAの大学代表選手となった。これといったトレーニング経験者は一人もいなかったのにである。

もちろん、隠れた長距離走の才能が偶然見つかる場所はケニアに限らない。しかも、ジャマイカ人スプリンターのように、才能発掘が非常に体系化された手順を踏んで行なわれていることからすると、発見は偶然というより、戦術的にふるいにかけた結果に近い。ここで根本的な疑問がわく。持久系の才能をより多く発掘できそうな土地は、ケニアなのか？　もっと突っ込んで言えば、カレンジン族なのか？　もしそうならば、主に、生まれ持った生物学的な資質によるものなのか？　特定のスポーツにおいて、才能を持ち将来を期待できるアスリートが現れる頻度が集団によって高かったり低かったりするのは明らかであり、議論の余地はない。ピグミーの成人男性の平均身長は一五二㎝だ。したがって、ピグミーのNBA選手が誕生する日がいつか来るかもしれないが、バスケットボールのスカウトがピグミーの人々から無作為抽出したなかから、しかるべきトレーニングの後にNBA選手になる人数は、リトアニア人から無作為抽出した場合より少ないだろう。

現在のところ、ケニアあるいは世界の他の土地で、他の民族を対象とした、KenSAPのタイムトライアルと比較できるような類似のものがあるかどうかはわからない。しかも、KenSAPのトライアウトは、科学的な研究を目的としているものではない。しかし、科学的手法によってその答えを得ようとしたある研究グループが存在した。

長距離走におけるカレンジン族の優位性についての多数の逸話や主張を検証するために、世界的に有名なコペンハーゲン大学コペンハーゲン筋肉研究センターの研究チームが、一九九八年にデータの評価に取りかかった。[89] カレンジン族についての調査項目には、脚の筋肉の遅筋線維比率が際立って高いのか、最大酸素摂取量（VO_2max）が生まれつき高いのか、持久系トレーニングに対する反応が他の民族より速いのかなどがあった。

少なくとも遺伝と環境の問題だけでも解決できるように、エリートランナーだけでなく、都市部と農村部に住むカレンジン族の少年と、コペンハーゲンに住むデンマークの少年も調査対象に含まれた。

全体的に見て、得られた結果から、長年にわたり主張されてきたが未検証であった諸説を裏付けることはできなかった。カレンジン族のエリートランナーとヨーロッパ人のエリートランナーとでは、平均して遅筋線維の比率に差はなく、デンマークの少年も都市部に住むカレンジン族の少年や農村部に住むカレンジン族の少年と差はなかった。農村部に住むカレンジン族の少年の最大酸素摂取量は、都市部に住み、活動量の少ないカレンジン族の少年よりも高い値を示したが、それでもデンマークの活動量の多い少年とほぼ同等の値だった。さらに、三カ月間の持久力トレーニングを行ない、最大酸素摂取量を測定した結果、カレンジン族の少年のグループは全体的に、デンマークの少年たちよりも平均して反応が強いということはなかった。

しかし、祖先の代から住んできた土地の緯度の差から予測されるように、カレンジン族の少年とデンマークの少年の体型にはたしかに差異があった。カレンジン族の少年の体長を最も多く占めるのは、脚だった。カレンジン族の少年の身長は、デンマークの少年より平均して約五cm低かったが、逆に、脚は約二cm長かった。

しかし、研究者たちによる最もユニークな発見は、脚の長さよりも、むしろ脚回りの寸法だった。カレンジン族少年の下腿の容積と平均的な太さは、デンマークの少年よりも一五%から一七%少なかったのだ。これは重要な発見だった。脚は振り子のようなもので、振り子の端が重いほど、振り子を振るのに多くのエネルギーを必要とする。*生物学者たちはこのことをコントロールされた条件下の人間を対象に行なった実験によって実証している。しっかりとコントロールされたある研究では、ランナーの身体の各部、たとえば、腰、大腿上部、脛の上部、足首などに重りを取りつけて実験が行なわれた。

同じ重量の重りであっても、脚の下部に取りつけられるほど、ランナーのエネルギー消費量が増した。実験のある段階で、ランナーの腰に四kgの重りを取りつけたところ、同じ重さの重りがないときと同じペースで走るには、四%多くのエネルギーを必要とした。ところが、ランナーの両足首にそれぞれ二kgの重りを取りつけたところ、重りがないときと同じペースで走るには、二四%多くのエネルギーを消費した。先の実験と、取りつけた重りの重量の合計はまったく変わらなかったのにである。

手足の端のほうに位置する重量は「遠位重量」と呼ばれ、長距離ランナーはこれが少ないほど好ましい（すなわち、あなたのふくらはぎや足首が太ければ、ニューヨークシティマラソンでは勝てないのだ）[10]。さらに、足首にわずか五〇グラムの重りを取りつけただけでも、ランニング時の酸素消費量が一％増えることが、別の研究チームによって確認されている（アディダスの技術者が、軽量シューズの開発時に同様の結果を再現している）[11]。つまり、デンマーク人ランナーと比較すると、カレンジン族ランナーの下腿は約五〇〇グラム軽いことが、デンマークの研究者によって明らかにされたのだ。そのため、一kmにつき八％のエネルギーが節約される計算になる。

「ランニングエコノミー」は、ランナーがあるペースで走るときに消費する酸素量を測る尺度だ。自動車の燃費とよく似た概念で、同じ量の燃料でも、自動車の大きさや形によって得られる推進力が異なる。エリート長距離ランナーは、高い最大酸素摂取量と優れたランニングエコノミーの両方を備えている。自動車の比喩を続けるならば、大排気量のエンジンと優れた燃費の両方を持った、まれな組み合わせと言えるだろう。エリートランナーの間では、みなが大きなエンジンを持っているため、ランニングエコノミーが、「特別に優れたランナ

＊「ブレードランナー」として知られる、南アフリカの両足義足のスプリンター、オスカー・ピストリウス（本書執筆時点において、恋人を殺害した容疑で公判中）は、人間の脚よりはるかに軽い、カーボンファイバー製の義足を使用している。彼の脚のスイング速度は、これまで測定されたどのスプリンターよりも大幅に速い。

ー」と「優れたランナー」を分ける。

ランニングエコノミーについては、トレーニングを行なっていないカレンジン族の少年のほうが、トレーニングを行なっていないデンマークの少年よりも優れていた。[12] 身長に対して長い脚と細い下腿は、それぞれが優れたランニングエコノミーをもたらすが、[13] カレンジン族の少年はその両方を持っていたのだ。* デンマークの少年よりも体を動かすことが少なく酸素消費量も低かった都市部に住むカレンジン族の少年でさえ、ランニングエコノミーはデンマークの少年よりもともと高かった。ケニアとデンマークのそれぞれのランナーグループ内においても、これら二つのグループを比較した場合においても、下腿が細いことは、ランニングエコノミーの重要な予測変数となっていた。トレーニングで毎週同じ距離を走っている、あるいは同じようにまったくトレーニングを行なっていないケニアとデンマークの被験者を比較してみると、ケニア人被験者のランニングエコノミーのほうが優れていた。

つまり、同じ酸素運搬能力を持っていたとしたら、それを用いてケニア人のほうが速く走れるだろうということになる。トップレベルのスポーツ競技における体型の人為選択からも予想できるように、ケニアのエリートランナーは、トレーニングをしていないケニアの少年より下腿がいっそう細く、ランニングエコノミーがはるかに優れている。この研究チームの一員であり、世界でも著名なスポーツ科学者の一人であるベン・サルチンは、「この関係は、絶対値で表された下腿の太さがランニングエコノミーのきわめて重要な要素であることを裏付けていると考えられる」と記している。同じくコペンハーゲンの研究チームの一員、ヘンリク・ラーセンが後に、長距離走におけるケニア人の優位性について「主因を解明した」と発表した。[15]

国籍や民族性《エスニシティ》に関係なく、しなやかな脚があればランニングエコノミーが高くなる。これまでに研究室で測定された最高のランニングエコノミーの持ち主の一人は、エリトリアのランナーで本書執筆時点においてハーフマラソンの世界記録保持者であるゼルセナイ・タデッセだ。[16] スペインの研究室で測定された数値を見ると、タデッセの脚が特別に長いわけではないとわかる。身体に対する比率からすれば、スペインのエリートランナーより少し長い程度だ。だが、かなり細い。タデッセは、自転車競技の選手になることを夢見て育った。エリトリアで初めて設立されたスポーツ連盟の一つが、自転車競技の連盟だったからだ。しかし、二〇歳になる直前にランニングに転向し、大きな成功を収めた。最初のシーズンである二〇〇二年に、世界クロスカントリー選手権で三〇位となり、その後二〇〇七年に世界チャンピ

＊　二〇一二年に『ヨーロピアン・ジャーナル・オブ・アプライド・フィジオロジー』誌に掲載された小規模な研究から、ケニア人ランナーのアキレス腱が、身長が同じ非ランナーの白人対照被験者より、約七cm長いことがわかった。[14] ケニア人が身長に対して長い脚を持つことから、それは予測されていた結果である。アキレス腱が長いほど、多くの弾性エネルギーを蓄えることができる（走り高跳びの世界王者となったドナルド・トーマスの例［第2章参照］も、それを示している）。科学者の次なる課題は、この長いアキレス腱が、ランニング能力にどの程度の影響を与えるか、である。

オンに登りつめた。自転車で培われた有酸素運動への高い適応性がランニングでも役立ったが、細い下腿は、バイクではなく陸上競技でこそ威力が発揮されるものなのだ。

タデッセの例でわかるように、細い下腿は、カレンジン族だけの特質ではない。しかし、カレンジン族は、とりわけ細長い身体と、狭い腰幅と、細長い手足を持つ者が多い。極端に細い身体を「ナイロート型《タイプ》」と呼ぶ人類学者もいる。ナイロートとはナイル流域に住む、近縁のエスニックグループの総称であり、たまたま、カレンジン族はナイロート系民族の一つである。* 細長い身体は冷やしやすいため、暑くて乾燥した低緯度の地域に適応して、ナイロート型の体型が進化した（逆に、極端に背が低くがっちりした体型は、昔からエスキモー型の体型として知られている。ただし、「エスキモー」という言葉を差別語と見なして、使わないようにしている国もある）。そしてカレンジン族の土地は、とても緯度の低いところにある。二〇一二年に筆者がケニアを訪れたとき、トレーニング施設の間を車で移動する途中で、赤道を通過した。もともとカレンジン族は、スーダン南部から移住してきた人々だ。スーダン南部には現在、ディンカ族のように背が高くほっそりとした他のナイロート系の民族が住んでいる。ディンカ族は手足が非常に長いプロバスケットボール選手を何人か輩出しており、ひときわ著名な選手がマヌート・ボルだ。身長は二三一cm、両手を横に広げたときの長さは二五九cmと言われていた。

細長い体型が持久走に適していることと、ナイロート系民族が細長い体型を持っていることから、スーダン南部には優秀な長距離ランナーが豊富に存在するはずだと思われる。しかし、長距離走の国際試合の場にスーダン出身の選手はほとんどいない。そこで私は、スーダン人ランナーのランニングエコノミーについての研究実績があるか、また、スーダン出身のナイロート系長距離ランナーがいないのはなぜかについて、科学者と陸上競技専門家に尋ねてみた。あいにく、スーダン人ランナーについてのデータはまったく存在せず、大統領選挙後の暴動以外には国内情勢が比較的安定しているケニアと異なり、近現代のスーダンはこれまでつねに騒乱のさなかにあり、アスリートの機会が奪われていた、というのが陸上競技専門家の共通した意見だった。

二〇一一年一二月にカタールで開催されたアラブゲームズを観戦したときに、この点について、スーダンのアスリートとジャーナリストと話をした。移動の困難などといったさまざまな問題もあるが、スーダン南部地域（現在は南スーダン共和国）のアスリートが歴史上差別されており、スーダンのスポーツ関係者がその地域の優れた選手をこれまでオリンピックに参加させなかったからだろう、という答えが返ってきた。さらに、まさにナイロート系の民族が住むスーダン南部では、この半世紀のほとんどを通じて内戦が続いており、スポーツを育む文化もインフラもなかった。そこで私は、思いつく唯一の方法で調べてみた。スーダ

＊　ケニアにおける最大の民族であるキクユ族は、ケニア人口の一七％を占めるが、祖先が湿度の高い山岳地に住んでいたためか、がっちりとした体型をしており、ケニア人口の一二％を占めるカレンジン族よりも、プロランナーの数ははるかに少ない。キクユ族は、バントゥー系民族である。

ン南部以外の土地で活躍しているスーダン南部出身のランナーを探したのだ。

私がスーダンのアスリートに関心を持ったのは、マカリア・ユオットの記事を書いたときだった。ペンシルヴェニア州にあるワイドナー大学のランナーであったユオットは、二〇〇六年、オハイオ州ウィルミントンで開催されたディビジョン3クロスカントリー選手権で優勝した。さらにはその日の夕方に飛行機で移動し、翌朝に開催されたフィラデルフィアマラソンで、生まれて初めて三四kmを超える距離を走り六位に入賞した。ユオットは、その多くがナイロート系ディンカ族である、内戦を逃れて難民となった「スーダンのロストボーイズ」だった。一九八三年から二〇〇五年までの間に二〇〇万のスーダン人の命が失われた宗教がらみの内戦の最中、ユオットが九歳のとき、彼の住む町もまた制圧された。親たちは息子が地雷原で兵士の前を歩かされるのを見るよりは、むしろ逃亡させる道を選んだ。そうして少年たちは砂漠を歩くことになった――たった一人で。一九九一年までに、兵士による探索と眠っている間にときおり襲ってくるライオンから逃げおおせた一部の少年たちだけが、ケニアの難民キャンプにたどり着くことができたのである。ユオットもその一人だった。二〇〇〇年にアメリカ政府は、およそ三六〇〇人のスーダン人の少年を飛行機で運び、アメリカ各地の里親に預けた。

このロストボーイズは、荷を解くまもなく、高校の陸上部で活躍し、地元新聞の紙面を飾るようになった。「ミシガンに着いてわずか数カ月で、二人のスーダン難民少年が州で最速の高校生ランナーになった」という見出しで始まる記事がAP通信から配信された。さらに、

『ランシング・ステート・ジャーナル』紙に掲載された記事には、イーストランシング高校に入学するまではランニング競技の経験がいっさいなかったロストボーイズのエイブラハム・マックが、二〇〇一年全米体育協会（AAU）ジュニアオリンピックでメダルを三個獲得し、一三〜一四歳グループの最優秀選手となったと紹介された。そして、わずか一年前にはケニアの難民キャンプにいたマックは、セントラルミシガン大学で八〇〇mの選手となり、NCAAの全米代表選手に選ばれた。

新聞記事をざっと調べてみたところ、二二人のスーダンのロストボーイズが、アメリカの高校、大学、ロードレースで優秀な成績を残していた。最も有名なロストボーイは、ロペス・ロモングだ。ロモングは、一五〇〇mの選手となり、北京オリンピックの開会式でアメリカ選手団の旗手を務める名誉を手にした。ロンドンオリンピックでは、五〇〇〇mで再度アメリカ代表選手となり、二〇一三年三月には、室内五〇〇〇mの全米記録を更新した。

大きな高校くらいの規模の集団の例として、これはかなりすごいことだ。二〇一一年に南スーダンが独立国家となってまもなく、アメリカのアイオワ州立大学の選手となっていた難民の少年グオル・マリアルが、マラソンのオリンピック参加標準記録をクリアした。南スーダンがオリンピック委員会を設置していなかったことに加えて、マリアルはスーダン代表選手となることを拒否したため、IOCに対する世論の圧力もあり、特別の立場を与えられ、ロンドンオリンピックにオリンピック旗のもとに参加することを許された。オリンピック委員会すらなかった南スーダンに、オリンピック・マラソンランナーが誕生したのだった。

これらは、ジョン・マナーズのタイムトライアルと同様に、科学的なデータとは言えない話ではある。わずかに科学的な要素のあるものとして、東アフリカ出身のランナーが台頭している裏に遺伝的な要因がある可能性を、数人の研究者とランニングの愛好家が統計データを使って示そうとした例がある。人類学者のヴィンセント・サリッチは、世界クロスカントリー選手権の結果を調べ、ケニア人ランナーの成績が他のすべての国のランナーの一七〇〇倍も勝っていることを示した。[17] さらにサリッチは、世界の他の地域では二〇〇〇万人におよそ一人のところ、ケニア人男性では一〇〇万人におよそ八〇人が、世界レベルのランナーの才能を持つという統計的予測値を示した（カレンジン族だけを対象とすれば、この値はさらに圧倒的なものになるだろう）。一九九二年の『ランナーズ・ワールド』誌には、純粋に人口の比率だけを基にして計算すれば、ケニア人男子がソウルオリンピックで実際に得たあれだけの数のメダルを獲得できる統計学的確率は一六億分の一であるという記事が掲載されていた。[18]

これらは興味深い計算ではあるが、背景を考慮に入れずに、世界レベルのランナーに求められる生来の資質がケニアに広く行き渡っているかどうかを明らかにしようとはしないほうがよいだろう。一九八四年から二〇〇八年のオリンピックまで、馬場馬術団体競技ではすべてドイツが金メダルを勝ち取っている。これは、厳密に人口ベースで計算したならばありえないことだろう。さらに、ドイツの騎手たちが、近隣のヨーロッパ諸国の騎手たちよりも、馬場馬術に適した遺伝子を高頻度で持っているわけではおそらくないと、誰もが同意するはずだ。しかし、馬場馬術は競技人口が多いスポーツではないため、正直なところ、力を入れる国であればどこでも成果を上げられる。ちなみにドイツでは、ホースブリーダー業界の支援を受けている。カナダはNHLの選手を最も多く輩出しているが、それは、カナダがアイスホッケーの発祥の地であるからであり、実際のところ、アイスホッケーの競技人口が多い国がほかにどれだけあるだろうか？　それほど多くないはずだ。あるいは、野球のワールドシリーズはどうだろう。本当のワールドシリーズでは決してない。

そのうえ、長年にわたって、ケニア以外の国は、自分たちが遅くなることによってケニアを助けてきた。ケニアが国際的な長距離走の舞台でトップに躍り出る前から、イギリス、フィンランド、アメリカなどかつて長距離走を席巻してきた国はますます豊かになり、ますます肥満が進み、他のスポーツに関心が移り、以前ほど長距離走のトレーニングに精を出さなくなった。一九八三年から一九九八年にかけて、マラソンで二時間二〇分を切ったアメリカの男子ランナーは年間で二六七人から三五人に減少し、イギリスでは一三七人から一七人に減少した。アメリカにとって最悪の年は二〇〇〇年であり、シドニーオリンピックでマラソンの参加資格を得た男子ランナーは一人だけだった。第一次大戦から第二次大戦の間、当時は貧しい田舎の国だったフィンランドは長距離走で世界をリードしていたが、シドニーオリンピックの長距離走では、どの種目においても参加資格をクリアできなかった。一九七六年にアイルランドからケニアに赴任して高校で教えていた修道士コルム・オコンネルは、そのままケニアに残り、優秀な高校生ランナーの指導も行なった。現在の八〇〇m世界記録保持者であるデイヴィッド・ルディシャは、教え子の一人だ。オコンネルの言葉を借りれば「フィンランドの遺伝子は消滅していません。消滅したのは文化のほうです」。

なかには、一九八〇年代から二〇〇〇年代にかけて安定した成果を上げている国もある。たとえば日本では、二時間二〇分を切った男子マラソンランナーが、毎年一〇〇人から一三〇人で推移している。一方ケニアでは、一九八〇年に二時間二〇分を切った男子ランナーはたった一人だったが、二〇〇六年には一挙に五四一人に増えた。この時期に、マラソンランナーの数は一九九〇年代半ばに急激に増えた(ケニアのマラソンのトレーニングが男性不妊症を引き起こすという考え方が衰退したことと、ケニアのスポーツ理事を務めるKenSAPのメンバー、マイク・ボイトの尽力により、代理人《エージェント》がケニアに入国する許可が下り、またアスリートの旅行の制限が緩和されたことによる)。

こうしたデータを集めた陸上競技の統計に関する専門家、ピーター・マシューズはこう締めくくっている。「コンピューターゲームや座ったままできることばかりを楽しんで、子供を車で学校に送って行くような今日では、長距離走のトップランナーとなれるのは、忍耐力と、長距離走に取り組む動機を持つ、『ハングリーな』ファイターや、貧しい農民だけだ」

第13章　世界で最も思いがけない（高地にある）才能のふるい

「砂糖。砂糖が欲しい」。その声に私が戸惑ったように見えたのだろう。「ねぇ、砂糖だよ。お願いだ」

ケニアのイテンにあるカマリニ・スタジアム。その土のトラックの上に、私はあるランナーと立っていた。ただし、そこをスタジアムと呼ぶのは、空き地を大聖堂と呼ぶようなものだ。スタジアムの片側に配置された木製の観客席は空色のペンキで塗られ、並びの悪い歯のように少しうねっている。観客席の向かい側は切り立った崖で、リフトヴァレーの谷底から一二〇〇m、海面からは二四〇〇mの高さがある。数十人のランナーがトラックを周回してインターバルトレーニングを行なう中、羊が一匹、急斜面から迷い込み、インフィールドで草を食《は》んでいた。

私と話していたランナー、二四歳のエヴァンス・キプラガトは、砂糖を買ってくれとせがんでいた。その木曜日の朝、キプラガトはスタジアムまで一〇kmの道のりを走ってやって来て、それから厳しいトレーニングを行なっていた。あと数分もしたら、一〇kmの道を再び走って帰る。もし私が食料を買ってやらなければ、空腹のまま、地元の男が使わせてくれている小屋に戻ることになる。シャンバという、最低限の自給自足のための小さな畑の一角に建てられたものだ。

キプラガトの両親は耕していたシャンバを所有していなかったため、二〇〇一年に両親が病死すると、キプラガトはその土地を去らなければならなくなった。今の部屋はありがたいが、「食べ物には不自由している」と言う。キプラガトは、火曜日と木曜日にはたいていスタジアムまで走って通い、トレーニングに励む一団に加わる。その中には、ボストンマラソンとニューヨークシティマラソンの覇者、ジョフリー・ムタイや、三〇〇〇m障害走の世界記録保持者、サイフ・サイード・シャヒーン（元の名前はスティーヴン・チェロノ）もいる。ケニア育ちのシャヒーンは、今もケニアでトレーニングをしているが、金銭的な理由で国籍をカタールに移していた。キプラガトは、トレーニングが終わった後もさらに数キロ、歩き回る。友人の家を訪ねて回り、トウモロコシ粉と水を練ってつくるこの地方の主食、ウガリの残り物のお裾分けを狙うのだ。食べ物を十分に集めることができたら、この日二度目の一〇kmを暗い中、走り出す。彼は、毎週火曜日と木曜日にスタジアムへの往復で二〇km走るのとは別に、毎日、少なくとも二、三回は走るようにしている。

これは、走ることにすべてをかけている人間の生活だ。トップランナーと競い、表彰台の最上段で国歌を聞いて涙を流すことに情熱を傾ける人間の生活だ。ただし、キプラガトはそういった人間ではない。

「もし軍隊で仕事を見つけることができたら、トレーニングをやめるの？」と尋ねてみた。答えは「ああ」。「警官なら？」「ああ、やめる。どんな仕事でも、あればいい」

キプラガトは、トレーニングを続けられる仕事を望んではいるが、まともな暮らしができる仕事の誘いがあれば、明日にでもトレーニングをやめてもよいと考えている。トレーニングを始めるようになったきっかけは、二〇〇七年に小さなレースで高校の友人を打ち負かしたことだ。昨年は、ケニアの起伏の多いコースで一〇kmのロードレースを二九分三〇秒で走った。これは、世界レベルの選手の大半と比べても立派な記録だが、カマリニ・スタジアムで走っているランナーの一群から頭一つ抜けるほどのタイムではない。そのためキプラガトは、ケニアの大都市で開催されるレースに参加するための旅費を借りる努力を続け、そこで活躍してスポーツ代理人の目を引こうとするだろう。

カマリニ・スタジアムには、キプラガトのようなランナーがいくらでもいる。私がスタジアムを訪れた日には、およそ一〇〇人のランナーが世界チャンピオンと並んでトレーニングをしていた。ときに見慣れないランナーがトラックに現れ、オリンピック選手と同じペースで走ろうとすることもある。もしそのペースを保てたら、そのランナーはここに残ることができる。保てなければ、シャンバにこそこそ戻るしかない。ここで見る光景は、ケニアのトレーニング事情の縮図と言ってよい。トレーニングの秘訣などほとんどない。なかには、コーチについていないトップランナーさえいる。そしてプロのアスリートのように、進んで一日に何度もトレーニングをするランナーが大勢いる。アメリカでは、大学生のトップランナーが、夢を追い求めるために何年か就職を延ばさなければならないことがある。しかし「ケニアでは正反対です」と、かつての国際的なランナーで、今はケニアでコーチをしているイブラヒム・キヌシアは言う。ケニアの田舎には先延ばしにする仕事も大学院もない。だから、エリートランナーと一緒にトレーニングに励んだところで失うものも何もない。* 世界銀行の統計によれば、ケニア人の平均年収は八〇〇ドルだ。したがって、ランナーとして成功した場合の見返りは、アメリカの都会に住む少年がNBAの契約を獲得して得るものよりも相対的に大きい。大きなマラソン大会で一度勝てば、数十万ドルの収入を期待できる。アメリカやヨーロッパの小さなロードレースに勝って数千ドルを手にするだけでも、地方のケニア人にとっては大きな収入だ。しかも成功したランナーは、果実を独り占めできる。三〇〇〇m障害の元世界記録保持者モーゼス・キプタヌイは、イテンからもカマリニ・スタジアムからもそれほど遠くないエルドレットで酪農業を営んでいる。さらに、牛乳を運搬するトラックと、その牛乳を販売するスーパーマーケットが入ったビルも所有している。このような経済的な動機づけがあるために、多くのランナーがオリンピック選手と同レベルのトレーニングに挑戦する。その大多数はふるい落とされ、生き残った者がプロのランナーとなる。

興味深いことに、多くのランナーの努力のうえに成り立っているランナー発掘システムに勢いをつけているのは、天性の資質に寄せる変わらぬ信頼である。トレーニングをいつ始めようと決して遅すぎることはないと、私が話をしたケニアのコーチやランナーはみな、口をそろえて語る。才能があるなら、ただ本格的なトレーニングを始めさえすればいい、そうすればすぐにエリートランナーへの道が開かれる、と言うのだ。

これまで、ケニアから多くの優れたランナーが生まれたが、それは、彼らが決して時期が遅すぎると思わなかったからだ。マラソンの元世界記録保持者で、史上最高のクロスカントリー選手であるポール・テルガトとナイロビのホテルで話をする機会があった。高校時代はバレーボールの選手だったというテルガトは、ランニングを始めたのは「軍隊に入った年、一九歳か、二〇歳のときでした。それまで記事で読んだことしかなかったすごいランナーがいたんです。モーゼス・タヌイとかリチャード・チェリモとかね。それで、私もトレーニングを始めて、二一歳のときに自分には才能があると思ったんです」と語る。彼は二五歳で世界クロスカントリー選手権を制し、この年から五年連続でチャンピオンとなる。

この話は、ジャマイカのスプリンターにも共通する。カナダのアイスホッケー選手やブラジルのサッカー選手にもあてはまる。漏斗《じょうご》の広い口に大勢のアスリートを放り込んだら、資

＊　最近まで、ケニアの既婚女性はトレーニングを許されていなかった。しかし、現在は、ケニアの女性も国際舞台で華々しい活躍をするようになり、「ケニアにおける女性ランナーの将来性に対する見方が一変しました」と、ケニアの女子トップランナーを指導するイタリア人、ガブリエレ・ニコラは語る。「これまでアフリカでは、女性は男性より弱いものとされていたのです」。とはいえ、この考え方は急速に変わっている。さらに一〇年かかるだろうが、女性は厳しいトレーニングに耐えられないという思い込みが、ケニア女子ランナーの活躍によって完全に覆される日が来るだろうとニコラは信じている。

質に恵まれ、厳しいトレーニングに耐えた、少数のトップアスリートが狭い口から出てくるのだ。

このようにケニアのトップランナーの中には、かなり遅い時期にランニングを始めた者がいる一方、その他の大勢は、自分でも気づかないうちに子供のころからトレーニングを始めている。

グラスゴー大学の生物学者ヤニス・ピツラディスにとって、ケニアはエリートアスリートのDNAを採取するには苦労の多い場所だった。飛行機恐怖症だったので、ケニア中を車で移動する必要があったからだ。穴ぼこだらけの田舎の道を走り回るのは、まるで、「ラビリンス」ゲームのビー玉を、ゴールに向けて動かしているようなものだ（結局は、ゴールにたどり着けずに穴に落ちるのだが）。それにもかかわらず、ピツラディスは過去一〇年間、何度もケニアに戻っている。カレンジン族がランナーの宝庫であることから予想していたとおり、ピツラディスと同僚たちは、エリートアスリートの中にナイロート系の遺伝子を持つ者が過剰なまでに多いことを発見した。しかし、ジャマイカと同様、ピツラディスに最も強い影響を与えた発見は、遺伝子ではなく文化的背景であった。

ピツラディスの調査により、ケニア出身の国際レベルのランナーのほとんどが、カレンジン族で、貧しい地方に育ち、子供のころは走って学校に通うしかなかったことがわかった。[1]ケニア人のプロランナー四〇四人の八一％が、子供のころにかなりの長距離を走るか歩くかして通学している。さらに、みずからの足で通学しているケニアの子は、そうでない子に比べて、最大酸素摂取量が平均して三〇％高かった。また、世界レベルのアスリートは、そうでないアスリートに比べて、子供のころに一〇km以上の道のりを走るか歩くかして通学していた者が多い。ピツラディスはある一〇歳の少年について愛情を込めて語る。その子は優れたランナーで、土のトラックで最大酸素摂取量の検査をするときに、一マイル六分の速いペースで走りはじめたという。

ケニアを訪れ、カレンジン族のトレーニングの中心地であるイテンで、赤土の丘陵地を走ることがあった。すると子供たちがときおり私に走り寄り、「ハウアーユー！」と、お気に入りの英語で話しかけてきた。イテンで最後に走った日、長い坂をゆっくりのぼっていると、五歳くらいの子が走ってあとをついてきた。ぼろぼろのサンダルを履き、パンを一斤、小脇に抱えている。しばらくついてきたが、やがてパンを引きずるようにして木の柵をくぐり、姿を消した。この光景を見て、私はあらためて考えさせられた。ケニアには、趣味でジョギングをする者はいない。いるのは、移動手段として走る者、トレーニングのために必死で走る者、そして、まったく走らない者。この三種の人間だけなのだ。

ケニアのプロランナーの治療に当たる理学療法士、ハルーン・ウンガシャに、パンを持った子のことを話してみた。「その子が大きくなったときに身につけているのは、走る能力だけでしょう」とウンガシャは言う。その言葉を聞いて、ふと思い出したことがある。一九九〇年代の後期、今はもうない陸上関係のオンライン掲示板にふざけた慈善活動の書き込みがあった。ケニアの子供たちにスクールバスを寄付して、アメリカ人長距離ランナーを支援しましょう、というものだ。

　これはケニアに限ったことではない。世界第二位の長距離走大国、エチオピアでも同様であることが、ピツラディスらの研究チームによって確認された。ケニアと同じように、エチオピアのランナーも、伝統的に牧畜をしていたオロモ族の出身者が多く、やはり非ランナーに比べて走って通学するしかなかった者が多かった。[2]エチオピアのプロマラソンランナーは、エチオピアの五〇〇〇ｍ、一万ｍのプロランナーより長い距離を走って通学した傾向が高い。一方、エチオピア人とケニア人のミトコンドリアＤＮＡを分析した結果、両者の母方の系譜は必ずしも近くはないことがわかった。[3]つまり、エチオピアからケニアにかけて、ランナーとして遺伝的に優れた単一の超民族がいるわけではないのだ（エチオピア人は、ヨーロッパ人と共通するミトコンドリアＤＮＡを多く持つ傾向がある。おそらく、大昔に人類がアフリカの外に出たときに、エチオピアがその起点となったことを反映しているのかもしれない）。

　かつてデンマークの科学者が、訓練を受けていないケニアの子供たちのランニングエコノミーについて調べたが、エチオピアの子供たちを対象とした同様の研究は行なわれていない。したがって、カレンジン族とオロモ族のランニングエコノミーを比較することはまだできないが、走ることが生活に根づいている点は、両者に共通している。「子供たちがいたるところで走り回っており、そこからほかの子より速い子が現れます。速く走るためには、それに適した遺伝子が絶対に必要です。そのためには、慎重に両親を選ばなければなりませんが、何千もの子供たちのなかから頭角を現すのはひと握りの特別に速い子だけです。一〇年間、研究を続けてきましたが、これは、社会経済学的な現象だと思うようになりました」と、ピツラディスは語る。

一九九二年と二〇〇〇年のオリンピックで一万mを制したエチオピアの象徴、デラルツ・ツルに、二人の実子と四人の養子のなかで彼女と一緒に走るのが好きな子はいるか尋ねたことがある。ツルの返事はこうだ。「いいえ。トレーニングに連れていくと、すぐ疲れたって言うんです。走るのは好きじゃないみたい。車で学校に通っているせいかもしれないですね」。ケニアのモーゼス・キプタヌイは、自分の子供についてこう語る。「車が迎えに来て、子供たちを学校まで送って行きます。あの子たちは、楽なスポーツが好きなんですよ」

「ケニアのトップランナーのうち、息子や娘が優秀なランナーとなっている例が、どれほどあると思いますか」と、ピツラディスが私に尋ねたことがある。ケニア人の兄弟姉妹やいとこのなかには優れたランナーがたくさんいることに言及したあとのことだ。彼はこう続けた。「ほとんどいないのです。父親や母親が世界チャンピオンになれば、信じられないほど暮らしが豊かになるので、子供はもう走って学校へ行く必要がなくなるからです」

ただし、ケニアの優れたアスリートはみな走って通学していたと考えるのは偏見であり、史上最高のクロスカントリー選手、ポール・テルガトのような例外もある。「ほとんどの子供が裸足で走って学校に通っていたでしょうが、私は家が学校の近くにあったので歩いて通えたんです」とテルガトは語る。世界的に優れた中距離ランナーの一人であったウィルソン

・キプケテルも同様だ。彼の家は学校の隣にあった。二人とも元世界記録保持者なのだから、走って通学することが世界記録を樹立するための必要条件でないことは明らかだ。さらに言えば、十分条件でもない。学校まで数キロの道のりを走っているケニアの子供をピッラディスがテストした結果、最大酸素摂取量が月並みな子も数人いた。彼らはHERITAGEファミリースタディーでトレーニングに対する反応が弱かった被験者を思い起こさせる。「数は多くありませんが、そういう子もいるのです」と、ピッラディスは語る。ケニアでは、言うまでもなく何百万という子供たちが自分の足で通学しているが、成功しているランナーはカレンジン族であることが圧倒的に多い。

子供のころから走っている者が多いことに加え、ランナーとして成功するケニア人が多いのには、何か別の必要不可欠な要素があるはずだ、とピッラディスは強く信じている。それこそが、ケニアのカレンジン族とエチオピアのオロモ族が暮らすリフトヴァレーの岩棚に共通する点、すなわち標高である。「標高が高い場所に住むのが絶対に必要です。高い所に住んで、低い所でトレーニングするのが最適という意見もあります。ケニア人は高い所に住んで、さらに高い所でトレーニングをしています」と、ピッラディスは語る。

「もし標高だけが重要な条件ならば、ネパール出身のランナーがいないのはなぜだろうか」。修道士のコルム・オコンネルは、イテンの自宅でくつろぎながら問いかけた。向かいのソファには、八〇〇m走世界記録保持者のデイヴィッド・ルディシャ*が、深々と腰を下ろしている。オコンネルの家の裏庭には、「ジム」がしつらえてある。ジムと言っても、そこにあるのは、金属製の棒の両端にセメントの塊を突き刺したバーベルだけだが。

少なくともケニアのランナーは、蚊が少ないリフトヴァレーの高地に住み続けてきたので、マラリアの危険地帯に祖先を持つ人と異なり、長距離ランナーにとって不利な遺伝的なヘモグロビン値の低下を免れた。

しかし、ネパール人ランナーについてのオコンネルの疑問は興味深いもので、なぜケニア人ランナーばかりが活躍するのかという長年の疑問の裏返しにも思える。人間が低地から高地に移ると、赤血球が増えることは知られている。それなのに、アンデスやヒマラヤ出身のランナーは、なぜケニアやエチオピアのランナーのように世界を席巻しないのだろうか？「ネパール人ランナー」がいないのはなぜかという疑問は、実は、ケニアやエチオピアのランナーが多いこととは無関係だ。ヒマラヤの気候では細身の体型になりにくいからというだけではない。科学的に明らかなことは、世界各地の高地において、低酸素環境での生活に適応するために人間がとった遺伝的対応策が、土地ごとにまるで異なった、ということだ。地球上で何千年にもわたって高地に存在した三つの大きな文明において、それぞれの文明の人

＊ ルディシャは、マサイ族の一人だ（母親はカレンジン族で、オリンピックのメダリストである父親が、マサイ族の血を引いている）。マサイ族はナイロート系であり、カレンジン族とは近い関係にある。ジャン・イェルノーの著書 *The People of Africa*（アフリカの民族）には、マサイ族は身長に比して極端に長い脚を持っている、と記されている。

間は、生存をおびやかす共通の問題を生物学的に異なる方法で解決してきたのだ。

一九世紀後半、科学者たちは、高地への人間の適応について理解したと考えていた。標高四〇〇〇m以上のアンデスに住むボリビア先住民について調査していたからだ。この標高では、空気中に含まれる酸素分子の量が、海抜ゼロ地帯の六〇%となる。少ない酸素を補うために、アンデスに住む人々の赤血球量は増え、酸素を運搬するヘモグロビンの量も増えた。

血液中の酸素量は、二つの要因によって決まる。一つはヘモグロビンの量。二つ目は「酸素飽和度」、つまり、ヘモグロビンが運んでいる酸素の量だ。アンデスでは空気中の酸素が少ないため、そこに住む高地民族の血液中のヘモグロビン分子は、酸素を最大限に積み込まない状態で体内を駆け巡る。言ってみれば、乗客をほとんど乗せないジェットコースターが走っているようなものだ。しかし彼らは、ジェットコースターの車両数を増やすことによって、この状態を埋め合わせている。運動という観点からすれば、これは必ずしも望ましい状態とは言えない。アンデスの人々は、血液中に多くのヘモグロビンを保有することにより、血液の粘性が高くなり、血液循環が悪くなる。なかには慢性高山病を患っている者さえいる。

一九世紀の科学者は、海抜ゼロ地帯から高地に移ったヨーロッパ人のヘモグロビンが増えることも知っていた。[4] そのため、高地への適応についての研究は、ほぼ一世紀にわたって行なわれなかった。ところが一九七〇年代にネパールとチベットが外国人を受け入れるようになる。

クリーヴランドにあるケース・ウェスタン・リザーヴ大学の人類学教授、シンシア・ベルは、標高約五五〇〇mの高地で暮らすことができるチベット人とネパールのシェルパ族の研究を開始した。意外なことに、チベット人のヘモグロビン値は、海抜ゼロ地帯に住む人間とほぼ同等の値であり、酸素飽和度は低かった。ジェットコースターの車両も乗客も少ない状態だったのだ。

ほとんどのチベット人は、EPAS1遺伝子の特殊な型を持っている。この型のEPAS1遺伝子が発現すると、酸素量を感知して赤血球の産生を調整するので、血液濃度が人体に危険なほど高くならない。しかしこのことは、アンデスの住民と異なり、チベット人は酸素を運搬するヘモグロビンが増えないことを意味する。「では、彼らはここでどうやって生き残っているのか？　血中酸素濃度がきわめて低いにもかかわらず、身体が正常に機能できるだけの酸素が供給されているではないか」とベルは自問した。

最終的に、チベット人は血液中に高レベルの一酸化窒素を持つことによって生き残ったのだと、ベルは結論づけた。一酸化窒素が出す信号によって肺の中の血管が弛緩し、血流が促進される。「チベット人の血液中には、私たちの二四〇倍の一酸化窒素が含まれています」。これは、生命にかかわる「敗血症を患っている海抜ゼロ地帯の人間より高いレベルです」とベルは言う。このようにチベット人は、肺を通る血流量を増やすことによって高地に適応してきた。また、彼らは低地の人間より深く速く呼吸するので、定常的な過呼吸ともいえる状態だ。「彼らは、低地の人間より多くのエネルギーを呼吸に消費しているんです」。

一九九五年、ベルの研究チームは、何千年も高地に住んでいる別の民族の研究を開始した。エチオピア人のなかでも、特にリフトヴァレー沿いの標高三五〇〇mの地に住むアムハラ族だ。ここでもまたベルは、独自の高地適応を目にする。アムハラ族は、ヘモグロビン量についても、酸素飽和度についても、海抜ゼロ地帯に住む人間と同じ値を示した。要するに、ジェットコースターの車両数においても、そこにほぼ満席の乗客が乗っているという点においても、海抜ゼロ地帯に住む人間と何ら変わらなかったのだ。「もし、高地で研究していることを知らなければ、通常の低地の人間を研究していると錯覚するほどでした」と、ベルは語る。そのためにアムハラ族がどのようなトリックを用いているのかは完全には明らかになっていない。しかし、アムハラ族が小さな肺胞から血液中へと、きわめてすばやく酸素を移していることを示す予備データを、ベルは持っている。

マイル走の元世界記録保持者で、後に医学研究者になったニュージーランドのピーター・スネルは、肺から血液への酸素供給能力が高まったことは、高地に祖先を持つ人間が低地で走るときに有利に働く、という理論を提唱した。スネルのこの見解に対して、「その可能性はあります」とベルは言う。[5] ベルはかつてこの点について論文で問題を提起したが、まだ誰もはっきりした解答を示していないと確信している。加えて、アムハラ族の酸素運搬能力が高いことを示すデータがある一方、エチオピアのトップランナーのほとんどはオロモ族である。オロモ族の男子は五〇〇〇mと一万m、女子は五〇〇〇mの世界記録を持っている（かつて、科学者がオロモ族のケネニサ・ベケレについて研究したことがある。ベケレは一マイルあたり六分三〇秒のペースで二回走った。一回目は標高一五〇〇mで、もう一回は標高三〇〇〇mの地点だ。驚いたことに、ベケレの平均心拍数は標高三〇〇〇m地点でも毎分一三九回から一四一回にしか上がらなかった）[6]。

何千年も前から高地に住んでいたアムハラ族と異なり、牧畜民のオロモ族が低地から高地に移ったのは、わずか五〇〇〇年ほど前のことだとベルは指摘する。外国人はアムハラ族とオロモ族を外見で見分けられないが、標高に対する適応状態を見れば、ベルが両者を間違えることはない。

ベルは、デンバーと同程度の標高に住むオロモ族を調べたので、ヘモグロビン値の上昇は「さほど見られないだろう」と考えていた。「でも、オロモ族の血液中のヘモグロビン値は、同じような標高に住むアムハラ族より一グラム以上高かったのです」。しかも酸素はたっぷり含まれていた。「無作為に選んだ低地の人間と比べ、ヘモグロビン値は明らかに高かったのです」とベルは言う。アムハラ族は、標高がきわめて高い土地でも低いヘモグロビン値を示したが、オロモ族は、それより低い標高でも、逆に高いヘモグロビン値を示していたのだ。

高地に住み続ける期間が異なり、進化によって新たな遺伝的解決策を講じた民族間では、生理機能が大きく変わってくることを、この差は強調している。ヒマラヤに住む人々とエチオピアのアムハラ族は、高地で何千年、おそらく何万年も生活してきた。しかし、アンデスの人々の歴史はそれより短く、高地への適応がまだ十分なされていないと考えられる。そのため、低地に住む人間が高地を訪れるとヘモグロビン値が上がるように、アンデスの人間も高いヘモグロビン値を示したのだ（オロモ族と同様に、ケニアのカレンジン族も、高地に住むようになってそれほど長い期間は経過しておらず、わずか二〇〇〇年にすぎない）。エチオピアのトップランナーの大多数を占めるオロモ族に関するベルのデータからは、彼らの身体が標高に反応しやすいことがわかる。ベルが検査したオロモ族は、一五〇〇〜一六〇〇mに満たない標高でも、ヘモグロビンが大幅に増えた。さらに、それぞれの民族が独自の方法で高地に適応しているように、同じ民族内においても、個人によって高地適応性に大きな差異が生じる。

二〇〇三年、ノルウェーとテキサスの共同研究チームは、標高二八〇〇mの地にアスリートたちを呼んで一日滞在してもらい、エリスロポエチン（EPO）――赤血球の産生を促進するホルモン――の変化について調べてみた[7]（持久系アスリートのなかには、赤血球を増やすために、不正にEPO注射をする者もいる）。すると、その結果には大きな個人差が現れ、EPO値が下がった者もいれば、四〇〇％以上増えた者もいた。

高地で一カ月間トレーニングをしたランナーについての別の研究例がある。高地で赤血球が平均して八％増加したランナーは、海抜ゼロ地帯に戻ると、五〇〇〇m走のタイムが三七秒短縮した。一方、赤血球がまったく増加しなかったランナーは、海抜ゼロ地帯に戻った後の五〇〇〇m走のタイムが、以前より若干悪化した。[8] さまざまなトレーニングで、そしてすべての医療行為でそうであるように、高地トレーニングでも、アスリート個々人の生理機能に合わせると、最大の効果を得ることができる。

アスリートは高地に対してそれぞれ異なる反応を示すという説は、ボブ・ラーセンの考えを裏付けるものだった。ラーセンは、二〇〇四年アテネオリンピックで、マラソンのアメリカ人メダリストとなったディーナ・カスターとメブ・ケフレジギのコーチだ。「なかには、高地に長期間滞在しないと成果が出ないアスリートもいます。ディーナがその例です。彼女は高地に適応するのに二年かかりました。しかし、メブは早かった。彼は高地に来て二週目まで大きな変化を見せませんでしたが、六週間ほど滞在した後に、一万mの全米記録を塗り替えたのです」と、ラーセンは語る。

高地適応性に個人差はあるものの、それでもやはり、トレーニングの効果が大きく現れる標高の「スイートスポット」はあるようだ。[9] これは、赤血球の産生が増えはするが、増えすぎはしない高さである。空気は薄いが、薄すぎはしない。アンデスの人々もヒマラヤの人々も、その標高よりはるかに高い地に住んでいる。そのスイートスポットは一八〇〇mから二七〇〇mの間と言われている。この標高であれば、人間の身体に生理的な変化を起こすには十分であるが、空気が薄すぎてハードトレーニングに支障をきたすことはない。

実は、エチオピア側においてもケニア側においても、リフトヴァレーの尾根はこのスイートスポットの範囲内にある。ケニアにおける最重要トレーニング基地を見てみよう。エルドレットは標高二一〇〇m、イテンは標高二三〇〇m、カプサベットは標高二〇〇〇m、カプタガットは標高二四〇〇m、ニャフルルは標高二二〇〇mだ。エチオピアの主要トレーニング地であるアディスアベバとベコジでは、それぞれ標高二四〇〇mと二七〇〇mの地にランニング施設がある。標高のスイートスポットを求めるアメリカの持久系プロアスリートは、標高二四〇〇mのカリフォルニア州マンモスレイクや、標高二一〇〇mのアリゾナ州フラッグスタッフでトレーニングを行なっている。

高地トレーニングより効果的なのは、高地で生まれることだ。高地で生まれ、そこで幼少期を過ごした人間は、海抜ゼロ地帯で生まれ育った人間より平均的に肺が大きい傾向がある。大きな肺は表面積も大きいから、血液に供給する酸素量は多くなる。これは、高地に住む祖先が何世代にもわたって遺伝子を変化させた結果ではない。ヒマラヤの民族だけでなく、高地に住む祖先を持たないアメリカ人であっても、ロッキー山脈の高地で育てば肺が大きくなるからだ。だが、このような高地への適応が起こるのは幼少期に限られる。これは遺伝によるものではないが、青年期を過ぎると変化は起きない。[10]

高地で育つだけで疲れを知らないランナーになれる、あるいは、高地トレーニングをしなければ偉大な長距離ランナーにはなれない、と強硬に主張する科学者はいない。一方で、ピツラディスのように、そうでなければありえないと言い切る人もいる。おそらく望ましい組み合わせは、海抜ゼロ地帯に住む祖先を持ち(高地トレーニングによりヘモグロビン値が急速に上昇する)、高地に生まれることによって肺を大きくすること。次に、スイートスポットに住んでそこでトレーニングをすることだろう。これは、まさにケニアのカレンジン族とエチオピアのオロモ族が置かれている状況だ。[11]

偶然かはたまた必然か、現在アメリカで最速の女子マラソン選手で、マラソンの元世界記録保持者の娘でもあるシャレーン・フラナガンは、ロッキー山脈のふもとにあるコロラド州ボルダーで生まれ、そこで幼少期の一時期を過ごした。この地の標高はおよそ一六〇〇mだ。現在アメリカで最速の男子マラソン選手であるライアン・ホールは、標高が二一〇〇mを超えるカリフォルニア州ビッグベアーレイクで育っている。

サングレデクリスト山脈を目指して北上すると、突然、アスファルト道路が石と土の道に姿を変える。ここは標高二四〇〇m、ニューメキシコ州トルチャスの町だ。

舗装路が姿を消す少し手前、道路左側の牧場入口を越えたあたりに、低い屋根の日干しれんがづくりの家が現れる。庭には、もう何十年も動いていない黄色いスクールバスが止まっている。家の裏手にある牧草地では、今年八五歳になるプレシリアノ・サンドヴァルが、炎天下で作業していた。スクールバスが動いていた当時から指がまっすぐそろわなかった手で、シャベルの木製の取っ手を握っている。

日干しれんがづくりの家で、プレシリアノはアメリカの偉大なアスリートを育てあげた。もはや誰の記憶にも残っていないが、その偉大なアスリート、アンソニー・サンドヴァルは、ここから南西に車で一時間ほどのロスアラモスに今も住んでいる。アンソニーは六人兄弟の一人だが、この子はどこかが違う、と父親は感じていた。わずか八歳のアンソニーが、冬の日にハンマーとくさびを持って一人で山へ行き、霜で固くなった松の木を割ってたきぎをつくっていたことを、プレシリアノは今でも覚えている。

六年生の夏には、父親の牛に草を食べさせるため、週に三回、牛を連れて数キロ先の山まで出かけていた。ときどき走ったりしながら「二時間以上は歩いていました」とアンソニーは言う。彼はもともと走るのが速いほうだったが、この年の夏を境に、学校で彼に勝てる少年はいなくなった。

　息子には良い学校に進んでほしいと、プレシリアノは願っていた。それで、地元のトルチャスではなく、一時間ほど離れたロスアラモス高校に進学させた。原子爆弾が開発されたロスアラモス国立研究所に勤める物理学者や原子力エンジニアの子供が大勢通っていた高校だ。第二次大戦中は研究所の所在地は極秘とされたため、ロスアラモスで生まれた子供の出生証明書の住所欄には、「私書箱一六六三号」と記載されたという。

　この高校に入ったばかりのサンドヴァルに友人がやってみないかと勧めたのがクロスカントリーだった。

「『クロスカントリーって何？』と私は尋ねました」とサンドヴァルは当時を思い返す。「でも、とにかくやってみたら、州で二位になったのです。その後、高校生の間は負けたことはありませんでした」。二年生のときには、一時間で二〇km以上を走り、一時間競走の二〇歳未満クラス世界記録を塗り替えた。そして三年生になった一九七二年、身長一六八cm、体重四四kgのサンドヴァルは、クロスカントリーの全米ジュニア選手権で優勝する。

　サンドヴァルの日干しれんがの家には電話がなかったが、多くの大学からの勧誘の手紙がロスアラモス高校に直接届けられた。結局、羊飼いやウラニウム鉱夫のおばやおじを持つ少年は、スタンフォード大学に進む。サンドヴァルはパロアルト（訳注　スタンフォード大学の所在地）で優秀な成績を収め、医学部への入学許可を得たが、週に一〇〇km前後のトレーニングは欠かさなかった。

そして四年生になった一九七六年に、パシフィック8カンファレンスの陸上選手権大会一万m走で、ワシントン州立大学の三人のケニア出身ランナーを抑えて、サンドヴァルが優勝する。この三人のうちの一人は、後に世界記録を樹立した選手だ。その後、サンドヴァルは、大学のトラックでの練習しかしていない状態で、一九七六年モントリオールオリンピックのマラソン出場をかけた選考競技会に出場する。タイムが一分及ばず四着となり、三人の代表選手枠への切符を惜しくも逃した。そのため、彼は医学部に進学し、次のオリンピックのチャンスを待つことにした。次はフルマラソンの距離をしっかりトレーニングすると、心に誓いながら。

しかし、人の役に立ちたいという強い気持ちと、医学への強い関心を持っていたサンドヴァルは、心臓病の研究に没頭した。マラソンのトレーニングをする時間を捻出できなくなったが、それでも彼は能力を失ってはいなかった。一九七九年になると、多忙な医学の研究の合間を縫って、週に五〇km程度の練習を再開できるようになった。そして、あるマラソン競技を二時間一四分で走ったが、これは、本格的なトレーニングをしていない選手としては驚くべき結果だ（野球で言えば、アマチュア選手がバッターズボックスに立ち、メジャーリーグの投手を相手に三割の打率を記録するようなものだ）。

一九八〇年になり、再びオリンピックが近づいてきた。まだ医学の研究で多忙なサンドヴァルではあったが、二、三カ月の集中トレーニング期間をなんとか捻出する。彼にとってはそれだけの期間で十分だった。バッファローで行なわれたオリンピック選考会では、三五kmのあたりから独走状態となった。彼は二時間一〇分一九秒という全米オリンピック選考会記録で走り終え、その後、この記録は二七年間破られることがなかった。「おそらくあの時点で、アンソニーは世界最速のマラソンランナーだったと思います」と、フランク・ショーターは言っている。ショーターのあとに、オリンピックの男子マラソンで、アメリカに金メダルをもたらした選手はいない。

しかし、一九八〇年はモスクワオリンピックの年だった。ジミー・カーター大統領は、ソ連のアフガニスタン侵攻に抗議し、アメリカが六四カ国を率いてモスクワオリンピックをボイコットすることを決定する。その結果、サンドヴァルは他の四六五人のアメリカ人選手とともに、オリンピック出場の機会を失った。

その後、サンドヴァルは心臓病専門医としてのキャリアを積むと同時に、ある一定のパターンでトレーニングを始め、それが一〇年以上続いた。オリンピックが近づくたびに、集中的にトレーニングの時間をひねり出したのだ。一九八四年は、選考会で六位だった。一九八八年、心臓病学特別研究員の身であった彼は、二七位で選考会を終えた。

そして、バルセロナオリンピックの選考会が近づいてきた。三七歳になったサンドヴァルは、これが最後の挑戦になることを覚悟する。ようやく十分な練習時間をとったこの年、彼のコンディションはベストに近かった。オハイオ州コロンバスで選考会が行なわれたのは、気温が高く、風が強い日だった。サンドヴァルは、序盤の数キロを軽快に走り抜けた。「走っている間はまるで天国にいるような気分でした。五回目の選考会でしたが、今回はうまくいくと思いました」。レースが順調に進んだのは、一二kmの地点までだった。丘のふもとでカーブを曲がるときに、突然、脚の裏側に痛みが走ったのだ。「ふくらはぎを痛めたと思い、そこで止まって、しばらくマッサージをしました。タイムは確認していました。そこまでは順調だったので、このまま二分ほど遅れても代表チームには入れると思っていました」。しかし、再び走り続けた彼の脚は二〇km地点のあたりで腫れあがり、もはや歩くこともままならなくなる。彼は、足を引きずりながらコースから外れた。「そのとき、すべてが終わったことを悟りました。もうオリンピックには絶対に出場できないことも」と、サンドヴァルは静かに語った。彼は、アキレス腱が断裂した状態で八kmも走ったのだ。

サンドヴァルは今、自分が通った高校の運動場の向かいにオフィスを構え、ニューメキシコ州北部の田舎の心臓病患者を診察する数少ない専門医として働いている。今でも自宅には、一九八〇年のモスクワオリンピックで着ることのなかった、青いベロア地のアメリカ選手団ユニフォームが残されている。「オリンピックのことを考えると胸が痛みます。あの舞台で、全力で走りたかった」。彼には六人の子があり、全員が大学でスポーツをしている。父親が獲得したメダルを子供に見せてやりたかったと語るとき、彼はしばらく言葉に詰まった。「夫は、もう少し研究の時間を割いて、トレーニングにあてたかったのだと思います」。サンドヴァルの妻メアリーはそう語る。

パーキングメーターのうしろに立ったら隠れてしまいそうなほどに痩身のサンドヴァルだが、今でも毎朝六時半前には、ヘメス山脈のつづら折りの道を走る。そのストライドにはまったく無駄がない。腕は高くしっかりと振られている。まるで水生昆虫が池の水面をかすめて飛ぶように、地上をかすめて軽やかに飛ぶように走る。彼は、山道の脇にある木々や岩を「昔からの友人」と呼んでいる。

デイヴィッド・マーティンは、アメリカ陸上競技代表チームの生理検査プログラムの元責任者で、サンドヴァルが競技生活を送っていたときに彼を検査したことがある。「アンソニーは、生理学の標本のような優秀な人間でした」とマーティンは語る。「長い脚、大きな心臓と大きな肺、短い胴。アトランタにある実験室で検査をしたのですが、酸素運搬能力ときたら。遺伝的に異常とは言いませんが、少なくとも普通の人間とは違いました。年をとっても小柄なまま、心臓は大きくなっていたのですから」

マーティンはそこで言葉を切り、サンドヴァルのすべてを思い出そうとした。口数は少ないが意志は強く、しなやかな身体、人並み外れて高い最大酸素摂取量。そして標高二四〇〇mの地で育った幼少期には、移動手段は走るか歩くしかなかったこと。サンドヴァルの資質が生理学的に恵まれていたことは確かだが、同時に、与えられた資質を発見し、開発するための、独特の試練の場にも恵まれていた。

「アンソニーの特徴を一言でいえば――」。物思いにふけっていたマーティンが、突然目が覚めたように語りはじめた。「彼はケニア人そのものなのです。彼はアメリカのケニア人なんですよ」

人口二五万人のエルドレットは、カレンジン族がトレーニングをする地域にほど近い、ケニアの賑やかな町だ。ときおりやって来るロバの荷車は、自動車をうまくかわしながら轍《わだち》の多い道を進む。通りの混雑ぶりはただごとではない。一階の店や二階の飲食店は、大勢の客でごった返している。路地裏では小さな商店がひしめきあう。ここでは、一五年前の商品だが、まだ一度も使われていない新品のナイキのランニングシューズを手に入れることができる。ケニアには、スポンサー企業から支給されたシューズを、すぐに転売屋に売り払うプロランナーがいるからだ。少し壁がくぼんだ所で、ケニア代表チームが使った運動用具をバックパックから取り出し、ひそかに売っている男もいる。

エルドレットに滞在中のある日、鉄製の壁に囲まれた中庭で、私はクラウディオ・ベラルデリと二人で牛乳と砂糖を入れたケニア紅茶を飲んでいた。ベラルデリはまだ若いイタリア人だが、イタリアからケニアに移り住み、すでに世界でも有数の長距離走コーチとなっている。そのときには、彼が共同執筆した論文が、科学誌『ヨーロピアン・ジャーナル・オブ・アプライド・フィジオロジー』に発表される予定となっていた。この論文では、ともに二時間八分で走るヨーロッパ人とカレンジン族のマラソン選手が比較され、ランニングエコノミーに焦点が当てられていた[12]。そして予想どおり、双方のランナーは、最大酸素摂取量、ランニングエコノミーともに、生理学的に近い特徴を持っていた。この論文の結論は、カレンジン族のマラソンランナーがヨーロッパ人を抑えて優位に立っている理由は、ランニングエコノミーでは説明できない、ということだった。

しかし、実はこの研究では、その答えを引き出す質問を発していなかった。二時間八分で走るマラソン選手が、国籍、民族に関係なく、生理学的に類似していることは特に驚くにはあたらない。いずれにしても、彼らはみな二時間八分で走れるランナーだからだ。ここで問うべきなのは、二時間八分で走るマラソン選手が、ある特定の地域で他の地域より多く輩出されるのかどうかという点だ。さらに、二時間三分あるいは二時間四分で走るマラソン選手が、ケニアあるいはエチオピア出身者に限られるのはなぜか、という点である。

この点をベラルデリに尋ねてみると、彼の真意は論文の結論とかなり違っていた。「ステファノ・バルディーニのような選手は、イタリアにまだいると思います」と、二〇〇四年のアテネオリンピックのマラソンで金メダルを獲得したイタリア人選手を引き合いに出して、ベラルデリは語った。「しかし、『そのような選手をあえて探さなくてもいいじゃないか、どうせケニア人が勝つのだから』、とイタリア人は言うでしょう。だからイタリア人はそうした人材を見つけないんですよ」。ではベラルデリは、イタリアにはケニアと同じように、バルディーニ候補が大勢いると思っているのだろうか。「ケニアにバルディーニが一〇人いるとすれば、イタリアには二人いると思います。でも、本気で探さなければ見つからないでしょう」。つまり、マラソンの金メダリスト候補者はケニア出身に限定されるわけではないが、その可能性が高いということか。「ケニア人の生活様式が、ランナーとしての資質を遺伝的に定着させたのだと思います」とベラルデリは言う。

生まれつきの細身の体型が優れたランニングエコノミーをもたらすのはたしかだが、ランニングエコノミーは向上させることもできる。史上最高の女子マラソン選手、イギリスのポーラ・ラドクリフほど、その好例となる者はいないだろう。ラドクリフは九歳で初めて競技に出場したが、それまで本格的なトレーニングをしたことはなかった。一七歳のころには有望なジュニア・アスリートとなり、そのときからイギリスの生理学者アンドルー・M・ジョーンズが彼女を研究し続けている。[13] ジョーンズは、彼女が生まれつきの資質を持っていることをすぐに見抜いた。ラドクリフは優れたアスリートの家系に生まれ――大伯母シャーロットは水泳のオリンピック銀メダリストだ――、練習量は週五〇km以下だったにもかかわらず、最大酸素摂取量は過去のどの女子アスリートよりも高かった。「ラドクリフが生来の資質に並外れて恵まれていたのは間違いないが、その資質が生かされたのは、厳しさを増すトレーニングに一〇年以上耐えてきたからだ」と、ジョーンズは記している。

その間にラドクリフの身長は伸びたが、ときに高地で行なわれた過酷なトレーニングのおかげで体重は増えなかった。最大酸素摂取量はすでにピークに達しており、向上してはいなかったが、ランニングエコノミーは毎年徐々に進歩していた。体重が変わらないのに脚が長くなったことも、その一因と考えられる。ジョーンズがラドクリフを研究しはじめてから一年後の二〇〇三年、彼女の最大酸素摂取量は軽度のトレーニングしかしなかった一八歳のころから変わっていなかったが、ランニングエコノミーは劇的に向上していた。そして、女子マラソンの世界記録、二時間一五分二五秒を叩き出す。言うまでもなく、ラドクリフが突出したランニングエコノミーを身につけたのは、厳しいトレーニングのおかげでもある。*

遺伝学が今後飛躍的に進歩したとしても、ケニア人のランニング能力の秘密を完全に解き明かすことはできないだろう。身長を左右する遺伝子が存在することはわかっているが、その遺伝子すらまだ特定できていないことを考えると、ランニング能力にかかわる遺伝子を、たとえ一つでも特定するのは簡単なことではない。ましてや、そのすべてを特定するのは至難の業と言える。世界的に著名な神経科医で、世界で初めてマイル走で四分を切ったアスリートのロジャー・バニスター卿は、かつてこう言った。[14]「人間の身体は、生理学者が理解している内容の何世紀も先を行っている。心臓や肺や筋肉が連動して機能するメカニズムは、複雑すぎて科学者にはとても解析できない」

さらに、遺伝子変異の出現頻度が民族によって異なるため、遺伝学者は対照実験を行なうときに、同一民族から対照群を抽出する。つまり、カレンジン族を遺伝学的に研究するときには、カレンジン族のランナーとカレンジン族の対照群を比較するということだ。このように、遺伝学的研究では、同一民族の構成員間の差異を調べるのが普通で、異なる民族間の差異に言及することはあまりない。ランニングに関する生理学についても、その完全な理解からはほど遠い現状をかんがみると、遺伝学的技術の進歩によってカレンジン族の謎が解き明かされるのを待つのは、賢明な策とは言えない。少なくとも、きわめて近い将来に解明されることはないだろう。そのため、遺伝学以外の分野でもさらなる研究が必要だ。デンマークの研究者がカレンジン族の少年のランニングエコノミーを調べたのも、その試みの一つだった。

私がベラルデリに最後に会ったとき、彼は、トレーニングのためにケニアにやって来たインド人選手たちのコーチを始めたところだった。一見したところ、インド人選手たちが置かれている状況は、カレンジン族ランナーに似ている。貧しい生まれ、高いモチベーション、しかも子供のころに移動手段として走り回っている。もし、長距離ランナーとして成功するための条件が、金銭的なインセンティブと、子供のころに走り回った経験と、世界レベルのトレーニングであるならば、いずれベラルデリのインド人ランナーたちがケニア人ランナーと肩を並べることだろう。

「まあ、結果をお楽しみに」。ベラルデリはにやりと笑いながらそう言った。

ベラルデリは、ケニア人が一般的にランナーとして恵まれた資質を持っている可能性が高いことに疑いを抱いていない。しかし、資質、体型、子供のころの環境、国籍がどうであれ、二時間五分で走るマラソンランナーが突然空から降ってくるものではないこともわかってい

＊　異なる仮説を立てている生理学者もいる。ラドクリフは、何年ものトレーニングによって、走り高跳びのステファン・ホルム選手のようにアキレス腱が強化され、それによってランニングエコノミーが改善されたという説だ。

る。資質には、鉄の意志が伴わなければならないからだ。

とはいえ、この意志も、生まれながらの才能と完全に区別することはできない。

第14章　そり犬、ウルトラランナー、怠け者の遺伝子

アラスカ州フェアバンクスから北に向かうエリオット・ハイウェイを降りてダート道を三kmほど走る。すると、「カムバック・ケネル」と書かれたアルミの看板が、木の枝に無造作に打ちつけてある。ドライブウェイに敷かれた砂利は寒さで固くなっているうえ、傾斜もきついので、SUVでなければ敷地内に入るのはむずかしい。周りに何もないこの場所は、いかにもアラスカらしい雰囲気を醸《かも》し出している。もし、隣家の煙突から出ている煙が見えるようなら、ここアラスカではその隣の家は近すぎる。

世界で最高の、そして最も意志の強い持久系アスリートがここに住んでいるとは、にわかには信じがたいだろう。しかし、クロトウヒの木で囲まれた斜面の空き地では、犬ぞりレース界で最も有名なアラスカン・ハスキー一二〇頭が育てられている。実はカムバック・ケネルとは、ランス・マッケイが所有する霜に覆われた前庭につけられた名前なのだ。

二つの一〇〇〇マイル（訳注　一六〇〇km）レースを二年続けて制覇したマッケイは、犬

ぞりレース界の英雄だ。[1] 一〇〇〇マイルレースの「ユーコン・クエスト」と、その数週間後に開催される、これも一〇〇〇マイルの「アイディタロッド」犬ぞりレースで、二〇〇七年と二〇〇八年に二年連続で優勝したのだ。特にアイディタロッドは、熱狂的ファンから「地球上で最後のグレート・レース」と呼ばれる過酷なレースだ。マッケイがこの偉業を成し遂げるまでは、そのようなことは不可能と考えられていた。当時は、マッシャー（訳注　犬ぞりの乗り手）と犬に病気や大けががなく、一つのレースを終えられるだけでも運が良いほうだった。さらに、病気やけががなくても、犬やマッシャーの意志が途中で萎えるという問題もあった。

犬が雪道で伏せ、もう一歩も動かないという意思表示をすれば、いかに熟達のマッシャーでもアイディタロッドを棄権せざるをえない。さらに、アラスカの夜は長く、凍えるような寒さと睡眠不足に襲われ、マッシャーが正常な判断力を失うこともある。たとえば、凍ったベーリング海を渡るマッシャーが、漆黒の闇を押しのけて昇ってくる太陽を目にし、思わず上着と手袋を脱ぎ捨ててしまう。しかし気温は氷点下四五度、すぐに凍傷にやられる。マッケイ自身も、走行中に人の声を聞いたことがある。一度など、寒い雪道を長時間眠らずに走り続けていると、道の脇に立っていたイヌイット族の女性が優しくほほ笑んでくれた。マッケイは思わず振り返り、その女性に手を振ろうとしたが、もうそこに女性はいなかった。ひょっとすると、最初からいなかったのかもしれない——。

マッケイがやってみせるまでは、ユーコン・クエストとアイディタロッドを続けて完走しようと試みることさえ、無謀な行為と考えられていた。仮にマッシャーの健康に問題がなかったとしても、犬の体調の問題がある。たとえ犬の体調に問題がなかったとしても、走り続ける意志の問題がある。

「そり犬は家庭の飼い犬とは違います。マッシャーと同じように、犬にも前に進む強い意志が必要なのだ。アスリート犬用の「レッドポー・ドッグフード」を考案したマッシャーであり生化学者のエリック・モリスは語る。「叱っても効果はありません。そり犬を訓練するときに、餌は役に立ちません」と、るには、猟犬がキジを追い求めるときのように、それがとてつもない喜びをもたらすものでなければなりません。つまり、「そりを」引きたいという、内から湧き出る犬の欲求です。そして、その欲求の強さは犬によって異なるのです」

マッケイの庭では、アラスカン・ハスキーたちは鎖につながれている。その鎖の端の金属製リングが棒に取りつけてあるため、犬が動ける範囲は直径数メートルの円の内側に限られており、その中に木造の犬小屋の入口が配置されている。どの犬もそうだが、ただし、「ゾロ」だけは別格だ。

庭の一部が小高くなった所に、柵で囲まれたゾロの犬舎がある。ゾロは、他の犬より広い敷地を与えられ、鎖でつながれてもいない。「ここは丘の上のゾロの邸宅だよ」と、マッケイが笑いながら言った。夜になると、ゾロはここからはるか下にあるフェアバンクスの夜景を一望する。と同時に、庭にいるゾロのめい、おい、姉妹、兄弟、息子、娘を見渡すことも忘れない。

ゾロのほうに歩いて行く途中でマッケイが立ち止まり、一頭の犬を指さした。「この子がここで一番の犬さ」。琥珀色の毛並みがシナモントーストを思わせる雌犬だ。彼女はゾロの孫で、メイプルと名づけられている。二〇一〇年に、マッケイのそり犬チームの先頭に立ってグループを率いたメイプルは、「ゴールデン・ハーネス賞」を獲得した。これは、アイディタロッドで最も優秀であった犬に与えられる賞だ。メイプルをはじめとして、マッケイの犬はすべてゾロの血を引いている。「一頭の犬を出発点として多くの犬を育てるのは、一種の賭けだった」とマッケイは語る。かがみ込んだマッケイに、目の周りをブロンドの毛で覆われたゾロが鼻をすり寄せてきた。ゾロの風貌は、その名のとおり、マスクをつけているように見えた。

ゾロとの会話を終え、マッケイは妻のトーニャと住む、建築途中の家に戻った。配線はむき出しで、家の一部はまだタイベックの防水シートで覆われていたが、ここは間違いなく彼らの家だ。ガレージには、ダッジ・チャージャーの特別限定車が眠っている。その横には三台のダッジ・トラックも並んでおり、これらはすべて、アイディタロッドに勝った賞品として手に入れたものだ。「全部、犬のおかげだ」とマッケイは言う。なかでも最大の功労者はゾロだ。

ゾロはマッケイが所有する犬の遺伝的中心だ。しかしそれは、ゾロが特別に足が速かったからではない（実際、足は速くない）。マッケイはむしろ、働き者の遺伝子に目をつけて、ゾロを交配させていた。マッケイには、それ以外に選択肢がなかった。一九九九年にマッケイが犬のブリーディングを始めたとき、足の速い犬や毛並みの良い犬を手に入れる経済的余裕がなかったからだ。

ランス・マッケイの父親ディック・マッケイは、一九七三年に始まったアイディタロッド犬ぞりレースの共同創始者の一人だ。最初の五年間、ディックは六着以上にはなれなかった。しかし、六年目の一九七八年に、レースのルールで規定されていない予期せぬ事態が起きる。

当時七歳だったランスは、ゴールアーチの近くでそりの到着を待っていた。やがてそこへ、父親の犬ぞりが向かって来た。そりの横では、パーカーを着こんだ父親が、あえぎながら並走している。さらにその横では、前年優勝者のリック・スウェンソンが、同じように犬ぞりの横を必死に走りながら、ディック・マッケイとデッドヒートを演じていた。ディックの先頭の犬が鼻の差でゴールラインを一着で横切ったその瞬間だった。ディックが転倒。彼の犬たちがゴールラインをまたいだ状態で止まってしまう。その横をスウェンソンの犬ぞりが一気に駆け抜けて行った。スタートから一四日一八時間五二分二四秒の後、アイディタロッド犬ぞりレースは、レースマーシャルのマイロン・ギャビンが決着を任されることになった。勝ったのは先頭の犬がゴールを横切ったマッシャーか？　それとも、すべての犬がゴールを横切ったマッシャーか？　結局、「競馬の写真判定で、馬の尻は撮らないだろ？」というギャビンの一言で勝者が決まる。こうしてディックは優勝し、息子ランスにとって永遠のヒーローとなった。

「ゴールラインのすぐそばで見ていて、感動し、感激し、興奮し、その光景が頭の芯にたたき込まれたんだ。まさにあのとき、あの瞬間に、何かが私の心を突き動かし、揺さぶりをかけ、芽を出させたと言っていい。あの瞬間が父の人生だけでなく、私の人生も変えたのさ」。

アラスカ州ワシラで育ったランスは、自分もいつかはアイディタロッドで優勝すると、そのときからずっと思い続けてきた。しかし、その後の道のりは平坦ではなかった。

父親がアイディタロッドを制した三年後に、両親が離婚した。鉄骨職人の父親はアラスカ州の辺境で建設業に携わっていたため、ランスが父親に会う機会はほとんどなくなる。母親のキャシーは、辺境を飛ぶ小型機の操縦とレストランの皿洗いで家計を支えていた。そのため、ランスは誰にも監視されず、いつもトラブルの種が尽きなかった。トラブルを起こすことにかけてランスの右に出る者はいなかった。

一五歳のころには、ランスは次から次へと問題を引き起こす少年となっていた。喧嘩、未成年飲酒、さらに喧嘩、酔っ払って大騒ぎ、公共の場所での放尿、そしてまた喧嘩。まだ運転免許証を取得してもいないのに、母親の小切手帳を盗んで六八年型ダッジ・チャージャーを買い、それを北に向かって走らせ、自宅から持ち出した三挺の銃を質に入れたりもした。

ついに母親のキャシーは北極圏に住む父親に息子を託し、少しはまともな生活を送らせようとした。ランスの父親は極寒の地で、改造したスクールバスを使い、アラスカ縦断パイプライン沿いに行き交うトラック運転手を相手に、食べ物を売って生計を立てていた。その事業はやがてレストランとガソリンスタンドに姿を変え、人口一二人の町コールドフットになる。

ランスは、父親のガソリンスタンドで働きながら、トラックの修理代として麻薬を手に入れることを覚えた。「トラック運転手には麻薬常習者が多かったので、どんな麻薬でも簡単に手に入ったよ」と言う。一八歳の誕生日を迎える直前にワシラに戻り、また元の荒れた生活をくり返すようになったが、ある土曜日、そのような生活に終止符が打たれる。拘置所に勾留されたランスの保釈金の支払いを母親が拒否したのだ。

のちに出所したランスはベーリング海に向かい、その後の一〇年間を延縄《はえなわ》漁船の漁師として過ごす。その時代にも、いつか自分も父親が創設した犬ぞりレースで優勝する、とランスは漁船の乗組員仲間に吹聴したものだった。ただ、乗組員はメキシコから来ている者が多く、アイディタロッドについて知る者は誰もいなかった。「アイディタロッドに勝たなければ、マッシャーではない」と、ランスは父親の話を仲間に受け売りしていた。

一九九七年には、ランス・マッケイはトーニャという女性と一緒にアラスカ州ネナナで暮らすようになっていた。二人ともコカインの常習者で、トーニャと前夫の娘アマンダに車を運転させることもあった。「シートにクッションを敷いて、娘の顔がハンドルの上に出るようにした。娘は九歳だったが、ハイウェイを面白がって運転していたよ」とマッケイは語る。

そんなある日、マッケイが酒場で大喧嘩をして、危うく銃で殺されかける事件が起きる。それからまもなく迎えたマッケイの二八歳の誕生日、一九九八年六月二日に、二人はまっとうな生活をしようと決心した。そして一晩かけて荷物をまとめ、南へ七五〇kmほど下ったキーナイ半島に移り住む。もう決して麻薬はやらない。ランス、トーニャ、アマンダ、トーニャのもう一人の娘、八歳のブリトニーの四人は、砂浜に張った天幕の下で暮らした。別の小型テントが主寝室だ。夕食時にはトーニャがたきぎを燃やし、二人の娘が砂浜で手づかみでとったヒラメを調理して食べた。マッケイは建築現場と地元の製材所で働きはじめた。そのうち二人は、そうやって貯めた資金を頭金にして小さな土地を買い、そこに木で家を建て、救世軍払い下げの衣類を壁に貼りつけて断熱材代わりとした。そしてマッケイは、コカインに代わって新たな中毒対象にのめり込んでいく。それは、そり犬の繁殖と飼育である。

だが、レース経験があり、体調がよく、力強いハスキー犬を買う余裕がなかったため、マッケイは雑種の野良犬を飼育するか、あるいは、ほかのマッシャーから不要な犬を引き取るしかなかった。このような寄せ集めの集団では犬のスプリンター界でトップに立てないことを、マッケイは十分理解していた。そのため、スピード以外の要素を求めてブリーディングをしようと考える。そのようなときに出会ったのがロージーだった。

ロージーは、スプリント競走犬のブリーダー、パティ・モランが所有していた小柄な雌犬だったが、スプリント犬としては足が遅すぎた。モランは、長距離レースのマッシャーであるロブ・スパークスに、ロージーを二束三文で引き渡す。しかし、ロージーが速歩《はやあし》から駈歩《かけあし》に切り替えるのを拒む様子を見たスパークスも、ロージーは長距離レースでも使えないと判断する。そこで、ロージーを試運転に連れ出してみないかと、マッケイにもちかけた。マッケイが走らせてみた結果、たしかにロージーは足が速くはなかったが、マッケイには何か感じるものがあった。いったんロージーを犬ぞり用の胴輪《ハーネス》につなぐと、どこまでも速歩で進むのだ。マッケイに言わせれば、地球を貫通して裏側に出るまで走り続けるかのようだった。マッケイは喜んでロージーを引き取り、「速歩の竜巻」と呼んだ。

マッケイは、ロージーをドク・ホリデイと交配させることにした。ドク・ホリデイもハスキー犬で、スプリント競技に勝つことはまずないが、走ること、食べること、さらに走ることを愛してやまない犬だ。その後、ロージーとドク・ホリデイの間に生まれたのが、ゾロだった。

血筋が良くて十分な訓練を受けたそり犬であっても、長い行程を走っている間には惰性で走ることはよくある。要するに、チームのほかの犬が懸命に走っているときに、自分だけ力《タグ》を抜いて走るのだ。このようなとき、経験豊かなマッシャーは、犬をそりにつないでいる引き綱《ライン》の張り具合からそれを見抜くことができる。ところが、ゾロにかぎってはそのようなことはなく、つねに前へ前へと突き進んだ。ゾロは最初のレースのときから、スタートラインでは抑えていなければならず、ゴールラインを越えてもなおそりを引き続けた。ゾロはそり犬としては体重が重いほうだったが、「これから自分が育てる犬はすべてゾロの血統にすると、兄のリックに伝えた」とマッケイは語る。

二〇〇一年、捨て犬やお下がりの犬を集め、唯一自分の手で産ませ、育てたゾロとともに、マッケイはアイディタロッドに挑戦する。そして、一二日一八時間三五分一三秒でゴールし、三六着としてはまずまずのタイムでレースを終えた。この一一〇〇マイル（訳注　一七七〇km）を走った犬のなかで最年少だった二歳前のゾロは、絶好調のまま、吠えながらそりをゴールラインの向こうに導いた。

だが、マッケイ自身はゾロほど体調が良くなかった。レース中、彼はずっと痛みをこらえていたのだ。レース前に複数の医者に診てもらったが、どの医者も単なる歯茎の化膿と誤診していた。レース中は、視界がぼやけたり、頭痛がしたり、意識を失ったりすることもあった。マッケイはゴールした直後に倒れ込んでしまい、トーニャがすぐに彼を病院に運び込んだ。その翌週、マッケイは咽喉癌の緊急手術を受けた。手術前に妻や家族に言い残したいことはないか、と医者が念を押すような大手術だ。いつもは冷静沈着なマッケイの父親ディックも、大変な嘆きようだった。

手術により、マッケイの咽喉からグレープフルーツ大の腫瘍、皮膚、筋組織、そして腫瘍が絡まった唾液腺が切除された。それ以来、喉が渇いて呼吸しづらくなるのを防ぐために、マッケイはボトルの水やジュースをいつもすすっていなければならなくなる。また、放射線治療により神経が損傷し、左手の人差し指に周期的な痛みが走るようになったため、医者を渡り歩き、ようやくある医者を説得して指を切断してもらった。

そのような状況で、マッケイの命が危ぶまれるときも、トーニャは夫に代わって犬のブリーディング計画を進めた。マッケイの指示にしたがい、ゾロを庭にいる複数の雌犬と交配させたのだ。手術をした年の冬にマッケイが仕事に復帰したときには、ゾロの血を引く六六匹の子犬が、尻尾を大きく振って出迎えてくれた。

二〇〇二年、マッケイは栄養チューブを胃につないでアイディタロッドに参加したが、四四〇マイル（訳注　七〇〇km）過ぎで棄権した。翌年のアイディタロッドは参加を見あわせ、その後の数年間はゾロの子と孫の育成と訓練に専念する。足が速い犬を買うことができなかったため、ブリーディングについてのマッケイの方針は働き者の犬を交配させることであり、訓練もその方針に沿ったものだった。レースでは、チェックポイント間のスピードでライバルに勝てないことを知っていたマッケイは、「マラソンスタイル」と呼ぶ、独自の戦い方を考え出した。この手法が、その後の長距離犬ぞりレースの戦い方を一変させる。ほかの優れたマッシャーの犬はチェックポイントの間を時速二〇～二五kmで駆け抜け、その後しばらく休むが、マッケイの犬はゆっくりではあるがどこまでも速歩で進む。「時速一一kmはたいした速さではないが、この速さで一九時間休まずに走れば勝てる」と、マッケイは言う。

二〇〇七年、マッケイはアイディタロッドに戻る。このときは、チームを構成する一六頭の犬のほとんどがゾロの子孫だった。ゾロの子孫でない犬は、ゾロの異母兄弟のラリー、甥のバテル、そしてゾロ自身の三頭だけだ。スタートから九日と数時間後に、一着でゴールアーチの下を駆け抜けたマッケイの頬には、涙が凍って張りついていた。「これで人生が変わった」と、マッケイは犬たちに語りかけた。この日を境にして、犬ぞりレースの戦い方も変わる。

マッケイの対戦相手は、次々と彼のマラソンスタイルを取り入れはじめた。マッケイの犬は一夜にして、安い不要犬から誰もが欲しがる血統種になり、最低でも数千ドルの値が付くようになる（ゾロの息子ホボは他のマッシャーに買い取られ、「ノルウェーを連れ回されて、一回あたり二〇〇〇ドルで交配させられてるのよ」と、トーニャは言う）。二〇〇八年、マッケイはまたしてもアイディタロッドを制す。四連勝のうちの二回目だ。その数週間後、マッケイが参加していた別のレース中に、飲酒運転のスノーモービルがマッケイのチーム犬たちに突っ込んできた。傷ついたゾロはすぐにシアトルの病院に空輸されたが、肋骨を三本骨折し、肺を損傷し、内出血し、脊椎もひどく損傷し、自力で立てない状態だった。

ゾロは一命をとりとめたが、もう交配とレースは止めるようにと、獣医から命じられた。マッケイはゾロのために専用の犬舎を庭に用意したが、仲間の犬が自分を残して外に走りに行くのを見ると、ゾロは鎖を引っ張って自分も外に出たがった。そのためマッケイは自宅の正面に、柵に囲まれた「丘の上の邸宅」をつくってやった。「ゾロは今でもここのボスだ。もう走ることはないが、チームの中心であることに変わりはない。私の人生においても、気持ちのうえでも、ゾロは本当に特別な存在だ」とマッケイは語る。そして忘れてならないのは、ゾロがマッケイの庭の遺伝子プールの中心でもあることだ。

ブリーディングによって犬をレースに勝たせようとする努力は、最近始まったことではない。繁殖家のブリーディングがおおよそ望むままの新たな形質を犬に与えられることには、ダーウィンでさえ驚いている。競走用ウィペット犬はブリーディングにより、トップクラスの四〇％が、本来はきわめてまれなミオスタチン遺伝子変異（「スーパーベビー」遺伝子変異）を持っている。

一九世紀末から二〇世紀初頭、特にクロンダイク・ゴールドラッシュで賑わった時代、アラスカの港や川が凍結する時期には、郵便の配達から金鉱石の輸送に至るあらゆる物に関して、犬ぞりが主たる輸送手段だった。そのため、スノーモービルが流行するまでは、力が強く、持久性と耐寒性が高い犬のブリーディングがこぞって行なわれていた。さらに、一九七三年の第一回アイディタロッドを境にして賞金の金額が大きくなり、犬ぞりレースの人気がいっそう高まると、運動能力に優れた犬を真剣に育てるブリーダーが増えていく。その結果、伝統的なアラスカン・マラミュートやシベリアン・ハスキーに、ポインター、サルーキ、その他の多くの犬種が交配され、これまで以上に優れた犬種がつくり出された。

第一回と第二回のアイディタロッドでは、ゴールまでに二〇日以上を要したが、二〇年に及ぶブリーディングの結果、所要時間は半分になる。そして、アラスカン・ハスキーは地球上でも特別なアスリートとなった。選び抜かれたアラスカン・ハスキーであれば、トレーニングをする前からすでに、健康な一般成人男性の四倍から五倍の酸素を体内に巡らせる能力を持っている。トレーニングを始めれば、トップクラスのそり犬の最大酸素摂取量は、平均的な成人男性のおよそ八倍、女子マラソンの世界記録保持者、ポーラ・ラドクリフの四倍以上に達するのだ。

そり犬は、旺盛な食欲――アイディタロッドのレース中、そり犬は毎日一万キロカロリーを摂取する――のほか、雪上を走るのに適した指の間の水かき、短時間の休息で急激に下がる心拍数など、さまざまな形質を持つようブリーディングされる。こうしてアラスカン・ハスキーにもたらされた生物学的特性のうち、最も注目すべきは、運動に対する適応能力の高さだろう。人間と同様、そり犬も、長時間トレーニングをすると筋に蓄えてあるエネルギーが枯渇し、ストレスホルモンの分泌が増加し、細胞が損傷する。人間のアスリートはこれを疲労や痛みとして感知し、休息することで身体を運動に適応させ、次のトレーニングや競技に備えなければならない。しかし、優秀なそり犬は、走りながら運動に適応する。身体を正常に機能させるために、人間は運動と休息を交互に行なう必要があるが、トップレベルのアラスカン・ハスキーは、回復させるための休みがほとんどなくても疲れない。要するに、トレーニングに対して究極の反応性を持っているということだ。[2]

二〇一〇年当時、アラスカ大学フェアバンクス校で研究していた遺伝学者ヘザー・ハッソンは、レース犬専門の八つの犬舎の犬をテストした。ハッソンは、自身も七歳のときから犬ぞりレースに参加している競技者だ。テスト結果を見たハッソンは驚いた。アラスカのそり犬は、望ましい形質を持たせるために、あらゆる可能性から交配されている。つまり、アラスカン・ハスキーは、単にアラスカン・マラミュートやシベリアン・ハスキーの変種ではなく、たとえばプードルやラブラドール・レトリーバーのように、遺伝的にまったく別の犬種であることがマイクロサテライト――DNAに散在しているくり返し塩基配列の一種――分析によってわかったのだ。[3]

ハッソンの研究チームは、アラスカン・ハスキー固有の遺伝的サインのほかに、二一種の犬種の遺伝的痕跡をそり犬から発見した。さらに、それぞれのそり犬の労働意欲はさまざまで（引き綱の張り具合でわかる）、労働意欲の高い犬はアナトリアン・シェパードのＤＮＡを多く持っているということも発見した。アナトリアン・シェパードは、筋肉質でしばしば金色の毛並みを持つ犬で、狼にもひるまずに向かって行くために、もとは牧羊犬として重用されていた。アナトリアン・シェパードの遺伝子がそり犬の労働意欲にかかわっていることは新たな発見であったが、ブリーディングによって犬の労働意欲を強化できることに、優秀なマッシャーは以前から気づいていた。

「三八年前にアイディタロッドに参加していた犬の中には、走ることに夢中になれず、強制的に走らされている犬もいた。でも私は、犬たちが走りたいから、犬たちが走るのが好きだからレースに参加し、犬とともに走る機会が欲しいんだ。私の満足感を満たすためにアラスカを横断するのではなく、犬の希望をかなえるためにやりたいのさ。犬が走ることを好きになったのはこの四〇年のブリーディングの結果だ。私たちは犬たちの欲求に応えるべく、彼らをつくり込んできた」と、マッケイは語る。

数人のマッシャーと話したところ、今やそり犬は生理学的な限界に近づいており、これ以上は速くなることも、強くなることもないという。だから休まずにそりを引きたいという犬の欲求の強さによって、タイムが縮まるかどうかが決まるそうだ。「そり犬の［交配］は管理されています。だから走りたがる犬を交配するんです。試行錯誤しながら時間をかけて学んできたし、優れた人たちの知識を分けてもらうためにほかのマッシャーと話したり、一緒に仕事をしたりしました。優れたマッシャーは、そりを引く意欲が強い犬の繁殖法を知っているうえ、その欲求をうまく引き出すのです」。生化学者であり、マッシャーでもあるエリック・モリスはそう語る。*

齧歯類を走りたいという欲求に沿ってブリーディングしている科学者たちによって、マウスの労働意欲は遺伝の影響を受けることがわかってきた。その分野の有力者の一人が、カリフォルニア大学リヴァーサイド校の生理学者、セオドア・ガーランドである。ガーランドらは乗るか乗らないかを自分の判断で決められるようにした自発走装置（回し車）をマウスに与え、一〇年以上にわたって観察を続けてきた。

通常、マウスは一晩に五、六kmの距離を走る。ガーランドは平均的なマウスの一群を二つのグループに分けた。第一のグループは毎晩走る距離が平均より少なかったマウス（ローランナー）。そして、第二のグループは平均より多かったマウス（ハイランナー）だ。ガーランドは、ハイランナーはハイランナーと、そしてローランナーはローランナーと交配した。その結果、ハイランナーの子は一世代目にしてすでに、強制されなくても、平均的に両親より長い距離を走ることが確認された。一六世代目になると、ハイランナーは一晩に一一km走るようになった。「普通のマウスは自発走装置の中でゆっくりと散歩をするように走りますが、ハイランナーはただひたすら走るのです」と、ガーランドは言う。

持久力を高めるためにマウスを交配すると（つまり、自発的に走らせるのではなく、体力が続くかぎり走るように強制すると）、数世代後にマウスは、より左右対称の骨格を持つようになり、体脂肪が減り、心臓が大きくなる。ガーランドは、自発的に走るマウスの繁殖プログラムで、同じように身体に変化が生じることに気づいた。「しかし同時に、明らかに脳も変わってきました」とガーランドは言う。ハイランナーの脳は、心臓と同じように、平均的なマウスより大きくなったのだ。「おそらく、脳内の動機づけ機構と報酬系にかかわる部位が大きくなったのだと思います」とガーランドは語る。

ガーランドは次に、ドーパミンレベルを変える中枢神経興奮剤「リタリン」をマウスに投与した。ドーパミンは、脳細胞と脳細胞の間で情報を運ぶ化学物質、神経伝達物質だ。通常のマウスにリタリンを投与すると、走ることに快感を覚えたかのように、もっと長い距離を

＊　アラスカン・ハスキーの欲求を、私は手痛い形で経験したことがある。二〇一〇年、ミネソタ州の凍結したバウンダリー・ウォーターズ自然保護区で、私が初めて、そして最後に犬ぞりに乗ったときだった。チームの先頭はすでにレースを引退したハスキー犬で、あとでわかったことだが、それはゾロの息子だった。凍りついた湖の上でそりを小休止させるために、私は一〇〇メートルほどブレーキをかけ続けなければならなかった。しかしブレーキを緩め、脇見をした瞬間に、犬たちが駆け出してしまったのだ。そりから放り出された私は、そこから四〇〇メートルほど追いかけ、そりが小島の二本の木の間に引っかかったところで、ようやく追いつくことができた。私は間違いなくゾロの子より早くあきらめるところだったので、そりが木に引っかかったのは本当に運が良かった。

走ろうとする。しかしハイランナーは、リタリンを投与されてもそれまで以上に走ろうとはしなかった。リタリンが通常のマウスの脳に与える影響が何であれ、ハイランナーの脳内ではそれがすでに現れていたと言えるだろう。つまり、ハイランナーはランニング中毒者《ジャンキー》になっているということだ。[*4]

「動機づけは遺伝しない、と誰が言ったのでしょう？　これらのマウスは、動機づけが進化する明らかな例です」とガーランドは語る。

世界中の研究者が、マラソンマウスと通常のマウスを区分するための、ゲノム上の位置を探しはじめた。特に、行動の結果として得られる快感や報酬に影響を与えるドーパミンの働きに着目し、その働きにかかわる遺伝子を特定することが目的だ。

言うまでもなく、マウスがなぜ自発的に走るかを究明したくてやっているのではない。究極の目的は、人間について明らかにすることである。

ラガーディア空港の屋上駐車場にパム・リードが戻ってきた。リードは、搭乗予定のニューヨーク発の便の出発が遅れるとわかったときに、じっと待っているタイプではない。いらいらした旅客が重そうな旅行用バッグを抱えて、電源コンセントとクッションつきの席を探し求めているのを横目に、五一歳になるリードは、イヤホンを耳の穴に突っ込み、屋上駐車場に向かったのだった。

屋上に着くと、リードは夏のむっとするような空気を大きく吸い込んだ。屋上の隅にバッグを置いて走りはじめると、穏やかな静けさに身体が包まれる。一周するのに二〇〇mもないその場所を、リードはたっぷり一時間は周回した。走る目的は、もちろん彼女が運動不足だからではない。

その前日、リードはニューヨークで行なわれたアイアンマン全米選手権を一一時間二〇分四九秒でゴールし、ハワイで開かれる世界選手権の参加資格を手に入れたばかりだった。その一週間前にはリレーのレースに参加し、トラックを八時間走り続けている。さらにその二週間前には、デスヴァレーをスタート地点として二二〇kmを走破する、バッドウォーター・ウルトラマラソン二〇一二を三一時間で走り、女子部門で二位となった。リードは、このレースを過去に二度制覇している。

飛行機はようやくラガーディア空港を飛び立ったが、リードはその週末にケベックで開催されるモントランブラン・アイアンマン・レースを一二時間一六分四二秒で走り終える。その翌週末には、地元ワイオミング州のジャクソンホール開催の、ティトン山脈を走り抜ける「単なるマラソン」に参加した。

＊　ブリーディングできるあらゆるものは遺伝的要素を持っており、そうでなければブリーディングは成り立たない。研究者たちは、自分の足指を噛むというような、一風変わった形質をマウスに持たせることにも成功している。ハイランナーの交配と同じように、足指を噛むマウス同士を交配すれば、何世代かあとには自分のつま先を噛みちぎってしまう子孫が現れるだろう。

これは、決してマゾヒズム的ランナーの話ではなく、かつて三〇〇マイル（訳注 四八〇km）マラソンを不眠で走り終え、二〇〇九年にはクィーンズの公園で、一周一マイルの単調なコースを六日かけて四九一周走った女性の話だ。

一一歳のときにミシガン州に住んでいたリードは、一九七二年ミュンヘンオリンピックの体操競技をテレビで見て、初めてスポーツに心を引かれた。「体操に夢中になり、暇があれば練習をしていた。地下室でも、ソファの横でも、どこでも」と、自伝の *The Extra Mile*（もうひとがんばり）に記している。高校に入ると、リードはテニスに転向する。そして例によって、米海軍特殊部隊がパラシュートで敵地へ飛び降りるかのごとく、一気にテニスの世界に飛び込んだ。それも、思いっきり楽しみながら。一日一〇〇〇回の腹筋運動は、トレーニングのほんの一部だ。ミシガン工科大学ではテニスの代表選手にも選ばれている。のちにアリゾナ州に移った彼女は、ツーソンマラソンのオーナーとなって運営に携わるとともに、エアロビクスのインストラクターとして働く。そうすれば、フィットネスクラブのプールを利用できるからだ。そして（リードにとっては）ごく自然な流れで、アイアンマン・トライアスロンのトレーニングを一緒にしていた男性と恋に落ち、二度目の結婚をした。リードは、自分がいつも身体を動かしたい衝動に駆られるのはなぜだろう、と考えることがよくあった。

彼女の父親は疲れを知らない人間だった。毎朝三時半に起床し、鉄鉱山に仕事に出かけた。そして午後に帰宅すると、すぐに自宅の増築作業をしたり、車をいじり回したりした。親族の話によると（「絶対に本当ですよ」とリードは言う）、祖父のレナードは、ウィスコンシン州メリルで親族が集まったときに口論をし、怒って家を飛び出してしまった。そしてそのまま歩き続け、五〇〇kmほど離れたシカゴの自宅まで帰ったという。

「毎日三時間走ると、体調を崩して入院する人もいるかもしれない」と、リードは自伝に書いている。逆にリード自身は、激しく身体を動かすと心の安静を得られるという。「私は、毎日三時間走らないと、確実に具合が悪くなる。誰かに強制されているわけでもないし、意識的にそうしているわけでもないけれど、じっと座っていることができない性分なのだと思う。とにかく動き続けるように生まれついたせいで、長距離ドライブをしたり、座りっぱなしの社交の場にいたりすると、とても居心地が悪くなる」とリードは書いている（リードの息子ティムは母親とは正反対だ。「ぼくは二、三時間走ったら限界です」と彼は言う）。リードの現在の目標の一つは、アメリカ大陸横断レースで女子世界記録を樹立することだ。そのときは、一日に通常のマラソン二回分の距離を走る計画を立てている。

「この生活リズムを崩すと、いらいらしてきます」。ここで彼女が言う「生活リズム」とは、毎日三〜五回走ることだ。「以前、帝王切開の手術をしましたが、その三日後には走っていました。私はそういう人間で、本当に走ることが好きなのです。年をとったので以前より少しはじっとしていられますが、それでも座っていると落ち着きません」とリードは語る。

　自分はウィスコンシン大学の実験に使われたマウスと同じなのだろうかと考えることがある、とリードは自伝に書いている。[5] この実験では、自発的に走るよう交配されたマウスを走りたくても走れない状況に置き、脳活動を測定した。人が食べ物やセックスを求めるとき、あるいは麻薬依存症患者が麻薬を求めるときには、特定の脳回路が活性化される。走ることを抑制されたハイランナーは、それとよく似た脳回路が活性化され、落ち着かない状態になった。研究者は、走ることを抑制されたマウスの脳活動は低下すると予測していた。ところがマウスの脳活動は、運動をすることにより普段の状態に戻ろうとしたかのように、異常に活性化したのだ。長い距離を走っていたマウスほど、運動を制限されたときに、脳活動がより激しくなった。ガーランドのマウスと同じように、ウィスコンシン大学のマウスも遺伝的な運動依存症患者だったのだ。

パム・リードが規格外の人間であることは間違いない。しかし、運動に対する強い衝動を持つ人間は、優れたアスリートのなかでは珍しくないように思われる。長距離走で世界記録を二七回樹立した、エチオピアのハイレ・ゲブレセラシェもその一人だ。「走らない日はどうも体調がよくない」と彼は言っている。あるいは、生涯無敗のボクシング・チャンピオン、フロイド・メイウェザー・ジュニア。彼は夜中に飛び起き、多くの取り巻きをジムに集めて練習を始めることで有名だ。二〇一〇年バンクーバーオリンピックで、男子四人乗りボブスレーで、アメリカに六二年ぶりに金メダルをもたらしたチームの一員であるスティーヴ・メスラーも同様だ。彼はその後引退したが、今でも練習を休むと落ち着かないと言う。アイアンマン・トライアスリートのクリッシー・ウェリントンも、走り高跳び選手のステファン・ホルムも、どちらも凝り性と言われ、トレーニングに打ち込んだ。

さらに、NFLのフットボール選手、ハーシェル・ウォーカー。ウォーカーは、一九八二年にランニングバックとしてハイズマン賞を受賞した、選手生活一二年のベテランである。五一歳になるウォーカーは、現在はプロの総合格闘家として二勝〇敗の戦績を残している。彼はバレエとテコンドー（黒帯五段）のトレーニングも行ない、一九九二年には、ボブスレーのプッシャーとしてオリンピックにも出場した。しかし、ウォーカーの活動欲求を何より雄弁に語るのは、一二歳のときに始めたトレーニングメニューだ。ウォーカーは団体スポーツに参加する前からこれを始め、今でも続けている。「午後七時に腹筋運動と腕立て伏せを始め、それを一一時まで続ける。来る日も来る日も、私は床の上にいた。毎晩、五〇〇〇回ずつ腹筋運動と腕立て伏せをした」と、ウォーカーは語る。最近は一日に、腹筋運動が三〇〇〜五〇〇回セットで合計三五〇〇回、腕立て伏せが五〇〜七五回セットで合計「わずか」一五〇〇回に減ったと言う。とはいえ、格闘技のトレーニングも行なっている。

選手生活から引退した後も、腹筋運動と腕立て伏せのトレーニングは欠かさないと決めているウォーカーは、こう語っている。「選手であることとトレーニングは別物だ。トレーニングは自分にとって麻薬、あるいは薬のようなもので、病気になってもトレーニングは続ける。何かが自分に、『ハーシェル、時間だ。さあ、始めようか』とささやいているような気がするんだ」

ある種の薬品を投与したとき、より大きな満足感を得たり、依存症になりやすくなったりする人がいるが、これは個々人の脳のドーパミン系の違いによるものだ。[6] では、そり犬や研究室のマウスのように、つねに身体を動かすことから多大な満足感や快感を得るよう生物学的に規定された人間が存在するのだろうか？* 人間が行なう自発的な運動の量は遺伝によって大きな影響を受けることが、人間を対象として行なわれた一六の（本書執筆時点で）すべての研究において確認されている。[7]

一万三〇〇〇組の二卵性および一卵性双生児に関する研究が、二〇〇六年にスウェーデンで行なわれた。[8] 二卵性双生児は平均的にほぼ半分の遺伝子が同一であり、一卵性双生児は基本的にすべての遺伝子が同一である。その結果、一卵性双生児の身体活動レベルは、二卵性双生児の二倍の類似性を示した。ただしこの研究では、身体活動を調べる際に聞き取り調査の手法が用いられており、人は自分の身体活動を過大に評価しがちだ。ところが、双子を対象に行なわれた別の小規模の研究では、加速度計を用いて身体活動を直接計測する方法が採用され、するとここでも、二卵性双生児と一卵性双生児に同様の差異が見られた。[9] ヨーロッパの六カ国とオーストラリアが共同で三万七〇五一組の双子について実施した過去最大の研究では、[10] 被験者が行なっていた運動量の差異要因を調べた結果、要因の半分から四分の三が、遺伝によるものであることがわかった。フィットネスジムを利用できるかどうかといった固有の環境要因による影響はごくわずかだった。

ドーパミン系が身体活動に反応することに疑う余地はまったくない。[11] 運動が、うつ病の治療法の一つとして使われたり、ドーパミンを分泌する脳細胞の損傷を伴うパーキンソン病の進行を遅らせるための一つの手段になったりしているのはそのためだ。さらに、その逆も真であり、身体活動レベルがドーパミン系に反応することも証明されている。ドーパミンの分泌を制御する遺伝子が存在することについては、複数の科学的根拠が示されている。

ある特定の型のドーパミン受容体遺伝子が、高い身体活動レベルと低いボディマス指数（BMI）にかかわっていることがわかってきた。さらに複数の研究（公表されたあらゆる研究結果のメタ分析を含め）によって、ドーパミン受容体遺伝子の一つの型（DRD4遺伝子の7R型）が、ADHD発症の可能性を高めることが確認されている。[12] テキサスA&M大学にあるシドニー&J・L・ハファインズ・スポーツ医学人間パフォーマンス研究所の所長ティム・ライトフットは、人間とマウスの自発的な身体活動に関する研究論文を発表した。彼はこの論文で、ADHDと運動とドーパミン遺伝子の間には関連性があると記している。「研究室でブリーディングされた、身体活動レベルが高いマウスは、少なくともドーパミン系に関してはADHDの子と類似する点がある。このようなマウスは、［特定の］ドーパミン受容体の密度が低く、脳内のドーパミン量を増加させると、身体活動レベルが下がる」と

＊　心理学者エレン・ウィナーは、彼女の優れた著書 *Gifted Children: Myths and Realities*（邦訳『才能を開花させる子供たち』片山陽子訳、日本放送出版協会）で、才能を有する子供の主要な資質を「高みへの渇望」と表現した。その資質は本能に根ざす意欲であり、「強迫観念にも似た、強い関心」と記している。また、「ある分野に対する強迫観念にも似た関心と、その分野をいとも簡単に理解する能力が運よく併存すると、高みに到達することができる」と言う。タイガー・ウッズやモーツァルトはその例だろう。

いう。

異常に活発な子供にリタリンを投与すると、ドーパミン量が増加し、活動レベルが下がる。この処方が、授業中にじっと座っていられない子に有効であるのは間違いない。しかし、それは予期せぬ結果をもたらすことがある、とライトフットは警告する。「このような子供は、身体を動かしたいという強い衝動を感じているかもしれませんが、リタリンの投与は、その衝動を抑えることになります」

「近年、私たちの社会は子供が太ることを恐れています。もし活発な子の活動レベルを下げようとして、実際には肥満を助長することになる薬を与えているとしたら、どういうことになるでしょうか？」と、ライトフットは続ける。それは、まさしくライトフットのマウスに起きたことだった。

複数の科学者が、議論を巻き起こすような仮説を提案した。それは、自然の中で暮らすわれわれ人間の祖先にとって、多動性と衝動性は生存するために必要な資質であったと考えられ、そのためADHD発症のリスクを高める遺伝子が保存された、という見解だ。面白いことに、DRD4遺伝子の7R型は、定住集団よりも、長距離を移動してきた集団や遊牧民に多く見受けられる。[13]

二〇〇八年、人類学者で構成された研究チームが、ケニア北部の牧畜民アリアールについて遺伝学的に調査した。[14] 被験者のなかには遊牧民もいれば最近定住した者もいる。遊牧民グループのなかで（それも、このグループ内だけに見られたことだが）DRD4遺伝子の7R

型を持つ者は、栄養不良になっているケースが少なかった。研究者が考えた一つの仮説は、「[DRD4遺伝子の7R型を持っている] 遊牧民の高い活動レベルが、食糧生産の増加につながった」というものだ。つまり、この遺伝子変異を持っている者は、身体活動に関しては働き者ということだ。

「この研究分野における問題点の一つは、人間の活動とその活動に影響を与える要因を観察したときに、よく知る人間の活動レベルを実際に左右する生物学的メカニズムの存在を忘れていたことです。つまり、放っておけば人間は怠け者《カウチポテト》になる性質も持ちうるのです」とライトフットは言う。

ケニアの子供たちに見られるように、走って移動することの必要性や、よりよい生活への憧れは、身体活動レベルに大きな影響を与える。しかし、そのような環境要因があるとはいえ、遺伝的要因が大きく貢献したのは間違いない。このことは、自発的な身体活動の遺伝性についてこれまでに行なわれた研究で示されている。

これまで述べた各種の研究結果は、史上最高のアイスホッケー選手と謳われた、ウェイン・グレツキーのかの有名な言葉に集約されている。「おそらく、神が私に与えたのは才能ではなく、情熱であろう」

もしかしたらその二つは、切り離せないものかもしれない。

身体活動が遺伝の影響を受けることは多くの研究によって明らかになっているが、その生物学的メカニズムについての科学者の理解は緒に就いたばかりだ。しかも、極端な環境に置かれると人間の運動量が大きく変わることは、すでに認識されている。身体を動かす衝動にドーパミンがかかわっているとはいえ、ほかにももっとわかりやすい誘惑があることを忘れてはならない。

猛烈なトレーニングで有名なフロイド・メイウェザー・ジュニアが、オスカー・デ・ラ・ホーヤとの試合で勝利してまもない二〇〇七年に、『スポーツ・イラストレイテッド』誌のオフィスに立ち寄り、貧乏で困窮していたときのことを話してくれた。「でも、今は幸せだ」と、試合で得たファイトマネー二五〇〇万ドルについて触れ、彼は満面の笑みを浮かべたものだ。

このように見てくると、遺伝と環境のかかわりはあまりにも混沌としており、「今日、スポーツの世界で、遺伝子の検査をすることに実用的な意味はあるのだろうか？」と問いたくなるだろう。

両者の関係がどれほど混沌としていても、遺伝子検査の必要性は間違いなくある、というのがその答えだ。

第15章　不運な遺伝子――死、けが、痛み

二〇〇〇年二月一二日、私はその場に居合わせてはいなかった。冬の乾燥した空気の漂うエヴァンストン高校の室内競技場でのこと。私はすでに同校を卒業しており、大学で走っていた。だが、高校一年生の弟が陸上部の新入部員として入部しており、父親もビデオカメラを手にしてその場にいた。父は観客に混じってレースを観戦していたが、よく見ようとしてアルミ製のひな壇の上に立ち上がった。私の友人であり、かつてトレーニングをともにした陸上部員のケヴィン・リチャーズが倒れたのだ。

疲れ切ったランナーがレース直後に倒れ込むのは、珍しいことではない。しかし、ケヴィンにそのようなことが起きたことは、それまで一度もなかった。いつもなら、ケヴィンが黙って痛みに対処して立ち上がることを、チームメイトはよく知っていた。彼はレースには苦痛がつきものだと考えており、疲労から地面に倒れ込むことを軽蔑していた。「僕には苦痛が必要だ。何かをやり遂げたという気になるからね」とケヴィンは言ったことがある。

普通なら、選手が倒れてもレース慣れした観客の関心を引くことはない。しかし、ケヴィンは州のチャンピオンである。埃にまみれた緑色の合成樹脂のトラックに、州のチャンピオンが身体を震わせて仰向けに倒れているなど似つかわしくない。

ケヴィンの母親グウェンドリンは、どこか変だと感じていた。その朝、息子が寝坊したからだ。レースの日に、ケヴィンが寝過ごしたことなど一度もない。何かの病気に違いないと思い、今日は行くのを止めるようにと頼んだ。しかし、エイモス・アロンゾ・スタッグ高校のダン・グラーツが、やはりマイルレースに出場するために町にいる。グラーツはイリノイ州屈指のランナーの一人だ。きっと州のチャンピオンになり、オハイオ州立大学への奨学金を獲得するだろう。

ケヴィンは高校三年生で、いくつもの大学から入学案内書が届いていた。イリノイ州では八〇〇m走のトップランナーである上に、学業成績も優秀。ジャマイカから移住してきた親族一同の中で初めての大学進学者になるはずだった。ケヴィンは私に――たいていは一緒に走りながら私が息をつこうとあがいているときに、テレビゲームのデザイナーになりたいと考えているとか、インディアナ大学が第一志望校だとか、将来について話してくれていた。その日、いずれビッグテン・カンファレンスでライバルとなるであろうグラーツとの対戦を逃すわけにはいかなかったのだ。

介護施設で働いていた母親のグウェンドリンは、息子の俊足を当てにしたくなかったので、ケヴィンに止められるまでは大学のための学費支援セミナーに参加していた。「お母さんは僕のために一ペニーだって出さなくていいから」。ケヴィンはそう言っていたそうだ。

地面に倒れ込む直前、ケヴィンはグラーツに追いつこうと一気に加速し、最後の追い上げに入っていた。ほかにも走者はいる。だが、このレースはケヴィンとグラーツの一騎打ちになっていた。二人はすでにトラックを何周か走っている。残り二周になったとき、グラーツがケヴィンを引き離した。ところが、鐘がうつろに響き、残り一周を告げると、ケヴィンがその差を縮めはじめる。最終コーナーを猛スピードで回り、地面を飲み込むかのようにグラーツとの差を大きなストライドで一歩一歩詰めていく。ケヴィンはかろうじて走り切った。グラーツの肩の後からゴールする。二着だった。

ゴールラインを越えて、ケヴィンはふらふらと二、三歩ほどよろめいた。コーチのデイヴィッド・フィリップスがやって来て腕を支えようとしたが、ケヴィンはその手をすり抜けて地面に崩れ落ち、震えはじめた。

ヘッドトレーナーのブルース・ロメインはこれまでのキャリアで一〇〇回ほど発作を見てきた。ケヴィンのそばにひざまずいて脈を取る。脈は速かった。ぎゅっと手を握ってみる。ケヴィンは握り返してこなかったが、打ち上げられた魚のように、身体を震わせながら、あえぎ、口から息を吐こうとした。苦しみながら呼吸をするたびに、下唇から唾液が泡となって流れ出す。

観客の中にいた消防士が救急医療班を呼んだ。ケヴィンが倒れた数分後、救急救命士が競技場の控室に駆けつけ、マウスツーマウスで人工呼吸を行なっているロメインを助けた。ケヴィンは一度大きく息を吸い込み、力なく長い息を吐いた。そして呼吸が止まった。

ロメインはケヴィンの身体越しに救命士を見た。二人のプロの救命士の視線は固まってしまった。「くそっ！」ケヴィンの鼓動が止まったとき、ロメインはつい口走った。救命士の一人が、急いで除細動器を取りに戻る。ロメインともう一人の救命士は、がむしゃらにケヴィンに心肺蘇生法（CPR）を施す。一人がケヴィンの肺になり代わって、酸素に富んだ空気を口に吹き込んだ。もう一人はケヴィンの心臓になり代わって、彼の胸部を何度も押して、酸素を多く含む血液を全身に巡らそうとした。しかし、CPRはただ時間を費やすのみで、ケヴィンの心臓を再び脈打たせることはできなかった。ジャンプスタートが必要な車のように、今やケヴィンを救えるのは機械だけだった。

レースの最終ラップのどこかで、ケヴィンの心臓に血液を送り込めという電気信号がひどく誤作動を起こしはじめたのだ。ケヴィンの心臓はリズミカルに収縮と弛緩をくり返すのではなく、揺れる皿の上のゼリーのように震え出した。肺で酸素を受け取った血液を力強く押し出し、全身にすばやく巡らせる役割を果たす部位、左心室で機能障害が起こり、血液循環の停滞が生じた。血液が肺の毛細血管に逆流し、赤血球があまりに細い血管のなかを一列縦隊で流れなくてはならなかった。そのため、血液中の水分が毛細血管壁から押し出され、肺の中の小さな肺胞に浸み出した。本来は酸素があるべきところが水分で占められてしまい、ケヴィンは、自分の体内の水分で溺れつつあった。

除細動器を取りに行っていた救命士が戻って来た。電気刺激でケヴィンの心臓に正常なリズムを取り戻させようと衝撃を与える。ショックを与えて生き返らせようというのだ。手遅れにならないことを願いながら。これまで測定されてきたすべての時間《タイム》のなかで、トラックに倒れ込んでからの数分間がケヴィンにとって、最も決定的な時間となった。マイル走を走っていたとき、ケヴィンの頭のなかはすでに酸素が欠乏して有毒な環境となり、脳細胞が次々と死にはじめていたと思われる。

ケヴィンのチームメイトの一人が、ゴールライン付近をうろうろしながらつぶやいていた。「ありえない。あんなに強かったのに――」。ロメインは後ずさり、呆然となった。やがて、アシスタントコーチに、仕事中のグウェンドリンに電話をかけるように言った。母親が到着するまでに、息子は救急車に移動させられていた。グウェンドリンは無理やり助手席に乗り込んできた。救命士がシェードを下ろしたので、後部で措置を受けているケヴィンを見ることはできなかった。

エヴァンストン病院に到着し、グウェンドリンは待合室に座って、人生で最も長い時間を過ごした。そこに牧師が彼女に会うためにやって来た。「ケヴィンが死んだのね！　本当のことを言って！」。そう叫ぶと、グウェンドリンはその場で気を失った。

ケヴィンは死んだ。トラックですでに息絶えていたのだ。[1]

ケヴィンの三〇億塩基対（DNAの二重らせんを構成するはしご状の化学物質）のどこかで、遺伝情報にたった一つのミススペルが生じていたのだ。それは、『ブリタニカ百科事典』一三巻分の文字列の中に、たった一文字の誤植があるようなものだ。[2]

ケヴィンの突然変異は、数十億個の塩基対のうちのどこでも起こりえた。ある領域での変異は筋ジストロフィーを、また別の領域での変異は色覚異常を生じさせる。多くの、本当に多くのほかの領域で突然変異が起きたのであれば、身体に影響もなかっただろうに。私たちが身体のなかに持っていて、毎日持ち運んでいるほとんどの突然変異は、そのたぐいのものだ。しかし、ケヴィンの場合は、DNAのはしごの特定の段で変異が起き、それがまさに正しく機能しない心臓をつくる生物学的設計図となってしまったのだ。

ケヴィンは、肥大型心筋症（HCM）を発症していた。それは左心室壁の肥厚の原因となる遺伝性疾患で、心臓が拍動する際に心臓壁が十分に弛緩せず、心臓への血流が阻害されることがある。その多くには深刻な症状が現れないが、アメリカ人のおよそ五〇〇人に一人がHCMを発症している。ミネアポリス心臓研究所財団の肥大型心筋症センター長であるバリー・マロンによると、HCMは若者の自然突然死において最もよく見られる原因とのことだ。[3]そして、若手アスリートの突然死の原因としても最も一般的である。

マロンがまとめた統計データによると、アメリカ中のどこかで、少なくとも二週間に一人は、高校生あるいは大学生、プロアスリートのHCM患者が急死しているという。なかでもよく知られているのは、NBAアトランタ・ホークスのジェイソン・コリアー、NFLサンフランシスコ・49ersのオフェンシブラインマンだったトーマス・ヘリオン、カメルーンのプロサッカー選手マルク＝ヴィヴィアン・フォエなどだろう。だが、ほとんどはケヴィン

・リチャーズのような、まさにこれからという一〇代の若者たちである。

そのような人々の場合、左心室の筋細胞が、本来あるべきれんが塀のような姿にきちんと積み重なっていない。無造作に投げ置かれたかのように、すべてが一方に偏っているのだ。このため、心臓の筋肉を収縮させる電気信号が細胞間で伝達されるときに、その信号が不規則にはね返されやすくなる。激しい運動はこの回路のショートの引き金となりうる。競技中、アスリートたちは身体を酷使しており、危機の初期の兆候に対処できないため、特に危険である。

糖尿病や高血圧、冠動脈疾患など、現在、アメリカ国内で最も切迫した健康問題にとって、運動は驚くほど効果のある薬である。しかしHCM患者にとっては、逆に運動を行なうことによって突然死の危険性が増加しうるのだ。

たとえばアイリーン・コグットは、自分の家系には何か危険なものが受け継がれていると、ずっと前から気づいていた。一九七八年、コグットが二一歳のとき、一五歳になる弟のジョーが食事中に兄のマークとふざけ合っていて、突然死んでしまった。検死報告書によると、死因は特発性肥厚性大動脈弁下部狭窄症、つまり、原因は不明だが心臓が肥大する疾患である。「ジョーは七人きょうだいの末っ子でした。弟が死んで、家族はみな悲嘆にくれました」と、アイリーンは語る。弟の死を目の当たりにしたマークは、自分の心臓にもジョーのような欠陥があるといけないので、毎日トレーニングをするようになる。そして一九九八年、ペンシルヴェニア州ランズダウンのYMCAで、ランニングマシンを使ったトレーニング中に倒れて亡くなってしまった。死因は、またもや原因不明の心臓肥大。マークは三七歳で、妻と小さな三人の息子を残して旅立った。

ＨＣＭは「常染色体優性遺伝」と呼ばれる形で受け継がれる。これは、端的に言えば、コイン投げの表裏と同じく五〇％の確率で、このＨＣＭ遺伝子変異を保有する親が、変異を子に受け渡すことを意味している。

アイリーン・コグットは最終的に、ＨＣＭが弟たちの命を奪ったことを理解した。そして二〇〇八年にはみずからのＤＮＡを検査することを決意する。

ボストンのチャールズ川を挟んで、フェンウェイパークの対岸に、れんがと鉄骨の建物がある。ワールドシリーズ優勝記念の旗の代わりに、曲がりくねった金属製のリボンが二本、外壁の一階から三階部分にかけて取りつけてある。ＤＮＡの二重らせんを芸術的に表現しているのだ。

この建物はハーヴァード大学の関連施設である個別遺伝子医療パートナーヘルスケアセンターで、遺伝学者ハイジ・レームが分子医学研究室の室長を務めている。レームと研究スタッフは、新しいタイプのＨＣＭ遺伝子変異を毎週のように突き止めている。一九九〇年代初頭、一種類の遺伝子——ＭＹＨ７遺伝子——の異なる七種類の変異のいずれかが原因で、ＨＣＭが発症すると考えられていた。[4] ＭＹＨ７遺伝子は、心筋に含まれるタンパク質をコードする遺伝子だ。二〇一二年、私がレームの研究室を訪ねたとき、そのデータベースには、一八種類の遺伝子と一四五二種類の遺伝子変異ならびにそれらの集計結果が記録されていた。いずれの変異もHCMの原因となりうる。そのほとんどが、心筋に含まれるタンパク質をコードする遺伝子の変異であり、HCM患者のおよそ七〇％が、二つある特定の遺伝子のコピーのうち、いずれか一方のコピーに変異を持っている（そして厄介なことに、HCM遺伝子変異の三分の二が「固有の変異」だ。つまり、それぞれの変異が一つの家系だけで継承されているのだ）。HCMの最も一般的な原因は、「ミスセンス変異」と呼ばれるDNAのスペリングエラーだ。ミスセンス変異は、DNA上のアミノ酸をコードする配列の一文字が置換して生じる。それによるアミノ酸の変化が機能的に重要な部位で生じると、生成されるタンパク質も大きく変化し、HCMが発症してしまうのだ。

ほとんどのHCM遺伝子変異は親から子へ遺伝するが、家族の病歴とは関係なく誰にでも起こりうるものもある。なかには親から子へ伝わらない変異も存在する。特に危険なある種のHCM遺伝子変異は、ある一家系の一人だけの自然突然変異としてのみ見られる。「それはこういった変異が繁殖活動に深刻な影響をもたらすものだからです。この変異があると、繁殖可能な年齢になるまで生き延びることができず、子孫に変異を伝えることもないのです」とレームは言う。

ほかに、変異の影響が穏やかなため、形質として発現せず、生涯まったく気づかれない変異もある。たとえば、「Trp-792フレームシフト」がそれだ。NFLのプレーブックから抜け出してきたような名前だが、実際には、特にメノナイトの人々に見られる変異である。

だが、ほとんどの場合、ある特定の遺伝子変異によってＨＣＭ患者が突然死の危険にさらされるかどうかは断言しがたい。ケヴィンの場合は、亡くなったあとに調べて初めて、その疾患が診断されたのだ。解剖してみると、その心臓は途方もなく巨大で五五四グラムもあった。成人男性の平均的な心臓の重さは三〇〇グラムほどだ。ケヴィンは心雑音があると言われたことがあるぐらいで、特に目立った病気の兆候は見られなかった。私にも心雑音はあるが、聴診器を当てられたことのあるアスリートたちの多くも同様だろう。ほかの筋肉と同じように、心臓も運動によって強化されるが、アスリートの心臓には、体調を崩したときには消え失せる、危険性のない心雑音がよく起こる。*

そのような家族歴のため、アイリーン・コグットは、子供たち全員に幼少のころから定期的に心臓の検査を受けさせてきた。息子のジミーはバスケットボールとウエイトリフティングをしており、ときどき息切れを訴えていた。ぜんそくだと言われていたが、ＨＣＭ患者にはよくある危険な誤診だ。ぜんそくの吸入器はＨＣＭ患者にとって致命的な心拍リズムを誘発することがあるからである。二〇〇七年、ピッツバーグ大学での第三学年が始まろうかというとき、ジミーは遺伝子検査を受けて、心収縮の制御を助ける遺伝子に、最もよく見られる類のＨＣＭ変異があることを知った。ハシバミ色の瞳とそばかすと一緒に、その変異をアイリーンから受け継いだのだ。家族の中に遺伝子変異が確認されたことで、アイリーンは、特に症状が見られなくても、他の子供たち、カイル（当時一八歳）、コナー（同一六歳）、キャスリーン（同一二歳）に検査を受けさせることを決心した。そして、二〇〇八年三月、子供たちに遺伝子検査を受けさせた。これ以上、遺伝子変異が受け継がれていないことを祈りながら。

しかし、悪い知らせが届く。コナーとキャスリーンが陽性と判明したのだ。「ひどく落ち込みました。私はいったい何を期待していたのでしょう。よい報告が聞けると思っていたのに。なかなか受け入れることができませんでした――。検査機関に対して腹が立ちました。うまく結果に対処することができなかったのです。『いったい何でこんなことをしてしまったの。子供たちはまだ若いのに、私は何を考えていたのかしら。せっかくの子供たちの幼少期を台無しにしてしまう』と思いました」

ＨＣＭを研究している循環器専門医は、アドレナリンの増加によって致命的な不整脈が誘発されるかもしれないため、ＨＣＭ患者は激しい運動を控えるようにと提言している。ジミーは診断を受けたあと、胸部に除細動器を植え込む手術を受けた。マッチ箱大の、その小さ

＊　高校スポーツ界には困った傾向がある。未熟な医療サービス提供者に事前審査を行なう許可を与えている州が増えていることだ。[6] 彼らは心臓血管系に関する教育を十分に受けていないか、あるいはまったく受けていないために危険な心雑音を識別できない。一九九七年には、一一の州でカイロプラクターや漢方医、その他の医師ではない医療従事者が事前審査を行なうことが許可されていた。二〇〇五年までにその数は一八州に増えており、そのうちのカリフォルニア、ハワイ、ヴァーモントの三州では、事前審査を行なう機関の決定が高校に委ねられている。

な装置からは心臓に接するリード線が出ており、異常な心拍が起こった場合に備えて待機している。もし異常心拍が検出されると、除細動器が自動的に電気ショックを与えて心臓を正常な状態に戻す。ジミーはいつもの大学生活に戻った。ただし、バスケットボールをすることはもうなかった。ウエイトリフティングでは、バーベルを頭より高く持ち上げないように制限された。そうしないと左半身に強いストレスがかかって、除細動器のリード線にダメージを与えるかもしれないからだ。

最終的に、アイリーンは不安を克服し、ライフスタイルが変わりはしたものの、子供たちに遺伝子検査を受けさせてよかったと思うようになった。アイリーンが最も悲惨な方法で学んだように、弟を一人失うことよりも悪いことはただ一つ、二人の弟を失うことだ。また、それよりひどい運命はただ一つ、二人の弟に加えて、子供たちまでも失うことだ。レームは次のように語る。「遺伝学のこの分野に、すっかりのめり込みました。HCMの原因を解明して、家族のほかのメンバーの罹患の可能性を予測することで、患者の人生にとても大きな影響を与えられる分野ですから。患者は、よい結果を得ることもあれば、悪い結果を得ることもあります。でも、少なくとも、それを理解して予測することができるのです」

アスリートにとって、HCMであるかどうかの明確な判定は特に重要である。HCMの最もわかりやすい兆候は心臓の肥大だが、アスリートにとってはそれが正常な状態だからだ。心臓の肥大がアスリートのトレーニングによるものか、あるいはHCMの兆候かの見極めは、世界でも数少ない真のHCM専門医を必要とする。ボストンにあるタフツ医療センターの循環器専門医であり、アスリートの突然死を専門とするマーティン・マロン（バリー・マロンの息子）は、特定の心臓肥大はそのアスリートが行なっているスポーツの種類によって決まると言う。たとえば、自転車選手やボート選手は、トレーニングによって心臓壁が厚くなり、心腔が大きくなるが、ウエイトリフティング選手は心臓壁は厚くなるが、心腔は大きくならない。スポーツごとに特徴的なパターンがあるのだ。

正常な心臓では、心腔を分ける心臓壁は一・二cmより薄く、左心室の直径は一般的に五・五cmより小さい。もし、心臓壁か心腔が著しく肥大すれば、それは病気の兆候である。しかし、心臓壁で一・三〜一・五cm、心腔で五・五〜七・〇cmのわずかな肥大であれば、「アスリートにとってはグレーゾーンです」とマロンは言う。つまり、心臓肥大はトレーニングにも疾患にも起因することがあるので、グレーゾーンにあるアスリートがその心臓肥大はトレーニングの適応だという仮定のもとでスポーツを続ける許可を得て、結果としてフィールドで突然亡くなってしまう可能性もありうるということだ。もしアスリートが遺伝子検査を受け、既知のHCM遺伝子変異を保有していることが明らかになれば、グレーゾーンはなくなる。

こういった領域では、個人を対象とした遺伝子検査が現代のアスリートたちに影響を及ぼしつつある。アスリートたちはかならずしも、遺伝子検査を活用することを望んでいるわけではないのだが。

二〇〇五年、得点力を発揮してシカゴ・ブルズを率いていたセンターのエディ・カリーは、不整脈が原因で欠場を余儀なくされた。カリーは高く評価されながらも、シーズンの終盤とプレーオフの試合にすべて出場できなくなった。

そして、バリー・マロンからの忠告で、ブルズは五〇〇万ドルの契約オファーに遺伝子検査の条項を追加して、カリーに差し出した。それは、一九九〇年にNCAAの得点王・リバウンド王であったハンク・ギャザーズが試合中継中に死亡したように、カリーがテレビカメラの前でそうならないことを願ってのことだった。もし遺伝子検査によってカリーがすでに知られているHCM遺伝子変異を保有していることが明らかになれば、ブルズはカリーの出場を許可しないが、今後五〇年間にわたって毎年四〇万ドルを支払う、というものだ。カリーが遺伝子検査を拒否したので、その後、ブルズは彼をニューヨーク・ニックスにトレードした。カリーの弁護士であるアラン・ミルスタインが、AP通信に次のように語っている。[7]

「DNA検査に関するかぎり、われわれはちょうどその宇宙の始まりにいるところです。ある人が癌、またはアルコール依存症、肥満、脱毛症――その他、考えられるかぎりのありとあらゆる疾患に罹患しやすいかどうか、まもなくわかるようになるでしょう。その情報を雇用主に渡してみなさい。どれほど面倒なことになるか想像できるでしょう」

現在では、状況が変わってきている。遺伝的プライバシーについて一三年間議論したのち、合衆国議会は、二〇〇八年に遺伝情報差別禁止法（GINA）を成立させた。この法律は二〇〇九年後半に施行されており、雇用主が遺伝子情報を要求すること、雇用主や医療保険会社が遺伝子情報に基づいて差別することなどを禁じている（ただし、GINAは生命保険、傷害保険、所得補償保険の供給者による差別を禁じていない)。

多くのアスリートは、自分が危険な遺伝子変異を持っていることを知っていたとしても、スポーツを続ける。二〇〇九年のある瞬間は、YouTube上に永遠に残るものとなった。ベルギーのサッカーチーム、KSVルーセラーレの二〇歳になるディフェンダー、アンソニー・ヴァン・ルーが、その時まるで糸を切られた操り人形のように、試合中に突然ピッチに崩れ落ちた。心停止を起こしたのだ。だが数秒後に、ビクンと激しく痙攣して、まるで何事もなかったかのように上体を起こした。ヴァン・ルーが倒れた瞬間に、胸に植え込まれた除細動器が作動し、彼をまさに死の入口から呼び戻したのだ。ヴァン・ルーは運が良かった。除細動器は激しい運動による磨耗や断裂に耐えられるようにはつくられていないのだから。

HCMを発症しているアスリートにスポーツをさせるかどうかは、医師にとってのジレンマである。医師たちは、ある特定のHCM患者が突然死の危険にさらされているのか、それとも何ら深刻な症状もなく九〇歳まで生きるのかについて、たいていの場合、推測することしかできない。

あるHCM遺伝子変異は他の変異より危険であることが知られているが、それは厳密な科学ではない。「私は何人かの子供たちに会っていますが、突然死の家族歴もなく、症状も、ひどい心臓壁肥厚も見られず、多くは大きな危険にさらされているとは思えませんでした」。ハートフォード病院の循環器専門医であり、ミュンヘンオリンピックのマラソン選考会に出場したこともあるポール・D・トンプソンは語る。「私は選手たちによく言うのです。『あなたが大きな危険にさらされているとは思わないが、私も夜には眠らなくてはならない。あなたを危険にさらすことはできないので、スポーツを禁止する』。優秀なラインバッカーだという理由で高校に合格できたニキビ面の一七歳の少年にそのことを伝えるのは大変な重荷です」

しかし、そのラインバッカーを死なせるよりはいい。友人ケヴィンの葬儀に参列するために故郷に戻ったとき、ケヴィンが命を落とした室内競技場に行ってみた。トラックレーンを仕切る白線の一つは、手書きのメッセージでいっぱいだった。「永遠に愛してる」。「天国で会えることを楽しみにしてるよ」。「そのときが来れば、君がなぜ亡くなったのか教えてくれるよね」。その一年後、再びトラックを訪れたとき、ケヴィンの汗と夢が染み込んだ地面に書かれたメッセージはそこにあったはずだが、その上に新しいペイントが塗られていて見ることはできなかった。

ケヴィンは、胸部に時限爆弾を抱えていたことを知らなかった。だが、もし知っていたとしたら？　葬儀では友人たちが、ケヴィンは大好きなことをしながら亡くなった、と力説していた。ケヴィンはレースが大好きだった。でも、たとえばコンピューターなど、それ以外のことも大好きだった。レースは奨学金を得るためのチケットだったのかもしれないが、きっと走ることを止めて、一生懸命、その競争心をほかの何かに向かわせることもできただろう。ケヴィンが走りながら亡くなったという詩的な表現など、私にとっては、これっぽっちも慰めにはならない。

アスリートたちがスポーツを行なうのを先手を打って制限するかどうかは感情的、法的に悩まされる問題だ。しかし循環器専門医たちは、アスリートが明らかにフィールドでの突然死の危険にさらされているときは、スポーツを止めるよう忠告すべきだという点で意見が一致している（忠告を無視して、何としてもスポーツを続けるアスリートもいるが）。だが、もしアスリートがさらされているリスクが損傷にとどまるなら？　スポーツは本質的にリスクを伴うものである。飛行中の戦闘機がそうであるように、いつまでも無傷でいられるアスリートはいない。しかし、科学者が、あるアスリートは他のアスリートよりも大きなリスクにさらされていると伝えることができたら、どうだろう？

まさに今、そのように伝えることが可能となりはじめている。あらゆるスポーツで最も注目を集めている医学的リスクの一部にかかわる遺伝子を、研究者たちが探し出しつつあるためだ。


爽やかな一一月の午後のマンハッタン。ロン・デュゲイは数時間に及ぶ認知テストをちょうど終えたところだった。パークアベニューサウスの街並みを見下ろしながら椅子に座り、エリック・ブレイヴァマン医師による結果報告を待っている。一九七七年から、デュゲイは主にニューヨーク・レンジャーズのセンターとして、NHLで一二シーズンをプレーした。一九八二年のオールスターゲームにも出場した優秀な選手だったが、アイスホッケー界のロックスターとしてのほうが有名だろう。

デュゲイはヘルメットをかぶらず、氷上を滑っているときにうしろになびく焦げ茶色の巻き毛によって、一九八〇年代のセックスシンボルとなっていた。五〇代となり、スーパーモデルだったキム・アレクシスと結婚している現在でさえ、その髪は豊かにカールしている。気さくで、話しかけやすい人物だ。だが、ブレイヴァマンの診療室では、ナーバスになっていた。アイスホッケー選手時代の話を本にまとめたらどうかと友人からよく勧められると話しながら、デュゲイは輝くレンジャーズのピンキーリングを弄《もてあそ》んでいた。「本を書くときはチームメイトに電話しなくてはならないでしょう。私はたくさんのことが思い出せないのです」と言う。それが、デュゲイが今ここにいる理由である。彼は現役時代、衝撃は軽度だったにしても、スティックや肘、ときにはパックで数えきれないほど頭を打たれたことを承知しており、自分が診断未確定ながら何度も脳震盪《のうしんとう》になっていたと考えている。

ブレイヴァマンが現れ、記憶力と脳処理速度を評価する三つの検査に不合格だったと、デュゲイにはっきりと伝えた。「以前の彼に比べ、厄介な状況です」とブレイヴァマンは言う。

検査の一環として、ブレイヴァマンはＡｐｏＥとして知られるアポリポタンパク質E遺伝子のどの型をデュゲイが保有しているかを調べるために、遺伝子検査を命じた。デュゲイの祖母がアルツハイマー病で亡くなっており、家族のほかのメンバーも記憶障害を抱えていた。アルツハイマー病患者の研究により、ＡｐｏE遺伝子のある特定の型が、かなりの程度、個々人の発症リスクを増加させることが示されている。

ＡｐｏＥ遺伝子には、ＡｐｏＥ２、ＡｐｏＥ３、ＡｐｏＥ４という通常見受けられる変異体がある。すべての人がＡｐｏＥ遺伝子の二つのコピーを持っており、一つは母親から、もう一つは父親から譲り受ける。ＡｐｏＥ４型というコピーが一つあると、アルツハイマー病発症のリスクが三倍に増加する。コピーが二つになると、リスクが八倍に増加する。一般の人々が四人に一人であるのに対して、アルツハイマー病患者の約半数がＡｐｏＥ４型遺伝子を保有しており、この型の遺伝子を持っていると若い年齢で発症することが多い。[8]

ＡｐｏＥ遺伝子の重要性は、アルツハイマー病ばかりでなく、人があらゆる脳損傷からいかに回復しうるかにまでおよんでいる。たとえば、ＡｐｏＥ４型遺伝子の保有者が自動車事故などで頭を打った場合、昏睡状態の時間がより長く、脳損傷がより大きいうえ出血も多く、受傷後の発作が増加し、リハビリが成功しにくく、そしてまた永続的な損傷を被り、死亡する可能性が高い。[9]

ＡｐｏＥ遺伝子が脳損傷の回復にどのように影響を与えているのか完全には明らかになっていないが、それは頭部外傷に伴う脳の炎症反応にかかわっており、ＡｐｏＥ遺伝子変異の保有者は、脳が損傷を受けるとあふれ出すアミロイドと呼ばれるタンパク質を脳から除去するのにより時間がかかる。いくつかの研究において、ＡｐｏＥ４型遺伝子を保有するアスリートで頭部に衝撃を受けた者は、回復のためにより長く時間がかかり、中年期以降に認知症を発症するリスクが高いことがわかった。

一九九七年の研究では、ＡｐｏＥ４型遺伝子を保有しているボクサーは、同等期間のキャリアがあるＡｐｏＥ４型遺伝子を保有していないボクサーより、脳機能障害の検査において成績が劣っていることが突き止められた。[10]この研究で被験者となった三人のボクサーは深刻な脳機能障害を起こしており、三人ともＡｐｏＥ４型遺伝子を保有していた。二〇〇〇年に、五三人の現役プロフットボール選手について行なわれた研究で、脳機能の検査において、ある選手が他選手より成績が劣る原因となる三つの要素が挙げられた。それは、（一）年齢、（二）頭部への頻繁な打撃、そして、（三）ＡｐｏＥ４型遺伝子の保有である。[11]

ＮＦＬのヒューストン・オイラーズとマイアミ・ドルフィンズでラインバッカーを務めたジョン・グリムスリーは、二〇〇二年、四〇歳で認知症の兆候が現れはじめた。家族は、グリムスリーが同じ質問をくり返し、リストがないと食料品店で買うべき物を記憶できず、すでに観た映画のＤＶＤを借りてほしいと頼むことに気づいていた。

グリムスリーは経験豊富な狩猟案内人だったが、二〇〇八年に銃の手入れをしているときに誤射し、命を落としてしまった。妻のバージニアは、それまでグリムスリーが受けてきた衝撃が認知症と何らかの関係があるのではないかと長いあいだ疑っていた。そこで、夫の脳をボストン大学の外傷性脳障害研究センターに献体した。

これが、元ＮＦＬ選手の脳を多数調べるきっかけになった最初の事例である。ボストン大学の研究者たちはスポーツにおける脳損傷の危険性に対する認識を強めつつあった。そのような状況で、グリムスリーの脳を調べたのである。研究者たちはグリムスリーの脳内に慢性外傷性脳症に特徴的な、広範囲のタンパク質蓄積を発見した。[12]現在、そのような状態はフットボールの大学生選手やプロ選手の脳で多数確認されている。ボストン大学の研究者たちはまた、グリムスリーが、ちょうど人口の二％の人々と同様に[13]、ＡｐｏＥ４型遺伝子を二つ持っていたことも発見した。

二〇〇九年、ボストン大学の研究者は、ボクサーやフットボール選手の脳の損傷に関する多くの事例を発表し、それが全国で大きく報道された（そして、ＮＦＬ関係者にとっての悩みの種となる）[14]。しかし、マスコミ報道ではまったく触れられていなかったことがある。それは、脳に損傷があるボクサーとフットボール選手で、遺伝子データのある九人のうちの五人がＡｐｏＥ４型遺伝子の保有者だったことである。この割合は五六％であり、一般人口に対して二倍か三倍の割合にあたる。ロサンゼルスを拠点とする医師ブランドン・コルビーは元ＮＦＬ選手たちの治療に当たっており、それらの患者について次のように語っている。「頭部外傷による重大な問題を抱えている選手のすべてが、ＡｐｏＥ４型遺伝子のコピーを保有していました」。現在、子供がフットボールをプレーすることのリスクを測りたいという親たちに、子供にＡｐｏＥ遺伝子の検査を受けさせるようにとコルビーは勧めている。

二〇〇〇年発表の五三人のフットボール選手に関する研究論文の共著者であり、ニューヨーク州アスレチックコミッションの元医務部長である神経科医バリー・ジョーダンはかつて、ニューヨーク州のボクサー全員を対象として、ＡｐｏＥ４型遺伝子についての遺伝子検査を義務づけることを考えていた。「アスリートたちのスポーツ参加を止められるとは考えていませんでした」とジョーダンは言う。「でも、彼らをしっかり監視するのに役立つに違いありません。［ＡｐｏＥ４型遺伝子は］脳震盪のリスクを増加させるようには見えませんし、私もそうは考えていませんが、脳震盪を起こしたあとの回復状況に影響を与えるかもしれないのです」

結局、ジョーダンは、遺伝子に関する情報がどのように使われるかを主に懸念し、遺伝子検査を義務づけないことを決めた。「［遺伝情報差別禁止法が制定された］とはいえ、安心できません。情報は漏洩するものです。遺伝子検査によって、アスリートになんらかの情報を伝えることはできるでしょう。でも、どれだけの人々が興味をもってくれるかはわかりません。遺伝子について知りたくないと思う人もいますから」とジョーダンは言う。コロラド州ボクシング委員会の神経科医ジェームズ・Ｐ・ケリーはこう話している。「ＡｐｏＥ４型遺伝子に関しては、『知識は力』ではない、と言う者もいます」

これはむずかしい問題だ。しかし、現役、あるいは引退したプロアスリートにＡｐｏＥ４検査について私が説明したところ、そのうちのほとんどが検査を受けたがっているようだった。遺伝子に関する情報が、チームや保険会社、将来かかわる可能性のある雇用主に明かされなければ、という条件付きではあるが。*ブレイヴァマン医師を訪れてから数週間後、デュゲイはＡｐｏＥ４型遺伝子をたしかに保有していると知らされた。もし、この認知機能障害の追加的、潜在的な危険因子について知っていたならば、デュゲイは現役時代に「ヘルメットをかぶることを真剣に考えていたでしょう」と話している。

インタビューでＡｐｏＥ４検査に対する見解を尋ねたアスリートの中に、それまでに七一試合を戦い、二〇〇四年にはロイ・ジョーンズ・ジュニアとアントニオ・ターバーを倒した、プロボクサーのグレンコフ・ジョンソンがいる。ジョンソンは、特定の遺伝子については知らなかったが、頭に受ける衝撃が脳損傷の主な要因であることは知っており、「自分はどんな情報からも目を背けない」と語っている。

NFLニューイングランド・ペイトリオッツの元ラインバッカーであるテッド・ジョンソンは、脳震盪を何度も経験し、それが原因で引退することになる。その後は、アンフェタミン中毒、うつ病、記憶障害、慢性頭痛に悩まされた。「その遺伝子検査に真っ先に申し込むだろう。ためらいなんてない。その遺伝子を保有しているからといって何の保障もないことはわかっているけど、平均的な人たちより潜在的に大きなリスクを抱えることになるのが本当なら、すぐにそれを受けよう。現役時代は何の情報もなかった……。現役の選手にとっては、この種の情報は信じがたいほどすばらしいものだろう」と、ジョンソンは言う。また、ニューヨークのマウント・サイナイ病院でアルツハイマー病を研究するある学者は、ApoE4型遺伝子を一つ持つことによる認知症発症のリスクは、NFLでプレーすることによるリスクとほぼ同じであり、この二つが重なればさらに危険だと指摘している。[15]

しかし、さらなるリスクの大きさを正確に測ることは不可能なので、私がインタビューし

＊　私がインタビューした人々のなかには、NFLのクォーターバックであったショーン・ソールズベリーのように例外もいた。「自分が八二歳のときにどうなっているかなんて知りたくはない」と彼は言う。

た医師はおしなべて、ＡｐｏＥ遺伝子検査をアスリートに勧めるべきではない、と感じているようだった。ＡｐｏＥ遺伝子検査を自発的に受けた者が、悪い結果を知らされたときにどう反応するかを調査したREVEAL研究にも参加したボストン大学の神経科医ロバート・C・グリーンは、次のように語っている。「これは、まさに議論を呼んでいる領域です。過去数十年にわたり、遺伝学の世界では遺伝的なリスクに対して何かできることが証明されていないかぎり、リスクに関する情報を相手に伝える理由がないという意見が出されています」。しかし、REVEAL研究では、ＡｐｏＥ４型遺伝子を持っていると知らされた人々が過度の恐怖を感じてはいないことがわかった。むしろ、悪い知らせを受け取った被験者は、アルツハイマー病の発症を遅らせる治療法は確立していないとはいえ、役立つかもしれないという医師の勧めに従って運動をするなど、健康的なライフスタイルを実践しようとする傾向にあった。[16]

それでも、医師が躊躇するのは十分理解できる。「もし、膝を傷めるリスクを高めるとわかっている遺伝子を持っていて、その情報が悪意ある第三者の手に渡れば、その選手は契約されないかもしれない」と、ニューヨーク州アスレチックコミッションの医務官を務めたバリー・ジョーダンは言う。「これは、将来起こりうる問題です」（もちろん、スポーツチームは前々からそのような情報を、選手の健康診断と病歴のデータなどあらゆる手段を用いて推測しようとしてきたのだろうが）。

実際、膝を負傷するリスクにかかわると見られる遺伝子がすでに確認されている。南アフリカのケープタウン大学の生物学者たちが、運動を行なう人々の腱と靭帯を損傷しやすくさせる遺伝子を突き止めるための研究を先導してきた。[17]研究者たちは、腱、靭帯、皮膚などを形成する基本物質であるコラーゲン線維をつくり出すタンパク質をコードする、COL1A1やCOL5A1のような遺伝子に着目した。コラーゲンは、ときに身体における接着剤と見なされ、結合組織を望ましい形に保つ働きをする。

COL1A1遺伝子に特定の変異がある人々は、骨粗鬆症《こつそしょうしょう》を発症し、骨折しやすくなる。またCOL5A1遺伝子のある種の変異は、結合組織に過度の柔軟性を与えるエーラスダンロス症候群の原因となる。「身体を曲げて小さな箱の中に入ってしまうような、昔のサーカスの人たちは、そのほとんどがエーラスダンロス症候群の患者だと思います」。ケープタウン大学の生物学者であり、コラーゲン遺伝子研究のリーダーであるマルコム・コリンズは語る。「彼らは、異常なコラーゲン線維を持っていたために、あなたや私には真似ができないような体位に身体を曲げることができたと考えられます」。

エーラスダンロス症候群はまれな疾患だが、コリンズとその同僚たちは、コラーゲン遺伝子に非常によく見られる変異が、アキレス腱断裂のような結合組織への損傷の個々人のリスクと、柔軟性に影響を及ぼしていることを示した。* この調査を利用して、グノウミックス社は、医師の指示のもとに患者が受けられるコラーゲン遺伝子検査を提供している。

「ある特定の遺伝子プロファイルを持っているアスリートに対して私たちが言えることは、最新の知識にもとづけば、あなたはほかの人より高い負傷リスクを負っています、ということだけです」とコリンズは言う。「これは喫煙は肺癌にかかる可能性を高めますと言うのとたいして変わりませんが、大きな違いは、喫煙は止められるがDNAは変えられないということです。しかし、変えることができる別の要素があります。リスクを減らすためにトレーニング方法を修正したり、また、リスクの高い部位を強化するために、『プレハビリテーション・トレーニング』を行なうこともできます」

多くのNFL選手が、アキレス腱や膝前十字靭帯の損傷を引き起こす可能性がある「損傷遺伝子」の検査を利用するようになっている。[19] 一つの例としては、デューク大学のフットボールチームが、腱と靭帯の損傷にかかわる遺伝子を研究している学内の研究者に選手のDNAを提出することを認めるよう、大学当局に求めている。

このように、特定の遺伝子が、競技場での突然死や脳損傷、負傷にかかわっている。そして今日、研究者たちは、スポーツにおける不快な、しかし避けがたい別の側面、つまり痛みの根源となる遺伝子を特定しはじめている。[20] 私たちが感じる痛みについても、遺伝子は影響を及ぼしているようだ。

一三年にわたるNFL選手生活の最後の数年間、体重一一五kgのランニングバック、ジェローム・ベティスは、月曜日の朝になるといつも痛みに耐えていた。キャリア通算のキャリーは三四七九回、その間に、肋骨を何本も骨折し、肩関節を何度も脱臼し、脳震盪を二回経験し、鼠蹊部《そけいぶ》の筋肉を数回断裂し、胸骨を打撲し、膝とくるぶしを数え切れないほど手術した。月曜日の彼はいつも、朝食をとりに階下へ行くために、階段の一番上の段に腰を下ろし、尻もちをついたまま一段ずつ下りていった。

現役のころの毎週日曜日、ピッツバーグ・スティーラーズのチームメイトはベティスが相手チームの選手たちの間を強行突破して突き進むことを願っていた。「それが私のやり方だった」とベティスは言う。「［相手の選手を避けて］うまく逃げるというようなやり方ではなかった」。ジャクソンヴィル・ジャガーズとのある対戦では、相手ディフェンダーの親指がフェイスマスクの隙間に入ってきて、ベティスの鼻の骨を折ったことがある。チームドクターはその鼻にテープを貼り、脱脂綿を詰め込んだ。しばらくの間はそれでよかったが、ゲーム終盤になって、相手チームの選手に真正面からぶつかったとき、脱脂綿は鼻の奥に押込まれてそのまま喉を通り、胃に収まってしまった。「そのときは、『おい、ちょっと待っ

＊　COL5A1遺伝子に関する研究によって、ある種の変異型をもつ人々は身体がより柔軟ではなく、ランニングを行なうのに有利に働く可能性があることも明らかになっている。[18] これは、より大きな弾性エネルギーを蓄えることのできる硬いアキレス腱――走り高跳び王者ステファン・ホルムのアキレス腱をもう一度思い出してほしい――がランニングエコノミーの向上と関連があるためだろう。ある新しい研究によると、この遺伝子の「非柔軟性」型を持つアスリートは、アイアンマン・レースのランニング部門では速いが、スイムとバイクではそうでもない。つまり、そのアキレス腱を十分に活用できる部門でのみ、よりよいパフォーマンスを発揮できるというわけだ。だが、その非柔軟性型の遺伝子変異は、アキレス腱損傷のリスクの増加とも関連している。

てくれ。詰め物が取れたんだ』と言いたくなった。あれは最悪だった」

どうりで月曜日の朝、階段をまともに歩いて下りることができないはずだ。ときには痛みがひどくて次の試合を欠場しようかと思うこともあった。しかし、日曜日に芝の上に足を乗せると、もうあとには引かなかった。「フィールドに立てば、もう何も迷うことはない。自分の仕事をする。何があってもする」

ベティスのタフさについては誰もが知るところだが、たとえNFL選手といえども、不快な症状に対処しようともがいていることもあるそうだ。「痛みを感じていないのではないかと思うような選手もなかにはいるが、それでも最高のパフォーマンスを維持できてはいない。私もたびたびそのようなことを経験してきた」とベティスは語る。

痛みへの耐性と対処は、ハイレベルのスポーツでは大きな関心事だ。ある選手が他の選手よりも痛みに耐えられるのはなぜか、それがモントリオールにあるマギル大学の痛み遺伝学研究室の研究テーマとなっている。研究室の一室には床から天井までマウス飼育用の透明のケージが積み上げられており、ここではマウスが（同様に人間が）痛みを感じるプロセスと、その痛みの緩和にかかわる遺伝子について研究が進められている。

ケージの一つでは、オキシトシン受容体を欠いたマウスが飼育されている。そのマウスは痛みの研究のために飼育されているのだが、同時に社会的認識能力も欠けていた。このマウスは、同じケージの中で一緒に育ったマウスを識別できないのだ。別のケージには、頭の痛み、つまり偏頭痛を発症するように交配された黒毛のマウスがいる。これらのマウスは多くの時間を、額をかいたり、身体を震わせたりして過ごし、まるで頭痛を言い訳に交尾を拒んでいるように見えた。「この実験は何年もかかりました」と、偏頭痛治療の開発を進めるジェフリー・モギル室長は言う。「なぜなら、マウスがなかなか繁殖しなかったからです」

別の棚の上のケージでは、メラノコルチン1受容体（MC1R）遺伝子の機能しない型を持つマウスが飼育されている。わかりやすく言えば、赤毛のマウスだ。この遺伝子変異は、人間の赤毛をもたらす変異と同じものである。モギルは、人間でも齧歯動物でも赤毛の遺伝子変異を持っていると、ある種の痛みへの耐性が高く、鎮痛のためのモルヒネが少なくてすむことを発見した。[21]

MC1R遺伝子は、人間が感じる痛みに影響を与えると確認された初めての遺伝子のうちの一つである。また、別の遺伝子が、一〇代のパキスタン人ストリートパフォーマーの才能を追究した科学者によって発見された。

パキスタンのラホールにある病院の関係者は、この少年をよく知っていた。自分の腕にナイフを突き通したり、燃えている炭の上に立ったりした後にやって来ては、傷口を元どおりに縫い合わせてもらっていた。ただし、痛みから救うために治療を行なったのではない。少年は痛みをまったく感じることができなかったのだ。

イギリスの遺伝学者が少年を研究するためにパキスタンを訪れる前に、彼は一四歳ですでに亡くなっていた。友だちの気を引こうとして屋根から飛び降りたのだ。しかし、その科学者は、少年の親戚のうち六人に同じ症状が現れていることを発見した。[22]「痛みとはどういうものかを誰も知らなかった」とその科学者は記している。「だが、そのなかの年長の者たちは、どんな行為によって痛みが生じるかを知っていた（そのうちの一人が、フットボールでタックルされたときの真似をしてみせた）」

「年長の者たち」の年齢は、わずか一〇歳、一二歳、一四歳だった。生まれつき痛みに対する感覚がない人間はそれほど長くは生きられない傾向にある。座ったり、眠ったり、立ったりするときに、私たちが無意識にするように体重移動をせず、それがもとで関節感染症を起こして死んでしまうのだ。

痛みへの耐性をもつパキスタンの六人の親族全員に、SCN9A遺伝子にきわめてまれな変異が見られた。この変異が、普通なら神経から脳に伝達される痛みの信号を妨げるのだ。SCN9A遺伝子の別の変異の保有者は痛みに対して過敏になり、靴も履かないくらい、暑さにも悩まされやすい。二〇一〇年に、このイギリスの遺伝学者がアメリカ、フィンランド、オランダの研究者と共同で研究チームを立ち上げ、SCN9A遺伝子に非常によく見られる変異が、腰痛のような一般的な痛みに対する成人の感じ方に影響を与えると報告した。[23]個人間で遺伝子変異が異なるために、誰も他人の肉体的痛みを真に理解することはできないというのは確実なようだ。

痛覚の調節にかかわる遺伝子のなかで、これまで最も多く研究対象となってきたのは、COMT遺伝子だ。[24]これは、ドーパミンを含む脳内の神経伝達物質の代謝作用にかかわっている。COMT遺伝子の二つの型は、DNA塩基配列のある特定部分がバリンとメチオニン

(ともにアミノ酸)のどちらをコードしているかを基にして、〝Val型〟と〝Met型〟として知られている。

マウスにおいても人間においても、Met型はドーパミンの除去効率が悪いので、前頭皮質のドーパミンレベルが高くなる。認知テストと脳画像検査によって、COMT遺伝子にMetを二つ持つ(Met/Met型)被験者は、動物、人間ともに認知力と記憶力がより優れ、認知と記憶のための脳代謝が少なくてすむ傾向にある一方、不安に陥りやすく、痛みに敏感であることが明らかになった(不安の感じ方や「破局思考《カタストロファイジング》」は、個人の痛覚感受性の有力な予測因子だ)。反対に、Val/Val型の被験者は、頭の回転の速さを求められる認知テストの成績はわずかに劣るようだが、ストレスや痛みからの回復力はより優れているようだ(前頭皮質内のドーパミンを増加させるリタリンを用いれば、よりいっそう活性化される)。さらに、COMT遺伝子は、ノルエピネフリン(訳注　ノルアドレナリン)の代謝にかかわっている。ノルエピネフリンは、ストレスを感じたときに分泌され、私たちを守っている。

国立衛生研究所に属する国立アルコール乱用・依存症研究所の神経遺伝学研究室長ディヴィッド・ゴールドマンは、COMT遺伝子の二つの変異体の間に存在する明らかなトレードオフを表現するために、「戦士/心配性(warrior/worrier)遺伝子」という言葉を考案した。どちらの型も、それらの研究が行なわれた国のどこにでもよく見られた。ゴールドマンによれば、アメリカでは、人口の一六%がMet/Met型、四八%がMet/Val型、三六%がVal/Val型とのことだ。どのような社会においても戦士と心配性の両方が必要とされるため、どちらの型も広い範囲にわたって維持されているのではないかと、ゴールドマンは考えている。「まだ実施したことはありませんが、もし大勢のNFLラインマンを研究すれば、Val型が多いことが確認されると思います。彼らはつねに前線に立って痛みにさらされており、人並み外れた強靭さと回復力が必要とされるからです」と、ゴールドマンは予測している。*

公正を期して言えば、COMT遺伝子に関する複数の研究結果は相反することがあり、痛みへの感受性と遺伝子の関係については、研究者の間で激しい論争が行なわれているところだ。しかし、感情の制御にかかわる遺伝子が痛みに対する感覚を変えるという点については、研究者の間で見解が一致している。つまり、モルヒネは痛みの強度そのものを軽減するのではなく、むしろ、痛みから生じる情緒的な不快感を軽減しているということだ。「『痛み回路』と『感情回路』は、多くを共有しており、多くの神経伝達物質をも共有しているのです。私たち人間は感情を修正するように、痛みへの反応を大きく修正するのです」とゴールドマンは言う。

そして、スポーツは強力な修正因子になりうるのだ。

ペンシルヴェニア州ハバフォード大学の心理学者ウェンディ・スタンバーグが、ストレスが誘発する無痛覚症（極度のプレッシャーを感じた際に痛みを感じないようにする脳の働き）について学生に講義をしていたとき、それはアスリートが競技をしているときに起こることに似ている、と言う学生がいた。

二〇〇四年に行なわれた総合格闘技UFCのヘビー級王座決定戦は、手痛い例となった。ブラジリアン柔術の黒帯フランク・ミアが、身長二〇三cmのティム・〝ザ・マニアック〟・シルビアに対し、腕ひしぎ十字固めをかけたときだ。ミアは、シルビアの伸ばした右腕を掴み、股の間に抱え込んで肘関節を支え、そして、あたかも列車の手動転轍機《てんてつき》を引くように、シルビアの腕を思い切り後方に引いた。

そのとき、シルビアの骨が折れるにぶい音が、テレビで試合を観ていた視聴者にも聞こえた。レフェリーのハーブ・ディーンが駆け寄って、すぐさま二人を制止し、大声で試合中止

＊　異常な注意力と機転を要求される野球のバッターにとって、前頭皮質でドーパミンが増加するのは好ましいはずだとゴールドマンは言う。アンフェタミンはドーパミンレベルを上げるので、野球界で何十年にもわたって常用されており、日常会話では「グリーニーズ」と呼ばれて知られていた。MLBが二〇〇六年にアンフェタミンを禁止したところ、医師にADHDの治療薬（アンフェタミンと類似の中枢神経刺激剤）を処方してもらう野球選手の数が、一シーズン中に二八人から一〇三人に急増した。私がインタビューしたある医師は、メジャーリーガーを診察しており、ADHDに悩んでいるという八人の選手に「アデロール」（訳注　アンフェタミン製剤）を処方したと言っていた。「診断は患者との面談で行なうため、フェイクは簡単です」。この八人の選手全員が、翌年のシーズンに打率が上がったとのことだ。

を宣言した。しかし、シルビアは、悪態をつきながら試合の続行を主張。それでもすぐにストレッチャーに乗せられて病院に運ばれたが、その途中で痛みを感じはじめ、試合を続行しようとするなど、なんと軽率なことだったかと気づく。シルビアの腕を本来の位置に固定するために、三枚のチタンプレートが必要だった。「[レフェリーが]おそらく俺の選手生活を救ってくれたんだ」とシルビアは言う。激しい戦いのさなか、自分では骨折の痛みに気づくことができなかったからだ。

「きわめて強いストレスのもとでは、脳が痛みを抑えようとするので、折れた骨のことは気にせず、そのまま戦うことも逃げることもできるのです」と、スタンバーグは説明する。極限状態で痛みを遮断するシステムはすべての人間の遺伝子において進化したもので、日常的なスポーツでも働いている。

スタンバーグは学生の提案に刺激を受け、一九九八年にハバフォード大学の陸上競技選手、フェンシング選手、バスケットボール選手について、競技の二日前、当日、二日後に、冷痛と温痛に対する感受性を検査した。まず最初に、ランナーとバスケットボール選手は、運動をしない人間より痛みを感じにくく、すべてのアスリートが競技の当日に最も痛みを感じにくくなることがわかった。[25]「運動競技によって『闘争・逃走（fight-or-flight）反応』が活性化されうるのだと思います」と、スタンバーグは言う。「自分にとって重要な競技に参加するとき、あなたの闘争・逃走反応は活性化するに違いありません」

試合の状況やアスリートの感情によって痛みの感じ方は変わるが、身体がそのまま存在しているかどうかにすらかかわらず、身体の痛みに関係する遺伝的設計図は脳内に符号化《エンコード》されている（生まれつき手足がない人や手足を切断した人が、それでもなお存在しない「幻肢」に痛みを感じることがある）。とはいえ、まずは痛みとはどういうものかを訓練していることは必要だ。

一九五〇年代に、カナダの心理学者ロナルド・メルザックは、マギル大学で博士号を取得するために、心理学者D・O・ヘッブのもとで研究を続けていた。ヘッブは、スコティッシュテリアを用いて、生物が大きな喪失を経験したとき、その知能が受ける影響について研究していた。

テリア犬たちは大切に飼育され、毛並みも手入れされ、餌も十分に与えられていたが、外部との接触はいっさい断たれていた。喪失経験によって、犬が迷路を通り抜ける能力がどう変わるかについてヘッブは関心を持っていた（実験の結果、顕著な能力の変化は現れなかった）。しかし、メルザックをのちの痛みに関する世界的権威へと押し上げたのは、この迷路実験ではなく、迷路実験の開始を待つ待機部屋で彼が行なった観察だった。「その部屋には、ちょうど犬の頭の高さに水道パイプが渡してありました。このかわいい犬たちは、まるで何も感じていないかのように、走り回ってはパイプに頭をぶつけていたのです。そして、また走り続け、再び頭をぶつけることをくり返しました」とメルザックは語る。

当時、喫煙者だったメルザックは、一本のマッチをすった。「それを差し出すと、犬たちは鼻をマッチに近づけました」。そして、二、三歩後ずさる。「それから、また戻って来て臭いを嗅ぐ。そのマッチを消し、新しいマッチをすると、また臭いを嗅ぎに来る。このくり返しでした」。ハードウェアとしての犬の脳は明らかに正常だったが、犬たちは、痛みに関するソフトウェアを脳にダウンロードするための重要な発達上の好機を逸していたのだった。彼らが火への恐怖を学ぶことは決してなかった。言語や野球の打撃と同様に、私たちは生まれつき遺伝的ハードウェアを備えていても、もしソフトウェアを獲得するための時機を逸すれば、遺伝子はほとんど役に立たない。マギル大学痛み遺伝学研究室のジェフリー・モギルはこう言っていた。「そもそも、痛みのようなものを学ばねばならないということが驚きです」

痛みは生まれつきの感覚であるが、それを感じるためには学習しなければならない。痛みは避けられないが、痛みの程度を変えることはできる。痛みはアスリートにも一般の人々にも同じように発生する現象だが、二人の人間がまったく同じ痛みを感じることはなく、また同一人物でも状況が異なれば痛みも異なる。ギリシャ悲劇の英雄のように、われわれすべての人間は生まれながらにして制約されているが、その制約のなかで運命を変えさせられている。「もし自分の遺伝子型が『心配性』型なら、『戦士』型の職業は目指さないほうがいいかもしれません」。神経遺伝学者のゴールドマンはそう語る。「しかしまた、そうも言い難いのは、人間というのは障害をどんどん克服していくものだからです」

これまで本書で見てきた多くの形質と同様に、アスリートが痛みに対処する能力も、「遺伝と環境」が複雑に、そしてすっかり絡み合った結果として現れる。ある科学者が私に言ったように——遺伝子と環境の両方がそろわなければ結果はない。

となれば、「アスリート遺伝子」を発見するという思いつきはいずれも、一〇年前、ヒトゲノムの全塩基配列が解読されたとき頂点に達した希望的観測の時代の、絵空事だったと確信せざるをえないのだ。その後、科学者たちは遺伝子の「レシピブック」の複雑さをいかに理解していなかったかということを理解した。人間のほとんどの遺伝子の働きはいまだ謎である。たしかに、ACTN3遺伝子によって、地球上の約一〇億人の人々がオリンピックの一〇〇m走決勝には残れないとわかるかもしれない。だが、おそらくその一〇億人の人々は、そんなチャンスはもともとないということを知っているだろう。

人々の間のわずかな身長差ですら、説明するのに何千という遺伝子を必要とするのであれば、スターアスリートをつくる遺伝子を、たとえ一つでも発見できる可能性はどれほどあるのだろうか？　可能性は低い？　あるいは可能性なし？

それとも——。

第16章　金メダルへの遺伝子変異

二〇一〇年一二月。スカンジナビア半島北部における人間の営みは、この一時期、厚い雪の下に隠れている。それが掘り出されるのは、春になってからだ。*Napapiiri*《ナパピーリ》と呼ばれるフィンランドの北極圏地域は、ここ数日来、記録的な雪に見舞われ、連日氷点下二六度が続いていた。そこに今、私はいる。風はなく、毎朝、外に出て雪を一歩踏みしめるときには嘘のように穏やかだが、そう思えるのも、鼻毛が氷の短剣に姿を変えるまでのことだ。

一年のうちのこの時期をフィンランド人は*Kaamos*《カーモス》と呼ぶ。これに対する適切な語句はないが、だいたい「極夜」といったところだろうか。この時期、フィンランド北部では太陽が極度に低くなるため、日の光は三時間ほのかに注がれるだけで、午後二時ごろには、宇宙がろうそく消しとなってかぶさってきたかのように、ちらちらと揺れて消えていく。

私は今、一人の幽霊を探してE8ハイウェイを車で北上している。ここは、幽霊が住むのにぴったりの土地だ。マツとトウヒが冷気で堅くなり、雪をかぶって真っ白になっている。

そのかたわらにはナナカマドとニレ。さまざまなシラカバの白い樹皮が白い霧に覆われている。道路脇でトナカイが跳びはね、雪煙の中に消えてゆく。あたり一面が真っ白で、まるで、天空の巨大な牛乳びんがひっくり返ったなかで車を走らせているかのようだ。空と雪がキラキラと白く光り、夜には漆黒の闇に包まれる厳粛な美の世界だ。

しかし、ここからさほど遠くない町で生まれたイーリス・マンティランタには色が見える。その目には、空は青みを帯び、壁のように広がる雲の所々に、ときおり紫色の光がきらめいて映る。

数カ月前にイーリスに連絡をとるまで、私の探す幽霊、すなわち彼女の父親がまだ存命かどうかすら定かではなかった。北極圏の小さな村から世に出て、三個の金メダルをはじめ、オリンピックで合計七個のメダルを獲得した一九六〇年代以降、英字出版物に彼の言葉を目にすることはなくなっていた。その男に会うために、イーリスと私は北に向かっている。

イーリスが郡の職員として働くスウェーデンの町、ルレアを出発して三時間ほどすると、だんだんと目的地に近づいてきた。北極線を越えたところで、人口四〇〇〇人ほどのペロの町を通過する。ドライブの途中で最後に目にした、町らしきものだった。ペロの町を出るあたりで、花崗岩の台座の上に立つ、実物より大きな銅像の横を通り過ぎた。中距離クロスカントリースキー選手のこの銅像は、台上で大きな一歩を踏み出している。これがイーリスの父親だ。

そこから三〇分ほど走ったところで舗装路を外れてマツの間の小道を進み、大きな湖の西岸に佇《たたず》むクリーム色の家の前で車を止めた。車から降りたとき、誰かがこちらを見つめているような気がして、通ってきた小道を振り返った。すると薄茶色のトナカイがすぐ近くまで来ていて、私の服に染みついたブルックリンの匂いを嗅ぎ取っているかのように、こちらをじっと見つめていた。雪が降っていて凍えそうに寒かったので、私たちは急いで家に入った。

屋内に足を踏み入れ、ライフル銃のかかった棚のすぐ下に敷いてある玄関マットで靴の雪を払っていると、奇妙なことに地中海地方で見かけるような顔の男性が姿を現した。これがあの銅像の人物、偉大なるエーロ・マンティランタだ。その顔色に驚いた。一九六〇年代の写真で見てきた彼の肌の色は、北極圏に住んでいる人間にしては多少浅黒いようには思ったが、どうしても気になるほどではなかった。しかし今の顔色は雪の色ではなく、この地方の鉄分を多く含んだ土からできた赤い塗料の色合いに近い。珍しい遺伝子変異のために、年を重ねるごとに父の肌の色が赤くなっているのだと道中イーリスが教えてくれていたが、所々に紫色のしみが浮き出たこれほどまでに深い赤であるとは、まったく予期していなかった。

氷河を思わせる青い瞳と石膏のような白い肌をしたエーロの妻ラケルが玄関に出てくると、二人のコントラストがひときわ目を引いた。エーロは英語を話さなかったが、満面の笑みで歓迎してくれた。彼の身体はあらゆる部分が幅広だった。柔らかな丸みを帯びた顔の中央には団子鼻が座り、指は太く、顎は広く、いかめしい顔つきのトナカイのイラストが真ん中に描かれた赤いセーターを着た胸はがっしりとしている。エーロは押し出しのよい人物だった。暗い色の髪はきちんとうしろになでつけられ、高い頬骨に向かって薄い唇の両端が少し持ち上がっているように見えるため、つねに機嫌の良い、好奇心にあふれた表情をまとっている。とても七三歳とは思えない、まぎれもなく屈強な男だった。右手の中指が第一関節のところで鋭く曲がり、まるで人差し指をのぞき込む潜望鏡のようだ。両手はスキーのストックを二本まとめてへし折ることができそうだと、握手をしながらたやすく想像できた。

エーロがキッチンに案内してくれ、ラケルが私とイーリス、イーリスのスウェーデン人の夫トミー、そしてイーリスの息子ビクトルに、紅茶とコーヒーを用意してくれた。ビクトルはミュージシャンで、「スルンマー」という名のバンドを組み、フォーク、ブルース、タンゴのフュージョンを演奏している。今はエーロの家の庭に止めたトレーラーで寝起きして、祖父のドキュメンタリー映画を制作中だ。

キッチンの大きな窓からは、雪に覆われた森が見える。昔、このあたりはひどく貧しい地域だったが、今では木材と電子機器の輸出のおかげでフィンランド北部の僻地も豊かになり、家々はドールハウスのようにきれいに手入れされている。腰を下ろして小ぶりの陶器のカップで紅茶を飲み、トナカイのセーターを着た赤鼻の男性に向かってほほ笑んでいると、まさしく、クリスマスのスノードームの中に足を踏み入れたような気分になった。

互いの紹介を終えてお茶を楽しんだあと、エーロについて家の外に出て、一〇頭あまりのトナカイに、薄緑色のコケを餌に与える様子を見守った。トナカイは、レースと食肉用に飼育されている。私がそのうちの一頭に歩み寄ると、馬と異なりトナカイは人に触れられることを嫌うというエーロの忠告をビクトルが通訳してくれた。テディベアのような茶色のトナカイもいれば、チョークのように真っ白なトナカイもいる。戸外の降りしきる雪の中でエーロの赤い顔を見ると、とてもほっとした。

あっというまに日が暮れ、私たちは家の中に戻った。それから数時間、エーロが選手時代に打ち立てた輝かしい記録について数々の質問をした。イーリスとトミーとビクトルが交代で通訳をしてくれた。フィンランド語は私の耳に、深みのあるess'sの音が流れるように続く中に、はぜるようなk'sやcox'sの音が混ざったり、スペイン語のような巻き舌のrの音がときおりさしはさまれたりして聞こえた。

太陽がすっかり姿を隠すと、取材を中断して、トナカイの肉とジャガイモの夕食を楽しんだ。手にしたフォークを見て、世界で最も偉大なアスリートの一人だった四〇年以上前の昔を思い出したエーロは、大きな声で笑うのだった。

一九六四年、エーロ・マンティランタは、またしても、招待客として居心地の悪い思いをしていた。グラスを合わせる音の中、皿の脇に並べられた三本のフォークを見て太い眉をひそめた。オーストリアのインスブルックで開催された冬季オリンピックのクロスカントリースキー競技で、マンティランタは二個の金メダルと一個の銀メダルを獲得したばかりだった。その圧倒的な強さから、メディアは、競技開催地の地名にちなんで、彼を「ミスター・ゼーフェルト」と呼んだ。マンティランタは、一五km競技で二着に四〇秒の差をつけて優勝した。オリンピック史上、この種目でこれを上回る一着と二着のタイム差はそれ以前にもそれ以降にもない。このとき、二着以降の五人の選手の前後のタイム差は、すべて二〇秒以内だった。さらに三〇kmでは、一分以上の差をつけて優勝した。そうしてマンティランタが最も不得意とする種目がやって来た。晩餐会だ。一国の史上最高のアスリートともなると、たび重なる晩餐会を避けては通れない。

一九六〇年スコーバレーオリンピックでも、リレー競技で初めての金メダルを獲得し、フィンランド・オリンピック委員会がロサンゼルスで主催した祝賀会に出席した。そのときは、マンティランタがテーブル上のゴブレットに入った水をもう少しで飲もうとした瞬間、垢抜けた客たちがその水で指を洗い始めたのだった。今度は三本のフォークだ。これをどうしろと言うのだろう。

一九四〇年代にマンティランタが育った、フィンランドのランコヤルヴィの田舎町の家では、家族全員が一本のフォークを共有していた。町の名前の由来である湖を見下ろす、たった一室だけしかない一五平方mほどの家で、家族は一本のフォークを互いに回して使っていた。ナイフやフォークなどの代わりに、子供たちは、細く削った木の棒で、ジャガイモや切り分けたパンを突き刺して食べていた。

マンティランタ家の子供たち全員が生き残っていたとすれば、一二人になっていただろう。実際には、六人だった。それでも、エーロと両親、兄弟姉妹、そしてエーロの姉の夫にとって、一つしかない部屋は少々狭かったことだろう。さらに、近所の住人が立ち寄って、おしゃべりをしたり煙草を吸ったりすることもあり、一〇人以上がこの部屋で過ごすことも珍しくなかった。そのような環境のもとで、少年時代のエーロは、自分に集中する優れた能力をまず身につけ、それがのちに、極夜の闇の中でクロスカントリーのコースを一人きりで何時間もトレーニングするときに役立つこととなった。学校の勉強もよくできた。騒がしい部屋の中、邪魔な音を頭から締め出して、煙草の煙の下で背中を丸め、ちらちらする石油ランプの灯りのもとで宿題をする能力があったからだ。当時はソ連との戦争が終わったばかりで、フィンランドが貧しい時代だった。

エーロがまだ六歳だった一九四三年の冬、ナチスの軍隊が北に進軍してきたため、ランコヤルヴィの住人たちは避難をさせられた。エーロは、町の女性や子供たちと一緒にトラックに乗せられ、ドイツ兵に声を聞きつけられないように静かにしていろと、フィンランド人兵士から言い聞かせられた。一人の老婦人が指示にしたがわず大声で共産党の労働歌を歌い出したときには、エーロは震えあがった。それでもついにトラックはフェリーに乗り込み、国境を越えてスウェーデンの町、エベルトーネオにたどり着く。その町の地面には汚れて鉛色になった雪のように空薬莢が散らばっており、エーロは驚きに目を奪われたという。エーロと家族は、スウェーデンの町スンツヴァルにとどまり、冬を越すとようやく、雪が解けナチスの軍隊が撤退したフィンランドに戻ることが許された。

春になり、家に戻る旅の途上では、どんどん希望がしぼんでいった。道路には地雷が埋められていたため、森の中を馬と荷車を引いて歩かなければならなかった。ドイツ軍は撤退しながら火を放っていった。この地方の町はほとんどが深い森に囲まれており、たきつけるものはそこらじゅうにある。ラップランド地方は巨大な炉のように燃えあがり、マツの木でつくられたかつての戸口、階段、屋根といったものだけが、くすぶる燃えさしとなって残っていた。

それでもマンティランタ一家が村に戻ると、数少ない焼け残った家の一つが自宅だった。一家の家は湖の対岸にあり、そこに通じる道もなく、ドイツ兵は、わざわざ湖を渡るか森を抜けるかして、何の変哲もない掘立小屋を焼き払おうとまではしなかった。湖が家を救ってくれたのだ。その湖は、エーロのスキーヤーとしての人生の原点ともなった。

ドイツ兵は湖を渡ろうとしなかったが、ランコヤルヴィの子供たちの多くに選択の余地はなかった。学校が湖の対岸にあったからだ。マンティランタは、歩けるようになってまもなくスキーが滑れるようになり、スウェーデンから戻って一年もしないうちに、ほかの子供たちと一緒にスキーやスケートで湖面を滑って通学するようになった。一度、氷から落ちて溺れかけたこともある。スキー板は、木の板を釘で打ち合わせてつくったものだった。通学は片道一時間ほどかかり、冬の間のほぼ一日中真っ暗な時期、子供たちは対岸を目指してひたすら滑るしかなかった。

ラップランドでは、誰もが必要に迫られてスキーをしていた。だが、マンティランタがスキーヤーとして頭角を現すのに長くはかからなかった。わずか七歳にして、学校主催のクロスカントリースキーレースで一着となった。一〇歳になるころには、近隣の村の子供たちが参加するレースで何度も優勝するようになった。一一歳のときには、ペロ地域のユース大会で圧勝した。

フィンランド南部の若者たちと異なり、少年のころのエーロは、スポーツで名誉を得たいとは考えていなかった。一九一七年にロシアからの独立を宣言したとき以来、スポーツは、フィンランド人にとって国のアイデンティティとは切り離せないものだった。国内にスポーツ団体が組織され、確実な成果が、そしてメダルがもたらされた。一九二〇年代には、「空飛ぶフィンランド人《フライング・フィン》」と呼ばれた長距離ランナーたちが世界を席巻した。第二次大戦後、ヘルシンキが一九五二年オリンピックの開催地に選ばれると、スポーツが再び、フィンランド人を団結させるのろしとなった。とはいえ、フィンランドのスポーツの伝統は、少年時代のエーロには何の影響も与えなかった。ランコヤルヴィにはラジオも新聞もなく、フィンランドの有名スポーツ選手について何も知らなかった。尊敬を集めるフィンランド人ランナー、パーヴォ・ヌルミの名言「精神がすべてだ。筋肉などゴムの塊にすぎない。私のすべて、私の存在は精神の賜物である」に感銘を受ける機会もなかった。ヘルシンキオリンピックに触れたものといえば、近所の家で見せてもらった、三段跳びのブラジル人選手の写真だけだった。エーロ・マンティランタにとって、スキーは、移動の方法であり、よりよい仕事を見つけるための手段でしかなかったのだ。

戦後二〇年ほどのあいだ、フィンランドは余剰資金をソ連への賠償金にあてなければならないこともあり、経済成長は滞っていた。ラップランドの若者にできる仕事といえば、森林で木を伐採し、搬送することだけだった。一五歳になるとマンティランタは、大人たちにまじって森で生活するようになった。彼らの多くは犯罪者で、法を逃れて極北の地に流れついたのだった。暇さえあれば、酒やトランプ、喧嘩に明け暮れていた。夜中に襲われたら殴り返そうと、マンティランタは、枕の下に木の塊を隠して眠った。こうした体験は、若者にとって辛くもあり刺激に満ちたものでもあったが、二年も続けばもうたくさんだった。

若くて有望なクロスカントリースキーヤーには政府が国境警備隊のような楽な仕事を与えることを、マンティランタは知っていた。要するに、国境線に沿って滑っているだけでよく、トレーニングと仕事を同時にできるのだった。そこで、森林の仕事が終わると、空いた時間にトレーニングに励むようになり、驚くほどの進歩を遂げた。一九歳のとき、複数の試合に出場するためにスイスを訪れた。良い成績を収めれば、フィンランドの代表選手の座に近づくことになっていた。マンティランタはすべての試合で優勝し、まもなく国境警備隊員の職を得た。

母親は、女の子を追いかけていないで貯金をするようにとマンティランタを諭《さと》した。丸二週間は忠告にしたがったが、それも、ブロンドの髪と青い瞳をもつ将来の花嫁と出会い、ペロの町で一晩中踊り明かすまでだった。のちに子供が生まれると、夏の間はしばしばトレーニングのために、妻と子供たちを三〇km離れた山小屋まで車で行かせ、自分は走るか歩くかして妻子に会いに行っていた。

フィンランドとスウェーデンの国境付近では密輸が絶えなかったが、北極線の北側の国境は特に冬場はたいてい落ち着いていて、トレーニングに専念する時間が十分にあった。身長一七〇cm（厚い靴下を履いて）と、クロスカントリースキーヤーとしてはかなり背が低い。暗褐色の瞳の上で黒い眉が弧を描き、肌の色は小麦色と、北極近くのマツ林ではなく、イタリアの浜辺に生まれた人のようだった。だがマンティランタはこの北の地で、大地を覆う厚い雪にストックを力強く突き刺し、一日に八〇km滑った。月の光を頼りにトレーニングをすることも多かった。あるいは、ペロの町の道路脇を滑り、行き過ぎる車からはヘッドライトに一瞬浮かび上がり、次の瞬間には闇の中に消えていったように見えただろう。月が雲に隠れた日には木に突っ込むのではないかと心配したが、幸いそのような事故もなく、日々急速に進歩していった。

二二歳になると、一九六〇年のオリンピック代表選手になれるほどに上達していたが、トップ選手は総じて年長者であり、代表団の役員たちは、競技経験の少ない選手に、大舞台で精神力を試させることに乗り気ではなかった。そこでマンティランタは、組織内部でタイムトライアルを行なうように代表団の責任者に掛け合った。このタイムトライアルで、三五歳になる伝説のスキーヤーであり、すでにオリンピックの金メダルを二個獲得しているヴェイッコ・ハクリネンに続き、二着になった。この結果マンティランタは、四×一〇kmリレーのオリンピック代表チームに入り、金メダルを獲得した。

この大会のメダルは単なる序章にすぎなかった。インスブルックオリンピックで、金メダル二個と銀メダル一個を獲得。一九六八年グルノーブルオリンピックでは、銀一個と銅二個を取り、世界選手権でも多くのメダルを手にした。すべて合わせると、五〇〇ほどのレースに出場し、手にしたクリスタルガラス、銀の皿、銀のボウルのたぐいは、店を開けるほどの数になった。今でも目が覚めて、夢の中でレースに出場して脚が疲れたと、ラケルに話すことがある。

しかし、マンティランタのスキーの殿堂へと続く道のりは、一九六〇年オリンピックのはるか以前から始まっていた。森林で働き、もっと良い生活がしたいという思いに突き動かされる前から。曲がった板に乗り、湖を越えて学校に通う以前から。さらには、三歳にして初めてスキー板の上に立ったときよりも前から。曾祖父がフィンランドに移り住んだときに、その道は始まったのだ。

マンティランタ一族の歴史がフィンランドでどのように始まったのか、詳しいことは明らかではないが、一八五〇年代には先祖がラップランド地方に住んでいたことは間違いなさそうだ。おそらくエーロの曾祖父は、ベルギーからフィンランドに移り、硬貨を鋳造する鍛冶工をしていた。曾祖父の息子イサクは、ランコヤルヴィの北部にわずかな土地を所有する程度に裕福な父をもつヨハンナという女性と結婚した。イサク夫婦は、農地の一角に建てられた小屋に住み、定住する農夫の手助けをすることになっていた。しかし、イサクは肉体労働に向いておらず、すぐに愛想をつかされてしまった。

エーロは、祖父イサクの労働に不向きな資質を受け継ぐことはなかった。だが――父親のユホを経由して――血液の供給を変化させる珍しい遺伝子を受け継ぐこととなる。

エーロが一〇代のときに受けた定期健康診断で、この兆候が初めて発見された。体内のヘモグロビン（赤血球中に含まれる酸素を運ぶ色素タンパク質）値が異常に高いことが、血液検査によってわかったのだ。血液の色が赤いのは、このヘモグロビンに含まれる鉄分によるものだ。ただし、エーロの健康状態に問題がなかったため、このことについてはほとんど心配されなかった。

しかし、競技生活が続くにつれ状況が変わってくる。血液検査を受けるたびに、高いヘモグロビン値と異常に多い赤血球量が検出された。通常それは、持久系のアスリートが血液ドーピングをしたときに見られる現象である。血液ドーピングには、合成したエリスロポエチン（EPO）を使用することが多い。EPOは赤血球をつくるよう身体に指示するため、EPOの投与によって血液の産生が促進されるようになる。

エーロの赤血球量は平均的な男性より約六五％多かったが、この異常に多い赤血球量のために、輝かしい経歴が傷ついたときもあった。赤血球量に関する記録は子供のころから残っていたにもかかわらず、異常な赤血球量はドーピングによるものだという噂が広まった。研究者によって真実が証明されたのは、選手生活を引退してから二〇年後のことだった。[1]

マンティランタ一族の中でもときおり、定期健康診断で高いヘモグロビン値が発見される者が他にもいたが、健康に悪影響がなさそうだったので、医師は特に処置をしなかった。

だが、ヘルシンキ大学で血液学部門の長を務め、ラップランド出身でエーロ・マンティランタの偉業についてよく知っていたペッカ・ヴォピオの好奇心をくすぐるには、これで十分だった。一九九〇年、ヴォピオと同僚の研究者らは、各種の血液検査を行なって赤血球増加症と呼ばれる症状について何か明らかにできるのではないかと考え、エーロをヘルシンキに招いた。赤血球増加症とは、赤血球量が異常に増加して、血液濃度が危険なレベルにまで高くなる場合もある疾患であり、子孫に遺伝する例もある。

研究者たちが最初に立てた仮説の中には、エーロの赤血球の寿命が普通より長く、古い赤血球が死滅する前に新しい赤血球がつくられるというものがあった。だが、実際はそうではないことが判明した。ほかには、生まれつきEPOの分泌量が多いために、赤血球の産生が異常に促進されているという可能性も考えられた。しかし、これも正しくなかった。エーロの血液中のEPOレベルは、健康な成人男性の下限よりも低いくらいだったのだ。

ところが、血液学者エーヴァ・ユヴォネンがエーロの骨髄細胞を研究室で調べたところ、驚くべきものが目に飛び込んできた。研究計画では、赤血球をつくる場所である骨髄細胞がEPOに特に敏感に反応するかどうかを調べるために、骨髄の細胞試料にEPOを注入し、その後の赤血球産生を観察することになっていた。しかしエーロの骨髄細胞は、ユヴォネンがEPOを注入する前に、赤血球の産生プロセスを開始していた。すでに試料の中に存在していたわずかな量のEPOでも、赤血球産生工場を活気づかせるのに十分だったのだ。この結果、わずかな量のEPOにも、エーロの体は異常なほど活発に反応することが明らかになった。その原因を突き止めるためには、マンティランタ一族の他の人間を調べる必要がある。

アルバート・ド・ラ・シャペルは「遺伝子ハンター」を自任していた。狙った獲物は絶対に逃さない。ド・ラ・シャペルは、マリア・ホセ・マルティネス＝パティーニョが女子選手として競技に出場することを禁止されたときに、彼女を擁護した遺伝学者だ。彼は今、急性骨髄性白血病などの、きわめて危険な癌にかかりやすくなる遺伝子について、オハイオ州立大学で研究を進めている。この疾患は血球の産生に影響を与え、それまで健康だった人が数週間のうちに死に至ることもある。

他の国々と比べてフィンランドでの発生率が高い疾患の原因となる遺伝子変異を特定するために、ド・ラ・シャペルは、研究者としてのほとんどの期間をヘルシンキ大学で過ごしてきた。研究の対象としていた疾患は、創始者変異と呼ばれる遺伝子変異がきっかけとなり発症するものだ。創始者変異とは、小規模な集団の一つの個体に遺伝子変異が発生し、集団内の個体数が増えるにつれ、集団内に次第に広がっていくというものである。ド・ラ・シャペルは、多様な形態のてんかんや小人症など、フィンランドに特有の二〇以上の疾患について、その遺伝的要因を明らかにした研究チームの一人だった（これらの疾患は、フィンランド人を祖先にもつ住民の多いミネソタ州にもよく見られる）。

ペルは、マンティランタ一族の血液をヘルシンキの研究室で検査してまもなく、ド・ラ・シャペルは、エーロ・マンティランタ一族の血液を調べるために、ランコヤルヴィの町を訪れた。そこでは、総勢四〇人の一族がマンティランタの家に、自分たちの血液を調べている研究者と話をするために集まっていた。季節は冬で、真昼の太陽が湖面にキスしているかのような光景を見て驚いたことをド・ラ・シャペルは今でも覚えている。

　ラケルが用意してくれた新鮮なトナカイ肉の昼食ののち、ド・ラ・シャペルは居間で一族のみなと話をしたという。「ソファに腰を下ろして三人の年配の婦人と話をしていたとき、そのうちの二人にはある特徴があり、一人はそうでないことがすでにわかっていました。三人の健康状態をそれぞれ確認しましたが、健康上の問題を抱えていたのはその特徴のない人だけでした。特徴のある二人はとても健康で、自分たちが他の人とどう違うのか、まったく気づいていませんでした」と、ド・ラ・シャペルは回想する。

　二人の婦人のかすかに色黒な顔をたとえ見ていなくても、ド・ラ・シャペルは、二人の健康な婦人たちの血液の状態を把握していたことだろう。彼女たちのゲノム情報に、事前に目を通していたからだ。

　マンティランタ一族の合計九七人が血液検査を受けており、そのなかの二九人がきわめて高いヘモグロビン値を示し、その顔色は平均的なフィンランド人より赤らんでいた。エーロが最初に受けた血液検査と比べ、今回の検査はさらに子細に行なわれた。そうしてド・ラ・シャペルは、一九番染色体にある遺伝子、エリスロポエチン受容体（EPOR）遺伝子をとうとう突き止めた。[2]

　この遺伝子は、EPO受容体の産生の指示を出す。EPO受容体とは、骨髄細胞上でEPOホルモンの到着を待っている分子である。EPO受容体を錠の穴にたとえるならば、それはEPOホルモンという鍵だけを受け入れるようにつくられている。鍵が穴に差し込まれると、赤血球の産生が始まる。ヘモグロビンを含んだ赤血球の産生プロセスを開始するように、EPO受容体が骨髄細胞に信号を送るのだ。

マンティランタ一族の中で異常に高いヘモグロビン値を示した二九人では、EPO受容体遺伝子を構成する七一三八個の塩基のうち、一つだけが普通とは異なっていた。[3] 人間は誰しもそうであるように、一族の誰もが二コピーのEPO受容体遺伝子を持っている。だが、この特異な二九人では、そのうちの一方のコピー上で、本来六〇〇二番目の場所にあるべき塩基のグアニン(G)がアデニン(A)に置き換わっていた。これは極めて小さい違いではあるが、その影響は甚大だ。

EPO受容体の産生を継続するように細胞メカニズムに情報を与える代わりに、この一文字のスペリングの違いにより、遺伝子上に「終止コドン」がつくられてしまう。終止コドンとは、章の最後の文につけられるピリオドのようなものだ。RNA(リボ核酸)は、DNAコードを読み取り、その情報を翻訳して次の作用につなげる機能を果たすが、終止コドンはRNAに、その過程が終了したと告げる。つまり、「次に移動しろ。ここはこれ以上読まなくてよい」とRNAに伝えているのだ。通常、EPO受容体遺伝子のこの場所は、アミノ酸の一種であるトリプトファンをコードしているが、マンティランタ一族に見られる遺伝子変異があると、EPO受容体の産生は途中で停止され、一五%以上がいわば未完成の部分となってしまう。受容体は骨髄細胞の外側にある部分が鍵(EPOホルモン)を待っている一方、骨髄細胞の内側にある部分は鍵が差し込まれた後の反応を調節し、ヘモグロビンの産生を停止するブレーキのように作用している。遺伝子変異の見られる二九人の受容体の未産生部分は骨髄細胞の内側の部分にあたるため、彼らの骨髄細胞ではブレーキがない車のように、赤血球の産生が暴走しているのである。

幸いにして、一族の中で、赤血球の過剰な産生によって健康上の問題が起きた者はいなかった。少し浅黒い顔色を除けば、外見上の兆候もなかったため、ヘモグロビン値に関する彼らの特異性は、定期健康診断で偶然発見されるまで気づかれることがなかった。

マンティランタ一族のEPO受容体遺伝子は、一九九〇年代初期における重大な発見だった。一族に見られる高ヘモグロビン値は、常染色体優性遺伝によって子孫に受け継がれていた。これは、二つ一組の常染色体に乗っている遺伝子のうち、いずれか一方に変異があれば高ヘモグロビン値の症状があらわれるということだ。優性遺伝で受け継がれる遺伝子変異は、この研究の以前にも発見されているが、たいていは重篤な疾患にかかわるものだった。

一九九一年と一九九三年にド・ラ・シャペルらが発表した論文では、マンティランタ一族の中でEPO受容体遺伝子変異を持っていた者は長寿であった、と記されている。この変異はアスリートにとって有利に働くが、それ以外の点ではさしたる影響はなさそうだとも。しかし、オリンピックでの偉業に遺伝子変異が一役買っているということをエーロは聞き入れなかった、とド・ラ・シャペルは言う。「『丈夫な身体をしているから勝ったのではない。強い意志と精神力があったからだ』と言って譲りませんでした」

私がブルックリンから来たというので、一九六〇年スコーバレーオリンピック閉幕後にニューヨークを訪れたときのことを、エーロが熱心に話してくれた。キャデラックや街灯、アスファルトの道路が「恐ろしかった」というのが、第一印象だったらしい。

エーロはまた、輝かしいメダルの数々を並べて見せてくれた。七個のオリンピックメダルと、普通は功績のあった軍人だけに政府から授与される名誉勲章だ。*Kaamos*（極夜）と同様に、フィンランド語には*sisu*《シス》という、英語には翻訳できない単語がある。おおよそ、強い情熱、障害を前にした静かな決意、というような意味だ。フィンランド政府は、エーロが*sisu*を体現した人物と認めたのだ。

ブロンドの髪を肩まで伸ばし、黒縁眼鏡をかけたイーリスが、子供のころの話を英語でしてくれた。一九六四年インスブルックオリンピックの後、地元の電力会社の支援により、エーロがヘリコプターで自宅に帰ってきた。凍った湖の上に祝いに駆けつけ、歓声をあげる数百人の人々の真っ只中に、ヘリコプターは降り立った。イーリスはまだ幼かったが、わくわくしながらヘリコプターに駆け寄ったことを今でも覚えている。当初エーロは、人々から注目されることに悪い気はせず、地方公務員として、子供たちに体育を教える仕事に就くこともできた。しかし、すぐにそれは負担になってきた。

一九六〇年代中ごろ、記者たちが連絡もなく自宅に押しかけ、「まだよそに言っていない話を聞かせてほしい」と迫ってくるようになった。試合の直前に、フィンランド南部から観光客が自宅に訪ねてきて、メダルを見たいとか、一緒に写真を撮りたいとか頼んでくるのを、エーロとラケルは断りきれなかった。エーロは競技そのものがもともと好きなわけではなく、スキーをする目的は試合に勝って良い職に就くことだったので、望まない注目を向けられるのを嫌い、一九六八年グルノーブルオリンピックを終えると三〇歳にして選手生活から引退した。

フィンランドの著名な雑誌による強い要望を受け、エーロは一九七二年札幌オリンピックの前に現役選手に復帰した。それまでの三年間、スキーはいっさいやらず、トレーニングもまったく行なわず、試合に適した体重を大幅に上回っていた。復帰の経過を取材させてもらうという条件で、仕事を休んでトレーニングができるように資金援助をすることをこの雑誌が申し入れた。エーロは、オリンピックの六カ月前にトレーニングを開始し、日本で開催されたオリンピックで三〇km競技の代表となり、一九位でフィニッシュした。そうして再び引退し、今回は二度と復帰しなかった。

私の訪問がまもなく終わるころ、みなが壁に冬景色の絵が飾られた居間のソファや椅子に腰かけていたときだった。エーロが、同じく壁にかかっている何枚かのセピア色の写真を指さした。エーロの先祖たちの写真だった。浅黒い肌をした祖父イサクが、ベストを着てキャスケット帽を被り、森の中の空き地で地面にゆったりと座り、明るい色のスカーフを髪に巻いたヨハンナと一緒に食事をしている。その上にある写真では、エーロの両親であるユホとテュンネが、子供たちと一緒に、戸外にある木製の椅子に腰かけている。

ド・ラ・シャペルが一族のゲノム調査を始める前に、イサクとユホはすでに他界していたが、十分な人数を調べることによって遺伝子家系図を作成し、EPO受容体遺伝子変異が伝わっていると推論することができた。ユホの兄弟であるレーヴィとエーミルにも、変異があった。

だがそれも、エーロの代でまもなく終わることになる。エーロの息子ハッリにも変異があり、子供のころからクロスカントリースキーの有望選手だったが、若くして、EPO受容体遺伝子変異とは無関係の病気で他界した。イーリスには変異はなく、エーロの他の二人の子供、二卵性双生児のミンナとヴェサのうちミンナだけに変異があるが、その一人息子には変異はない。

試合での成功は血液ドーピングによるものではないかという疑いがヘルシンキ大学の研究者らによって晴らされて安心したかとエーロに尋ねると、そうだという答えが返ってきたが、遺伝子変異のおかげで有利になったのではないかという問いかけには首を横にふった。エーロの考えは、赤血球が増えて血液の粘性が上がり、血液循環が阻害されたかもしれないので、たとえ競技に有利なことがあったとしても相殺されただろうというものだ。ド・ラ・シャペルはそれをきっぱりと否定している。「これは明らかに有利に働いています。間違いありません」。エーロのヘモグロビン値は、ド・ラ・シャペルがこれまでに見た中で最も高いものだった。「もしも血液の循環に問題があれば、とても深刻な状態に陥るでしょうから、すぐにわかります」

エーロはここ数年、肺炎に何度かかかり、医師の診察によれば、高い血液濃度が影響している可能性があるということなので、抗凝血薬を服用中だ。顔色が赤くなったのは最近のことだと、イーリスがつけ加えた。競技生活を続けていたころは、ＥＰＯ受容体遺伝子変異による悪影響は何もなく、変異を持つ他の家族たちも、老年に達するまで健康上の問題はなかった。

マンティランタ一族の遺伝子変異についての詳細にわたる研究報告書は、スポーツ界でもほかに例を見ないものであったが、異常に高いヘモグロビン値を持ったトップアスリートは実際のところ他にもいる。クロスカントリースキーや自転車競技などの持久系スポーツで、異常に高いヘモグロビンや赤血球の値を持つ選手でも、それが生まれつきであると証明できれば、競技に参加することを認めるとする制度ができた。多くのアスリートがこの制度の恩恵を受け、成功を収めている。

イタリアの自転車競技選手ダミアーノ・クネゴは、国際自転車競技連合から医療上の免除を受けて、二三歳のときに、史上最年少でロードレースの世界ランク一位となった。ノルウェーのクロスカントリースキーヤー、フローデ・エスティルは、国際スキー連盟から免除を受け、二〇〇二年ソルトレークシティオリンピックで、二個の金メダルと一個の銀メダルを獲得した。平均的な成人男性のヘモグロビン値は、血液一デシリットルあたり一四～一七グラムであるのに対し、エーロのヘモグロビン値は、一族の中でも飛び抜けて高く、一貫して二〇～二三グラムの値を示していた。クネゴとエスティルは、エーロほど高くはなかったが、それでも生まれつきのものであると証明する必要があるほど高かったし、また同じようなトレーニングをしているチームメイトやライバルたちよりも高かった。ヨーク大学の研究者たちによって明らかにされた、六人の「天性の資質」（訳注　第5章参照）のように、こうした人たちには、生まれつき他の人とは異なるものがあったのだ。

ルレアの町まで車で三時間かかることを考えて、イーリスは、クリスマスにまた来るとエーロとラケルに断り、車に乗ろうと私を促した。

いざ出発しようというときに、私は、答えは知っていたものの、ある質問をするのを忘れていたことにはっと気がついた。エーロの直系の子孫にはEPO受容体遺伝子変異が受け継がれないだろうと聞かされたとき、マンティランタ家の若者たちがその変異によってアスリートとして成功を収めるかどうかがわからなくなった、と残念な思いがした。しかし、ドーラ・シャペルがつくった家系図から、変異を持った者がマンティランタの傍系にいることを知っていたのだ。

「エーロの兄弟姉妹に変異を持っている人はいるのですか」と私はイーリスに尋ねた。

イーリスは、一人いる、と答えた。エーロの姉のアウネが持っていて、アウネの子供のうち、息子のペルッティと娘のエッリの二人とも変異を持っているというのだ。

みなさん、スキーをしていましたか、と尋ねる。

ええ、とイーリスは答える。

上手でしたか、と問うと次のような答えが返ってきた。

エッリは、一九七〇年と一九七一年に、三×五kmリレーで世界ジュニア・チャンピオンになった。ペルッティは、叔父が輝かしい記録を残した四×一〇kmリレー競技で、一九七六年インスブルックオリンピックの金メダリストとなり、さらに、一九八〇年レークプラシッドオリンピックでも銅メダルを獲得していた。

この二人以外に、一族のなかで競技をしていた者はいなかった。

終章　完璧なるアスリート

エーロ・マンティランタの人生は「一万時間の法則」のすばらしいお手本である。貧しい家に育ち、凍った湖の上を、毎日スキー板を履いて通学しなければならなかった。若いころに本格的にスキーを始めたのは、境遇を改善するため、つまり危険で苦労の多い森林労働をやめて国境警備隊員になるためだった。そのようなささやかな成功の喜びを味わうためだけに、マンティランタは当代きってのオリンピック選手をつくりあげる過酷なトレーニングに乗り出した。極寒の冬の夜に一人で黙々と重ねたトレーニングと、そのときの苦しみを誰が無意味と言えるだろう。北極圏の森をリフトヴァレーに置き換え、スキー板を両脚に置き換えれば、マンティランタの物語は、そのままケニアのマラソンランナーの物語となる。

マンティランタの偉業をよく知る探求心旺盛な研究者たちが、現役を引退して二〇年後のマンティランタを研究室に呼んで検査をしていなければ、その偉業は純粋な「環境」の勝利、ということになっていたかもしれない。しかし、遺伝学の光に照らされると、マンティランタの物語はそれまでとは打って変わった姿を見せる。すなわち、「一〇〇％の『遺伝』(nature)と一〇〇％の『環境』(nurture)」という結果だ。

マンティランタがまれな資質の持ち主であったことは間違いない。そして、その資質を金メダルに変えるために、根気強いトレーニングが必要であったことにも疑いの余地はない。心理学者のドリュー・ベイリーが私に言ったように「遺伝子と環境の両方がそろわなければ結果はない」のだ。マンティランタのように一つの遺伝子が劇的な結果に結びつく例はきわめて珍しく、運動能力にかかわる遺伝子を見つけることは、きわめて複雑で困難だ。とはいえ現時点で「スポーツ遺伝子」をほとんど特定できていないことは、そのような遺伝子が存在しないということを意味するわけではない。研究者たちは、それを徐々に見つけ出していくだろう。

アスリートのDNAを採取するために、アフリカとジャマイカを旅したヤニス・ピツラディスには心配事がある。その一つは、運動パフォーマンスにプラスとなる遺伝子が、特定民族あるいは特定地域で集中的に発見されると、アスリートがハードなトレーニングへの意欲を失うのではないかというものだ。しかし、これまで見てきたように、一部の民族には特定の運動上の努力に対してプラス、あるいはマイナスに作用する遺伝子が備わっている。イェール大学の遺伝学者、ケネス・キッドによる研究結果に見られるように、ピグミーからNBAスター選手が輩出する可能性は低いだろう。その理由は、高い身長にかかわる遺伝子多型をピグミーの人々が持つ頻度が、他の民族に比べて低いからである。

バスケットボールをするうえで、生まれつきの高い身長は明らかに有利となる。しかし、マイケル・ジョーダンが、ピグミーの人々や一般人より身長が高くなる遺伝子に恵まれたからといって、それが彼の偉大な業績をおとしめることになるだろうか？ ジョーダンが身長に恵まれているからという理由で、その練習量やスキルを軽んじる研究者やスポーツファンがいるかもしれないが、本書を執筆中にお目にかかってはいない。むしろまったく逆で、生まれつきの資質などまるではじめからなかったかのように気にしていない人がスポーツ界では圧倒的に多い。

『スポーツ・イラストレイテッド』誌に、次のような見出しの記事が掲載されたことがある。「内なる情熱――ブルズのセンター、ジョアキム・ノアがNBAプレーヤーとして欠く輝ける資質と、ゲームにもたらす圧倒的な才能」。ここでの「才能」とは、勝つことへのノアの執念だ。言うまでもないことだが、ジョアキム・ノアは身長二一一cm、全仏オープンテニス・チャンピオンの息子で、アームスパンは二一六cm、垂直跳びは九五cmである。使命に燃えたアスリートにとって、それらが生まれつき備わった輝ける資質でないというのなら、いったい何を資質と呼べばよいのか？ 小見出しにあるノアが欠いている資質とは、この記事でノア自身も語っているが、ボールハンドリングとジャンプシュートのことらしい。スポーツ科学の観点からいえば、おそらくこれらは生まれ持った資質というより、むしろドリブルやシュートの練習を通じて向上させていくべき技術である。もっとまっとうな見出しを書くとすれば、こうなるだろう。「歴然たる資質――チームメイトと同等の技術未習得のジョアキム・ノア、ただし究極の身体的資質に恵まれさらなる進歩が期待されるNBAプレーヤー」

仮に潜在的な運動能力に影響を及ぼす資質や遺伝子を持っていたとしても、その資質を成功に結びつけるために行なうトレーニングは欠かせない。「一万時間の法則」の父と呼ばれるK・アンダース・エリクソンのグループによる研究では、遺伝的な資質の有無については何も言及されていない。研究対象となった被験者が、すでに高度のレベルに達した音楽家やスポーツ選手だったからだ。被験者がすでに何らかの基準で選別されている場合には、生まれ持った資質の有無を研究で明らかにすることはむずかしい。

現実問題として、卓越したスポーツの能力が「遺伝」によるものか「環境」によるものかという二者択一論に、あまり意味はない。もし世界中のすべてのアスリートが一卵性の兄弟・姉妹であったならば、そのときは、オリンピック選手あるいはプロレベルの選手になるかどうかを決めるのは、環境とトレーニングだけとなるだろう。逆に、もし世界中のすべてのアスリートがまったく同じトレーニングを行なったならば、競技場でのパフォーマンスを決定する要因は遺伝子だけだろう。しかし、いずれのケースも現実にはありえない*（まれな例だが、遺伝子とトレーニングが共通している場合、予想どおりの結果になることがある。ロ

＊　興味深い事例がある。一卵性双生児の姉妹で、アメリカのトップスプリンターであるメリッサ・バーバーとミケレ・バーバーは、互いに別々にトレーニングをしているが、一〇〇m走における両者の個人ベスト記録のタイム差は〇・〇七秒だ。

ンドンオリンピックの四〇〇m走決勝を、私はゴールライン近くで観戦していた。ベルギーの一卵性双生児の兄弟で、いつも一緒にトレーニングをしているジョナサン・ボルリーとケヴィン・ボルリーは、互いに遠く離れた反対側のレーンで走ったにもかかわらず、両者のタイム差は〇・〇二秒だった）。基本的には、アスリートのパフォーマンスの違いはつねに、トレーニング環境及び遺伝子によって決定されるのである。

ピッチャーの投球に反応するバッターのように、超人的な反射神経に基づくと思えるスキルも、実は記憶データベースによるところが大きい場合もある（が、いったんデータベースが構築されれば、優れた視覚ハードウェアを持つ選手ほど、そのデータベースが有効活用される）。また、持久力トレーニングに対する反応の速さのように、ハードなトレーニングによる能力の向上にも、遺伝子が間接的にかかわっている。私たちはそのスキルや形質が天賦の才によるものか、トレーニングの賜物なのかについて、選手の個人的な体験談に合致するように、おそらくいつもどちらかを過剰に見積もっているのだろう。

スティーヴ・ジョブズのよく知られた話がある。自分の性格は一〇〇％過去の経験に基づいて形成されていると長いあいだ信じていたが、大人になって初めて作家のモナ・シンプソンに出会ったときに考えが変わったという。彼女は、それまでその存在を知らなかった自分の妹だった。互いに異なる家庭で育ったにもかかわらず、自分が妹にあまりにもよく似ていることに驚いている。「私はそれまで『環境』信奉者だったが、『遺伝』側に大きく考えが傾いた。モナに出会ったことと、自分に子供ができたことがその理由だ。娘は今一四カ月だが、性格はもうはっきり見えてきている」。一九九七年に、『ニューヨーク・タイムズ』紙のインタビューに答えて、ジョブズはそう言っている。

遺伝子の研究が進むにつれ、スポーツの物語の背景にかかわる遺伝子――あるものは影響力が大きく、多くは些細なもの――についても徐々に解き明かされてゆくだろう。だが、遺伝子がそれのみで唯一の完璧な答えになることはなさそうだ。その理由は、環境とトレーニングもつねに重要な要素だから、というだけではない。すでに述べたように、身長は簡単に測定できる形質だが、成人の身長の差異の半分を説明するためだけでも、何千人もの被験者と何十万ものDNA情報が必要だった。多くの形質は、多数の遺伝子の相互作用によってつくられることが明らかになりつつあり、そうなるとある形質の遺伝的要因を突き止めるためには、何百人あるいは何千人もの被験者を集める必要が出てくるのだ。しかし、エリート一〇〇m走者が世界に何千人もいるわけではない。しかも、あるスプリンターを速く走らせる遺伝子変異は、隣のレーンで走っている走者を速く走らせる遺伝子変異とはまったく異なるものかもしれない。また、思い出してほしい。運動中の突然死の原因となりうる肥大型心筋症の場合、明確に知られている遺伝子変異のほとんどが「固有の変異」だった。つまり、それらは今までのところ、それぞれ一つの家系でしか見つかっていないのである。身体に現れた特性が同じであっても、そこに至るには数多くの異なった遺伝的な道筋がありうるということだ。

本書執筆中に、日本の研究者がマウスの幹細胞から受精卵をつくることに成功したというニュースが飛び交った。ラジオではある科学者が、運動能力を含め、特定の形質を持った子孫をつくり出すようなブレークスルーがいずれ起きるだろうと語っていた。要するに、「完璧なるアスリート」をつくることができるという意味だ。スタンフォード大学の生命倫理学者ハンク・グリーリーは、「遺伝による子供の形質を、親が選べるようになるでしょう」と、ナショナル・パブリック・ラジオのインタビューに答えていた。

しかし、運動能力の形質にこれほど関心を寄せているにもかかわらず、現時点では多くの運動能力遺伝子のどの変異を選べばよいのかすら、私たちには見当もつかないのだ。EPO受容体遺伝子やミオスタチン遺伝子のように、一つの遺伝子が運動パフォーマンスに大きな影響を及ぼすケースもあるが、このような遺伝子は例外であることが証明されている。近い将来に遺伝子操作で遺伝子的に理想のアスリートがつくられることはないだろう。遺伝子の見地から「完璧なるアスリート」ができるのは、特定のスポーツに適した複数のしかるべき遺伝子変異が偶然に起きたときのみだろう。

その確率はどれほどだろうか？

イギリスのマンチェスター・メトロポリタン大学の遺伝学者アラン・ウィリアムズは、この問題が気になって夜も寝られなかった。そこで、同僚のジョナサン・P・フォランドと組んで、持久系の才能に強くかかわっていると（そのときは）考えられていた二三種類の遺伝子多型についての科学文献をくまなく調べ、その遺伝子多型が人に存在する頻度についての情報をまとめた。
その遺伝子多型のなかには、八〇％の人が持っているものもあれば、五％以下の人しか持っていないものもあった。フォランドとウィリアムズは遺伝子頻度をもとに、「完璧なる」持久系アスリート（ここでは二三種類の遺伝子多型のうちの二つが「適合」バージョンになっているアスリート）が、地球上に何人いるかについて統計的予測を試みた。[1]
限られた数の遺伝子に基づいた試算ではあるが、完璧なるアスリートの数はごくわずかだろうとウィリアムズは考えていた。自転車ロードレース選手のグレッグ・レモンや、トライアスリートのクリッシー・ウェリントンのような人物は、結局、どこにでもいるものではない。だが、コンピューターで統計学的アルゴリズムを走らせ、その結果を見たウィリアムズは愕然《がくぜん》とした。人間が遺伝子多型の「完璧なる」組み合わせを持つ確率は、一〇〇〇兆分の一未満だったのだ。たとえばこういうことだ。仮に毎週二〇枚のメガ・ミリオンズ宝くじを買い続けたとして、二週連続で当たる確率のほうが、この完璧な遺伝子を持つ確率より高い。わずか二三種類の遺伝子だけで計算しても、完璧な遺伝子を持ったアスリートは、地球上にはいないということだ。完璧どころか、それに近いアスリートすら存在しない。地球上にはわずか七〇億人しかいないわけだから、二三種類のうち一六種類以上の遺伝子を持つ理想的な持久系アスリートは、まずは地球上には存在しないということになるだろう。逆に、この二三種類の「持久系遺伝子」をほとんど持っていない人というのも考えにくい。つまり、誰もがこの両極端の間のどこか、あるいは真ん中付近に位置し、ほんのひと握りの遺伝子しか違っていないのである。ちょうど遺伝子のルーレットを何度もくり返したあとのようなもので、小さな球を回転盤上に転がして勝ったり負けたりし、やがては平凡な結果に落ち着いたというわけである。「われわれは偶然によって生かされていますから、みな似たり寄ったりなのです」とウィリアムズは言う。

しかし、なかには偶然に依存しないエリートアスリートがいる。サラブレッドだ。運動能力というのはいくつもの遺伝子の複雑な絡み合いが不可欠なものだから、優秀な競走馬は、運動能力の高い馬を何世代にもわたって交配し続けた結果であることが多い。運動能力にかかわる遺伝子が多いほど、そして競走馬《アスリート》同士の交配の世代数が多いほど、ウィナーズサークルに立つための遺伝子多型を持った子孫ができる可能性が高くなる。強い競走馬は、父母だけでなく、祖父母、曾祖父母にも強い馬を持つことが多い。

競走馬の生産者はすばらしい仕事をしてきた。一流のサラブレッドは、一マイルを一分半で駆け抜ける。しかし、世界中の人気レースの多くで、優勝馬のタイムは数十年前から頭打ちになっている。サラブレッドが生理学上の終端速度に達したか、あるいは運動能力にかかわる新たな遺伝子が育種集団のなかになくなってしまっただけのことかもしれない（サラブレッドの系譜は同系交配の色が濃い。現代の競走馬が持つ遺伝子の半分以上が、その由来はわずか四頭の馬にたどり着く。その四頭とは、一七世紀後期から一八世紀初頭にかけて北アフリカと中近東からイギリスに輸送された、ゴドルフィンアラビアン、ダーレーアラビアン、バイアリーターク、カーウェンベイバルブである[2]）。

ピッラディスの言葉を借りれば、世界を制するためには、「慎重に両親を選ぶ必要がある」。もちろん両親は選べないので、彼は冗談で言っているのだが。人が異性を選ぶときに、相手の遺伝子多型を意識することは少ないだろう。多くのカップルはルーレットの球のようにポケットからポケットへと転がり、やがてあるポケットに落ち着く。ウィリアムズは、仮定の話ですがと断って次のように言う。もし人類が、より「正しい」スポーツ遺伝子を持ったアスリートを生み出そうとするなら、遺伝子ルーレットの球にもっと家系の重みを加えるのも一つの方法だ、父母も祖父母も傑出したアスリートならば、優れた運動能力を持つ遺伝子を多数引き継いでいるだろう。身長二二六cmの姚明《ヤオ・ミン》は、かつてNBAで最も高い身長を誇る選手だった。両親は二人とも中国の非常に背が高い元バスケットボール選手で、中国バスケットボール協会の引き合わせで出会った。ブルック・ラーマーは、著書 *Operation Yao Ming*（ヤオ・ミン作戦）で、「ヤオ・ミンの父母も祖父母も、長身を見込まれて政府によって選ばれた人たちで、父母はともに意に反してスポーツの世界に引っ張られたのだ」と記している。もちろん、スーパースターとなる子孫を残すために、意図的にカップルをつくるなどということは、めったにあることではない。

仮にそのようにしてカップルをつくったとしても、子供がアスリートとして成功を収める保証はないだろう。それどころか、両親が優れたアスリートであればあるほど、その子供が同様に優れたアスリートになる可能性は低いようである。多くの遺伝子がかかわってつくり出されるいかなる形質についても、運のよい両親と同じように運のよい遺伝子を持つ子が生まれる確率は、単純に統計的に低くなる。「平均への回帰」という表現の誕生には、身長の研究も一役買っている。もちろん、二一三cmの身長を持つ両親から生まれた子は、平均的な人間より長身である可能性が高いが、両親ほど長身になる可能性は低い。同様に、二人の優れたアスリートの間に生まれた子は、運動能力に貢献する多くの遺伝子を持つ可能性が無作為に選んだ人間より高いとはいえ、父母と同じほどの幸運を得るのはむずかしいだろう。

この先も、人類の営みの多くは偶然に支配され、スポーツは、人間の生物学的多様性を体現した素晴らしくもユニークな人々に、輝かしい舞台を提供し続けるだろう。二〇一六年に開催されるリオデジャネイロオリンピックの開会式では、人の体格の多様性にぜひ注目してもらいたい。身長一四五cmの体操選手の隣に身長二一〇cmでアームスパンが二二五cmのバスケットボール選手、彼らに続いて体重一四〇kgの砲丸投げ選手。身長一九三cmの水泳選手の隣には、一五〇〇m走に出場する身長一七五cmの同郷の選手が並んでいて、二人は同じ丈のズボンを身につけている。

民族により、地域により、そしてそれぞれの家族の系譜によって異なる遺伝子情報が、各人の一つ一つの細胞の核の中に、ひいては私たちの身体の中に代々受け継がれている。遺伝学的な意味では、地球上のすべての人間は一つの大きな家族であり、私たちの祖先がたどってきたルートが不思議なほど明瞭に残っていることを考えると、思わず息をのんでしまう。チャールズ・ダーウィンは、過去のパラダイムを覆した著書『種の起源』の最後に、生物学的多様性の起源は一つであることを明かした上で、こう記している。「……じつに単純なものからきわめて美しくきわめてすばらしい生物種が際限なく発展し、なおも発展しつつあるのだ」(『種の起源』下巻四〇三頁、渡辺政隆訳、光文社古典新訳文庫)。

われわれの一人一人が固有の存在であるため、すべての病気を治す薬が存在しないように、すべての人間に合ったトレーニングは存在しないことが、遺伝学によって示され続けてゆくだろう。もし、何らかのスポーツやトレーニングをやってみてうまくいかなかったとしても、スポーツやトレーニングに問題があるのではない。問題は、あなたの心の深い部分にある。違うことを恐れずにやってみるとよい。ドナルド・トーマスも、クリッシー・ウェリントンも、そのようにした。ウサイン・ボルトですら、子供のころはクリケットのスター選手になりたいと考えていた。

二〇世紀の初頭、体型のビッグバンが起きる前までは、体育教師はすべてのスポーツで「平均的な」体型が理想であると考えていた。彼らがどれだけ間違っていたことか! 今では、人がみな異なる存在であるように、成功につながるトレーニング方法が人によって異なることが、遺伝学者や生理学者によって実証されようとしている。

二〇〇七年の末、著名な科学誌『サイエンス』が、科学におけるこの年の最大のブレークスルーとして、「ヒトの遺伝的多様性」の論文タイトルを表紙に飾った。DNA塩基配列決定法が、より安価で迅速に行なえるようになるにつれ、「われわれ一人一人がどれほどお互いに異なる存在であるかが明らかになりつつある」と、その特集には書かれている。

運動能力を向上させるには、人それぞれの身体に合ったトレーニング方法を求めて探しはじめることである。HERITAGEプロジェクトで見たように、たとえ一種類の運動であっても、それに対する被験者の身体的反応は千差万別だ。幸いなことに、HERITAGEプロジェクトでは、あらゆる検査項目でまったく反応しない被験者は一人もいなかった。たしかに、有酸素運動への身体の反応がまるで改善しない被験者もいたが、それでも、おそらく血圧は下がり、コレステロール値は改善されたことだろう。人は誰も、運動やトレーニングを通してその人それぞれに益するところがあるものだ。始めてみることは、最先端の科学でさえなしえない自己発見の旅へ出かけることなのである。

成長に関する専門家であり、世界的なハードル選手でもあるJ・M・タナーの言葉をもう一度引こう。[3]「すべての人間が異なる遺伝子型《ゲノタイプ》を保有している。よって、それぞれが最適の成長を遂げるためには、それぞれが異なる環境に身を置かねばならない」

ハッピートレーニング！

あとがき――エリートアスリートは何歳から始めているか？

二〇一三年八月に本書のハードカバー版が刊行された一カ月後、ベルリンマラソンが開催された。このレースで上位五位を占めた男子選手の国籍は次のとおりだ。ケニア、ケニア、ケニア、ケニア、ケニア――。また、女子ではケニアの選手が一位、二位、四位を占めた。一〇月のシカゴマラソンでは、ケニアの男子選手が、一位、二位、三位、四位、八位、一一位でゴールした。そして、女子の一位と二位がケニア人。その翌月、ニューヨークシティマラソンでも男女ともにケニア人選手がレースの覇者となる。

だが、ケニアという言葉に惑わされてはいけない。本書の第12章と第13章で記した内容を補強するかのように、これらの選手たちは一人残らず、ケニアの少数民族カレンジン族出身だったのだ。カレンジン族の人口は五〇〇万人。コスタリカの人口とほぼ同じだ。主要なマラソンレースで、コスタリカの選手が一位から五位までを独占するという状況を想像できるだろうか？　私たちはカレンジン・ランナーに、世界レベルの運動能力が、これまで人類が目にしてきたなかでも最も過剰に集中しているさまを目の当たりにしている。この状況を俯瞰してみよう。このあとがきを書いている時点で、歴史上、一七人のアメリカの男子選手と一四人のイギリスの男子選手がマラソンで二時間一〇分を切っている（またはペースにして、一マイル当たり四分五八秒）。今年、カレンジン族の七二人の選手が二時間一〇分を切った。これは、カレンジン族の人々の類いまれな生理学的資質とトレーニング環境の証しである。そして、私たちはデニス・キメットによってある種の精神が体現されているのを見た。キメットは、二〇一三年に驚異的なコースレコードでシカゴマラソンを制するまでは陸上界でさほど知られた選手ではなかった。

ゴールテープを切ったあと、二九歳のキメットは、自分はマラソンについては初心者だと打ち明けた。「二〇一〇年まで、私は農業に専念していて、まったく走っていませんでした。文字どおり、走ったことが一度もなかったのです。トウモロコシを栽培しながら、牛の世話をしていました[1]」とキメットは語る。

本書について取材するためにケニアを訪れたとき、私はその細身の身体に加えて、何かを始めるのに遅すぎるということはないという、カレンジン族選手たちのメンタリティに驚嘆した。キメットは二〇代半ばになってから真剣に走りはじめた。ショッピングセンターで有名なマラソン選手に出会い、トレーニングに誘ってもらったことがきっかけとなったのだ。もし、彼がアメリカあるいはヨーロッパに住んでいたら、その出会いはどうなっていただろうかと思わずにはいられない。おそらくキメットは、しばらくの間考えただろう——農業をやめてプロのアスリートになり、大都市のマラソン大会で両腕を高々と上げてテープを切る。そして、何十万ドルもの賞金を手にしてリフトヴァレーの村に凱旋する。そんな非現実的な想像に一人ほほ笑んだろう。しかし、楽しい空想はそこまで。手遅れだということに気づくはずだ。そのための時間はもう過ぎ去ってしまった。すでに、あまりにも大勢の人々が恵まれたスタートを切っている。

結局、これはあまり口の端にはのぼらないが、何かを達成するには十分な練習を積むことが重要だという、厳格な「一万時間の法則」の弱点なのだ。もし練習のみが重要であって、競争相手があなたよりはるかに多くの練習を積んでいたとしたら、成功の見込みは薄いということになる。幸いなことに、この「法則」はリフトヴァレー西部の村までは伝わっていなかった。十分な資質と意欲があり、厳しいトレーニングに耐える強い意志があれば、すでに多くの練習を積み重ねたランナーにも追いつくことができる。そのような仮定のもとで初めて真剣なトレーニングを始めた二〇代の男女によって、カレンジン族の陸上競技における偉業が成し遂げられた。走り高跳びのドナルド・トーマスや、トライアスロンのクリッシー・ウェリントンのように、スポーツの世界に（そして本書に）すばらしい物語をもたらしてくれたのは、何かを始めるのに遅すぎるということはないというメンタリティである。

本書のハードカバー版が思いがけなく幅広い読者の方々に受け入れられたので、私はこのようなことを言うことができる（バラク・オバマ大統領がスモールビジネスサタデー［訳注　大手クレジット会社が展開した、小規模店舗支援のためのプロモーションプログラム］で本書を手にしている姿が撮影された)。本書の成功によって、読者が最先端科学を理解したいと願っており、内容が多少難解でも恐れることはないという自信を持つことができた。さらに、ハードカバー版のインクが乾くかどうかというころ、私が「一万時間の法則」を批判していることが主要ニュースとして取り上げられ話題になった。私への批判の急先鋒となったのは、*Bounce*(邦訳『非才!』山形浩生・守岡桜訳、柏書房)の著者であり、イギリスのジャーナリストであるマシュー・サイドだ(訳注 以前は著名な卓球選手であり、オリンピックに二度出場している)。彼のこの有名な著作は高いパフォーマンスを実現する方法に関するもので、「一万時間の法則(別名「一〇年の法則」)」に大いに依拠しており、遺伝子の重要性は最低限しか評価していない。

サイドと私がBBCラジオで一緒にインタビューを受けたときに、彼は、私が記した科学的内容に反論するのではなく、天賦の資質を認めた場合の社会的な影響について持論を展開した。遺伝的資質という概念を含む社会的メッセージは、人々の努力を制限し、潜在的能力を発揮するのを妨げる、というのがサイドの主張だ。

キメットやトーマス、ウェリントンのようなチャンピオンたちは、これについて何と言うだろうか? 三〇歳でプロ選手になり、選手生活を終えるまでに五年のキャリアを積んだウェリントンは、偉大なチャンピオンであったばかりでなく、自らの体験を分け与える偉大な慈善家でもあった。彼女がこの世に生まれてくれたのは実に幸運なことだ。以下はウェリントン自身の成功体験によるメッセージである。「私たちはみな何らかの才能を持っているけいろいろ違うことをやってみないと、自分が何に向いているかわからないと思う」

私の希望、もっと言えば信念とは、遺伝学と生理学を発展させている本書で紹介したような科学的研究によって、自分に合ったスポーツを見つけるための方法を、トーマスやウェリントンが経験した場合のような単なる幸運から、科学に基づいたシステムへと変革していくことだ。これによって、より多くのアスリートたちが自分の可能性を追求することが可能になる。

元来の「一万時間の研究」（バイオリニストたちの小さなグループを対象として行なわれた）がジャーナリストたちによって拡大解釈された問題は二〇一二年に最高潮に達した。元の論文が出版されてから二〇年がたっており、この研究を主導した心理学者K・アンダース・エリクソンは、自分の見解を示すべきだと判断した。そして、自分の研究室のウェブサイトにリンクされた「ジャーナリストに教育を委ねることの危険性」という文章で、エリクソンは「一万時間の法則」は「つくられた」ものだと述べた。[2]また、ある科学誌の記事で彼の研究内容を一般向けに解釈したものは「一般受けを狙ったインターネットバージョン」だと批判している。この文章で、彼はオリジナルの「一万時間の研究」への誤解を解こうとした。「一万時間というのは最も優秀なグループの平均値である。実際には、優秀な「二〇歳までのバイオリニストの」グループのほとんどは、二〇歳の時点での累積時間がそれよりはるかに少なかった」とエリクソンは記している。

このことは、先月、ある会議に出席するためにオーストラリア国立スポーツ研究所を訪れたときに、私に練習計画書を見せてくれたサッカー監督をひどく驚かせるだろう。その計画書では一八歳までの選手たちにちょうど一万時間の練習が割り当てられていたのだ。本書の第2章で指摘しているように、(バイオリニストについての)エリクソンの研究から得られる平均値の性質まさにそのものが、技術獲得に関するいずれの研究においても浮かび上がる個々人のばらつきを覆い隠している(さらに、バイオリニストに対するエリクソンの研究では、世界有数の音楽学院の演奏者のみが研究対象とされていたことを思い出してみよう。被験者はあらかじめ厳密に選別されていた。スポーツで言えば、NBAのセンターだけを研究対象とし、彼ら全員の累積練習時間が長いので、練習こそがNBA選手になれた理由だ、と結論づけるようなものだ。練習だけでなく、彼らには二一三cmの身長という要素があるにもかかわらず)。

私に対するサイドの批判でとても気になるのは、彼らにとって望ましい社会的メッセージにそぐわない科学的事実は拒絶すべきだと主張しているように見えるところだ。特定のメッセージを支持する研究をことさら取り上げ、それに相反する研究を軽視するのは、よかれと思ってなされたのかもしれないが、よくても誤解を招き、悪くすると有害ですらある(後者の例として、第11章を参照)。いずれにしても、広範な科学研究を認めずに、最適な社会的メッセージを選べると考えるのは、おこがましいように思える。魔法の数字や唯一の方法を示すよりも、個々人の生まれつきの違いについて、どのようなものが存在するのか、どれほど重要なのかをともに理解するほうが、最良の結果を求めやすくなる（第2章の「二人の走り高跳び選手」では、結果が明快に出る走り高跳びというスポーツで、実質的に同じレベルに達した二人の選手でさえ高みに達するための行程は一つでなかったことを立証している）。私たちは、個々人の特異性についてもっと多くのデータを集めようと努力すべきであり、そこから無理に目をそらさせようとするメンタリティを受け入れてはならない。ある日、ある著名な大学の運動学部長を取材のために訪れたとき、このようなメンタリティの典型例に出会った。その学部長は、運動をしている人間が栄養サプリメントにどう反応するかを調べたデータが手元にあるが、黒人と白人の間で反応に差があったため、それを公表することを控えていると打ち明けた。彼は、異なる民族の被験者間の差異を公に認めることによって、反響が巻き起こることを危惧したのだ。その意図はともかくとして、データの公表を控えたことは、科学界ならびに一般の人々にとって情報が失われたことを意味する。

一万時間という考え方は、本人に不向きな、あるいは非生産的な専門化に導くことによって、若いアスリートたちを害しかねない。本書のハードカバー版が刊行されたあとに、私が受けた質問で多かったのは、「自分の子供はいつ、スポーツの種目を一つに絞るべきか？」というものだった。もし、特定のスポーツにおける累積練習時間だけが成功を決定づけるのであれば、明らかに、答えはつねに「できるだけ早い時期に」となるだろう。たしかに、成人のエリートアスリートとそこまで達していないアスリートについて、両者が行なってきた意図を持った練習の平均時間のみを見ると、長時間にわたって練習を詰め込むことが明らかに重要である（図1）。

しかし、科学者が児童期の練習時間を含めた全体像を見ると、図2のようになる。実際には、児童期の大半において、エリートアスリートは最終的に選択することになるスポーツ種目の練習時間が、エリートに準じるアスリートより平均して少なかった。しかし、エリートアスリートは、一〇代半ばに一つの種目に集中し、その後は本格的に練習時間を蓄積しはじめる。*4 エリートアスリートの中には、より資質に恵まれているというだけで、早い時期に一つのスポーツに特化する必要がなかった者もいるかもしれない。あるいは、エリートに準じるアスリートは早い時期に能力開発が行なわれたにもかかわらず、図2で二つのグラフが交差するあたり、思春期のころに、それ以上能力が伸びなくなり、そこで仲間に追い越されたためにタオルを投げたのかもしれない。さらに、このパターンの解釈として、あるスポーツにおいては早い時期に特化することが能力開発の妨げとなるということもありえる。本書の第3章を思い出してほしい。

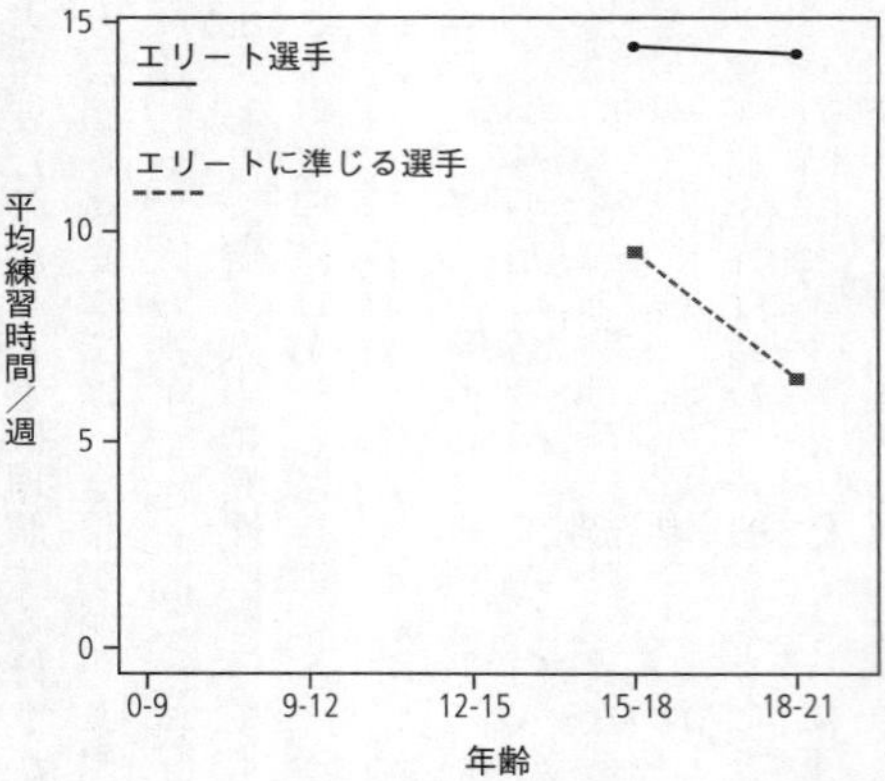

図1　15-18歳以降の練習量[3]

そこでは、ハードで専門的なスプリントトレーニングを早い時期に行なうことが、「スピード定常状態」につながる恐れがあることを述べた。陸上競技に力を入れているジャマイカの高校の陸上部一年生の練習は、一週間のうち数日は練習をせず、ウエイトトレーニングは禁止というもので、相当量のランニングを課せられるアメリカの高校一年生に比べると、拍子抜けするほど簡単なものだ。† ジャマイカでは、まず走ることを楽しみ、自分たちのイベントなどを優先し、上級生になると真剣にトレーニングを行なうようになる（本書のハードカバー版が刊行された一カ月後に、オクラホマ州立大学のフットボール選手についての研究結果が発表された。選手たちは大学での四年間で、ウエイトトレーニングによって筋力は大幅にアップしたが、走る速さはまったく変わらなかった。[5] 選手スカウト担当者は最初から足の速い選手を選んだほうがいい、と研究者は結論づけた）。

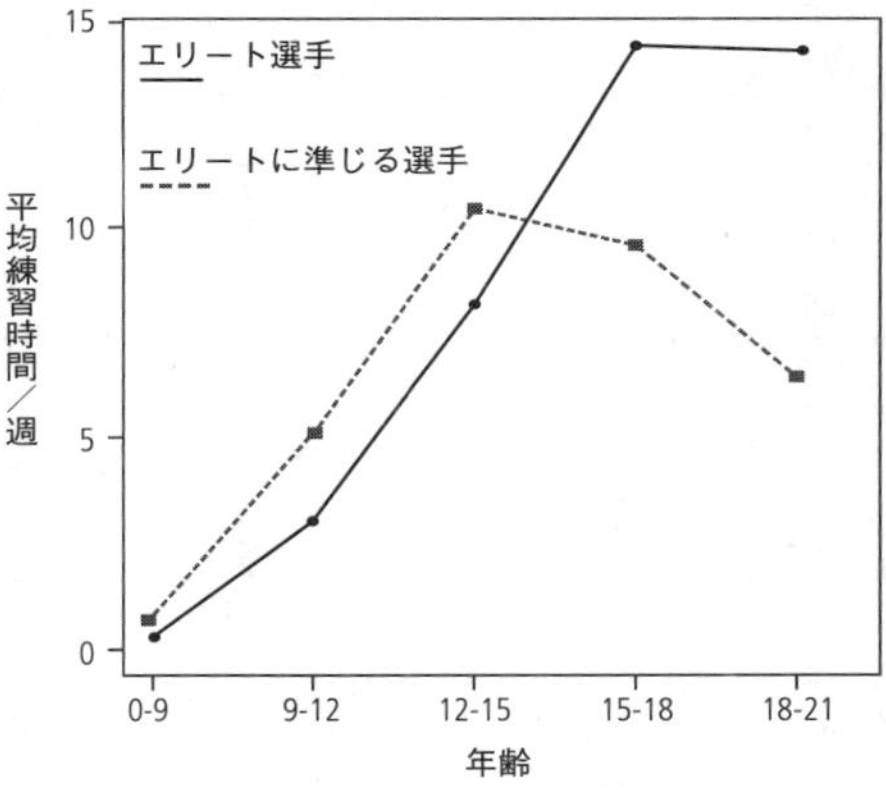

図２　幼少期以降の練習量[3]

　早期の専門化はまた、アスリートが自分に最も適したスポーツを探すために、いろいろなスポーツを試す期間を早々に奪ってしまうかもしれない。あるスポーツに特化した天才児が私たちを驚かせ、メディアの注目を浴びることもあるが、結局、遅い時期に専門とするスポーツを決めたアスリートは例外ではなく、むしろ一般的であることがわかっている。MVPを二度受賞したNBA選手のスティーヴ・ナッシュを取り上げてみよう。ナッシュはカナダのサッカー一家に育ち、当初は兄のマーティンのように、プロのサッカー選手になりたいと思っていた（YouTubeでSteve Nash soccer with Eli Freezeと検索すれば、ナッシュの華麗な足技を観ることができる）。

「私が［バスケットボールを］始めたのは、一二か一三のときでした」と、ナッシュはNBAドットコムのインタビューに答えている。「だから、初めてバスケットボールを手に入れたのは、一三歳のときのはずです」。初めてバスケットボールを手に入れたのは、一三歳。ナッシュは、ボールを入手したときのことを「新しい友だち」を見つけたようだったと語っている。ユースリーグに参加したり、幼稚園で簡単な指導を受けているアメリカの普通の少年たち（私を含めて）より、彼はおそらく五年から八年は遅れていた。しかし、やがてはバスケットボール史上でも有数の名プレーヤーとなるナッシュにとって、他の少年に追いつくのに何ら問題はなかった。「もし一つのスポーツが得意なら、その年ごろであればどのスポーツでも簡単にそれを生かすことができます」とナッシュは言う。「一三、一四のときに、私には［バスケットボールの］名選手になるチャンスがあると気づいたのです」

エリートアスリートの児童期についての研究でよく見られるパターンを、ナッシュも示していた。彼は一二歳前後に「試行期間」を経験し、いろいろなスポーツを試し、身体的にも精神的にも自分に最も合ったスポーツを見つけた。そして、一〇代半ばでトレーニングを本格的に始めて、プロ選手としての活動を開始したのだ。

テニス界のスーパースター、ロジャー・フェデラーも同様で、子供のころにバドミントンやバスケットボール、サッカーなどのスポーツをしており、その経験によってよりすばらしいオールラウンドのアスリートとなったと評価されている（少なくとも、それらのスポーツ

＊　このデータは「cgs」スポーツによるものである。cgsスポーツとは、センチメートル、グラム、秒で結果を測定できるスポーツであり、サイクリング、陸上競技、ボート競技、競泳、セーリング、トライアスロン、ウエイトリフティングなどの競技が含まれる。また、テニスなどのいくつかの団体競技においても、同様のパターンが見られる。アメリカの一五二人のプロ野球選手について調べた研究では、ほとんどの選手が高校生のころ、野球に特化する前にフットボールやバスケットボールも行なっていたことがわかった。同様に、二〇一四年のワールドカップ覇者であるドイツ代表チームの選手を含むドイツのサッカー選手を対象にした研究でも、代表チームの選手はそれ以外の選手よりも多くの種目を経験し、サッカーに特化する時期も遅かったことがわかっている。しかし、ある特定のスポーツでは、早めに一つの種目に特化することが必須である。女子体操では、「体型のビッグバン」（第7章を参照）によって、この三〇年間で、エリート選手の平均身長が一六〇cmから一四五cmと低くなっており、選手としての競争力を有する期間が短い。

†　ジャマイカの高校陸上競技大会は年齢ごとに分けられているので、若い選手たちはよりゆっくり成長することが許されている。アメリカでは、一四歳の俊足選手が、州大会で一八歳の選手と競うこともある。

経験は、テニスの能力開発の妨げにはならなかった)。L・ジョン・ウェルトハイムは彼の著書 *Strokes of Genius*(天才のストローク)で、フェデラーの両親を、自分の思いどおりに子供をしむけようとする(押しつける)のではなく、「引っ張っていく」タイプとして描いている。「もし両親がうるさく言っていたら、彼があれほど真剣にテニスをすることはなかっただろう」とウェルトハイムは記す。エリートテニス選手とエリートに準じる選手に関するスウェーデンの研究――そのエリート選手のうち五人が世界のトップ一五にランクされていた――によると、エリートに準じる選手は一一歳までにテニス以外のスポーツをすべてやめているのに対して、エリート選手は一四歳まで複数のスポーツを続けていたことがわかった。一五歳になってようやく、エリート選手は、エリートに準じるテニス選手よりも練習量が多くなる。未来のエリートテニス選手の児童期について、研究者たちはこう記している。「テニスはいくつものスポーツの一つでしかなかった。彼らとテニスとの関わりは、成功への飽くなき欲求などのない素朴で和気あいあいとしたクラブ的環境の枠の中で始まった」。一方でエリートに準じる選手のほとんどに、児童期を過ぎると成長の限界が見えはじめるようになる。彼らは概して、まだ一〇代のうちにそのスポーツをすっかり止めてしまったのだ。*

音楽家の児童期についての研究でも同様のパターンが示されている。「音楽における卓越性の生物学的前兆」という論文で、心理学者のジョン・A・スロボダとマイケル・J・A・ホウは、著名な音楽学院に通う一〇代の生徒についての研究結果を示している。学院への入学に先立って、「卓越した能力」があると見なされた生徒は、いろいろな楽器を試しており、

「平均的な能力」と見なされた生徒よりも練習時間が少なく、レッスンを受けた回数も少ないことがわかった。[6] また、平均的な生徒は、入学に先立ち、最初に選んだ楽器の演奏と練習に一三八二時間を累積していた。それに対して、卓越した生徒は六一五時間の累積時間で、後になってから一つの楽器に集中し、練習時間を増やした。論文によると、平均的な演奏者は「総合的により多くの時間を練習時間にあててきたが、ほとんどの努力を最初に選んだ楽器に費やした」。つまり、彼らは試行期間を受け入れるよりも、かたくなに一つの道を進むことにこだわったのだ。その試行期間のあいだに、より卓越したアスリートや音楽家たちはどちらも、その無比の身心に最も合った道をしばしば見つけているようだ。もちろん、たとえばタイガー・ウッズのように、子供が最初に触れた道具がその人にとって理想的なものだったというケースもある。タイガーのような人はさておき、どれだけの子供たちが、エリートレベルに準じるテニス選手や、音楽学院の「平均的な能力」の生徒のように、すぐさま専門分野を決めるように強制されてしまっていることだろうか？　卓越した能力を持つ生徒の

＊　イリノイ州ロヨラ大学でプライマリケアスポーツ医学を研究しているメディカルディレクター、ニール・ジェイアンシは、一つのスポーツに特化するより複数のスポーツをしていると、若いアスリートがけがをする確率が低くなることを示した。彼の研究は子供たちはスポーツに時間をかけるべきではないと示しているのではなく、活動を分散したほうがいいということを示唆している。フェデラーの例を考えてみよ。

ように、そしてスティーヴ・ナッシュのように、いろいろと試したあと、これこそ自分にふさわしいと認めたものに集中するのではなく。「これらのデータから強く示唆されるのは、若いころに過度のレッスンを受けてもおそらく役には立たないだろうということだ」とスロボダとホウは記している。

早い時期にさまざまな可能性を試してみるのは大切なことだが、それが練習の重要性を減じるわけではない（カレンジン族のランナーたちのことを考えると、もしケニアのリフトヴァレー州西部のあの村が、突然、経済ブームに沸きかえり豊かな都会のようになったなら、彼らの生理学的な優位性は取るに足りないものとなってしまうだろう。長距離走における偉業は、明日にもすっかり消えうせてしまうに違いない）。だが、一人一人の人間の差異を理解すればするほど、練習だけでは不十分だということがわかってくる。最高のパフォーマンスを発揮するためにはそれぞれの才能に合った努力の道すじを見つけることが決定的に重要である。

本書のハードカバー版の刊行後、「一万時間の法則」への私の批判に対して、さまざまな場所でマルコム・グラッドウェルが見解を述べたが[7]、それはつねに思慮深いものだった。カリフォルニア州のKPCCパブリックラジオで私がインタビューを受けているときに、（驚いたことに）彼は電話で参加してくれた。この番組で、グラッドウェルは、一万時間という考え方はスポーツに適用されるべきではなく、「複雑な認知能力を要する」行為のみを対象としていると述べた。

スキル開発の研究をしているスポーツ心理学者であるジョー・ベイカーが、それに応じて次のように言及している。「スポーツにおける認知と行動は、人間の行為のうちで最も複雑なものです。行なうのが複雑であるばかりでなく、その行為を妨げようとする相手がいることも多いですから」。KPCCのインタビューでグラッドウェルは、彼の言いたいことはつまり、チェスや音楽、コンピュータープログラミングのような幅広い知識が必要とされるむずかしいスキルを学ぶときに、人々が考えているよりはるかに多くの練習時間が必要だということだと説明した。私は、その練習量を人々がどの程度と想定するかによると思う。もし大量の練習、しかも質の高い練習が非常に重要だというのであれば、私は全面的に賛成である。本書ハードカバー版の刊行後、奇妙なことに、私は特定の才能に関するある種のスポークスマンになってしまったようだ。友人が知らせてくれたところによると、二本の脚（あるいは義足やレース用の車椅子）があり、重大な疾患がない人であれば誰でも六カ月でマラソンを完走できるように、私が指導すると考えている人がいるそうだ。二時間一〇分で走るためには遺伝的な資質が必要なので気にかけることはないが、誰でもマラソンを完走することはできる。そのトレーニングがランニングであれ、野球やクリケット、テニスのような高度な運動技能を必要とするスポーツであれ、トレーニング計画という、みずからの生物学的探求に出かけたことのない人は、すばらしい自己変革の機会を逃している。

運動技能と言えば、読者からよく受ける質問は、むずかしい運動技能を習得するには特定の遺伝子が重要であるという証拠があるのか、というものだ。本書の前半で述べたように、身長にかかわる遺伝子がほとんど解明されていないのと同様に、運動技能にかかわる特定の遺伝子についてもほとんどわかっていない。だが、技能習得についての研究によって、むずかしい技能であればあるほど習得の速さの個人差が大きくなることが明らかになっている。この分野の初期におけるいくつかの研究では、運動技能を習得する際の個人差に影響を与える遺伝子多型が特定されている。本書ハードカバー版の第一稿では、この研究の一部にも触れていた。だが、この研究がまだほんの初期段階であったため、編集の際にそのままにしておくかどうかの判断を編集室に委ねた。私は、読者がこの研究結果を拡大解釈するかもしれないとも心配していた。しかし、アスリートの科学に強く関心を抱き、本書をここまで読み進んできた読者は複雑な内容にきっと対処できるし、一つの遺伝子に関する初期段階の研究結果が、近い将来には支持されたりあるいは反論されたりすることもありえると理解できるだろう。よって、ハードカバー版で割愛された第一稿の関連箇所を、ここに掲載する。これはその名のとおり脳由来神経栄養因子（ＢＤＮＦ）と呼ばれるタンパク質をコードする遺伝子についての記述である。この遺伝子には「Ｖａｌ型」と「Ｍｅｔ型」として知られる二つの型がある。国立精神衛生研究所が行なった研究によると、見せられた場面をあとから思い出すというテストにおいて、Ｍｅｔ型保有者のほうが劣るという結果が得られた。それに続く研究では、スポーツの技能習得がなされるときの「筋肉による記憶《マッスルメモリー》」に、ＢＤＮＦが影響を与えていると示唆されている。[8]

人間が運動技能を習得すると、脳の運動皮質内でBDNFレベルが上がる。技能が習得されるとき、BDNFは脳の再構成にかかわる神経信号の一つとなる。二〇〇六年の研究では、小さなペグをできるかぎり速く穴に打ち込むというような動作を右手で行なうと、BDNF遺伝子のMet型を持っていない被験者にかぎって、脳内の右手を司る領域に存在する神経「運動マップ」が大きくなることがわかった。研究開始時には、すべての被験者の運動マップの大きさは同じだったが、Met型を持たない被験者だけが、動作のくり返しに伴ってその大きさが変化した。

二〇一〇年、神経科医スティーヴン・C・クレイマーが率いる研究チームが、運動技能を習得するときの記憶にBDNF遺伝子がかかわっているかどうかテストを試みた。その結果はこの遺伝子がかかわっていることを示唆している。研究では、被験者が一日に一五回、それぞれ時間をおいてデジタルトラックに沿って車を運転した。コースを覚えるにつれて、すべての被験者の運転技術が向上したが、Met型を保有している被験者はそれほど向上しなかった。そして、四日前に走ったコースをもう一度走るというテストをすべての被験者が行なうと、Met型の保有者はより多くの運転ミスを犯した。被験者が運転技術を習得している間、彼らの脳活動を調べるために機能的磁気共鳴画像法（fMRI）が用いられ、その結果、BDNF遺伝子Met型の保有者の脳活性パターンが他の被験者と異なることが発見された。

ある一つの遺伝子多型に注目して脳活動とそれに対する遺伝子のかかわりを調べる、ということの種の研究では、その結果を事実として認定する前にそれを再現する必要がある。しかし、この研究は概念的に興味をかき立てられるものであり、この結果が支持されるかどうかを見守っていく価値がたしかにある。もし運動技能習得の際のＶａｌ型とＭｅｔ型の保有者の間の差異が安定して有意なものであると判明したなら、うまくいけば、さらなる研究によってＭｅｔ型保有者向けの新たな練習方法が見つかるだろう。結局のところ、それぞれの人にとって最適のトレーニング環境を見つけ出すことが、ほとんどの練習とスポーツ遺伝学の目的なのだ。

人それぞれの違いについて科学者が新しい発見をしつつあるのと同時に、私たちは自分の遺伝子に関するある種の情報を入手しにくくなっている。二〇一三年一一月に、食品医薬品局（ＦＤＡ）は、アメリカ最大の直販の遺伝子検査会社である23アンドミー社に事業の一部停止を命じた。23アンドミー社は、何百種類もの遺伝子多型を検査対象としており、一回の検査を九九ドルで行なっている。特にＦＤＡが問題視したのは、健康リスクにかかわる遺伝子についての情報を23アンドミー社が提供していたという点である。医師の管理下でのみ行なわれるべき医療診断を、同社が行なっていると判断されたのだ。23アンドミー社によるサービスで懸念されることの一つは、本書の第9章で述べたＡＣＴＮ３「スピード遺伝子」の問題にも通じる。解決困難な難題から生じている。ある遺伝子が実際、スピードに影響を与えるということはあるかもしれないが、他の遺伝子による影響や環境要因を無視して人生を左右する決断を下すのは愚かなことだ。それは、一つのピースだけでパズルの全体像を推し量るようなものだ（ＡＣＴＮ３の場合、それは確実に愚かなことだ）。

23アンドミー社のウェブサイト上の掲示板を精読してみたところ、自分の遺伝子データを拡大解釈して必要以上に心配をしている利用者も見受けられた。健康上の問題がなくても、そして検査で陽性の結果が出た遺伝子多型が心配している疾患のリスクにつながらない可能性がある場合にも、である。しかし、掲示板に書き込んでいる利用者の多くは自主的に検査を求めてきた人々であり、遺伝子検査の結果が揺籃期の研究に基づいているケースもあること、さらに、一つの遺伝子だけですべてがわかるものではないことを理解していた（これまでのところ、自発的に検査を受けて、リスクが高い疾患にかかわる遺伝子に対して陽性の検査結果が出た場合にも、利用者は理性的に対処していることを調査は示している）。[9] この先も、23アンドミー社は、祖先を発見する遺伝子検査サービスを続け、利用者の許可を得たうえで、利用者の生の遺伝子データを研究に使っていくという。アルツハイマー病のリスクを高め、脳震盪の回復を妨げるＡｐｏＥ４型のような遺伝子多型（本書第15章を参照）に関する情報は、今後同社からは利用者に提供されなくなる（ただし、医師を通じてその情報を入手することはできる）。

私自身は、23アンドミー社の直販形式のサービスによりデータを入手するという便益を得たが、個人的に遺伝子検査機関や世界でも有数の専門家と接することにより、普通の消費者では入手しにくい情報を得られたと実感している。信用保証のため、23アンドミー社は調査結果として、科学論文の引用、写真類、ビデオを使った遺伝学者による説明なども提供している。しかし、遺伝学は日々進歩しているため、自分の形質や疾患に関する遺伝情報が持つ意味合いが月単位で変わりうるかもしれないという点については、多くの利用者に十分に伝わってはいない。

私たちの個人的な遺伝情報に対して、どこまで注意を払い、どこまで自由に知りうるべきなのか、私には両者の望ましいバランスがわからない。23アンドミー社は、（利用者の同意を得たうえで）収集した利用者の遺伝子データを活用して、遺伝子情報を製薬会社に提供し、製薬会社が特定の遺伝子プロファイルを持つ利用者にアプローチすることに道をひらく、新しい事業を始めようとしていると明らかにした。

もし、直販形式の遺伝子検査サービスが一般利用者にとって実用的なものであれば、個人の遺伝子情報を保護するための規制が、本書第15章で触れた遺伝情報差別禁止法を超えて、さらに強化される必要があるだろう。だが、ゲノムシークエンシングの低価格化の速度は、スピード社が新たな競泳水着を開発したあとの競技記録更新速度よりも速く、現在、遺伝子情報が幅広い人々の間で話題になりはじめている。実際のところ、「現在」と言うより、「かなり前から」と言うべきかもしれない。

もっとも、私たちがそれぞれアスリートとしてどれほど違うのかという点につき、遺伝子工学や先端的な生理学が何を語ろうとも、当分の間は、総合的にもっと信頼のおける情報源がある。試行錯誤の精神でトレーニングプログラムに取りかかること、そしてあなたの成長度合いを記録することだ。これが、誰にでもできるとはいえ、他の誰とも異なる、生物学的かつ心理学的な自己探究となるのだ。あなた自身の試行期間を経験するのに、遅すぎるということは決してない。

そのことをふまえ、再び本書を締めくくるにあたり、ハードカバー版と同じ言葉で終えたいと思う——ハッピートレーニング！

二〇一三年一二月

デイヴィッド・エプスタイン

謝辞

まず、私が感謝すべき人々があまりにも多く、ここで名前をあげられない人がいることをお許しいただきたい。幸いなことに、そのなかでも数名の人の名前を本文中に記載することができた。また、本書を脱稿することができたのは、アスリートや科学者をはじめとして、多くの人の助けを得られたからだ。

たとえば、ヤニス・ピツラディスは、何十回にも及ぶインタビューに答えてくれた。一緒にジャマイカを訪れたときは、ジャマイカの元オリンピック選手の生体組織検査をする際に、私を検査室に招き入れてくれた。ピツラディスと共有した時間は、とても有意義なものだった。

生理学者のスティーヴン・ロスとティム・ライトフットは、運動生理学の専門家として、原稿の誤記や不明瞭な点を、くまなく洗い出してくれた。科学的事象を正確に表現することは容易ではないが、多くの科学者の助けを借りて、本書を執筆することができた。将来を期待されるシナリオライターのレベッカ・サンが、労をいとわず事実確認の作業をしてくれたことに感謝の意を表する。もし本書に誤った記載があれば、もちろんそれは私の責に帰す。

これまで、その深さと斬新性において他に例を見ない書籍に、数多く巡りあった。そのうちの二冊の著者である、J・M・タナーとパトリック・D・クーパーは、すでにこの世の人ではない。もう彼らにインタビューできないと思うと、残念でならない。しかし、彼らの献身的な研究の結果と自由な発想は私の心の中に生き続け、これからも意欲と勇気を与えてくれるだろう。

『スポーツ・イラストレイテッド』誌の同僚にも感謝したい。リチャード・ディマークがいなければ、私がスポーツ科学について記事を書くことはなかっただろう。クリス・ハントとクレイグ・ネフがいなければ、『スポーツ・イラストレイテッド』誌にコラムを書くことも、したがって本書を執筆することもなかっただろう。テリー・マクドネルとクリス・ストーンの助けがなければ、本書を執筆する時間はなかっただろう。L・ジョン・ヴェルトハイムとエージェントのスコット・ワックスマンによる助言がなければ、本書の執筆に着手することさえなかっただろう。尻込みする私の背中を押してくれたスコットに感謝したい。外国での版権に関する手続きをしてくれたファーリー・チェイスに感謝の意を表する。

友人ケヴィン・リチャーズの存在がなければ、私がスポーツ科学分野のライターになることはなかっただろう。ジャマイカで生まれたケヴィンは、一三年以上前の土曜日にエヴァンストンで開催された陸上競技の最中に帰らぬ人となった。高校生のときに並走して練習していたケヴィンが亡くなった喪失感は、この先も癒えることはないだろう。その両親グウェンドリンとルパート、そしてコーチであるデイヴィッド・フィリップスの強さに敬意を表したい。友人の死をどう表現するか悩んでいたときにアドバイスをくれた、ケヴィン・コインに感謝したい。

イブラヒム・キヌシア、ゴッドフリー・キプロッチ、ジェームズ・ムワンギ、そしてトム・ラトクリフとクリストファー・ラトクリフの協力がなければ、ケニアで目的の地にたどり着けなかったし、目的の相手にも会えなかっただろう（言葉の面でも）。ニャフルルとナイロビの中間点で車の車輪が外れ、羊の頭の上を飛び越えて茂みの中に消えてしまったとき、イブラヒムとハルン・ナゲイシアがいてくれなかったら、路肩で途方に暮れていただろう（親切なケニアの子供たちのおかげで、乾燥した茂みの中から耳付きナットを探し出すことができた）。

ジャマイカ工科大学のスタッフに感謝したい。特に、スポーツ部長のアンソニー・デイヴィスと科学スポーツ学部長のコリン・ガイルスには、大変お世話になった。

日本では、東京都健康長寿医療センター研究所の福典之《ふくのりゆき》（訳注　現順天堂大学大学院スポーツ健康科学研究科准教授）と三上恵里《みかみえり》の協力を得た。お礼を申し上げたい。

フィンランドのマンティランタ一家、特にイーリスには、あらためて感謝の意を表したい。そして、エーロ・マンティランタへのインタビューをあきらめかけたとき、エリザベス・ニューマンが、フィンランド語で電話をかけて手はずを整えてくれた。感謝に堪えない。

スウェーデン在住の私の「家族」に、*puss och kram*（抱きしめてキスをする）の言葉を贈りたい。カジサ・ハイネマンが、私のスウェーデン訪問に支援の手を差し伸べ、スウェーデン語で書かれた資料を翻訳してくれたおかげで、ステファン・ホルムへのインタビューの前に十分な準備をすることができた。

会話、資料、ビデオの通訳、翻訳に尽力してくれた、高井志穂《たかいしほ》（日本語）、アレックス・フォン・トゥーン（ドイツ語）、ヴェロニカ・ベレンカヤ（ロシア語）に、感謝の言葉を捧げたい。

本書の表紙には私の名前が記してあるだろうが、実はその裏で、数多くの優秀な人たちが下支えをしてくれている。ペンギン・グループのカレント出版社スタッフは、いろいろな面で私を支えてくれた。特に、マーケティング責任者のウィル・ヴァイサー、広報責任者のアリソン・マクリーン、広報担当のジャクリン・バークとケイティ・コーに、お礼を申し上げたい。編集担当のエイドリアン・ザックハイムとエミリー・エンジェルには、特別の感謝の意を表したい。本書の出版にかける彼らの信念と忍耐力を測るものさしは、四万語にも及ぶ単語数だった。四万語あった私の冗長な第一稿が最終稿にたどり着けたのは、彼らのおかげだ。イエロージャージープレス出版社のマシュー・フィリップスとルイーズ・コートにも、心から感謝したい。

心理学者ドリュー・ベイリーの協力に感謝の言葉は尽きない。いついかなるときも私との議論をいとわず、NBA選手の体型についてデータ分析をする際に手助けを惜しまず、本書執筆の参考になる点をいろいろ指摘してくれた。遺伝子科学は日々進歩しており、私が単独で最新情報をフォローできるものではない。各種記事を追跡してくれたウィル・ボイラン・ペットに感謝したい。

私の父親マーク・エプスタインは、遺伝子にまったく関心を抱いていなかったが、今では遺伝子関連の記事に目を通し、自分のゲノムの検査を受けるまでになった。父親というのは子供にとって何とすばらしい手本だろうか。「本を書くのは無理だ」という私の言葉を、姉のチャーナと弟のダニエルはおそらく私が覚えているよりたくさん耳にしている。しかし二人は、できると信じていた。私の母親イヴ・エプスタインは、いつか息子が本を書くと思っていたようだ。母はスウェーデン語の翻訳に加え、励ましの言葉で私を支えてくれた。本書執筆中に、偶然、一通の手紙を目にする機会に恵まれた。それは、母が七歳のときに、母の両親（ともにドイツを逃れた）が音楽の先生から受け取った手紙だった。その手紙にはこう記してあった。

私がお嬢様を教えていた間、彼女は優秀な成績を残しました。お嬢様は高い音楽的才能に恵まれていますので、専門家の指導によりさらに伸びると確信しています。現在の私はお嬢様に接する時間がほとんどとれず心が痛みます。これまで二〇年の間子供たちを教えていて、イヴほどすばらしい子に出会ったことはありません。この点につき、あらためてお話をさせていただければと思います。

心をこめて
ハワード・ベイカー

この手紙は、「遺伝」と「環境」の両方がお互いに不可欠なのだということをあらためて思い起こさせる。

最後に、エリザベスにもう一度感謝したい。これまで私のつまらないジョークに耐えてくれたのは、痛みに強いMC1R遺伝子を彼女が持っているからに違いない。もし次の本を書く機会があるならば、その本もまた彼女に捧げたい。

訳者あとがき

本書『スポーツ遺伝子は勝者を決めるか？：アスリートの科学』の原書 *The Sports Gene: Inside the Science of Extraordinary Athletic Performance* のハードカバー版が二〇一三年八月に刊行され、そして、二〇一四年四月にペーパーバック版が刊行された。本翻訳書はペーパーバック版を底本としている。ペーパーバック版では、ハードカバー版に対する増補が行なわれた。増補されたのは、本書に収録した「あとがき」の部分である。

本書巻頭に掲載されている「日本の読者へ」は、二〇一四年六月に著者によって寄稿されたものだが、その後の二年間で日本におけるスポーツシーンは少なからぬ変貌を遂げた。二年前に「全部で一二人」と記された日本人メジャーリーグプレーヤーは、今年広島カープからロサンゼルス・ドジャースに移籍した前田健太投手を含め現在八人となっている。「日本人男子選手として初めて世界ランキングのトップテン入りを果たした」と記された男子テニスの錦織圭選手は、現在世界ランキング六位となっている。二〇一四年ソチ五輪で四位に甘んじた女子スキージャンプの高梨沙羅選手は、その後の三一大会で二五回優勝という偉業を果たし、その快進撃はとどまるところを知らない。二〇一四年ワールドカップでは一次リーグで敗退した男子サッカー「サムライブルー」は、今年のリオ五輪出場権を獲得し雪辱を期している。一方、二〇一一年ワールドカップで優勝、二〇一二年ロンドン五輪で銀メダルを獲得し、「今や真のスーパーパワー」と二年前に記された女子サッカー「なでしこジャパン」は、今年のリオ五輪出場権を惜しくも逃した。このほかにも期待されるスポーツ種目は数多いが、総じて、世界のスポーツ界における日本人プレーヤー（チーム）の実力は向上しつつあると言えるだろう。

本書の原書が刊行されてすぐに、『ニューヨーク・タイムズ』紙の「サンデーブックレビュー」欄に書評が掲載された。同時に、各方面で反響を呼び、著者のデイヴィッド・エプスタイン氏が、ABCテレビ、NBCテレビ、CBSスポーツラジオなどをはじめとする各種メディアの番組でインタビューを受けることとなった（http://thesportsgene.com/media/で番組の内容を視聴できる）。また、TEDトークのスピーカーとして、本書にかかわる内容も含め、スポーツについて興味深いプレゼンテーションを披露している（前掲のウェブページにTED Talkがリンクされており、エプスタイン氏のTEDトークを日本語キャプション付きで視聴できる）。なお、このTEDトークは二〇一四年三月に収録され、その後二四〇万ビューを超える視聴回数を記録している。

著者のエプスタイン氏は現在、米国のネットメディア「プロパブリカ」（ProPublica）の記者として健筆を振るっており、本書執筆時には『スポーツ・イラストレイテッド』誌のシニア・ライターとして活躍していた。*The Sports Gene* の記載内容も、同誌に掲載したコラムがベースになっている部分が少なくない。エプスタイン氏は、現在でも取材のために世界中を飛び回っており、日本での取材をきっかけとして、日本の研究者（福典之氏他）との交流も多い。また、本文中に登場するピツラディス博士、ブシャール博士ならびに日本の研究者との交流も深く、そこに著者を含めた研究・交流の輪ができている。本書では世界の各地が舞台となっている。余談だが、本書を読み進む際に、世界地図を片手に、舞台の位置を確認しながら読み進むと、一層興味を掻き立てられるのではないだろうか。

本書は、書名からも想像できるように、基軸となっているのは運動生理学と遺伝学の分野であるが、それにとどまらず、医学、生物学、心理学、人類学などの広範な分野にまたがるノンフィクションとなっている。アスリートという「人間」を対象にしていることから、このような多方面からの観察、分析は、いわば必然であったとも思われる。

本書に記されている各種の研究結果をはじめとして、スポーツにかかわる逸話も興味深いが、ドーピングの問題、間性（インターセックス）の問題など、通常はなかなか表面に出てこない社会的な側面に関しても、正面から切り込んでいる。これは、スポーツジャーナリストとしての面目躍如たる一面であろう。

また、運動能力と遺伝に関する記述をベースとしながらも、アスリートの人間ドラマを本書に垣間見ることができる。現役を引退して二〇年後に血液ドーピングの疑いが晴れたエーロ・マンティランタの思いは、いかばかりであっただろうか？　ＫＳＶルーセラーレのサッカー選手、アンソニー・ヴァン・ルーが胸に除細動器を埋め込んでいなかったら、彼は、倒れたあとに無事起き上がることができただろうか？　ちなみに、本文中に「まるで糸を切られた操り人形のように、試合中に突然ピッチに崩れ落ちた……そして数秒後に……まるで何事もなかったかのように上体を起こした」とあるが、ＹｏｕＴｕｂｅでAnthony Van Loo 2009と入力すれば、このときの衝撃的な映像を観ることができる。その他にも、本書巻末の原注に記載されている情報はかなり充実しており、原注に基づく関連情報にもぜひアクセスしていただければと思う。

スポーツを語るときには、ややもすると、フィジカルな面あるいは技術面に目が向きがちだが、本書を一読したあとには、読者の方々が今まで以上に多面的な角度からスポーツを楽しむことができるようになっていただければ、訳者にとってこれに勝る喜びはない。また、全米スポーツ医学会のスローガンとなった「運動は薬」を実践し、長寿遺伝子（サーチュイン遺伝子）をオンにすることによって、健やかな生活を送っていただくことを切に願う次第である。

日常生活において、自分の遺伝子を意識することは少ないと思うが、本書が、あらためて遺伝子に目を向けるきっかけになれば幸いである。通常、「あなたの故郷はどこですか？」と尋ねられたら、「故郷は名古屋」とか「故郷はニュージャージー」などと答えるであろうが、もし、私の遺伝子に同じ質問をしたら、「故郷はアフリカ！」と答えるかもしれない。

遺伝子の世界は、宇宙船から地球を眺めるときと同じ光景なのかもしれない。

本書の刊行に際し、順天堂大学大学院の福典之准教授に専門家の立場から監修・解説をしていただいた。研究で多忙な日々を割いてのご協力に、この場をお借りしてお礼を申しあげたい。

最後に、本書文庫版の刊行にあたり、早川書房第一編集部の金田裕美子氏から的確なアドバイスを数多くいただいた。心からお礼を申しあげたい。また、本書の単行本刊行時から支えてくださった同社第一編集部の三村純氏にあらためてお礼を申しあげます。

二〇一六年六月

解説　エリートアスリートを生むのは「氏《うじ》か育ちか」

順天堂大学大学院スポーツ健康科学研究科　准教授
福　典之

本書の著者、デイヴィッド・エプスタイン氏とは、アメリカやイギリスで開催された学会で会うことがしばしばあった。私の発表の時は必ず聴きに来てくれて、多くの質問を投げかけてくれた。当初、私は彼が研究者だと思っていた。それほど彼は、研究に対して熱心であったし、知識もあった。彼が、『スポーツ・イラストレイテッド』誌の記者だと聞いて驚いたことを覚えている。彼が、私の所属する研究所を訪問した際は、長時間、スポーツと遺伝について議論した。彼と私は元長距離ランナーであったので、興味の共通点も多かったのであろう。彼との対話の中で一番印象に残っているのは、「ジャマイカのスプリンターたちが成功を収め、彼らがインタビューを受けて答えることの多くはトレーニングに対する彼ら自身の真摯さであるが、実際の彼らの練習量は少ない。つまり、トレーニングといった環境要因より遺伝が重要なのではないか。あなたはどう思う？」という質問だった。彼からの問いに対して、次のように私は答えた。「それが遺伝なのか、それともその練習量の少なさが彼らにとって適したトレーニングなのかは分からない。ただ言えることは、厳しい訓練が成果を上げるという固定観念にとらわれすぎているのかもしれない。いつかその質問に答えられるような科学的根拠を示したい」

「走った距離は裏切らない」という女子マラソンアジア記録保持者で二〇〇四年アテネオリンピックの覇者、野口みずき選手の有名な言葉があるが、私のような凡人の意見としては、「走った距離は裏切る」である。過酷なトレーニングはオーバートレーニング症候群としても知られている通り、パフォーマンスの低下を招く。おそらく、それまでの彼女の強靭な肉体により、走れば走るほどトレーニング効果が生じ、重篤なケガも少なかったのであろう。しかし、もし彼女がトレーニングの方法を変えていたら、現世界記録さえも破っていたかもしれないと考えてしまう。これについては、現段階では誰にも分からない。しかし、将来このような問いに答えられる日が来ることを信じている。本書は、そうした問いに対して、今日までの知見を網羅し、一般読者に分かりやすく記述されている。

世界大会の陸上競技男子一〇〇m走について述べると、この競技の決勝出場者のほとんどは、ウサイン・ボルトといったアフリカ系の選手である。また、男子マラソンや一万m走のような長距離種目でもアフリカ人選手の活躍が目立つ。箱根駅伝でもアフリカ人が桁外れの走りを見せつけている。このような現象を目のあたりにして、いわゆる「DNAに刻まれた何かが違う」と感じているのは私だけだろうか？　おそらく、本書の読者の中にも同様な感想を抱いた方が少なくないのではないかと推察する。

陸上競技男子一〇〇m走からマラソンまでの世界記録を見てみると、興味深いあることに気づく。一〇〇mから四〇〇mまでの短距離種目は西アフリカを起源とする選手に、八〇〇mからマラソンまでの中・長距離種目は東アフリカを起源とする選手に占められているのである。アフリカ系の選手が強いといっても、競技種目（距離）によりアフリカの東西ではっきりと傾向が分かれている。男子マラソン世界歴代一〇〇傑の記録を集計すると（二〇一六年六月一〇日現在）、ケニア人が五八人、エチオピア人が三六人であり、この隣接した東アフリカの二国の選手で九〇％以上を占めている。この男子マラソン一〇〇傑以内に西アフリカ系の選手は存在しない。逆に、男子一〇〇m走の一〇〇傑に東アフリカ系の選手は存在しない。また、女子マラソン競技でも同様に東アフリカ勢が活躍している。女子マラソンの世界歴代一〇〇傑では、エチオピア人選手が三四人およびケニア人選手が二五人で、この東アフリカの二国で半数以上を占める。

このような現象には、その国の中で長距離系や短距離系が人気種目であるか否かや、それまでの競技の歴史や伝統あるいは文化的な背景、高地居住といった立地条件、気候、トレーニング方法などの社会要因と環境要因が影響していることは間違いない。しかしながら二〇万年におよぶ人類進化の過程で生じた個体間のDNAの相違、つまり、先天的な要因（遺伝）がスポーツパフォーマンスに関与しているのではないかという議論もなされている。実際に、最近では、トップアスリートの遺伝的特性を検討する研究が国内・外で盛んに行なわれるようになった。

もし、ジャマイカ人やアフリカ系アメリカ人といった西アフリカを起源とする人類が持久的運動トレーニングを積んだら、世界大会の長距離系種目で金メダルの獲得や世界記録の樹立が可能であろうか？ 逆に、ケニア人やエチオピア人といった東アフリカ人が瞬発的トレーニングを積んだら、世界大会の短距離種目で金メダルの獲得や世界記録を樹立できるだろうか？ 私の意見は「Ｎｏ」である。陸上競技の種目別世界記録に見られる西アフリカ系と東アフリカ系の相違は遺伝的な相違によるものと推測され、西アフリカを起源とする人類が長距離種目で、東アフリカを起源とする人類が短距離種目で活躍することは難しいであろう。つまり、遺伝的に長距離系に向いた体質の選手が、適切な持久系トレーニングを行ない、初めて長距離系種目で成功できるのだと私は考えている。これは本書の著者であるエプスタイン氏も同じ考えである。

天才を生むのは「氏《うじ》か育ちか」という論争がある。すなわち、ある類い稀な能力を発揮するのに遺伝（氏）と環境（育ち）のどちらが重要なのかという問いである。これは、スポーツの場面でもしばしば論議される。また、「蛙の子は蛙」や「親子鷹」という言葉は、「子は親に似る」ということのたとえであるが、これは遺伝情報が親から子へ伝わる現象が科学が発達する以前からよく知られていたことを表している。このように、親の特徴が子へ伝えられる現象を遺伝という。親子や兄弟（一卵性双生児・二卵性双生児を含む）を対象として、ある表現型（長距離系や短距離系種目の競技成績など）に対する遺伝の貢献度（遺伝率）を算出する手法がある。双子が同じ種目で高い競技力を発揮する場面は目にするが、双子の片方は短距離系種目で、もう片方が長距離系種目で活躍することは皆無である。競技者を対象にした大規模な研究において、競技力の遺伝率は約六六％であると報告された。また、世界トップレベルの選手を対象として競技力を左右する筋線維組成を解析すると、短距離系競技に優れた選手は速筋線維の割合が、長距離系競技に優れた選手は遅筋線維の占める割合が高い。筋線維組成は遺伝の要因が強く、運動トレーニングによる筋線維組成の変化は小さいと一般的に考えられている。このような点に着目して本書を読み進めると、よりいっそうスポーツと遺伝に関する理解が深まるかもしれない。

一方、ヨーロッパ人やアジア人にとって、短距離系あるいは長距離系競技に向く素質やトレーニングに対する効果はどうであろうか？　二〇一二年ロンドンオリンピックの男子陸上競技において、アフリカ系選手が多くのメダルを獲得した中で、ヨーロッパ系アメリカ人が一万mで銀メダルを獲得した。それがゲーレン・ラップ選手である。彼は、ナイキによる長距離選手育成プログラム「ナイキ・オレゴンプロジェクト」のメンバーである。競技成績に民族や地域性といった特徴がみられる中で、このように、最先端のトレーニングによって異なる結果が出たケースもある。彼は遺伝の壁を越えた一人と言えるかもしれない。

二〇二〇年東京オリンピック・パラリンピックにおいて、日本人のメダリストがどれだけ誕生するであろうか？　そのために私たちができることは何であろうか？　私は、高校生まで長距離走を専門としていた。第二次性徴期を迎えると、チームメイトと同じトレーニングをしているにもかかわらず、私のふくらはぎだけが大きく成長していくのであった。本書にあるランニングエコノミーが悪くなる典型例であろう。おそらく私は長距離走者としての素質というよりは、比較的パワー系の競技に向いていた可能性がある。また、ハードな練習で、故障だらけの毎日であった。これも速筋線維優位な選手の特徴かもしれない。このような体験が私の今の研究に繋がる。つまり、「個人が持つ遺伝子型の特徴によって、適切な競技種目やトレーニング方法ならびに故障のし易さが異なるのではないか?」という疑問を解明することである。そこで、私たちは、日本中のアスリートの協力を得て、競技種目適性やトレーニング効果・ケガのし易さに関する遺伝要因の同定を試みている。そして、ある種の遺伝子多型が日本人の瞬発系競技力や持久系競技力に関連することを突き止めた。ただし、この種の研究では、他の集団でも同じ結果が得られるかどうかというデータの再現性が求められる。しかし、トップアスリートは非常に稀な集団であるために再現性試験の実施が困難である。そこで、本書でも度々紹介されるイギリス・ブライトン大学のヤニス・ピツラディス教授(本文執筆時はグラスゴー大学教授)、アメリカ・ルイジアナ州立大学のクロード・ブシャール博士、オーストラリア・シドニー大学のキャスリン・ノース博士ならびにスペイン、ポーランド、ドイツ、ロシアなどの研究者とともに、競技力を規定する遺伝要因の解明のために国際共同研究組織を二〇一三年に立ち上げた。ヒトのDNA上に点在する約七五万~五〇〇万の遺伝子多型を網羅的に分析する方法「ゲノムワイド関連解析(GWAS)」が考案されており、この方法を用いて競技力に関連した遺伝子多型を同定している。最近、この国際共同研究において、日本人の一流の持久系選手と一般人を対象としたGWASから、持久的運動能力に関連する新規の遺伝子多型を同定した。

この研究の進行中にある疑問がわいた。今、私は、ヤニス・ピツラディス教授と共同で、「エリスロポエチン投与における血中遺伝子プロファイルを用いた新しいドーピング検出方法」に関する研究を遂行中である。私たちはトップアスリートの遺伝子を同定することを試み、国際共同研究を実施していると述べたが、集めたトップアスリートの中に、もしドーピングによってトップまで登りつめた選手が存在したら、真のアスリート遺伝子に辿り着くのであろうか？　私たちは、広い視野を持って、慎重に研究に当たらなければいけない。そしてそこには競技者たちの視点を忘れてはならないと心がけている。

生まれながらにして向いている競技種目（持久力系や瞬発力系など）やトレーニングに対する適応メカニズム、ならびにケガのリスク予測を解明することができれば、「適性種目の選択」、「個人対応型トレーニング方法の確立」や「ケガの予防」に役立ち、その結果として、日本人の競技力向上に寄与できるかもしれない。本書は、一般読者にとって、また、専門家にとっても、スポーツと遺伝に関する新しい発見があることは間違いない。本書を日本の読者に紹介できることを嬉しく思うとともに、本書を読む機会を与えていただいた著者のデイヴィッド・エプスタイン氏に感謝する。また、翻訳していただいた川又政治氏、編集にご尽力いただいた早川書房の皆様に心から御礼申し上げたい。

二〇一六年六月一〇日

原　注

本書を執筆するにあたって、何百回にも及ぶインタビューを行なった。そしてほとんどの場合において、インタビューに答えてくれた人の言葉をそのまま引用し、その情報源を明らかにした。しかしなかには、情報源は明かさないでほしいという人もいた。業績のある科学者がエリートアスリートのデータについて話をしてくれたが、そのデータは特定のチームあるいはアスリートの、競争優位性調査を目的として行なわれた研究の成果だったからだ。そのような場合には、科学者の名前もアスリートの名前も明らかにせず、データを参考にして本書の執筆を進めた。

2010年に開催された英国スポーツ運動科学協議会（BASES）の総会では、貴重な情報を入手することができた。さらに、全米スポーツ医学会（ACSM）年次総会の資料からも各種データを得た。2012年には、スポーツ医学分野の素人である私がACSM総会のスピーカーとして招待されることとなり、同時にこの総会では、DNAを追い求めて世界中を飛び回っているヤニス・ピツラディスと共同で、スポーツ能力にかかわる「遺伝と環境」についてのパネル討論会を企画する栄誉に恵まれた。この討論会には、クロード・ブシャール（世界でも著名な運動遺伝学者）、K・アンダース・エリクソン（「一万時間の法則」で知られる、「意図を持った練習」の研究者）、そしてフィリップ・L・アッカーマン（航空管制官のテストシステムを設計した運動技能習得における専門家）も参加していた。議論は白熱したが、討論後の夕食会は友好的な雰囲気であり、楽しいひと時を過ごすことができた。また、この討論会では参加者が科学について議論の応酬をしたが、その目的は全員に共有されていた。

彼らの見解を網羅することはできないが、その一部を本書に集約した。本書全篇を通じて研究者の名前と出版物について明記するようにしたため、情報源についてさらに調べることはさほどむずかしくないはずだ。たとえば、ジャネット・スタークスやブルース・アバネシーによる多くの研究結果は、本書第１章を執筆するうえで大変参考になった。しかしながら、彼らの膨大な研究結果をここにすべて掲載することはできないため、本文中で言及しなかった貴重な情報のみを本原注に記載した。さらに深く調べたいと考える読者にとっては、有用な糸口になるのではないだろうか。本書に記載した引用のほとんどが、私がインタビューを行なったときに答えて

くれた人たちの発言である。発言そのものを本文中に引用していない場合には、本文中あるいは本原注にて情報源を記載した。

第1章 メジャーリーグ選手が女子ソフトボール選手に完敗――遺伝子によらない専門技能獲得モデル

1 ジェニー・フィンチにインタビューしたとき、プホルスの打球が自分に当たるのではないか心配だったと、彼女は言っていた。また、対決の撮影をボンズが拒否したという話を教えてくれた。フィンチがメジャーリーガーから奪った三振、ならびにプホルスの「あんな経験は二度としたくない」という発言は、以下のDVDで確認することができる。*MLB Superstars Show You Their Game* (Major League Baseball Productions, 2005).

2 速球を打つときの課題についての参考文献：
Adair, Robert K. *The Physics of Baseball* (3rd ed.). Harper Perennial, 2002.
Land, Michael F., and Peter McLeod (2000). "From Eye Movements to Actions: How Batsmen Hit the Ball." *Nature Neuroscience,* 3(12):1340-45.
McLeod, P. (1987). "Visual Reaction Time and High-Speed Ball Games." *Perception,* 16(1):49-59.

3 ジョー・ベイカー（ヨーク大学）とイェルク・ショーラー（ミュンスター大学）が反応速度について私に説明した後、バーチャルシステムの女子プロハンドボール選手がシュートする「遮蔽試験」を実体験させてくれた。その結果については、本書第1章の改稿前の章題「デジタル女子選手に完敗」から推測していただけるだろう。

4 「ボールから目を離すな」という教えについての参考文献：
Bahill, Terry A., and Tom LaRitz (1984). "Why Can't Batters Keep Their Eyes on the Ball?" *American Scientist,* May-June.

5 知覚能力と単純反応時間についてのジャネット・スタークスによる研究：
Starkes, J. L., and J. Deakin (1984). "Perception in Sport: A Cognitive Approach to Skilled Performance." In W. F. Straub and J. M. Williams, eds. *Cognitive Sports Psychology,* 115-28. Sport Science Intl.
Starkes, J. L. (1987). "Skill in Field Hockey: The Nature of the Cognitive Advantage." *Journal of Sport Psychology,* 9:146-60.

6 チェスの達人についての研究の基礎を築いたデ・グルートによる研究：
de Groot, A. D. *Thought and Choice in Chess.* Amsterdam University Press, 2008.

7 チェスの達人についてのチェイスとサイモンの「チャンキング理論」：
Chase, William G., and Herbert A. Simon (1973). "Perception in Chess." *Cognitive Psychology,* (4):55-81.

8 ブルース・アバネシーと同僚研究者による、改良「遮蔽試験」についての研究：
Abernethy, B., et al. (2008). "Expertise and Attunement to Kinematic Constraints." *Perception,* 37(6):931-48.
Mann, David L., et al. (2010). "An Event-Related Visual Occlusion Method for Examining Anticipatory Skill in Natural Interceptive Tasks." *Behavior Research Methods,* 42(2):556-62.
Muller, S., et al. (2006). "How do World-Class Cricket Batsmen Anticipate a Bowler's Intention?" *Quarterly Journal of Experimental Psychology,* 59(10):2162-86.

9 視覚刺激に対するモハメド・アリの反応速度と、テスト結果に対する当初の誤解：
Kamin, Leon J., and Sharon Grant-Henry (1987). "Reaction Time, Race, and Racism." *Intelligence,* 11:299-304.

10 バスケットボールのリバウンドにおける知覚能力：
Aglioti, Salvatore M., et al. (2008). "Action Anticipation and Motor Resonance in Elite Basketball Players." *Nature Neuroscience,* 11(9):1109-16.

11 2006年のワシントン大学によるプホルスへのテスト結果に関する、心理学者リチャード・エイブラムスによる報告：http://news.wustl.edu/news/pages/7535.aspx

12 スポーツにおける専門技術の研究についての背景：
Starkes, Janet L., and K. Anders Ericsson, eds. *Expert Performance in Sports : Advances in Research in Sport Expertise.* Human Kinetics, 2003.

13 繰り返し動作による脳の変化と処理の自動化：
Duerden, Emma G., and Danièle Laverdure-Dupont (2008). "Practice Makes Cortex." *The Journal of Neuroscience,* 28(35):8655-57.
Squire, Larry, and Eric Kandel. *Memory : From Mind to Molecules* (chap. 9). Macmillan, 2000.
Van Raalten, Tamar R., et al. (2008). "Practice Induces Function-Specific

Changes in Brain Activity." *PLoS ONE,* 3(10):e3270. http://www.plosone.org/

14 習熟した動作が脳活動に与える影響：

Brümmer, V., et al. (2001). "Brain Cortical Activity Is Influenced by Exercise Mode and Intensity." *Medicine & Science in Sports & Exercise,* 43(10):1863-72.

15 チェス、手術、著述等の専門技術習得に際し、「ソフトウェア」に着目した最良の入門書：

Ericsson, K. Anders, et al., eds. *The Cambridge Handbook of Expertise and Expert Performance.* Cambridge University Press, 2006.

第2章　二人の走り高跳び選手――（一万時間プラスマイナス一万時間）

1 ダン・マクラフリンによる実験の経過を下記にて確認できる。http://thedanplan.com

2 本書執筆において、カンピテリとゴベによるチェスプレーヤーの研究結果を多数参考にしているが、下記の研究がその中核をなす。

Campitelli, Guillermo, and Fernand Gobet (2008). "The Role of Practice in Chess: A Longitudinal Study." *Learning and Individual Differences,* 18(4):446-58.

Gobet, F., and G. Campitelli (2007). "The Role of Domain-Specific Practice, Handedness, and Starting Age in Chess." *Developmental Psychology,* 43(l):159-72.

Gobet, Fernand, and Herbert A. Simon (2000). "Five Seconds or Sixty? Presentation Time in Expert Memory." *Cognitive Science,* 24(4):651-82.

3 グラッドウェルの著書が自分の結論を誤解させる原因となったことを、K・アンダース・エリクソンが記した論文：

Ericsson, K. Anders (2012). "Training History, Deliberate Practise and Elite Sports Performance: An Analysis in Response to Tucker and Collins Review ――What Makes Champions?" *British Journal of Sports Medicine,* Oct. 30 (ePub ahead of print).

4 下記のホルム自身のウェブサイトにより、彼が生涯走り高跳び（それとレゴ）に熱中していたことがわかる。http://scholm.com

5 トーマスが（だぶだぶのショートパンツで）最初の競技会で跳んだと

きの写真：

http://www.polevaultpower.com/forum/viewtopic.php?f=32&t=7161&sid=e68562cf62585697482f1ec91c086165

6 トーマスに関する話のほとんどを彼自身の言葉と競技記録をもとにして構成したが、「彼はまだトラックが円形であることすら知らない」という彼のいとこの発言と、「トーマスが初めてここに来たときには、ウォーミングアップもストレッチも知らなかった」というクレイトンの発言は、2007年に「米国陸上競技・クロスカントリーコーチ協会」によって発表されたプレスリリースに、"An Improbable Leap into the Limelight"（ありえない跳躍で一躍スポットライトを浴びる）の見出しで記載された。

7 2007年世界陸上大阪でトーマスが勝ったときの映像を下記のYouTubeで観ることができる。

http://www.youtube.com/watch?v=yzmPtZyuo4s

8 ジョニー・ホルムの「ピエロ野郎」発言を報じたスウェーデンの『Sport Expressen』（2007年8月30日）と、それを掲載したウェブサイト：Swedish publication *Sport Expressen* on August 30, 2007. http://www.expressen.se/sport/friidrott/han-ar-en-javla-pajas/

9 ホルムとトーマスに焦点をあてたNHKのドキュメンタリー（番組タイトルは「トップアスリートの身体の秘密」というようなものだった）は秀逸だ。（訳注　番組タイトルは「NHKスペシャル ミラクルボディー ～世界最強の男たち～」2008年4月27日放送、http://www.nhk.or.jp/special/detail/2008/0427/index.html）

10 同等レベルの能力を持ったアスリートが積み重ねた練習時間の差について：

Baker, Joseph, Jean Côté, and Janice Deakin (2005). "Expertise in Ultra-Endurance Triathletes: Early Sport Improvement, Training Structure, and the Theory of Deliberate Practice." *Journal of Applied Sport Psychology,* 17:64-78.

11 アスリートがエリートレベルに到達するまでに積み重ねた練習時間の記録：

Baker, Joseph, Jean Côté, and Bruce Abernethy (2003). "Sport-Specific Practice and the Development of Expert Decision-Making in Team Ball Sports." *Journal of Applied Sport Psychology,* 15:12-25.

Helsen, W. F., J. L. Starkes, and N. J. Hodges (1998). "Team Sports and the

Theory of Deliberate Practice." *Journal of Sport & Exercise Psychology,* 20:12-34.

Hodges, N. J., and J. L. Starkes (1996). "Wrestling with the Nature of Expertise: A Sport Specific Test of Ericsson, Krampe and Tesch-Römer's (1993) theory of 'deliberate practice.'" *International Journal of Sport Psychology,* 27:400-24.

Williams, Mark A., and Nicola J. Hodges, eds. *Skill Acquisition in Sport : Research, Theory and Practice* (chap. 11). Routledge, 2004.

12 わずか4年のトレーニングで国際レベルに到達したオーストラリアの28%のアスリートについて：

Bullock, Nicola, et al. (2009). "Talent Identification and Deliberate Programming in Skeleton: Ice Novice to Winter Olympian in 14 Months." *Journal of Sports Sciences,* 27(4):397-404.

Oldenziel, K., F. Gagne, and J. P. Gulbin (2004). "Factors Affecting the Rate of Athlete Development from Novice to Senior Elite: How Applicable Is the 10-Year Rule?" Pre-Olympic Congress, Athens.

ウェブサイト：http://cev.org.br/biblioteca/factors-affecting-the-rate-of-athlete-development-from-novice-to-senior-elite-how-applicable-is-the-10-year-rule/

13 Thorndike, Edward L. (1908), "The Effect of Practice in the Case of a Purely Intellectual Function." *American Journal of Psychology,* 19:374-384.

14 ダーツの練習を15年以上行なった者の成績が「分散」に占める割合はわずかである。

Duffy, Linda J., Bahman Baluch, and K. Anders Ericsson (2004). "Dart Performance as a Function of Facets of Practice Amongst Professional and Amateur Men and Women Players." *International Journal of Sport Psychology,* 35:232-45.

第3章 メジャーリーグ選手の視力と天才少年・少女アスリート
——ハードウェアとソフトウェアのパラダイム

1 ローゼンバウムがドジャース選手の視力検査について記した著書：
Beware of GUS : Government-University Symbiosis. Lulu.com, 2010.

2 主な資料とデータはドジャースより（Daniel M. Laby より追加データを

入手)：

Laby, Daniel M., et al. (1996). "The Visual Function of Professional Baseball Players." *American Journal of Ophthalmology*, 122 : 476-85.

3 人間の視力の理論的限界：

Applegate, Raymond A. (2000). "Limits to Vision: Can We Do Better Than Nature?" *Journal of Refractive Surgery,* 16: S547-51.

4 人間の錐体細胞の密度について：

Curcio, Christine A., et al. (1990). "Human Photoreceptor Topography." *Journal of Comparative Neurology,* 292:497-523.

5 父親のおかげで指名されたピアッツァ：

Whiteside, Kelly. "A Piazza with Everything." *Sports Illustrated,* July 5, 1993.

6 中国とインドにおける視力の研究：

Nangia, Vinay, et al. (2011). "Visual Acuity and Associated Factors: The Central India Eye and Medical Study." *PLoS ONE,* 6(7):e22756. http://www.plosone.org/

Xu, L., et al. (2005). "Visual Acuity in Northern China in an Urban and Rural Population: The Beijing Eye Study." *British Journal of Ophthalmology,* 89:1089-93.

7 青年（スウェーデンの 10 代の青年を含む）の視力についての研究：

Frisén, L., and M. Frisén (1981). "How Good Is Normal Visual Acuity? A Study of Letter Acuity Thresholds as a Function of Age." *Albrecht von Graefes Archiv für klinische und experimentelle Ophthalmologie,* 215(3):149-57.

Ohlsson, Josefin, and Gerardo Villarreal (2005). "Normal Visual Acuity in 17-18 Year Olds." *Acta Ophthalmologica Scandinavia,* 83:487-91.

8 打者の打率は平均して 29 歳で下がりはじめる：

Fair, Ray C. (2008). "Estimated Age Effects in Baseball." *Journal of Quantitative Analysis in Sports,* 4 (1) :1.

9 テッド・ウィリアムズが語る彼の視力：

Williams, Ted, and John W. Underwood. *My Turn at Bat: The Story of My Life.* Simon and Schuster, 1988, p. 93-94.

10 ドジャース選手の視力検査に関するダニエル・M・レイビーによる研究：

Laby, Daniel M., et al. (1996). "The Visual Function of Professional Baseball

Players." *American Journal of Ophthalmology,* 122:476-85.

11 プロのテニス選手は総じて優れた視力の持ち主だが、中には普通の視力の者もいた。

Fremion, Amy S., et al. (1986). "Binocular and Monocular Visual Function in World Class Tennis Players." *Binocular Vision,* 1(3):147-54.

12 2012年4月10日、ニューヨーク・メッツとワシントン・ナショナルズの試合の6回（イニング）に、スポーツネット・ニューヨークで解説中のキース・ヘルナンデスがこのコメントをした。

13 バーチャルリアリティーのバッティング施設による研究：

Gray, Rob (2002). "Behavior of College Baseball Players in a Virtual Batting Task." *Journal of Experimental Psychology: Human Perception and Performance,* 28(5):1131-48.

Hyllegard, R. (1991). "The Role of Baseball Seam Pattern in Pitch Recognition." *Journal of Sport & Exercise Psychology,* 13:80-84.

14 モハメド・アリの反応速度：

Kamin, Leon J., and Sharon Grant-Henry (1987). "Reaction Time, Race, and Racism." *Intelligence,* 11:299-304.

15 オリンピック選手の視力：

Laby, Daniel M., David G. Kirschen, and Paige Pantall (2011). "The Visual Function of Olympic-Level Athletes——An Initial Report." *Eye & Contact Lens,* Mar. 3 (ePub ahead of print).

16 奥行感覚と捕球能力の関係：

Mazyn, Liesbeth I. N., et al. (2004). "The Contribution of Stereo Vision to One-Handed Catching." *Experimental Brain Research,* 157:383-90.

Mazyn, Liesbeth I. N., et al. (2007). "Stereo Vision Enhances the Learning of a Catching Skill." *Experimental Brain Research,* 179:723-26.

17 野球およびソフトボールの少年・少女選手についての、エモリー大学による研究：

Boden, Lauren M., et al. (2009). "A Comparison of Static Near Stereo Acuity in Youth Baseball/Softball Players and Non-Ball Players." *Optometry,* 80:121-25.

18 シュナイダーによるテニス選手の研究結果は、ドイツ語のみで発表されている。

Schneider, W., K. Bös, and H. Rieder (1993). "Leistungsprognose bei jugendlichen Spitzensportlern [Performance prediction in adolescent top

tennis players].” In: J. Beckmann, H. Strang, and E. Hahn, eds., *Aufmerksamkeit und Energetisierung.* Göttingen: Hogrefe.

19 グラフがトラック競技のオリンピック選手と一緒にトレーニングをしていたと、彼女の夫（アンドレ・アガシ）の自叙伝に記載されている。
Agassi, Andre. *Open.* Vintage, 2010 (Kindle e-book).

20 フローニンゲン才能発掘プログラムについて：
Elferink-Gemser, Marije T., et al. (2004). “The Marvels of Elite Sports: How to Get There?” *British Journal of Sports Medicine,* 45 : 683-84.
Elferink-Gemser, Marije T., and Chris Visscher. “Chapter 8: Who Are the Superstars of Tomorrow? Talent Development in Dutch Soccer.” In: Joseph Baker, Steve Cobley, and Jörg Schorer, eds. *Talent Identification and Development in Sport: International Perspectives.* Routledge, 2011.

21 ベルギーとオランダのフィールドホッケー選手による練習時間の差：
van Rossum, Jacques H. A. “Chapter 37: Giftedness and Talent in Sport.” In: L. V. Shavinina, ed. *International Handbook on Giftedness.* Springer, 2009.

22 早い時期に専門性を決めないほうがよいスポーツもある。
Baker, Joseph (2003). “Early Specialization in Youth Sport: A Requirement for Adult Expertise?” *High Ability Studies,* 14(1):85-94.
Baker, Joseph, Jean Côté, and Bruce Abernethy (2003). “Sport-Specific Practice and the Development of Expert Decision-Making in Team Ball Sports.” *Journal of Applied Sport Psychology,* 15:12-25.

23 「スピード定常状態」の研究：
Schiffer, Jürgen (2011). “Training to Overcome the Speed Plateau.” *New Studies in Athletics,* 26(1/2):7-16.

24 「ゴルフをしたい」というタイガー・ウッズ自身の意志：
Verdi, Bob. “The Grillroom: Tiger Woods.” *Golf Digest.* January 1, 2000 51(1):132.

25 生後６カ月で父親の手の上で立つことができたタイガー・ウッズ：
Smith, Gary. “The Chosen One.” *Sports Illustrated.* December 23, 1996.

第４章　男にも乳首があるのはなぜ？

1 みずからの苦しみを語るマリア・ホセ・マルティネス＝パティーニョ：
Martínez-Patiño, María José (2005). “Personal Account: A Woman Tried

and Tested." *Lancet,* 366:S38.

2　女性アスリートが男性アスリートを打ち負かす可能性について、『USニュース＆ワールド・レポート』誌がアメリカ人に対して実施した調査：

Holden, Constance (2004). "An Everlasting Gender Gap?" *Science,* 305:639-40.

3　女性が男性を破ると予想する研究：

Beneke, R., R. M. Leithäuser, and M. Doppelmayr (2005). "Women Will Do It in the Long Run." *British Journal of Sports Medicine,* 39:410.

Tatem, Andrew J., et al. (2004). "Momentous Sprint at the 2156 Olympics? Women Sprinters Are Closing the Gap on Men and May One Day Overtake Them." *Nature,* 431:525.

Whipp, Brian J., and Susan A. Ward (1992). "Will Women Soon Outrun Men?" *Nature,* 355:25.

4　投擲競技における男性の優位性は標準偏差3。競技を始める前から優位性は現れている。

Thomas, Jerry R., and Karen E. French. "Gender Differences Across Age in Motor Performance: A Meta-Analysis." *Psychological Bulletin,* 98(2):260-82.

5　性分化について（特に下記書籍の第1章が興味深い）：

Baron-Cohen, Simon, Svetlana Lutchmaya, and Rebecca Knickmeyer. *Prenatal Testosterone in Mind: Amniotic Fluid Studies.* The MIT Press, 2004.

6　人間と動物における性選択と身体的競合、および標的を定める能力の差異：

Puts, David A. (2010). "Beauty and the Beast: Mechanisms of Sexual Selection in Humans." *Evolution and Human Behavior,* 31:157-75.

7　投擲能力における男女差およびアボリジナルの子供の投擲能力：

Thomas, Jerry R., et al. (2010). "Developmental Gender Differences for Overhand Throwing in Australian Aboriginal Children." *Research Quarterly for Exercise and Sport,* 81(4):1-10.

8　出生前から通常より高いテストステロンにさらされていた女性の標的を捉える能力：

Hines, M., et al. (2003). "Spatial Abilities Following Prenatal Androgen Abnormality: Targeting and Mental Rotations Performance in Individuals

with Congenital Adrenal Hyperplasia." *Psychoneuroendocrinlogy,* 28(8):1010-26.

9 投擲のトレーニングを積んだ女性は、トレーニングしていない男性を容易に上回る。

Schorer, Jörg, et al. (2007). "Identification of Interindividual and Intraindividual Movement Patterns in Handball Players of Varying Expertise Levels." *Journal of Motor Behavior,* 39(5):409-21.

10 ウルトラマラソンにおける性分化に関する下記の書籍より。この本の682ページ以降の内容は多くのランナーの注目を集めた。

Noakes, Timothy D. *Lore of Running* (4th ed.). Human Kinetics, 2002.

11 陸上競技と競泳におけるエリートアスリートの男女差：

Thibault, Valérie, et al. (2010). "Women and Men in Sport Performance: The Gender Gap Has Not Evolved Since 1983." *Journal of Sports Science and Medicine,* 9:214-23.

12 ランニング競技で広がりつつある男女差：

Denny, Mark W. (2008). "Limits to Running Speed in Dogs, Horses and Humans." *The Journal of Experimental Biology,* 211:3836-49.

Holden, Constance (2004). "An Everlasting Gender Gap?" *Science,* 305:639-40.

13 デイヴィッド・C・ギアリーによる下記の著書は一読に値する。本書『スポーツ遺伝子は勝者を決めるか？』執筆においても、男女の性差について大いに参考になった（特に、「男は、子宮の中にいるときから前腕部が女より長い」「狩猟採集社会では、男のほぼ30%が他の男に殺された」「上半身の強さについての男女差」のくだり）。

Male, Female: The Evolution of Human Sex Differences, 2nd ed., American Psychological Association, 2010.

また、100年に及ぶ性分化の研究に関する下記の著書も参考とした。

Ellis, Lee, et al. *Sex Differences: Summarizing More Than a Century of Scientific Research.* Psychology Press, 2008.

14 骨格の成長と人体比率についての性分化：

Malina, Robert, Claude Bouchard, and Oded Bar-Or. *Growth, Maturation & Physical Activity* (2nd ed.). Human Kinetics, 2003.

Malina, Robert M. "Part Five: Post-natal Growth and Maturation." In: Stanley J. Ulijaszek,
et al. eds. *The Cambridge Encyclopedia of Human Growth and Development.*

Cambridge University Press, 1998.
Morgenthal, Paige A., and Diane N. Resnick. "Chapter 14: The Female Athlete: Current Concepts." In: Robert D. Mootz and Kevin McCarthy, eds., *Sports Chiropractic.* Jones & Bartlett Learning, 1999.

15 運動能力にかかわる男女の身体特性の差が、下記書籍の 176 ページに表としてまとめられている。
Abernethy, Bruce, et al. *The Biophysical Foundations of Human Movement* (2nd ed.). Human Kinetics, 2004.

16 強化される形質は、生物が生息する環境の影響も受ける。
Puts, David A. (2010). "Beauty and the Beast: Mechanisms of Sexual Selection in Humans." *Evolution and Human Behavior,* 31:157-75.

17 われわれ現代人の祖先は数のうえでは女が男を上回っていたことを示す研究は多いが、ギアリーによる下記の研究はその点をわかりやすくまとめている。
Male, Female: The Evolution of Human Sex Differences, on pp. 234-35.

18 チンギス・ハンに関する研究：
Zerjal, T., et al. (2003). "The Genetic Legacy of the Mongols." *American Journal of Human Genetics,* 72:717-21.

19 2 歳から 20 歳までの男女の思春期前と後の運動能力についてのメタ分析：
Thomas, Jerry R., and Karen E. French. "Gender Differences Across Age in Motor Performance: A Meta-Analysis." *Psychological Bulletin*, 98(2):260-82.

20 思春期前は、身長、筋量、骨量に男女差がない。
Gooren, Louis J. (2008). "Olympic Sports and Transsexuals." *Asian Journal of Andrology.* 10(3) :427-32.

21 投擲と水泳における少年・少女の年齢による身体能力の推移が、下記書籍の第 11 章に記載されている。
Malina, Robert, Claude Bouchard, and Oded Bar-Or. *Growth, Maturation & Physical Activity* (2nd ed.). Human Kinetics, 2003.

22 女子マラソン選手の身体特性（体脂肪等）についての研究：
Christensen, Carol L., and R. O. Ruhling (1983). "Physical Characteristics of Novice and Experienced Women Marathon Runners." *British Journal of Sports Medicine,* 17(3):166-71.

23 発育期の体操選手における体の大きさとパフォーマンスについての研

究：

Claessens, Albrecht L. (2006). "Maturity-Associated Variation in the Body Size and Proportions of Elite Female Gymnasts 14-17 Years of Age." *European Journal of Pediatrics,* 165:186-92.

Malina, R. M. (1994). "Physical Growth and Biological Maturation of Young Athletes." *Exercise and Sport Sciences Reviews,* 22:389-433.

24 東ドイツによるドーピングについての書籍：

Ungerleider, Steven. *Faust's Gold: Inside the East German Doping Machine.* Thomas Dunne Books, 2001.

25 オリンピック選手における間性（インターセックス）をめぐる状況についての総説：

Ritchie, Robert, John Reynard, and Tom Lewis (2008). "Intersex and the Olympic Games." *Journal of the Royal Society of Medicine,* 101:395-99.

Tucker, Ross, and Malcolm Collins (2009). "The Science and Management of Sex Verification in Sport." *South African Journal of Sports Medicine,* 21(4):147-150.

26 男性と女性におけるテストステロンレベルの上下限値については、内分泌学者へのインタビューおよびいくつかの研究室から提供された値をもとにしている。ただし、研究室によって値は若干異なっている。クエスト・ダイアグノスティックス社から提供されたデータでは、男性のテストステロンレベルは血液１デシリットルあたり 241 ～ 827 ナノグラムとされており、メイヨー・クリニック総合病院も下記のごとく類似のデータを提供している。

http://www.mayomedicallaboratories.com/test-catalog/Clinical+and+Interpretive/8508

27 SRY 遺伝子を保有していることが判明した、アトランタオリンピックにおける７人の女性アスリート：

Wonkam, Ambroise, Karen Fieggen, and Raj Ramesar (2010). "Beyond the Caster Semenya Controversy." *Journal of Genetic Counseling,* 19(6):545-548.

28 過去５回のオリンピックにおいてＹ染色体を保有していた女子選手：

Foddy, Bennett, and Julian Savulescu (2011). "Time to Re-evaluate Gender Segregation in Athletics?" *British Journal of Sports Medicine,* 45(15):1184-88.

29 アンドロゲン不応症候群の発症頻度：

Galani, Angeliki, et al. (2008). "Androgen Insensitivity Syndrome: Clinical

Features and Molecular Defects." *Hormones,* 7(3):217-29.

30 長身の女性と男性的な骨格を持つ女性の割合についての、オーストラリア国立スポーツ研究所（AIS）による研究：

Han T. S., et al. (2008). "Comparison of Bone Mineral Density and Body Proportions Between Women with Complete Androgen Insensitivity Syndrome and Women with Gonadal Dysgenesis." *European Journal of Endocrinology,* 159:179-85.

Zachmann, M., et al. (1986). "Pubertal Growth in Patients with Androgen Insensitivity: Indirect Evidence for the Importance of Estrogens in Pubertal Growth of Girls." *Journal of Pediatrics,* 108:694-97.

31 スポーツ界における間性（インターセックス）に影響を及ぼすアンドロゲン不応症以外の条件：

Foddy, Bennett, and Julian Savulescu (2011). "Time to Re-Evaluate Gender Segregation in Athletics?" *British Journal of Sports Medicine,* 45(15):1184-88.

32 女性エリートアスリートのテストステロンレベル：

Cook, C. J., et al. (2012). "Comparison of Baseline Free Testosterone and Cortisol Concentrations Between Elite and Non-Elite Athletes." *American Journal of Human Biology,* 24(6):856-58.

33 テストステロンレベルが高く、トレーニング量が多い女子ネットボール選手：

Cook, C. J., and C. M. Beaven (2013). "Salivary Testosterone is Related to Self-Selected Training Load in Elite Female Athletes." *Physiology & Behavior,* 116-117C:8-12 (ePub ahead of print).

34 男性の心臓は女性より早く大きくなる。

Kolata, Gina. "Men, Women and Speed. 2 Words: Got Testosterone?" *New York Times,* August 22, 2008.

第５章　トレーニングで伸びる選手の資質

1 ジム・ライアンとマイク・フィリップスの次の共著に、陸上競技でのライアンの急激な成長が描かれている。また、ライアンの両親の言葉が同書に記載されている。

Ryun, J. & Phillips, M. *In Quest of Gold: The Jim Ryun Story.* Harpercollins,

1984.

2 HERITAGEファミリースタディーにより、100件以上の論文が発表された。本書の第5章を執筆するにあたり、HERITAGEによる論文が欠かせない資料となっている。

Bouchard, Claude, et al. (1999). "Familial Aggregation of VO_2max Response to Exercise Training: Results from the HERITAGE Family Study." *Journal of Applied Physiology,* 87:1003-8.

Bouchard, Claude, et al. (2011). "Genomic Predictors of the Maximal 02 Uptake Response to Standardized Exercise Training Programs." *Journal of Applied Physiology,* 10(5):1160-70.

Rankinen, T., et al. (2010). "CREB1 Is a Strong Genetic Predictor of the Variation in Exercise Heart Rate Response to Regular Exercise: The HERITAGE Family Study." *Circulation: Cardiovascular Genetics,* 3(3):294-99.

Timmons, James A., et al. (2010). "Using Molecular Classification to Predict Gains in Maximal Aerobic Capacity Following Endurance Exercise Training in Humans." *Journal of Applied Physiology,* 108:1487-96.

3 トレーニング経験のない人間によるHERITAGEファミリースタディーへの参加：

Roth, Stephen M. *Genetics Primer for Exercise Science and Health.* Human Kinetics, 2007.

4 GEAR研究のデータは同研究チームから提供された。特に、以下の各氏の協力を得た。

Pascal J. Goldschmidt (dean, Miller School of Medicine, University of Miami);

Margaret A. Pericak-Vance (director, Miami Institute of Human Genomics); Jeffrey Farmer (GEAR project manager); Evadnie Rampersaud (director, Division of Genetic Epidemiology in the Center for Genetic Epidemiology and Statistical Genetics, John P. Hussman Institute for Human Genomics).

5 29種の遺伝子発現サインに関するコメント：

Bamman, Marcas M. (2010). "Does Your (Genetic) Alphabet Soup Spell 'Runner'?" *Journal of Applied Physiology,* 108:1452-53.

6 ウェリントンの快挙：

"Wellington Wins World Ironman Championships.", October 14, 2007. http://britishtriathlon.org/

7 「天性の資質を持った6人」についての研究：
Martino, Marco, Norman Gledhill, and Veronica Jamnik (2002). "High VO_2max with No History of Training Is Primarily Due to High Blood Volume." *Medicine & Science in Sports & Exercise,* 34(6):966-71.
8 サッカーから陸上競技に転向したアンドルー・ウィーティング：
Layden, Tim. "Off to a Blazing Start." *Sports Illustrated,* September 20, 2010.
9 バスケットボールから陸上競技に転向したアルベルト・ファントレナ：
Sandrock, Michael. *Running with the Legends.* Human Kinetics, 1996, p. 204.
10 ジャック・ダニエルズによる5年間にわたるジム・ライアンの追跡調査：
Daniels, Jack (1974). "Running with Jim Ryun: A Five-Year Study." *The Physician and Sportsmedicine,* 2:63-67.
11 日本人ジュニア・アスリートの研究：
Murase,Yutaka, et al. (1981). "Longitudinal Study of Aerobic Power in Superior Junior Athletes." *Medicine & Science in Sports & Exercise,* 13(3):180-84.

第6章 スーパーベビー、ブリーウィペット、筋肉のトレーニング効果

1 ミオスタチンについて記述した最初の論文：
McPherron, Alexandra C., Ann M. Lawler, and Se-Jin Lee (1997). "Regulation of Skeletal Muscle Mass in Mice by a New TGF-β Superfamily Member." *Nature,* 387(6628):83-90.
2 畜牛に発見されたミオスタチン遺伝子変異：
McPherron, Alexandra C., and Se-Jin Lee (1997). "Double Muscling in Cattle Due to Mutations in the Myostatin Gene." *Proceedings of the National Academy of Sciences,* 94:12457-61.
3 スーパーベビーについての研究：
Schuelke, Marcus, et al. (2004). "Myostatin Mutation Associated with Gross Muscle Hypertrophy in a Child." *New England Journal of Medicine,* 350:2682-88.

4 ウィペット犬とミオスタチン遺伝子変異：
Mosher, Dana S., et al. (2007). "A Mutation in the Myostatin Gene Increases Muscle Mass and Enhances Racing Performance in Heterozygote Dogs." *PLoS ONE,* 3(5):e79.
http://www.plosone.org/

5 ミオスタチン遺伝子の変異が動物の運動能力に与える影響：
Lee, Se-Jin (2007). "Sprinting Without Myostatin: A Genetic Determinant of Athletic Prowess." *Trends in Genetics,* 23(10):475-77.
Lee, Se-Jin (2010). "Speed and Endurance: You Can Have It All." *Journal of Applied Physiology,* 109:621-22.

6 ミオスタチン遺伝子による競走馬の走力と獲得賞金の予測：
Hill, Emmeline W., et al. (2010). "A Sequence Polymorphism in MSTN Predicts Sprinting Ability and Racing Stamina in Thoroughbred Horses." *PLoS ONE,* 5(l):e8645. http://www.plosone.org/

7 ミオスタチンの発現を抑える分子を投与しただけで、マウスの筋肉がわずか2週間で60%増加した。
Lee, Se-Jin, et al. (2005). "Regulation of Muscle Growth by Multiple Ligands Signaling Through Activin Type II Receptors." *Proceedings of the National Academy of Sciences,* 102(50):18117-22.

8 数社の製薬会社がミオスタチン阻害剤の臨床試験を行なっている。
Attie, Kenneth M., et al. (2012). "A Single Ascending-Dose Study of Muscle Regulator ACE-031 in Health Volunteers." *Muscle & Nerve,* August 1 (ePub ahead of print).

9 H・リー・スウィーニーによる、IGF－1の研究と遺伝子ドーピングについての将来予測：
Sweeney, H. Lee (2004). "Gene Doping." *Scientific American,* (July 2004):63-69.

10 アラバマ大学バーミングハム校のコアマッスル研究所と、アラバマ州バーミングハムの退役軍人医療センターによる研究：
Bamman, Marcas M., et al. (2007). "Cluster Analysis Tests the Importance of Myogenic Gene Expression During Myofiber Hypertrophy in Humans." *Journal of Applied Physiology,* 102:2232-39.
Petrella, John K., et al. (2008). "Potent Myofiber Hypertrophy During Resistance Training in Humans Is Associated with Satellite Cell-Mediated Myonuclear Addition: A Cluster Analysis." *Journal of Applied Physiology,*

104:1736-42.

11 GEAR 研究についてのデータは、マイアミ大学の研究チームにより提供された。

12 12 週間にわたって研究した結果、上腕の筋量増加が 0%から 250%までのスペクトルを示した。

Hubal, M. J., et al. (2005). "Variability in Muscle Size and Strength Gain After Unilateral Resistance Training." *Medicine & Science in Sports & Exercise,* 37(6):964-72.

13 人間のスプリント能力を支配する筋肉収縮速度：

Weyand, Peter G., et al. (2010). "The Biological Limits to Running Speed Are Imposed from the Ground Up." *Journal of Applied Physiology,* 108(4):950-61.

14 筋線維タイプについての入門書（典型的な割合の表を記載）：

Andersen, Jesper L., et al. (2007). "Muscle, Genes and Athletic Performance." In: Editors of *Scientific American,* ed. *Building the Elite Athlete.* Scientific American.

15 アスリートの筋線維割合についての 2 つの著名な研究：

Costill, D. L., et al. (1976). "Skeletal Muscle Enzymes and Fiber Composition in Male and Female Track Athletes." *Journal of Applied Physiology,* 40(2):149-54.

Fink, W. J., D. L. Costill. and M. L. Pollock (1977). "Submaximal and Maximal Working Capacity of Elite Distance Runners. Part II: Muscle Fiber Composition and Enzyme Activities." *Annals of the New York Academy of Sciences,* 301:323-27.

16 筋線維タイプについての有用な資料：

Zierath, Juleen R., and John A. Hawley. "Skeletal Muscle Fiber Type: Influence on Contractile and Metabolic Properties." *PLoS Biology,* 2(10):e348.

http://www.plosbiology.org/

17 フランク・ショーターの腓腹筋を下記資料の図 2 に見ることができる。

Zierath, Juleen R., and John A. Hawley. "Skeletal Muscle Fiber Type: Influence on Contractile and Metabolic Properties." *PLoS Biology,* 2(10):e348.

http://www.plosbiology.org/

18 1 日に 8 時間、筋肉に電気的刺激を与え続けたが、遅筋線維の割合は変

わらなかった。

Simoneau, Jean-Aimé, and Claude Bouchard (1995). "Genetic Determinism of Fiber Type Proportion in Human Skeletal Muscle." *The FASEB Journal,* 9:1091-95.

19 トレーニングが筋線維に与える影響についての、イェスパー・アンデルセンによる共同研究：

Andersen, J. L., and P. Aagaard (2010). "Effects of Strength Training on Muscle Fiber Types and Size: Consequences for Athletes Training for High-Intensity Sport." *Scandinavian Journal of Medicine & Science in Sports,* 20(Suppl. 2):32-38.

20 「持久系遺伝子」と筋線維の割合についての、ロシアにおける研究：

Ahmetov, Ildus I. (2009). "The Combined Impact of Metabolic Gene Polymorphisms on Elite Endurance Athlete Status and Related Phenotypes." *Human Genetics,* 126(6) :751-61.

第７章　体型のビッグバン

1 科学技術が「一人勝ち」のマーケットに与える影響：

Frank, Robert H. *Luxury Fever: Money and Happiness in an Era of Excess.* Free Press, 1999 (Kindle e-book).

2 ジェシー・オーエンスの関節が動く速さは、カール・ルイスに匹敵するものであることがわかった。

Schechter, Bruce. "How Much Higher? How Much Faster?" In: Editors of *Scientific American,* eds. Building the Elite Athlete. Scientific American, 2007.

3 「人体には完璧な形、あるいは体型がある」という記述：

Sargent, D. A. (1887). "The Physical Characteristics of the Athlete." *Scribner's Magazine,* 2(5):558.

4 トップアスリートの体型の変化についての、ノートンとオールズによる研究：

Norton, Kevin, and Tim Olds (2001). "Morphological Evolution of Athletes Over the 20th Century: Causes and Consequences." *Sports Medicine,* 31(11):763-83.

Olds, Timothy. "Chapter 9: Body Composition and Sports Performance."

In: Ronald J. Maughan, ed. *The Olympic Textbook of Science in Sport,* Blackwell Publishing, 2009.

5 身長が180cm以上の女子選手が決勝に進んだ確率は、150cm以下の選手の191倍であった。

Khosla, T., and V. C. McBroom (1988). "Age, Height and Weight of Female Olympic Finalists." *British Journal of Sports Medicine,* 19:96-99.

6 ノートンとオールズは、アスリートの体型を測定するうえで規範となる下記の書籍を共同編纂した。背面跳びが紹介されたあとの走り高跳び選手の身長の伸びから、ランニング競技における走距離の違いによる世界記録保持者の体格差のグラフまで、同書の第11章「人体測定とスポーツパフォーマンス」に記載されている内容は貴重な資料だ。

Anthropometrica (UNSW Press, 2004).

7 ランナーの体の大きさと熱放散：

O'Connor, Helen, Tim Olds, and Ronald J. Maughan (2007). "Physique and Performance for Track and Field Events." *Journal of Sports Sciences,* 25(S2):S49-60.

8 深部体温が運動パフォーマンスに与える影響とアンフェタミンについて：

Roelands, Bart, et al. (2008). "Acute Norepinephrine Reuptake Inhibition Decreases Performance in Normal and High Ambient Temperature." *Journal of Applied Physiology,* 105:206-12.

Tucker, Ross (2009). "The Anticipatory Regulation of Performance: The Physiological Basis for Pacing Strategies and the Development of a Perception-Based Model for Exercise Performance." *British Journal of Sports Medicine,* 43:392-400.

9 ポーラ・ラドクリフの熱放散能力に関する研究：

Schwellnus, Martin P., ed. *The Olympic Textbook of Medicine in Sport.* Wiley, 2008, p. 463.

10 1968年メキシコシティオリンピック出場選手の体型についての著名な研究：

de Garay, Alfonso L., Louise Levine, and J. E. Lindsay Carter, eds. *Genetic and Anthropological Studies of Olympic Athletes.* Academic Press, 1974.

11 マイケル・フェルプスの短い股下：

McMullen, Paul. "Measure of a Swimmer: From Flipper Feet to a Long Trunk, Phelps Represents a One-Man Body Shop of What a Swimmer

Should Be," *Baltimore Sun,* March 9, 2004.

12 一般アメリカ人とプロアスリートの年収の差：

Olds, Timothy. "Chapter 9: Body Composition and Sports Performance." In: Ronald J. Maughan, ed. *The Olympic Textbook of Science in Sport.* Blackwell Publishing, 2009.

13 GIANT コンソーシアムによる研究：

Willer, C. J., et al. (2009). "Six New Loci Associated with Body Mass Index Highlight a Neuronal Influence on Body Weight Regulation." *Nature Genetics,* 41(l):25-34.

14 高比率の速筋線維が脂肪の燃焼能力を下げ、血圧を上げ、心臓疾患のリスクを増大させることを、アメリカとフィンランドの研究者が発見した。

Hernelahti, Miika, et al. (2008). "Muscle Fiber-Type Distribution as a Predictor of Blood Pressure: A 19-Year Follow-Up Study." *Hypertension,* 45(5):1019-23.

Kujala, Urho M., and Heikki O. Tikkanen (2001). "Disease-Specific Mortality Among Elite Athletes." *JAMA,* 285(1):44.

Tanner, Charles J., et al. (2002). "Muscle Fiber Type Is Associated with Obesity and Weight Loss." *American Journal of Physiology —— Endocrino logy and Metabolism,* 282:E1191-96.

15 アスリートを身体測定したデータが、フランシス・ホルウェイからスプレッドシート形式で提供された。

16 リビー・カウギルによる骨格の研究：

Cowgill, L. W. (2010). "The Ontogeny of Holocene and Late Pleistocene Human Postcranial Strength." *American Journal of Physical Anthropolgy,* 141(1):16-37.

17 J・M・タナーによる著書：

Tanner, J. M. *Fetus into Man: Physical Growth from Conception to Maturity* (revised and enlarged edition). Harvard University Press, 1990.

第8章　ウィトルウィウス的 NBA 選手

1 デニス・ロッドマンの急激な身長の伸びについて彼自身がインタビュー時に語っていたが、下記の著書にさらに詳しい。

Rodman, Dennis. *Bad as I Wanna Be.* Dell, 1997.

2 高校1年のときに身長173cmでダンクシュートの練習を始めたと、マイケル・ジョーダンが下記のDVDで語っている。

Michael Jordan: Come Fly with Me (Fox/NBA).

さらに背が低い彼の兄の優れた運動能力が、下記書籍の第2章に記されている。

Halberstam, D. *Playing for Keeps: Michael Jordan and the World He Made.* Three Rivers Press, 2000.

3 遺伝子の混合が昔より広範囲に行なわれるようになったことが身長の伸びにつながったのかもしれない。

Malina, Robert M. (1979). "Secular Changes in Size and Maturity. Causes and Effects." *Monographs of the Society for Research in Child Development,* 44(3/4):59-102.

4 マルコム・グラッドウェルとデイヴィッド・ブルックスの閾値仮説に異論を唱える科学論文：

Arneson, Justin J., Paul R. Sackett, and Adam S. Beatty (2011). "Ability-Performance Relationships in Education and Employment Settings: Critical Tests of the More-Is-Better and the Good-Enough Hypotheses." *Psychological Science,* 22(10):1336-42.

Hambrick, David Z., and Elizabeth J. Meinz (2011). "Limits on the Predictive Power of Domain-Specific Experience and Knowledge in Skilled Performance." *Current Directions in Psychological Science,* 20(5):275-79.

（13歳までにSAT［大学進学適性試験］の数学で上位0.1%のすぐ下位に位置する子供が、将来、数学あるいは科学の博士号を取得する確率は、上位0.9%のすぐ下位に位置する子供の18倍であると上記論文に記されている）

5 第8章におけるNBA選手の体型分析は、私と心理学者ドリュー・H・ベイリーが行なったものである。分析にあたり、NBAコンバインのデータと本文中に記載した政府関係機関によるデータを用いた。

6 身長160cmのマグシー・ボーグスにもダンクシュートはできる。

Foreman, Tom Jr. "Bogues, Webb Make Case for the Little Guy." Associated Press, February 16,1985.

7 姚明（ヤオ・ミン）の「創造」について記した著書：

Larmer, Brook. *Operation Yao Ming: The Chinese Sports Empire, American Big Business, and the Making of an NBA Superstar.* Gotham, 2005.

8 17世紀のフランス人の平均身長：
Blue, Laura. "Why Are People Taller Today Than Yesterday?" *Time,* July 8, 2008.
9 工業化社会における身長の伸びを記したJ・M・タナーの著書：
J. M. Tanner's *Fetus into Man* (Harvard University Press, 1990).
工業化社会における成長の動向を知る資料として役に立った。詳細は次のとおり。まったく異なる環境下で育てられた一卵性双生児の兄弟の話 (p. 121)；双生児の成長パターン (p. 123)；人類はスーパーマーケットとともに進化したわけではない (p. 130)；異なる社会経済システムにおける人間の脚の長さの相違 (p. 131)；盲目の子供たちには特徴的な成長パターンがあることを示唆する研究 (p. 146)；日本の「高度経済成長」期における急激な脚の長さの伸び (p. 159)。
10 身長における分散の45%がDNAの多様性に起因し、身長は80%の確率で遺伝する。
Yang, Jian, et al. (2010). "Common SNPs Explain a Large Proportion of the Heritability for Human Height." *Nature Genetics,* 42(7):565-69.
11 身長にかかわる遺伝子を見つけることのむずかしさについて：
Maher, Brendan (2008). "The Case of the Missing Heritability." *Nature,* 456:18-21.
12 女子体操選手は身体の成長期が遅れるが、最終的な身長がどこかに消えてなくなってしまうわけではない。
Norton, Kevin, and Tim Olds. *Anthropometrica.* UNSW Press, 2004, p. 313.
13 脚の長さ――および、特に日本人の脚の長さの伸び――について：
Eveleth, Phyllis B., and James M. Tanner. *Worldwide Variation in Human Growth* (2nd ed.). Cambridge University Press, 1991.
14 民族による脚の長さの違い：
Eveleth, Phyllis B., and James M. Tanner. "Chapter 9: Genetic Influence on Growth: Family and Race Comparisons." *Worldwide Variation in Human Growth* (2nd ed.). Cambridge University Press, 1990.
15 1968年メキシコシティオリンピックの出場選手1265人についての研究。「同一種目のエリートアスリートの体型は、異なる人種間においても変わらない」という記述が、下記の73ページに見られる。
de Garay, Alfonso L., Louise Levine, and J. E. Lindsay Carter, eds. *Genetic and Anthropological Studies of Olympic Athletes.* Academic Press, 1974.
16 「アレンの法則」を記した論文：

Allen, Joel Asaph (1877). "The Influence of Physical Conditions in the Genesis of Species." *Radical Review,* 1:108-140.

17 多くの研究において「アレンの法則」および「ベルクマンの法則」が人間に適用されている。その一つの事例：

Cowgill, Libby W., et al. (2012). "Development Variation in Ecogeographic Body Proportions." *American Journal of Physical Anthropology,* 148:557-70.

18 1998年に行なわれた世界中の集団の人体比率についての研究：

Katzmarzyk, Peter T., and William R. Leonard (1998). "Climatic Influences on Human Body Size and Proportions: Ecological Adaptations and Secular Trends." *American Journal of Physical Anthropology,* 106:483-503.

19 2010年に行なわれた「へその位置」についての研究：

Bejan, A., Edward C. Jones, and Jordan D. Charles (2010). "The Evolution of Speed in Athletics: Why the Fastest Runners Are Black and Swimmers White." *International Journal of Design & Nature,* 5(3):199-211.

Duke press release: "For Speediest Athletes, It's All in the Center of Gravity." July 12, 2010.

第9章　人間はみな黒人（とも言える）——人類の遺伝的多様性

1 ヒトの系統樹の例：

Tishkoff, Sarah A., and Kenneth K. Kidd (2004). "Implications of Biogeography of Human Populations for 'Race' and Medicine." *Nature Genetics,* 36(11):S21-27.

2 アフリカ単一起源説について：

Klein, Richard G. "Chapter 7: Anatomically Modern Humans." *The Human Career: Human Biological and Cultural Origins* (2nd ed.). University of Chicago Press, 1999.

3 大昔にアフリカから世界中に出ていった人間の数はわずか数百人だった。

Macaulay, V., et al. (2005). "Single, Rapid Coastal Settlement of Asia Revealed by Analysis of Complete Mitochondrial Genomes." *Science,* 308:1034-36.

Wade, Nicholas. "To People the World, Start with 500." *New York Times,* November 11, 1997, p. F1.

4 ミトコンドリアDNAと化石に基づく、ヒトとチンパンジーの分岐とアフリカ外への移住時期の推測について：

Gibbons, Ann (2012). "Turning Back the Clock: Slowing the Pace of Prehistory." *Science,* 338:189-91.

5 アフリカから遠ざかるにつれて遺伝的多様性が低くなる。

Prugnolle, Franck, Andrea Manica, and François Balloux (2005). "Geography Predicts Neutral Genetic Diversity of Human Populations." *Current Biology,* 15(5):R159-60. See fig. 2.

6 CYP2E1遺伝子についてケネス・キッドが共同執筆した論文に、遺伝的多様性が色とりどりの図で示されている。

Lee, M. Y., et al. (2008). "Global Patterns of Variation in Allele and Haplotype Frequencies and Linkage Disequilibrium Across the CYP2E1 Gene." *The Pharmacogenomics Journal,* 8(5):349-56.

7 成人が乳糖を消化できるようになった遺伝子変異について語るサラ・ティシュコフ：

http://www.youtube.com/watch?v=sgNEb0itPOs

8 ほとんどの国民が乳糖不耐症を有しているルワンダ：

Cox, Joseph A., and Francis G. Elliott (1974). "Primary Adult Lactose Intolerance in the Kivu Lake Area: Rwanda and the Bushi." *American Journal of Digestive Diseases,* 19(8):714-724.

9 ドーピングをしても発見されない遺伝子多型：

Schulze, Jenny Jakobsson, et al. (2008). "Doping Test Results Dependent on Genotype of Uridine Diphospho-Glucuronosyl Transferase 2B17, the Major Enzyme for Testosterone Glucuronidation." *Journal of Clinical Endocrinology & Metabolism,* 93(7):2500-2506.

10 人間のDNAは99.5%が同じであることを示す論文：

Levy, Samuel, et al. (2007). "The Diploid Genome Sequence of an Individual Human." *PLoS Biology,* 5(10):e254. http://www.plosbiology.org/

11 2007年最大のブレークスルー「ヒトの遺伝的多様性」：

Pennisi, Elizabeth (2007). "Breakthrough of the Year: Human Genetic Variation." *Science,* 318:1842-43.

12 アイスランド国民の祖父母の出身地域をDNAによって特定できる。

Helgason, A., et al. (2005). "An Icelandic Example of the Impact of Population Structure on Association Studies." *Nature Genetics,* 37(l):90-95.

13 ヨーロッパ人の祖先の居住地を、DNAによって数百マイルの範囲内に

特定できる。

Novembre, John, et al. (2008). "Genes Mirror Geography Within Europe." *Nature,* 456(7218):98-101.

14　得られた遺伝情報により被験者を地域分けするブラインド作業を、コンピューターに行なわせた。

Rosenberg, Noah A., et al. (2002). "Genetic Structure of Human Populations." *Science,* 298(5602):2381-85.

15　スタンフォード大学によって行なわれた、人種の自己申告と遺伝子情報についての研究：

Tang, Hua, et al. (2005). "Genetic Structure, Self-Identified Race/Ethnicity, and Confounding in Case-Control Association Studies." *American Journal of Human Genetics,* 76(2):268-75.

16　スタンフォード大学によって発表されたプレスリリース：

http://med.stanford.edu/news_releases/2005/january/racial-data.htm

17　肌の色、紫外線照射、緯度の関係：

Jablonski, Nina G., and George Chaplin (2000). "The Evolution of Human Skin Coloration." *Journal of Human Evolution,* 39:57-106.

18　遺伝と地域で結ばれた人間の集団は「人種」の概念に近い。

Tishkoff, Sarah A., and Kenneth K. Kidd (2004). "Implications of Biogeography of Human Populations for 'Race' and Medicine." *Nature Genetics,* 36(11):S21-27.

19　アフリカ系アメリカ人の遺伝的背景：

Tishkoff, Sarah A., et al. (2009). "The Genetic Structure and History of Africans and African Americans." *Science,* 324(5930):1035-44.

20　「アフリカ人の遺伝的特徴にほとんど差異は見受けられない」というティシュコフの見解を記載した、ペンシルヴェニア大学によるプレスリリース：

http://www.upenn.edu/pennnews/current/node/3643

21　国立ヒトゲノム研究所による、人種、遺伝、遺伝型と表現型の多様性に関する研究：

Race, Ethnicity and Genetics Working Group of the National Human Genome Research Institute (2005). "The Use of Racial, Ethnic, and Ancestral Categories in *Human Genetics* Research." *American Journal of Human Genetics,* 77:519-32.

22　キャスリン・ノースによるACTN3遺伝子に関する最初の論文：

North, Kathryn N., et al. (1999). "A Common Nonsense Mutation Results in α-Actinin-3 Deficiency in the General Population." *Nature Genetics,* 21:353-54.

23 スプリンターと一般人における、ACTN3 遺伝子多型の頻度差：

Yang, Nan, et al. (2003). "ACTN3 Genotype Is Associated with Human Elite Athletic Performance." *American Journal of Human Genetics,* 73:627-31.

24 世界のアスリートにおける、ACTN3 遺伝子と運動パフォーマンスの関係：

Eynon, Nir, et al. (2012). "The ACTN3 R577X Polymorphism Across Three Groups of Elite Male European Athletes." *PLoS ONE,* 7(8):e43132. http://www.plosone.org/

Niemi, A. K., and K. Majamaa (2005). "Mitochondrial DNA and ACTN3 Genotypes in Finnish Elite Endurance and Sprint Athletes." *European Journal of Human Genetics,* 13:965-69.

Papadimitriou, I. D., et al. (2008). "The ACTN3 Gene in Elite Greek Track and Field Athletes." *International Journal of Sports Medicine,* 29:352-55.

Scott, Robert A., et al. (2010). "ACTN3 and ACE Genotypes in Elite Jamaican and US Sprinters." *Medicine & Science in Sports & Exercise,* 42(1):107-12.

Yang, Nan, et al. (2007). "The ACTN3 R577X Polymorphism in East and West African Athletes." *Medicine & Science in Sports & Exercise,* 39(11):1985-88.

日本人スプリンターのACTN3 遺伝子に関するデータについては、東京都健康長寿医療センター研究所を訪問した際に福典之と三上恵里から提供を受けた。

（訳注　ACTN3 遺伝子の関連論文：Mikami E, Fuku N, et al. "ACTN3 R577X Genotype is Associated with Sprinting in Elite Japanese Athletes." *International Journal of Sports Medicine,* 35(2):172-177, 2014.）

25 ACTN3 遺伝子のX型が広まったのは、環境に適応するための人間の進化か？

North, Kathryn (2008). "Why Is α-Actinin-3 Deficiency So Common in the General Population? The Evolution of Athletic Performance." *Twin Research and Human Genetics,* 11(4):384-94.

26 αアクチニン3の欠如が筋線維に与える影響：

Berman, Yemima, and Kathryn N. North (2010). "A Gene for Speed: The

Emerging Role of α-Actinin-3 in Muscle Metabolism." *Physiology,* 25:250-59.

27　下記書籍の117ページに「ACTN3遺伝子のX型が広まったのは、農耕型の生活様式への適応」との記載がある。

Cochran, Gregory, and Henry Harpending. *The 10,000 Year Explosion: How Civilization Accelerated Human Evolution.* Basic Books, 2010.

第10章　ジャマイカ・スプリンターの「戦士・奴隷説」

1　ジャマイカ人スプリント競技の成功要因（2ページにジャマイカ人他のACTN3遺伝子に関するデータが記載されている）：

Irving, Rachael, and Vilma Charlton eds. *Jamaican Gold: Jamaican Sprinters.* University of the West Indies Press, 2010.

2　下記書籍に、ジャマイカ人の系譜を持つ他国籍スプリンターの一覧が掲載されている。また、トレローニー教区出身のジャマイカ人スプリンターが、補足資料として掲載されている。ただし、同書に掲載されているスプリンターのリストは、すべてを網羅したものではない。たとえばトレローニー出身のスプリンターとして、オリンピックで100m走決勝に進んだマイケル・グリーン、あるいは4×100m走の世界チャンピオンであるマーリーン・フレイザーの名前が掲載されていない。

Robinson, Patrick. *Jamaican Athletics: A Model for 2012 and the World.* Black Amber, 2009.

3　19世紀初頭に書かれた手紙の内容が下記の書籍に完全な形で復元されており、これから当時のマルーンの歴史をうかがい知ることができる。

Dallas, Robert C. *The History of the Maroons: From Their Origin to the Establishment of Their Chief Tribe at Sierra Leone* (vols. I and II). Adamant Media Corporation, 2005. (Originally published in 1803 by T. N. Longman and O. Rees.)

4　ジャマイカのマルーンについての歴史を記した書籍。「生まれついての英雄」「魂の気高さ」という形容が下記45ページに記載されている。

Campbell, Mavis C. *The Maroons of Jamaica 1655-1796.* Africa World Press, 1990.

5　アフリカ系ジャマイカ人という観点からジャマイカの歴史をひもといた書籍。「西インド諸島植民地の危険な囚人」という形容、ならびにウィリアム・ベックフォードによる「燃え上がるサトウキビ」の記述

が同書の134ページに見られる。また、「危険と困難を顧みぬ」という形容が139ページに記載されている。さらに、同書の第13章「アフリカ系ジャマイカ人の独立戦争 1650 − 1800年」に、独立に向けてのマルーンの戦い、およびクジョーとナニーについての記載がある。

Sherlock, Philip, and Hazel Bennett. *The Story of the Jamaican People.* Ian Randle Publishers, 1998.

6 マイケル・ジョンソンが、テレビ番組「チャンネル4ドキュメンタリー」で「戦士・奴隷・スプリンターの物語」と表現していた。

Beck, Sally. "Survival of the Fastest: Why Descendants of Slaves Will Take the Medals in the London 2012 Sprint Finals." *Daily Mail,* June 30, 2012.

7 ジャマイカ人男性のY染色体：

Benn Torres, Jada (2012). "Y Chromosome Lineages in Men of West African Descent."
PLoS ONE, 7(1):e29687.
http://www.plosone.org/

8 ジャマイカ人の遺伝子についての研究（ともに、エロール・モリソンとヤニス・ピッツラディスが共同執筆者）：

Deason, Michael L., et al.(2012). "Interdisciplinary Approach to the Demography of Jamaica." *BMC Evolutionary Biology,* 12:24.

Deason, M., et al. (2012). "Importance of Mitochondrial Haplotypes and Maternal Lineage in Sprint Performance Among Individuals of West African Ancestry." *Scandinavian Journal of Medicine & Science in Sports,* 22:217-23.

9 タイノ族がジャマイカで死に絶えたのではないことが、DNAの研究からわかっている。また、カリブ海沿岸の民族が、アフリカの遺伝子を継承している度合いもわかっている。

Benn Torres, J., et al. (2007). "Admixture and Population Stratification in African Caribbean Populations." *Annals of Human Genetics,* 72:90-98.

10 チャンプスは、陸上競技ファンなら誰でも一度は見ておきたい催しだ。下記の書籍でも楽しめる。

Lawrence, Hubert. *Champs 100: A Century of Jamaican High School Athletics, 1910-2010.* Great House, 2010.

11 ピッツラディスが白人のアスリートに与えたアドバイスを、下記サイトで見ることができる。

"No Proof Sporting Success Is Genetic According to Academic." March 23, 2011. http://www.scotsman.com/

第11章 マラリアと筋線維

1 緯度と骨盤の幅の関係について：
Nuger, Rachel Leigh. *The Influence of Climate on the Obstetrical Dimensions of the Human Bony Pelvis.* UMI Dissertation Publishing, 2011.

2 クーパーとモリソンの仮説：
Morrison, E. Y. St. A., and P. D. Cooper (2006). "Some Bio-Medical Mechanisms in Athletic Prowess." *West Indian Medical Journal,* 55(3):205-209.

3 パトリック・クーパーの妻ジュアンが、彼の人生について語ってくれた。
下記は黒人アスリートについての彼の著書：
Cooper, Patrick Desmond. *Black Superman: A Cultural and Biological History of the People That Became the World's Greatest Athletes.* First Sahara, 2003.

4 1968年メキシコシティオリンピック出場選手の体型についての著名な研究（再掲）：
de Garay, Alfonso L., Louise Levine, and J. E. Lindsay Carter, eds. *Genetic and Anthropological Studies of Olympic Athletes.* Academic Press, 1974.

5 800m以上のランニング競技では、トップレベルの選手の中に鎌状赤血球保有者はいない。
Eichner, Randy E. (2006). "Sickle Cell Trait and the Athlete." *Gatorade Sports Science Institute: Sports Science Exchange,* 19(4):103.

6 鎌状赤血球形質が現れている大学生フットボール選手の死亡リスク：
Harmon, Kimberly G., et al. (2012). "Sickle Cell Trait Associated with a RR of Death of 37 Times in National Collegiate Athletic Association Football Athletes: A Database with 2 Million Athlete-Years as Denominator." *British Journal of Sports Medicine.* 46:325-30.

7 クーパーが20年後に分析することとなった、アフリカ系アメリカ人の低いヘモグロビン値を示す論文：
Garn, Stanley M., Nathan J. Smith, and Diance C. Clark (1975). "Lifelong Differences in Hemoglobin Levels Between Blacks and Whites." *Journal of the National Medical Association,* 67(2):91-96.

8 アメリカ疾病予防管理センター（CDC）の下部組織である国立衛生統計センター（NCHS）が作成したデータは公表されており、その中にはヘモグロビンに関するデータも多数ある。

Hollowell J. G., et al. (2005). "Hematological and Iron-Related Analytes——Reference Data for Persons Aged 1 Year and Over: United States, 1988-94." National Center for Health Statistics. *Vital Health Statistics,* 11(247).

Robins, Edwin B., and Steve Blum (2007). "Hematologic Reference Values for African American Children and Adolescents." *American Journal of Hematology,* 82:611-14.

9 71万5000人の献血者についての研究：

Mast, Alan E., et al. (2010). "Demographic Correlates of Low Hemoglobin Deferral Among Prospective Whole Blood Donors." *Transfusion,* 50(8): 1794-1802.

10 「何らかの補完システムが存在しているはず」と主張する論文：

Kraemer, Michael J., et al. (1977). "Race-Related Differences in Peripheral Blood and in Bone Marrow Cell Populations of American Black and American White Infants." *Journal of the National Medical Association,* 69(5):327-31.

11 ブシャールが共同執筆した、筋線維タイプについての論文：

Ama, P. F., et al. (1986). "Skeletal Muscle Characteristics in Sedentary Black and Caucasian Males." *Journal of Applied Physiology,* 61(5):1758-61.

12 鎌状赤血球形質を有すると、酸素に依存するエネルギー産生能力が低下する。

Bitanga, E., and J. D. Rouillon (1998). "Influence of the Sickle Cell Trait Heterozygote on Energy Abilities." *Pathologie Biologie,* 46(1):46-52.

Le Gallais, D., et al. (1994). "Sickle Cell Trait as a Limiting Factor for High-Level Performance in a Semi-Marathon." *International Journal of Sports Medicine,* 15(7):399-402.

13 鎌状赤血球形質とマラリア耐性の関連：

Pierce, E. C. "How Sickle Cell Trait Protects Against Malaria." *Medical Journal of Therapeutics Africa,* 1(1):61-62.

14 アンソニー・C・アリソンが初めて発表した、鎌状赤血球形質とマラリア耐性の関連：

Allison, A. C. (1954). "Protection Afforded by Sickle-Cell Trait Against Subtertian Malarial Infection." *British Medical Journal,* 1(4857):290-94.

Allison, Anthony C. (2002). "The Discovery of Resistance to Malaria of Sickle-Cell Heterozygotes." *Biochemistry and Molecular Biology Education,* 30(5):279-87.

15 アフリカ系アメリカ人の間では、鎌状赤血球遺伝子が姿を消しつつある（下記書籍の 99 ページ)。

Nesse, Randolph M., and George C. Williams. *Why We Get Sick: The New Science of Darwinian Medicine.* Vintage, 1996.

16 鉄分サプリメントがもたらすマラリアの危険性に警鐘を鳴らす論文：

English, M., and R. W. Snow (2006). "Iron and Folic Acid Supplementation and Malaria Risk." *Lancet,* 367(9505):90-91.

Oppenheimer, S. J., et al. (1986). "Iron Supplementation Increases Prevalence and Effects of Malaria: Report on Clinical Studies in Papua New Guinea." *Transactions of the Royal Society of Tropical Medicine and Hygiene,* 80(4)603-12.

Oppenheimer, Stephen (2007). "Comments on Background Papers Related to Iron, Folic Acid, Malaria and Other Infections." *Food and Nutrition Bulletin,* 28(4):S550-59.

17 マラリアの危険がある地域での鉄分サプリメントの配布につき、2006 年に WHO によって改定された勧告：

http://www.who.int/maternal_child_adolescent/documents/iron_statement/en/

18 鎌状赤血球遺伝子の世界分布とマラリアの関係（カラー地図がオンラインでも利用可能)：

Piel, Frédéric B., et al. (2010). "Global Distribution of the Sickle Cell Gene and Geographical Confirmation of the Malaria Hypothesis." *Nature Communications,* 1:104.

19 「高い比率の速筋線維が、アフリカ系アメリカ人の身体的特徴を形づくっている」とするデンマークの科学者による研究：

Nielsen, J., and D. L. Christensen (2011). "Glucose Intolerance in the West African Diaspora: A Skeletal Muscle Fibre Type Distribution Hypothesis." *Acta Physiologica,* 202(4):605-16.

20 運動パフォーマンスと鎌状赤血球形質の関係についての、ダニエル・ル・ガレによる論文（共同執筆)：

Bilé A., et al. (1998). "Sickle Cell Trait in Ivory Coast Athletic Throw and Jump Champions, 1956-1995." *International Journal of Sports Medicine,*

19(3) :215-19.

Hue, O., et al. (2002). "Alactic Anaerobic Performance in Subjects with Sickle Cell Trait and Hemoglobin AA." *International Journal of Sports Medicine,* 23(3):174-77.

Le Gallais, D., et al. (1994). "Sickle Cell Trait as a Limiting Factor for High-Level Performance in a Semi-Marathon." *International Journal of Sports Medicine,* 15(7):399-402.

Marlin, L., et al. (2005). "Sickle Cell Trait in French West Indian Elite Sprint Athletes." *International Journal of Sports Medicine,* 26(8):622-25.

21 低いヘモグロビン値がマウスの筋線維タイプ比率を変化させることを示す2つの研究：

Esteva, Santiago, et al. (2008). "Morphofunctional Responses to Anaemia in Rat Skeletal Muscle." *Journal of Anatomy,* 212:836-44.

Ohira, Yoshinobu, and Sandra L. Gill (1983). "Effects of Dietary Iron Deficiency on Muscle Fiber Characteristics and Whole-Body Distribution of Hemoglobin in Mice." *Journal of Nutrition,* 113:1811-18.

22 東アフリカの高地では鎌状赤血球遺伝子がまれであること、あるいは存在しないことを示す研究：

Ayodo, George, et al. (2007). "Combining Evidence of Natural Selection with Association Analysis Increases Power to Detect Malaria-Resistance Variants." *American Journal of Human Genetics,* 81:234-42.

Foy, Henry, et al. (1954). "The Variability of Sickle-Cell Rates in the Tribes of Kenya and the Southern Sudan." *British Medical Journal,* 1(4857):294.

Williams, Dianne. Race, *Ethnicity and Crime: Alternate Perspectives.* Algora Publishing, 2012, p. 20.

第12章　ケニアのカレンジン族は誰でも速く走るのか？

1 ケニア出身のエリートランナーと出身民族：

Onywera, Vincent O., et al. (2006). "Demographic Characteristics of Elite Kenyan Endurance Runners." *Journal of Sports Sciences,* 24(4):415-22.

2 カレンジン族に属する他のグループの牛を襲ったのでなければ、彼らはこの行為を盗みとは思っていなかった。

Bale, John, and Joe Sang. *Kenyan Running: Movement Culture, Geography*

and Global Change. Frank Cass, 1996, p. 53.

3 東アフリカ出身のランナーに関する最良の論文集：

Pitsiladis, Yannis, et al., eds. *East African Running: Towards a Cross-Disciplinary Perspective.* Routledge, 2007.

4 エチオピアの人口に関するデータについては、エチオピア国勢調査局が刊行した「2007年人口・世帯調査の概要と統計報告」を参考にした。

5 牛の略奪、カレンジン族のエリートランナー、ロティッチの言葉の引用：

Manners, John (1997). "Kenya's Running Tribe." *The Sports Historian,* 17(2):14-27.

Manners, John. "Chapter 3: Raiders from the Rift Valley: Cattle Raiding and Distance Running in East Africa." In: Yannis Pitsiladis, et al., eds. *East African Running: Towards a Cross-Disciplinary Perspective.* Routledge, 2007.

6 2011年の上位マラソンタイムは、国際陸上競技連盟（IAAF）の資料に基づいている。また、カレンジン族ランナーを特定するために、ジョン・マナーズの協力を得た。

7 「NBAでも通用する選手が同じチームにいたようなものだ」というスコット・ビッカードの発言：

Utica Observer-Dispatch on April 21, 2011. http://www.uticaod.com/

8 コペンハーゲン・グループによる研究の要約（ベン・サルチンによる「ランニングエコノミーを考えるうえで、下腿の細さはきわめて重要な要素と考えられる」という主旨の記述を含む）：

Saltin, Bengt (2003). "The Kenya Project——Final Report." *New Studies in Athletics,* 18(2):15-24.

9 コペンハーゲン・グループによる研究：

Larsen, Henrik B. (2003). "Kenyan Dominance in Distance Running." *Comparative Biochemistry and Physiology Part A: Molecular & Integrative Physiology,* 136(1):161-70.

10 遠位重量とランニングエネルギーの関係（足首に重りを付けた場合）：

Jones, B. H. et al. (1986). "The Energy Cost of Women Walking and Running in Shoes and Boots." *Ergonomics,* 29:439-43.

Myers, M.J., and K. Steudel (1985). "Effect of Limb Mass and Its Distribution on the Energetics Cost of Running." *Journal of Experimental Biology,* 116:363-73.

11 遠位重量が増えるとエネルギー消費が増えることが、ハーヴァード大

学のダン・リーバーマンによっても確認されている。また、アディダス社の技術者による研究結果については、同社のランニング関連商品ラインマネージャーのアンドルー・バーから提供を受けた。

12 アフリカ人長距離ランナーのランニングエコノミーが白人ランナーに勝ることを示す研究：

Weston, A. R., Z. Mbambo, and K. H. Myburgh (2000). "Running Economy of African and Caucasian Distance Runners." *Medicine & Science in Sports & Exercise,* 32(6):1130-34.

13 長い脚と細い下腿は、それぞれが優れたランニングエコノミーをもたらす。

Steudel-Numbers, Karen L., Timothy D. Weaver, and Cara M. Wall-Scheffler (2007). "The Evolution of Human Running: Effects of Changes in Lower-Limb Length on Locomotor Economy." *Journal of Human Evolution,* 53(2):191-96.

14 ケニア人ランナーの長いアキレス腱：

Sano, K., et al. (2012). "Muscle-Tendon Interaction and EMG Profiles of World Class Endurance Runners During Hopping." *European Journal of Applied Physiology,* December 11 (ePub ahead of print).

15 ラーセンによる長距離走におけるケニア人の優位性に関する主張の引用：

Holden, Constance (2004). "Peering Under the Hood of Africa's Runners." *Science,* 305(5684):637-39.

16 ゼルセナイ・タデッセのランニングエコノミー：

Lucia, Alejandro, et al. (2007). "The Key to Top-Level Endurance Running Performance: A Unique Example." *British Journal of Sports Medicine,* 42:172-174.

17 ヴィンセント・サリッチによる計算式が、下記書籍の174ページに掲載されている。

Sarich, Vincent, and Frank Miele. *Race: The Reality of Human Differences.* Westview Press, 2004.

18 『ランナーズ・ワールド』誌による計算：

Burfoot, Amby (1992). "White Men Can't Run." *Runner's World,* 27(8):89-95.

第13章 世界で最も思いがけない（高地にある）才能のふるい

1 ケニア出身の国際レベルランナーのほとんどがカレンジン族で、走って学校に通っていた。

Onywera, Vincent O., et al. (2006). "Demographic Characteristics of Elite Kenyan Endurance Runners." *Journal of Sports Science,* 24(4):415-22.

2 エチオピア出身の国際レベルランナーのほとんどがオロモ族で、走って学校に通っていた。

Scott, Robert A., et al. (2003). "Demographic Characteristics of Elite Ethiopian Endurance Runners." *Medicine & Science in Sports & Exercise,* 35(10):1727-32.

3 エチオピア人（オロモ族）とケニア人（カレンジン族）のミトコンドリアDNAは近くない。

Scott, Robert A., et al. (2008). "Mitochondrial Haplogroups Associated with Elite Kenyan Athlete Status." *Medicine & Science in Sports & Exercise,* 41(1):123-28.

Scott, Robert A., et al. (2005). "Mitochondrial DNA Lineages of Elite Ethiopian Athletes." *Comparative Biochemistry and Physiology Part B: Biochemistry and Molecular Biology,* 140(3):497-503.

4 19世紀後半の科学者は、人間の高地適応の多様性について理解していなかった（やがてベルが発見）。

Beall, Cynthia M. (2006). "Andean, Tibetan, and Ethiopian Patterns of Adaptation to High-Altitude Hypoxia." *Integrative and Comparative Biology,* 46(1):18-24.

5 ベルは高地に住むエチオピア人の肺から血液への酸素供給能力が優れている可能性について提起した（本テーマに関するスネルの理論についてインタビュー時にも聴取した）。

Beall, Cynthia M., et al. (2002). "An Ethiopian Pattern of Human Adaptation to High-Altitude Hypoxia." *Proceedings of the National Academy of Sciences,* 99(26):17215-18.

6 ケネニサ・ベケレによる高地トレーニングのデータについては、英国スポーツ研究所の上席生理学者バリー・ファッジから提供を受けた。

7 ノルウェーとテキサスの共同研究チームが、アスリートを高地に滞在させ、EPOの変化について調べてみた。

Jedlickova, K., et al. (2003). "Search for Genetic Determinants of Individual

Variability of the Erythropoietin Response to High Altitude." *Blood Cells, Molecules & Diseases,* 31(2):175-82.

8 高地における赤血球産生速度と5000 m 走のタイムについての個人差が大きかった。

Chapman, Robert F. (1998). "Individual Variation in Response to Altitude Training." *Journal of Applied Physiology,* 85(4):1448-56.

9 トレーニングの効果が大きく現れる標高の「スイートスポット」は、多くのインタビューによって提供されたものである。インタビューに答えてくれた人の一人が、コロラド州コロラドスプリングズにある米国オリンピックトレーニングセンターの上席スポーツ生理学者ランドール・L・ウィルバーであり、下記の彼の著書に人気のあるトレーニング都市の標高が記されている。

Wilber, Randall L. *Altitude Training and Altitude Performance.* Human Kinetics, 2004.

10 高地で育った子供は肺が大きくなるが、このような適応は成人後には起きない。

Moore, Lorna G., Susan Niermeyer, and Stacy Zamudio (1998). "Human Adaptation to High Altitude: Regional and Life-Cycle Perspectives." *Yearbook of Physical Anthropology,* 41:25-64.

11 高地に住むエチオピア人は、低地に住むエチオピア人より「努力呼気肺活量」が大きいことを記す著書（エチオピア人の身長と座高についても記されている）：

Harrison, G. A., et al. (1969). "The Effects of Altitudinal Variation in Ethiopian Populations." *Philosophical Transactions of the Royal Society of London.Series B, Biological Sciences,* 805(256):147-82.

12 ヨーロッパとケニアのランナーにおけるランニングエコノミーについて、クラウディオ・ベラルデリが行なった共同研究：

Tam, E., et al. (2012). "Energetics of Running Top-Level Marathon Runners from Kenya." *European Journal of Applied Physiology,* 112(11):3797-806.

13 アンドルー・M・ジョーンズによるポーラ・ラドクリフの研究：

Jones, Andrew M. (2006) "The Physiology of the World Record Holder for the Women's Marathon." *International Journal of Sports Science & Coaching,* 1(2):101-16.

14 ロジャー・バニスター卿の言葉：

June 20, 1955, issue of *Sports Illustrated.*

第14章 そり犬、ウルトラランナー、怠け者の遺伝子

1 マッケイ自身が語る彼の人生：
Mackey, Lance. *The Lance Mackey Story: How My Obsession with Dog Mushing Saved My Life*. Zorro Books, 2010.

2 テキサスA & M大学で開催された“Huffines Discussion 2012”において、オクラホマ州立大学の生理学者であり獣医でもあるマイケル・デイヴィスが、そり犬の運動適応能力について語った内容（私もこの会議にスピーカーとして招待され、デイヴィス博士と意見交換をする機会を得た）：
http://huffinesinstitute.org/resources/videos/entryid/330/huffines-discussion-2012-oklahoma-states-dr-michael-davis/

3 アラスカン・ハスキーの遺伝学：
Huson, Heather J., et al. (2010). “A Genetic Dissection of Breed Composition and Performance Enhancement in the Alaskan Sled Dog.” *BMC Genetics,* 11:71.

4 ドーパミン、リタリン、ランニング中毒になっているマウスについてのガーランドによる共同研究：
Rhodes, J. S., S. C. Gammie, and T. Garland Jr. (2005). “Neurobiology of Mice Selected for High Voluntary Wheel-Running Activity.” *Integrative and Comparative Biology,* 45(3):438-55.

5 パム・リードが自分をたとえた、ウィスコンシン大学のマウス：
Rhodes, J. S., T. Garland Jr., and S. C. Gammie (2003). “Patterns of Brain Activity Associated with Variation in Voluntary Wheel Running Behavior.” *Behavioral Neuroscience,* 117(6):1243-56.

6 ドーパミンと中毒についての研究：
Holden, Constance (2001). “‘Behavioral’ Addictions: Do They Exist?” *Science,* 294:980-82.
Peirce, R. C., and V. Kumaresan (2006). “The Mesolimbic Dopamine System: The Final Common Pathway for the Reinforcing Effect of Drugs of Abuse?” *Neuroscience & Biobehavioral Reviews,* 30(2):215-38.

7 人間が行なう自発的な運動の量は、遺伝によって大きく影響を受ける。
Lightfoot, J. Timothy (2011). “Current Understanding of the Genetic Basis

for Physical Activity" *Journal of Nutrition,* 141(3):526-30.

8 スウェーデンで行なわれた1万3000組の二卵性および一卵性双生児に関する研究：

Carlsson, S., et al. (2006). "Genetic Effects on Physical Activity: Results from the Swedish Twin Registry." *Medicine & Science in Sports & Exercise,* 38(8):1396-1401.

9 加速度計を用いた身体活動の直接計測による、二卵性双生児における差異と一卵性双生児における差異：

Joosen, A. M., et al. (2005). "Genetic Analysis of Physical Activity in Twins." *American Journal of Clinical Nutrition,* 82(6):1253-59.

10 ヨーロッパの6カ国とオーストラリアが行なった、3万7051組の双子についての研究：

Stubbe, Janine H., et al. (2006). "Genetic Influences on Exercise Participation in 37,051 Twin Pairs from Seven Countries." *PLoS ONE,* 1:e22. http://www.plosone.org/

11 ドーパミン系、遺伝子、自発的な身体活動についての総説：

Knab, Amy M., and J. Timothy Lightfoot (2010). "Title: Does the Difference Between Physically Active and Couch Potato Lie in the Dopamine System?" *International Journal of Biological Science,* 6(2):133-50.

12 DRD4 遺伝子の 7R 型と ADHD：

Li, D., et al. (2006). "Meta-analysis Shows Significant Association Between Dopamine System Genes and Attention Deficit Hyperactivity Disorder (ADHD)." *Human Molecular Genetics,* 15(14):2276-84.

Swanson, J. M, et al. (2007). "Etiologic Subtypes of Attention-Deficit/Hyperactivity Disorder: Brain Imaging, Molecular Genetic and Environmental Factors and the Dopamine Hypothesis." *Neuropsychology Review,* 17(1):39-59.

13 定住民族と移動民族に見られる DRD4 遺伝子：

Chen, Chuansheng, et al. (1999). "Population Migration and the Variation in Dopamine D4 Receptor (DRD4) Allele Frequencies Around the Globe." *Evolution and Human Behavior,* 20:309-24.

Matthews, L. J., and P. M. Butler (2011). "Novelty-Seeking DRD4 Polymorphisms Are Associated with Human Migration Distance Out-of-Africa After Controlling for Neutral Population Gene Structure." *American Journal of Physical Anthropology,* 145(3):382-89.

14 DRD4 遺伝子と牧畜民アリアール：
Eisenberg, Dan T. A., et al. (2008). "Dopamine Receptor Genetic Polymorphisms and Body Composition in Undernourished Pastoralists: An Exploration of Nutrition Indices Among Nomadic and Recently Settled Ariaal Men of Northern Kenya." *BMC Evolutionary Biology,* 8:173.

第 15 章　不運な遺伝子——死、けが、痛み

1 アスリートの突然死に関する書籍：
Estes III, Mark N. A., Deeb N. Salem, and Paul J. Wang, eds. *Sudden Cardiac Death in the Athlete.* Futura, 1998.
Maron, Barry J., ed. *Diagnosis and Management of Hypertrophic Cardiomyopathy.* Futura, 2004.
2 2007 年 12 月 10 日付の『スポーツ・イラストレイテッド』誌に私が書いた記事では、HCM 遺伝子変異を『ブリタニカ百科事典』における 1 文字の誤植にたとえた。そしてそのときは、DNA の 1 つの塩基の変異を、60 巻からなる『ブリタニカ百科事典』全巻の中の 1 文字の誤植にたとえた。しかし本書の執筆にあたり、『ブリタニカ百科事典』の文字数を数え、DNA の塩基数に正しく符合するように 13 巻と変更した。
3 HCM に関する優れた入門書（心筋細胞の写真付きで、非専門家にも理解しやすい）：
Maron, Barry J., and Lisa Salberg. *Hypertrophic Cardiomyopathy: For Patients, Their Families and Interested Physicians* (2nd ed.). Wiley-Blackwell, 2006.
4 HCM にかかわる MYH7 遺伝子関連の変異が、これまでに数多く確認されている。
Maron, Barry J., Martin S. Maron, and Christopher Semsarian (2012). "Genetics of Hypertrophic Cardiomyopathy After 20 Years." *Journal of the American College of Cardiology,* 60(8):705-15.
5 ケヴィン・リチャーズの心臓の重さは彼の剖検所見（解剖報告書）に基づいている。なお、本所見の閲覧については、ケヴィンの両親から書面にて許可を得ている。
6 非医療機関によるアスリートへの健康診断を許可している州が増えつつある。

Glover, David W., Drew W. Glover, and Barry J. Maron (2007). "Evolution in the Process of Screening United States High School Student-Athletes for Cardiovascular Disease." *American Journal of Cardiology,* 100:1709-12.

7 アラン・ミルスタインによる発言：

Litke, Jim. "Curry's DNA Fight with Bulls 'Bigger Than Sports World.'" Associated Press, September 29, 2005.

8 ApoE4 型遺伝子を持っていると、若いころにアルツハイマー病を発症することが多い。

Corder, E. H., et al. (1993). "Gene Dose of Apolipoprotein E type 4 Allele and the Risk of Alzheimer's Disease in Late Onset Families." *Science,* 261(5123):921-23.

9 ApoE4 型遺伝子は脳損傷の回復度合いに影響を与える。

Jordan, Barry D. (2007). "Genetic Influences on Outcome Following Traumatic Brain Injury." *Neurochemical Research,* 32:905-15.

10 ApoE4 型遺伝子を持っているボクサーは、持っていないボクサーより障害の程度が高い。

Jordan, Barry D. (1997). "Apolipoprotein E epsilon4 Associated with Chronic Traumatic Brain Injury." *Journal of the American Medical Association,* 278(2):136-40.

11 年齢、頭部への衝撃、ApoE4 型遺伝子が脳機能を阻害する。

Kutner, K. C., et al. (2000). "Lower Cognitive Performance of Older Football Players Possessing Apolipoprotein E epsilon4." *Neurosurgery,* 47(3):651-57.

12 ボストン大学の外傷性脳障害研究センターによる、慢性外傷性脳症（CTE）とジョン・グリムスリーの脳に関する情報：

http://www.bumc.bu.edu/supportingbusm/research/brain/cte/

13 全人口の 2％が 2 つの ApoE4 型遺伝子変異を持っている。

Izaks, Gerbrand J., et al. (2011). "The Association of ApoE Genotype with Cognitive Function in Persons Aged 35 Years or Older." *PLoS ONE,* 6(11):e27415.

http://www.plosone.org/

14 多くのアスリートに関する脳損傷の事例が、ボストン大学の研究者によって発表された。

McKee, Ann C., et al. (2009). "Chronic Traumatic Encephalopathy in Athletes: Progressive Tauopathy Following Repetitive Head Injury." *Journal*

of Neuropathology & Experimental Neurology, 68(7):709-35.

15 マウント・サイナイ病院認知医療センターのサム・ギャンディー所長による、ApoE4 型遺伝子を持つことはNFLでプレーするリスクに等しいという見解：

http://www.alzforum.org/new/detail.asp?id=3264

16 ApoE 検査を受けた者が悪い結果を知らされたときの反応について：

Green, Robert C., et al. (2009). "Disclosure of ApoE Genotype for Risk of Alzheimer's Disease." *New England Journal of Medicine,* 361:245-54.

17 損傷感受性にかかわる遺伝子の研究：

Collins, Malcolm, and Stuart M. Raleigh. "Genetic Risk Factors for Musculoskeletal Soft Tissue Injuries." In: Malcolm Collins, ed. *Genetics and Sports.* Karger, 2009, 54:136-49.

18 COL5A1 遺伝子がアキレス腱の柔軟性にかかわり、ランニングパフォーマンスに影響を与える。

Posthumus, Michael, Martin P. Schwellnus, and Malcolm Collins (2011). "The COL5A1 Gene: A Novel Marker of Endurance Running Performance." *Medicine & Science in Sports & Exercise,* 43(4):584-89.

19 多くのNFL選手が「損傷遺伝子」の検査を受けるようになった。

Assael, Shaun. "Cheating Is So 1999." *ESPN The Magazine,* October 8, 2009, pp. 88-97.

20 痛みにかかわる遺伝子について記した名著：

Mogil, Jeffrey S. *The Genetics of Pain.* IASP Press, 2004.

21 赤毛にかかわる遺伝子変異を持っていると、痛みへの感受性が低くなる。

Mogil, J., et al. (2005). "Melanocortin-1 Receptor Gene Variants Affect Pain and μ-Opioid Analgesia in Mice and Humans." *Journal of Medical Genetics,* 42(7):583-87.

22 イギリスの遺伝学者による、痛みを感じないパキスタンの親族についての研究：

Cox, James J., et al. (2006). "An SCN9A Channelopathy Causes Congenital Inability to Experience Pain." *Nature,* 444(7121):894-98.

23 SCN9A 遺伝子の変異が痛みの感じ方にかかわっている。

Reimann, Frank, et al. (2010). "Pain Perception Is Altered by a Nucleotide Polymorphism in SCN9A." *Proceedings of the National Academy of Sciences,* 107(11):5148-53.

24 COMT遺伝子について：

Goldman, David. "Chapter 13: Warriors and Worriers." *Our Genes, Our Choices: How Genotype and Gene Interactions Affect Behavior.* Academic Press, 2012.

Stein, Dan J., et al. (2006). "Warriors Versus Worriers: The Role of COMT Gene Variants." *Pearls in Clinical Neuroscience,* 11(10):745-48.

25 アスリートは競技当日に最も痛みを感じにくい。

Sternberg, W. F., et al. (1998). "Competition Alters the Perception of Noxious Stimuli in Male and Female Athletes." *Pain,* 76(1-2):231-38.

第16章　金メダルへの遺伝子変異

1 マンティランタ一族の高い赤血球レベルの遺伝パターンに関する最初の研究：

Juvonen, Eeva, et al. (1991). "Autosomal Dominant Erythrocytosis Caused by Increased Sensitivity to Erythropoietin." *Blood,* 78(11):3066-69.

2 マンティランタ一族のEPOR遺伝子変異に関する最初の研究：

de la Chapelle, Albert, et al. (1993). "Familial Erythrocytosis Genetically Linked to Erythropoietin Receptor Gene." *Lancet,* 341:82-84.

3 マンティランタ一族のEPOR遺伝子変異に関する詳細な分析：

de la Chapelle, Albert, Ann-Liz Träskelin, and Eeva Juvonen (1993). "Truncated Erythropoietin Receptor Causes Dominantly Inherited Benign Human Erythrocytosis." *Proceedings of the National Academy of Sciences,* 90:4495-99.

終章　完璧なるアスリート

1 Williams, Alun G., and Jonathan P. Folland (2008). "Similiarity of Polygenic Profiles Limits the Potential for Elite Human Physical Performance." *The Journal of Physiology,* 586(pt. 1):113-21.

2 Cunningham, Patrick. "The Genetics of Thoroughbred Horses." *Scientific American* (May 1991).

3 最良の発達に関するタナーの言葉：

Tanner, J.M. *Fetus Into Man: Physical Growth from Conception to Maturity* (revised and enlarged edition). Harvard University Press, 1990, p. 120.

あとがき——エリートアスリートは何歳から始めているか？

1　「2010年まで走ったことはなかった」というデニス・キメットの言葉：
Eder, Larry (2013). "Chicago Marathon Diary: Dennis Kimetto wins in CR of 2:03.45." *RunBlogRun,* Oct. 13, 2013.

2　エリクソンによる「ジャーナリストに教育を委ねることの危険性」の一文は、下記フロリダ州立大学のホームページにリンクされている「2012 Ericsson's reply to APS Observer article Oct 28 on web.doc」からダウンロードすることができる。
http://www.psy.fsu.edu/faculty/ericsson/ericsson.hp.html
さらに、エリクソンによる批判的なコメント：
Ericsson, K. Anders (2012). "Training History, Deliberate Practise and Elite Sports Performance: An Analysis in Response to Tucker and Collins Review ——What Makes Champions?" *British Journal of Sports Medicine,* Oct. 30 (ePub ahead of print).

3　図1、図2の出典：
Moesch, K., et al. (2011). "Late Specialization: the key to success in centimeters, grams, or seconds (cgs) sports." *Scandinavian Journal of Medicine & Science in Sports,* 21(6):e282-290.

4　テニス、野球、その他のチームスポーツにおける遅い時期での専門化に関する研究：
Carlson, Rolf (1988). "The Socialization of Elite Tennis Players in Sweden: An Analysis of the Players' Backgrounds and Development." *Sociology of Sport Journal,* 5:241-256.
Hill, Grant M. (1993). "Youth Sport Participation of Professional Baseball Players." *Sociology of Sport Journal,* 10:107-114.
Hornig, M. (2014). "Practice and play in the development of German top-level professional football players." *European Journal of Sport Science,* 2:1-10.
Moesch, K., et al. (2013). "Making It to the Top in Team Sports: Start Later, Intensify, and Be Determined!" *Talent Development & Excellence,* 5(2):85-

100.

5 オクラホマ州立大学のフットボール選手の筋力はアップしたが、走る速さは変わらなかった。

Jacobson, B.H., et al. (2013). "Logitudinal morphological and performance profiles for American, NCAA Division I football players" *Journal of Strength and Conditioning Research,* 27(9):2347-2354.

6 「卓越した」音楽の生徒による遅い時期の専門化：

Sloboda, John A. and Michael J. A. Howe (1991). "Biographical Precursors of Musical Excellence: An Interview Study." *Psychology of Music,* 19:3-21.

7 本書に関するグラッドウェルの見解：

http://www.newyorker.com/online/blogs/sportingscene/2013/08/psychology-ten-thousand-hour-rule-complexity.html

http://www.newyorker.com/arts/critics/atlarge/2013/09/09/130909crat_atlarge_gladwell

アレックス・ハッチンソン（物理学の博士号を持つハッチンソンは、元カナダ代表のランナーであり、*Which Comes First, Cardio or Weights?*［邦訳『良いトレーニング、無駄なトレーニング』児島修訳、草思社、二〇一二年］の著者）によるグラッドウェルの分析の分析：http://m.runnersworld.com/general-interest/on-malcolm-gladwell-and-naturals

8 BDNFと運動技術習得の関係：

Kleim, Jeffrey A., et al. (2006). "BDNF val66met polymorphism is associated with modified experience-dependent plasticity in human motor cortex." *Nature Neuroscience,* 9(6):735-737.

McHughen, S.A., et al. (2010). "BDNF val66met polymorphism influences motor system function in the human brain." *Cerebral Cortex,* 20(5): 1254-1262.

9 23アンドミー社による検査を受けた利用者は理性的に対処しているようだ。

Francke, Uta, et al. (2013). "Dealing with the unexpected: consumer response to direct-access BRCA mutation testing." *Peerj,* 1:e8.

◎監修者紹介
福典之　ふく・のりゆき
順天堂大学大学院スポーツ健康科学研究科准教授（医学博士）。名古屋大学大学院医学研究科博士課程修了。専攻はスポーツ遺伝学ならびにスポーツ生理・生化学で、国際スポーツ科学誌にスポーツと遺伝について多くの論文を寄稿している。国立健康・栄養研究所特別研究員、東京都健康長寿医療センター研究所研究員を経て現職。本書に登場するヤニス・ピツラディス教授らとともに、スポーツパフォーマンスを規定する遺伝要因の解明のための国際共同研究プロジェクト（The Athlome Project Consortium: http://www.athlomeconsortium.org/）を行なっている。高校時代は都大路（全国高校駅伝）を走った長距離ランナーでもあった。

◎訳者略歴
川又政治　かわまた・まさはる
翻訳家。諸分野における書籍・文献の翻訳を手がける。名古屋大学工学部電気電子工学科卒、カリフォルニア大学ロサンゼルス校大学院にて理学修士（MS）を取得。訳書にムーア『キャズム』、『キャズム Ver. 2』、アンソニー『ザ・ファーストマイル』他がある。

◎翻訳協力
池田美紀
小野木明恵
斎藤静代
鈴木豊雄
藤田優里子

本書は、二〇一四年九月に早川書房より単行本
として刊行された作品を文庫化したものです。

ファスト&スロー（上・下）

——あなたの意思はどのように決まるか？

Thinking, Fast and Slow

ダニエル・カーネマン

村井章子 訳

友野典男 解説

ハヤカワ文庫NF

心理学者にしてノーベル経済学賞に輝く
カーネマンの代表的著作！

直感的、感情的な「速い思考」と意識的、論理的な「遅い思考」の比喩を使いながら、人間の「意思決定」の仕組みを解き明かす。私たちの意思はどれほど「認知的錯覚」の影響を受けるのか？　あなたの人間観、世界観を一変させる傑作ノンフィクション。

やわらかな遺伝子

Nature Via Nurture

マット・リドレー
中村桂子・斉藤隆央訳

ハヤカワ文庫ＮＦ

池田清彦氏推薦
「遺伝か環境か」の時代は終わった！

ゲノム解析が進むにつれ、明らかになってきた遺伝子のはたらき。それは身体や脳を作る命令を出すが、環境に反応してスイッチをオン／オフし、すぐに作ったものを改造しはじめる柔軟な装置だった。「生まれか育ちか」論争に新しい考え方を示したベストセラー

HM=Hayakawa Mystery
SF=Science Fiction
JA=Japanese Author
NV=Novel
NF=Nonfiction
FT=Fantasy

スポーツ遺伝子《いでんし》は勝者《しょうしゃ》を決《き》めるか？
アスリートの科学

〈NF469〉

二〇一六年七月十日　印刷
二〇一六年七月十五日　発行
（定価はカバーに表示してあります）

著者　デイヴィッド・エプスタイン
監修者　福《ふく》典《のり》之《ゆき》
訳者　川《かわ》又《また》政《まさ》治《はる》
発行者　早川浩
発行所　株式会社　早川書房
郵便番号　一〇一 - 〇〇四六
東京都千代田区神田多町二ノ二
電話　〇三 - 三二五二 - 三一一一（大代表）
振替　〇〇一六〇 - 三 - 四七七九九
http://www.hayakawa-online.co.jp

乱丁・落丁本は小社制作部宛お送り下さい。
送料小社負担にてお取りかえいたします。

印刷・精文堂印刷株式会社　製本・株式会社川島製本所
Printed and bound in Japan
ISBN978-4-15-050469-4 C0145

本書は活字が大きく読みやすい〈トールサイズ〉です。